全国高等医药院校教材

供药学、中药学、预防、检验、临床等专业用

基础化学实验

主　审　秦　蓓

主　编　张　剑

副主编　范　涛

编　者（按姓氏笔画排序）

尤　静　成　昭　刘春叶　杨莉宁

张　剑　张雪娇　苗延青　范　涛

赵灵芝　梁玲玲

人民卫生出版社

·北　京·

图书在版编目(CIP)数据

基础化学实验／张剑主编. — 北京：人民卫生出版社，2020.7

ISBN 978-7-117-30189-3

Ⅰ. ①基… Ⅱ. ①张… Ⅲ. ①化学实验-医学院校-教材 Ⅳ. ①06-3

中国版本图书馆 CIP 数据核字(2020)第 121808 号

基础化学实验

Jichuhuaxue Shiyan

主　　编：张　剑
出版发行：人民卫生出版社（中继线 010-59780011）
地　　址：北京市朝阳区潘家园南里 19 号
邮　　编：100021
E - mail：pmph @ pmph.com
购书热线：010-59787592　010-59787584　010-65264830
印　　刷：三河市潮河印业有限公司
经　　销：新华书店
开　　本：787×1092　1/16　　**印张**：19
字　　数：486 千字
版　　次：2020 年 7 月第 1 版
印　　次：2020 年 7 月第 1 次印刷
标准书号：ISBN 978-7-117-30189-3
定　　价：47.00 元

前言

基础化学实验是针对医学类院校药学、中药学、预防、检验、临床、全科、儿科、口腔、麻醉等专业学生开设的一门化学实验，是基础化学理论课程配套的实验课程。本书是为了适应新版人才培养方案，在实验内容选择和实验项目的设计中，充分注意结合化学实验的特点和实验学时的限制，既能体现对具体实验的指导，又能启发学生积极地进行思维创新。

本书包括绪论、基础化学实验基本知识、基础化学实验基本操作、无机化学实验、分析化学实验、物理化学实验和综合性实验等七部分，共选入60个实验项目。为了提高学生安全意识、做好实验室安全教育，本书在“基础化学实验基本知识”一章中加强了实验室安全规范、“三废”处理、安全事故的预防和应急处理、化学药品的使用和保存等知识的介绍；基础化学实验基本操作部分涵盖了实验内容中涉及的所有操作知识介绍和注意事项；考虑到实验教学改革的多样化和不同专业的适应性，本书实验项目既包含基本操作练习、无机化合物的制备和化学基本物理量及有关参数的确定等验证性实验，也设置了化合物的制备及质量分析、含量测定及表征等综合性实验。实验内容安排充分考虑到与药学及医学有关的化学知识和操作，以达到基础化学教学服务于专业教学的目的。

本书凝聚了西安医学院历年来从事基础化学实验教学老师和实验技术人员的辛勤劳动，兄弟院校的宝贵教学经验和历届学生的教学实践给我们很多有益的启示，谨致谢意。

本书由张剑、范涛策划并组织编写，刘春叶、苗延青、杨莉宁、张雪娇、尤静、梁玲玲、赵灵芝、成昭等参与了编写。本书由西安医学院药学院秦蓓教授担任主审，并对本书内容的修改、补充和完善提供了宝贵的建议。同时，在本书的编写过程中得到西安医学院教务处、西安医学院药学院领导和相关老师的关心与帮助，并提出了大量的宝贵意见，在此表示衷心的感谢。对本书中所列参考文献的作者和由于疏忽未列出的参考文献作者，一并表示感谢。感谢陕西省一流药学专业建设项目、陕西省大学生校外创新创业教育实践基地建设项目、陕西省高等教育学会高等教育科学研究项目（XGH19042）对本教材的支持。

因编者水平有限，在书的章节编排和内容上难免有不妥之处，恳请有关专家、老师和广大读者给予指正。

主编

2020年3月

目　录

第一章

绪　论

第一节　基础化学实验课程的教学目的

化学是一门以实验为基础的自然科学,化学各门学科的一些理论和定律都是通过实验总结出来的,化学新物质的合成及应用也离不开化学实验。化学实验是在人为的条件下进行化学现象的模拟、再现和研究的实践性活动。开设基础化学实验课程的目的在于:

1. 使学生通过实验获得感性知识,巩固和加深对基础化学基本理论、基本概念的理解,进一步掌握常见物质的重要性质和反应规律,了解化合物的提纯、制备和分析方法。

2. 对学生进行严格的化学实验基本操作和基本技能的训练,学会使用一些常用仪器。

3. 培养学生独立进行实验、组织与设计的能力。例如,细致观察与记录实验现象,正确测定与处理实验数据的能力,正确阐述实验结果的能力等。

4. 培养学生严谨的科学态度、良好的实验作风和环境保护意识。

5. 为学生学习后续课程、参与科学研究和临床实践工作打下良好的基础。

第二节　基础化学实验课程的要求

学好并掌握基础化学实验,不仅要有正确的学习态度,还需要有正确的学习方法。做好基础化学实验必须掌握如下四个环节。

一、预习

充分预习是做好实验的保证和前提。基础化学实验是在教师指导下,由学生独立实践,只有充分理解实验原理、操作要领,明确自己在实验室将要解决哪些问题,怎样去做,为什么这样做,才能主动和有条不紊地进行实验,取得应有的效果,感受到做实验的意义和乐趣。为此,必须做到以下几点:

1. 钻研实验教材　阅读基础化学及其他参考资料的相应内容,弄懂实验原理,明确做好实验的关键及有关实验操作的要领和仪器用法。

2. 合理安排好实验　例如,哪个实验反应时间长或需用干燥的器皿应先做,哪些实验先后顺序可以调动，从而避免等候使用公用仪器而浪费时间等，要做到心里有数。

3. 写出预习报告　内容包括：每项实验的标题；用简练的语言点明实验目的；用反应式、流程图等表明实验步骤；留出合适的位置记录实验现象，或精心设计一个记录实验数据和实验现象的表格等，切忌原封不动地照抄实验教材。总之，好的预习报告应有助于实验的进行。

二、讨论

1. 实验前教师以提问的形式指出实验的关键，由学生回答，以加深对实验内容的理解，检查预习情况。另外还对上次的实验进行总结与评述。

2. 教师或学生进行操作示范及讲评。

3. 不定期举行实验专题讨论，交流实验方面的心得体会。

在讨论时，应集中注意力，取长补短，集思广益。

三、实验

实验时要认真、正确地操作，仔细观察和积极思考，及时和如实地记录。要善于巧妙安排和充分利用时间，以便有充裕的时间进行实验和思考。下面介绍实验数据的记录，如何观察实验现象和进行试管实验。

1. 记录实验数据的要求　最好用表格的形式记录数据。要实事求是，绝不能拼凑或伪造数据，也不能掺杂主观因素。如果记录数据后发现读错或测错，应将错误数据圈去重写（不要涂改或抹掉），简要注明理由，便于找出原因。重复测定，数据完全相同时也要记录下来，因为这是表示另一次操作的结果。

2. 如何观察实验现象　在实验中观察到的物质的状态和颜色、沉淀的生成和溶解、气体的产生、反应前后温度的变化等都是实验现象。对现象的观察是积极思维的过程，善于透过现象看本质是科学工作者必须具备的素质。

（1）要学会观察和分析变化中的现象。

例 1-1　用碘化钾-淀粉试纸检验有无氯气生成。最初生成的 Cl_2，使 I^- 氧化为 I_2，使试纸变蓝，但继续生成的 Cl_2 能将 I_2 进一步氧化成无色 IO_3^-，蓝色褪去。要观察和分析现象的全过程。

例 1-2　为了证实三草酸合铁（Ⅲ）酸钾的 $C_2O_4^{2-}$ 是否在内界，是将 $CaCl_2$ 溶液加到此化合物的溶液中。最初溶液出现微弱的混浊，随着放置时间增长，沉淀量增多，这是由于溶液中存在如下平衡：

$$[Fe(C_2O_4)_3]^{3-} \rightleftharpoons Fe^{3+} + 3C_2O_4^{2-}$$

Ca^{2+} 的加入，生成难溶的 CaC_2O_4，使平衡向配离子解离方向移动。应以刚加入 $CaCl_2$ 溶液时的实验现象作为判断 $C_2O_4^{2-}$ 在内界的依据。

（2）观察时要善于识别假象。例如，为了观察有色溶液中产生沉淀的颜色，应该使溶液与沉淀分离，还要洗涤沉淀，以排除溶液颜色对沉淀颜色的干扰。又如，浅色沉淀的颜色会被深色沉淀的颜色所掩盖，为了判断浅色沉淀是否存在，可选用一种试剂，使深色沉淀溶解转入溶液后再观察。

(3)应该及时和如实地记录实验现象,学会正确描述。例如,溶液中有灰黑色固态碘生成,就不能描述成"溶液变为灰黑色"。如果实验现象与理论不符时,应首先尊重实验事实。不要忽视实验中的异常现象,更不要因实验的失败而灰心,而应仔细分析其原因,做些有针对性的空白试验或对照试验(即用蒸馏水或已知物代替试液,用同样的方法、在相同条件下进行实验),以利于查清现象的来源,检查所用的试剂是否失效,反应条件是否控制得当等。千万不要放过这些提高自己科学思维能力与实验技能的机会。

3. 如何做试管实验 许多无机实验是在试管中进行的。试管反应消耗药品少、机动灵活。进行试管实验时必须做到:

(1)以研究的态度,求实探索的精神去进行实验 同样内容的试管实验,各人的实验现象不尽相同。因为试剂的用量、加入的顺序、酸化(或碱化)的程度,甚至加入试剂的速度都有所不同,现象就会有所差异。因此,应根据实验事实去思考和分析。

(2)要善于归纳和对比 无机化合物的制备和某些常数的测定,主题非常明确,试管实验由多个小实验组成,内容显得多而杂,因此,对这类实验特别要学会归纳和对比,领会各反应的内在联系与本质差别,掌握它们的个性和共性。对有些反应的认识需要经过多次实验才能完整和深化,应该在适当的时候及时进行阶段总结。

(3)试剂的用量和加法应恰当 试管实验所用试剂的量"宜少勿多,由少到多。"过多使用试剂,不仅会使反应时间加长,还会产生副作用。实验时应先加少量试剂,现象不明显时再逐渐增加试剂用量。少量试剂是指取 0.5~1mL 的液体试剂或体积如绿豆般大小的固体试剂。

应注意"滴加"与"加入"操作的区别。滴加是指每加 1 滴试剂后都必须摇匀,观察后再加入下一量试剂;而加入是指一次性加入试剂。有时也用"滴入"的操作加入试剂,这种操作常用于试剂稍稍过量而影响甚微的反应。无论何种加法,只有将试剂混匀后出现的实验现象才能代表某反应的真实现象。加入试剂后,摇匀之前,溶液表面出现的现象只是给人以预示。为了方便摇荡试管,内容物总体积不宜越过试管总容量的 1/3。

四、实验报告

做完实验后要及时写实验报告,将感性认识上升为理性认识。实验报告要求文字精练、内容确切、书写整洁,应有自己的看法和体会。

实验报告内容包括以下几部分:

1. 预习部分 实验目的、简明原理、步骤(尽量用简图、反应式、表格等表示)、装置示意图。

2. 记录部分 测得的数据、观察到的实验现象。

3. 结论 包括实验数据的处理,实验现象的分析与解释,实验结果的归纳与讨论,对实验的改进意见等。

本书各实验的思考题，有些是帮助理解实验原理和操作，有些是引导实验者做好总结，通过个别实验认识一类物质或一类反应，领悟处理同类问题的方法。书写实验报告时，应根据自己的实验情况，将对实验数据、现象的分析、归纳与回答思考题结合起来。对某个实验的小结往往也是对某个思考题的回答，这样做，比孤立回答思考题的收益大。

第二章

基础化学实验基本知识

第一节　化学实验室规则

一、实验室规则

为保持实验室环境的正常秩序，保证实验顺利进行，防止发生意外事故，必须严格遵守实验室规则：

1. 进入实验室首先了解实验室的各项规章制度，熟悉实验室的环境、布置、各种设施的位置，清点仪器、试剂和材料。

2. 保持实验室室内安静，集中思想，仔细观察。如实、及时地记录实验中观察到的现象和实验数据。

3. 保持实验室和实验台面的清洁，火柴、纸屑、废品等要放入废物缸内，不得丢入水槽。

4. 使用仪器要小心谨慎，若有损坏则应填写仪器损坏单，使用精密仪器时，必须严格按照操作规程进行，不得随意拆装和搬动。仪器使用完毕应及时登记并请教师检查签名。注意节约水电。

5. 使用试剂时应注意如下事项：

(1)按量取用，注意节约。

(2)取用固体试剂时，注意勿使其落在实验容器外。

(3)公用试剂要放在指定位置，不得擅自拿走，用后即放回原处，避免搞错，玷污试剂。

(4)使用试剂时要遵守正确的取用方法，注意试剂、溶剂的瓶盖不能搞错。

6. 实验完毕，洗净仪器，放回原处，整理台面，洗净双手，经指导教师同意方可离开。实验室内物品不得带出实验室。

7. 发生意外事故应保持镇静，不要惊慌失措，遇有烧伤、割伤时应立即报告指导教师，及时急救和治疗。

8. 每次实验后由值日生负责整理药品、打扫卫生，并检查水、电和门窗，以保持实验室的整洁和安全。

二、实验室安全守则

进入化学实验室时，首先必须在思想上高度重视安全问题，以防任何事故的发生。要做到这一点，除在实验前充分了解所做实验中应该注意的事项和可能出现的问题，并在实验过程中认真操作、集中注意力外，还应遵守如下守则：

1. 实验室严禁饮食、吸烟，一切化学药品禁止入口，实验完毕应洗手。

2. 使用电器设备应特别细心，切不可用湿手去开启电闸和电器开关。凡是漏电的仪器不要使用，以防触电。电源打开后，如发觉无电必须立即关闭，再进行检查。

3. 容易产生有毒气体，挥发性、刺激性毒物的实验应在通风橱内进行。

4. 一切易燃、易爆物质的操作应在远离火源的地方进行，用后把瓶塞塞紧，放在阴凉处，并尽可能在通风橱内进行。

5. 金属钾、钠应保存在煤油或石蜡中，白磷应保存在水中，取用时必须用镊子，决不能用手拿。

6. 使用强腐蚀性试剂（如浓 H_2SO_4、浓 HNO_3、浓碱、液溴、浓 H_2O_2、HF 等）时，切勿溅在衣服和皮肤上、眼睛里，取用时要戴橡胶手套和防护眼镜。

7. 使用有毒试剂应严防入口内或接触伤口，实验后废液应回收，集中统一处理。

8. 用试管加热液体时，试管口不准对着自己或他人；不能俯视正在加热的液体，以免溅出的液体烫伤眼、脸；闻气体的气味时，鼻子不能直接对着瓶（管）口，而应采用扇闻的方式。

9. 决不允许将各种化学药品随意混合，以防发生意外；自行设计的实验需和教师讨论后方可进行。

10. 实验后的废弃物，如废纸、火柴梗、玻璃碎片等固体物应放入废液桶（箱）内，不要丢入水池内，以防堵塞。

11. 加热器不能直接放在木质台面或地板上，应放在石棉板、绝缘砖或水泥地板上，加热期间要有人看管。大型贵重仪器应有安全保护装置。加热后的坩埚、蒸发皿应放在石棉网或石棉板上，不能直接放在木质台面上，以防烫坏台面，引起火灾，更不能与湿物接触，以防炸裂。

化学实验室安全守则是人们长期从事化学实验工作的经验总结，是保持良好的工作环境和工作秩序，防止意外事故的发生，保证实验安全顺利完成的前提，人人都应严格遵守。

第二节　化学实验室安全

人们在长期的化学实验工作过程中，总结了关于实验室工作安全的一句俗语："水、电、门、窗、气、废、药"。这七个字涵盖了实验室工作中使用水、电、气体、试剂，实验过程产生的废物处理和安全防范的关键字眼。下面分别对上述问题进行讨论：

一、实验室用水安全

使用自来水后要及时关闭阀门，尤其遇突然停水时要立即关闭阀门，以防来水后跑水。离开实验室之前应再检查自来水阀门是否完全关闭（使用冷凝器时较容易忘记关闭冷却水）。

二、实验室用电安全

实验室用电有十分严格的要求，不能随意。必须注意以下几点：

1. 所有电器必须由专业人员安装。

2. 不得任意另拉、另接电线用电。

3. 在使用电器时，先详细阅读有关的说明书及资料，并按照要求去做。

4. 所有电器的用电量应与实验室的供电及用电端口匹配，决不可超负荷运行，以免发生事故。谨记：任何情况下发现用电问题（事故）时，首先关电源！

5. 发生触电事故的应急处理　如遇触电事故，应立即使触电者脱离电源——拉下电源或用绝缘物将电源线拨开（注意千万不可徒手去拉触电者，以免抢救者也被电流击倒）。同时，应立即将触电者抬至空气新鲜处，如电击伤害较轻则触电者短时间内可恢复知觉；若电击伤害严重或已停止呼吸，则应立即为触电者解开上衣并及时做人工呼吸和给氧。对触电者的抢救必须要有耐心（有时要连续数小时），同时忌注射强心兴奋剂。

三、实验室用火（热源）安全

目前实验过程使用的热源大多用电，但也有少数直接用明火（如酒精灯）。首先，无论采用什么形式获得热源，都必须十分注意用火（热源）的规定及要求：

1. 使用燃气热源装置，应经常对管道或气罐进行检漏，避免发生泄漏引起火警。

2. 加热易燃试剂时，必须使用水浴、油浴或电热套，绝对不可使用明火。

3. 若加热温度有可能达到被加热物质的沸点，则必须加入沸石（或碎瓷片），以防暴沸伤人，实验人员不应离开实验现场。

4. 用于加热的装置必须是规范厂家的产品，不可随意使用简便的器具代用。

如果在实验过程中发生火灾，第一时间要做的是：将电源和热源（或煤气等）断开。起火范围小时可以立即用合适的灭火器材进行灭火，但若火势有蔓延趋势，必须同时立即报警。常用的灭火器及其适用范围见表 2-1。

表 2-1　常用灭火器介绍

灭火器类型	灭火剂成分	适用范围
泡沫灭火器	$Al_2(SO_4)_3$ 和 $NaHCO_3$	适用于油类起火
二氧化碳灭火器	液态 CO_2	适用于扑灭忌水的火灾，如电器设备和小范围油类火灾等
酸碱式灭火器	H_2SO_4 和 $NaHCO_3$	非油类和非电器的一般火灾
干粉灭火器	$NaHCO_3$ 等盐类物质与适量的润滑剂和防潮剂	适用于不能用水扑灭的火灾，如精密仪器、油类、可燃性气体、电器设备、图书文件和遇水易燃物品的初期起火
四氯化碳灭火器	液态 CCl_4	适用于扑灭电器设备和小范围的汽油、丙酮等火灾
1211 灭火器	CF_2ClBr 液化气体	特别适用于不能用水扑灭的火灾，如精密仪器、油类、有机溶剂、高压电气设备等的失火

四、化学实验室"三废"的处理

根据绿色化学的原则，化学实验室应尽可能选择对环境无毒害的实验项目。对确实无法避免的实验项目，若排放出废气、废液和废渣（简称三废），如果对其不加处理而任意排放，不仅污染周围空气、水源和环境，形成公害，而且三废中的有用或贵重成分未能回收，也会造成一定的经济损失。通过对三废的处理和回收，消除公害，变废为宝，综合利用，也是实验室工作的重要组成部分。

化学实验室的环境保护应该规范化、制度化，对每次产生的废气、废液和废渣均应进行处理。教师和学生要按照国家要求的排放标准进行处理，把用过的酸类、碱类和盐类等各种废液、废渣分别倒入各自的回收容器中，再根据其特性，采取中和、吸收、燃烧、回收循环利用等方法进行处理。

（一）废气处理

实验室中凡可能产生有害废气的操作都应在有通风装置的条件下进行，如加热酸、碱溶液及产生少量有毒气体的实验等应在通风橱中进行。绿色化学实验室的通风橱气体排放通道中均安装有吸附过滤装置，能够对废气中少量的有毒气体进行吸附后排放，应视有毒废气的产生数量定期更换滤芯，以保证处理效果。汞的操作室必须有良好的全室通风装置，其抽风口通常在墙的下部。实验室若排放毒性大且较多的气体，可参考工业上废气处理的办法，在排放之前，采用吸附、吸收、氧化、分解等方法进行预处理后，再进行无毒排放。

（二）废液处理

废液应根据其化学特性选择合适的容器和存放地点，密闭存放，禁止混合贮存；容器要防渗漏，防止挥发性气体逸出而污染环境；容器标签必须标明废物种类和贮存时间，且贮存时间不宜太长，贮存数量不宜太多；存放地要通风良好；剧毒、易燃、易爆药品的废液，其贮存应按危险品管理规定办理。

一般废液可通过酸碱中和、混凝沉淀、次氯酸钠氧化处理后排放。有机溶剂废液应根据其性质尽可能回收；对于某些数量较少、浓度较高、确实无法回收使用的有机废液，可采用活性炭吸附法、过氧化氢氧化法处理，或在燃烧炉中供给充分的氧气使其完全燃烧。对高浓度废酸、废碱液要经中和至近中性（pH 6~9）时方可排放。

含汞、铬、铅、镉、砷、酚、氰、铜的废液必须经过处理达标后才能排放，对实验室内小量废液的处理可参照以下方法。

1. 含汞废弃物的处理　若不小心将金属汞撒落在实验室里（如打碎压力计、温度计或极谱分析操作时不慎将汞撒落在实验台、地面上等），必须及时清除。可用滴管、毛笔或用在硝酸汞的酸性溶液中浸过的薄铜片、粗铜丝将撒落的汞收集于烧杯中，并用水覆盖。撒落在地面难以收集的微小汞珠应立即撒上硫磺粉，使其化合成毒性较小的硫化汞，或喷上用盐酸酸化过的高锰酸钾溶液（每升高锰酸钾溶液中加 5mL 浓盐酸），过 1~2h 后再清除，或喷上 20%三氯化铁的水溶液，干后再清除干净。应当指出的是，三氯化铁水溶液是对汞具有乳化性能，并且同时可将汞转化为不溶性化合物的一种非常好的去汞剂，但金属器件（铅质除外）不能用三氯化铁水溶液除汞，因金属本身会受这种溶液的作用而损坏。

如果室内的汞蒸气浓度超过 0.01mg/m^3，可用碘净化，即将碘加热或自然升华，碘蒸气与空气中的汞及吸附在墙上、地面上、天花板上和器物上的汞作用生成不易挥发的碘化汞，然后彻底清扫干净。实验中产生的含汞废气可导入高锰酸钾吸收液内，经吸收后排出。

含汞废液可采用硫化物共沉淀法处理，即用酸、碱先将废液调至 pH 8~10，加入过量硫化钠，使其生成硫化汞沉淀。再加入硫酸亚铁作为共沉淀剂，与过量的硫化钠生成硫化铁，生成的硫化铁沉淀将悬浮在水中难以沉降的硫化汞微粒吸附而共沉淀，然后静置、沉淀分离或经离心过滤，上清液可直接排放，沉淀用专用瓶贮存，待一定量后可用焙烧法或电解法回收汞或制成汞盐。

2. 含铅、镉废液的处理　镉在 pH 高的溶液中能沉淀下来，对含铅废液的处理通常采用混凝沉淀法、中和沉淀法。因此可用碱或石灰乳将废液 pH 调至 9，使废液中的 Pb^{2+}、Cd^{2+} 生成 $Pb(OH)_2$ 和 $Cd(OH)_2$ 沉淀，加入硫酸亚铁作为共沉淀剂，沉淀物可与其他无机物混合进行烧结处理，清液可排放。

3. 含铬废液的处理　铬酸洗液经多次使用后，Cr^{6+} 逐渐被还原为 Cr^{3+} 同时洗液被稀释，酸度降低，氧化能力逐渐降低至不能使用。此废液可在 110~130℃ 条件下不断搅拌，加热浓缩，除去水分，冷却至室温，边搅拌边缓缓加入高锰酸钾粉末，直至溶液呈深褐色或微紫色（1L 加入约 10g 高锰酸钾），加热至有二氧化锰沉淀出现，稍冷，用玻璃砂芯漏斗过滤，除去二氧化锰沉淀后即可使用。

含铬废液：采用还原剂（如铁粉、锌粉、亚硫酸钠、硫酸亚铁、二氧化硫或水合肼等），在酸性条件下将 Cr^{6+} 还原为 Cr^{3+}，然后加入碱（如氢氧化钠、氢氧化钙、碳酸钠、石灰等），调节废液 pH，生成低毒的 $Cr(OH)_3$ 沉淀，分离沉淀，清液可排放。沉淀经脱水干燥后或综合利用，或用焙烧法处理，使其与煤渣和煤粉一起焙烧，处理后的铬渣可填埋。一般认为，将废水中的铬离子形成铁氧体（使铬镶嵌在铁氧体中），则不会有二次污染。

4. 含砷废液的处理　在含砷废液中加入氯化钙或消石灰，调节并控制废液 pH 为 8~9，生成砷酸钙和亚砷酸钙沉淀，再加入 $FeCl_3$，因有 Fe^{3+} 存在时可起共沉淀作用。也可将含砷废液 pH 调至 10 以上，加入硫化钠，与砷反应生成难溶、低毒的硫化物沉淀。

有少量含砷气体产生的实验应在通风橱中进行，使毒害气体及时排出室外。

5. 含酚废液的处理　低浓度的含酚废液可加入次氯酸钠或漂白粉，使酚氧化成邻苯二酚、邻苯二醌、顺丁烯二酸而被破坏，处理后废液汇入综合废水桶。高浓度的含酚废液可用乙酸丁酯萃取，再用少量氢氧化钠溶液反萃取。经调节 pH 后进行重蒸馏回收，提纯（精制）即可使用。

6. 含氰废液的处理　处理低浓度的氰化物废液可直接加入氢氧化钠调节 pH 为 10 以上，再加入高锰酸钾粉末（约 3%），使氰化物氧化分解。

如氰化物浓度较高，可用氯碱法氧化分解处理。先用氢氧化钠将废液 pH 调至 10 以上，加入次氯酸钠（或液氯、漂白粉、二氧化氯），经充分搅拌调 pH 呈弱碱性（pH 约为 8.15），氰化物被氧化分解为二氧化碳和氮气，放置 24h，经分析达标即可排放。应特别注意含氰化物的废液切勿随意乱倒或误与酸混合，否则发生化学反应，生成挥发性的氰化氢气体逸出，造成中毒事故。

7. 含苯废液的处理　含苯废液可回收利用，也可采用焚烧法处理。对于少量的含苯废液，可将其置于铁器内，放到室外空旷地方点燃；但操作者必须站在上风向，持长棒点燃并监视至完全燃尽为止。

8. 含铜废液的处理　酸性含铜废液以 $CuSO_4$ 废液和 $CuCl_2$ 废液为常见，一般可采用硫化物沉淀法进行处理（pH 调节约为 6），也可用铁屑还原法回收铜。

碱性含铜废液，如含铜铵腐蚀废液等，其浓度较低和含有杂质，可采用硫酸亚铁还原法处理，其操作简单、效果较佳。

9. 综合废液的处理　综合废液以委托有资质、有处理能力的化工废水处理站或城镇污水处理厂处理为佳。少量的综合废液也可以自行处理。

对已知且互不作用的废液可根据其性质采用物理化学法进行处理，如铁粉处理法：将废液 pH 调节为 3~4，再加入铁粉，搅拌 30min，用碱调 pH=9 左右，继续搅拌 10min，加入高分子混凝剂进行混凝沉淀，清液可排放，沉淀物以废渣处理。

废酸、废碱液可用中和法处理。

10. 废有机溶剂的回收与提纯　从实验室的废弃物中直接进行回收是解决实验室污染问题的有效方法之一。实验过程中使用的有机溶剂，一般毒性较大、难以处理，从保护环境和节约资源的角度来看，应该采取积极措施回收利用。回收有机溶剂通常先在分液漏斗中洗涤，将洗涤后的有机溶剂进行蒸馏或分馏处理加以精制、纯化，所得有机溶剂纯度较高，可供实验重复使用。由于有机废液的挥发性和有毒性,整个回收过程应在通风橱中进行。为准确掌握蒸馏温度,测量蒸馏温度用的温度计应正确安装在蒸馏瓶内,其水银球的上缘应和蒸馏瓶支管口的下缘处于同一水平,蒸馏过程中使水银球完全为蒸气包围。

(三)废渣处理

实验室产生的有害固体废渣虽然不多,但决不能将其与生活垃圾混倒。有回收价值的废渣应收集起来统一处理,回收利用,少量无回收价值的有毒废渣也应集中起来分别进行处理或深埋于离水源地较远的指定地点。

1. 钠、钾屑及碱金属、碱土金属氢化物、氨化物　悬浮于四氢呋喃中,在搅拌下慢慢滴加乙醇或异丙醇至不再放出氢气为止,再慢慢加水澄清后冲入下水道。

2. 硼氢化钠(钾)　用甲醇溶解后,用水充分稀释,再加酸并放置,此时有剧毒硼烷产生,所以应在通风橱内进行,其废液用水稀释后冲入下水道。

3. 酰氯、酸酐、三氯化磷、五氯化磷、氯化亚砜　在搅拌下加入大量水中冲走。五氯化二磷加水,用碱中和后冲走。

4. 沾有铁、钴、镍铜催化剂的废纸、废塑料　变干后易燃,不能随便丢入废纸篓内,应趁未干时深埋于地下。

5. 重金属及其难溶盐　能回收的尽量回收,不能回收的集中起来深埋于远离水源的地下。

实验室废弃物虽然数量较少,但危害很大,必须引起人们的足够重视。各实验室对实验过程中产生的废弃物,必须对其进行有效的处理后方能排放,要防患于未然,杜绝污染事故的发生。

五、化学实验室的安全防范

由于化学实验室一般都存放有化学试剂、易燃易爆气体、有机溶剂等,因此必须十分重视实验室的安全防范工作。对所有在实验室工作的人员和上实验课的学生,都必须进行安全教育,使所有人员都知道如何安全地进行工作和学习,更应该知道当事故发生时,应如何面对和采取怎样的应急措施。

(一)火灾的预防

有效的防范才是对待事故最积极的态度。为预防火灾,应切实遵守以下各点:

1. 严禁在开口容器或密闭体系中用明火加热有机溶剂,当用明火加热易燃有机溶剂时,必须要有蒸气冷凝装置或合适的尾气排放装置。

2. 废溶剂严禁倒入污物缸,量少时可用水冲入下水道,量大时应倒入回收瓶内再集中处理。燃着的或阴燃的火柴梗不得乱丢,应放在表面皿中,实验结束后一并投入废物缸。

3. 金属钠严禁与水接触,废钠通常用乙醇销毁。

4. 不得在烘箱内存放、干燥、烘焙有机物。

5. 使用氧气钢瓶时,不得让氧气大量逸入室内。在含氧量约25%的大气中,物质燃烧所需的温度要比在空气中低得多,且燃烧剧烈,不易扑灭。

(二)防爆

实验室发生爆炸事故的原因大致如下:

1. 随便混合化学药品　氧化剂和还原剂的混合物在受热、摩擦或撞击时会发生爆炸。表2-2中列出的混合物都发生过意外的爆炸事故。

表 2-2　加热时发生爆炸的混合示例

混合物	混合物
镁粉-硝酸银(遇水产生剧烈爆炸)	还原剂-硝酸铅
镁粉-重铬酸铵	氯化亚锡-硝酸铋
镁粉-硫磺	浓硫酸-高锰酸钾
锌粉-硫磺	三氯甲烷-丙酮
铝粉-氧化铅	铝粉-氧化铜

2. 在密闭体系中进行蒸馏、回流等加热操作。

3. 在加压或减压实验中使用不耐压的玻璃仪器,气体钢瓶减压阀失灵。

4. 反应过于激烈而失去控制。

5. 易燃易爆气体如氢气、乙炔等烃类气体、煤气和有机蒸气等大量逸入空气,引起爆燃。

6. 一些本身容易爆炸的化合物,如硝酸盐类,硝酸酯类,三碘化氮、芳香族多硝基化合物、乙炔及其重金属盐、重氮盐、叠氮化物、有机过氧化物(如过氧乙醚和过氧酸)等,受热或被敲击时会爆炸。强氧化剂与一些有机化合物接触,如乙醇和浓硝酸混合时会发生猛烈的爆炸反应。

爆炸的毁坏力极大,必须严格加以防范。凡有爆炸危险的实验,在教材中必须有具体的安全指导,应严格执行。此外,平时应该遵守以下各点:

1. 取出的试剂药品不得随便倒回贮备瓶中,也不能随手倾入污物缸。

2. 在做高压或减压实验时,应使用防护屏或戴防护面罩。

3. 不得让气体钢瓶在地上滚动,不得撞击钢瓶表头,更不得随意调换表头。搬运钢瓶时应使用钢瓶车。

4. 在使用和制备易燃、易爆气体时,如氢气、乙炔等,必须在通风橱内进行,并不得在其附近点火。

5. 煤气灯用完后或中途煤气供应中断时,应立即关闭煤气龙头。若遇煤气泄漏,必须停止实验,立即报告教师检修。

(三) 防中毒和化学灼伤

化学药品的危险性除了易燃易爆外,还在于它们具有腐蚀性、刺激性、对人体的毒性,特别是致癌性。使用不慎会造成中毒或化学灼伤事故。特别应该指出的是,实验室中常用的有机化合物,其中绝大多数对人体都有不同程度的毒害。

化学中毒主要是由下列原因引起的:

1. 由呼吸道吸入有毒物质的蒸气。

2. 有毒药品通过皮肤吸收进入人体。

3. 吃进被有毒物质污染的食物或饮料,品尝或误食有毒药品。

化学灼伤则是因为皮肤直接接触强腐蚀性物质、强氧化剂、强还原剂,如浓酸、浓碱、氢氟酸、钠、溴等引起的局部外伤。预防措施如下:

1. 最重要的是保护好眼睛!在化学实验室里应该一直佩戴护目镜(平光玻璃或有机玻璃眼镜),防止眼睛受刺激性气体熏染,防止任何化学药品特别是强酸、强碱、玻璃屑等异物进入眼内。

2. 禁止用手直接取用任何化学药品，使用有毒药品时除用药匙、量器外必须戴橡皮手套，实验后马上清洗仪器用具，立即用肥皂洗手。

3. 尽量避免吸入任何药品和溶剂蒸气。处理具有刺激性的、恶臭的和有毒的化学药品时，如 H_2S、NO_2、Cl_2、Br_2、CO、SO_2、SO_3、HCl、HF、浓硝酸、发烟硫酸、浓盐酸等，必须在通风橱中进行。通风橱开启后，不要把头伸入橱内，并保持实验室通风良好。

4. 严禁在酸性介质中使用氰化物。

5. 禁止口吸吸管移取浓酸、浓碱，有毒液体，应该用洗耳球吸取。禁止冒险品尝药品试剂，不得用鼻子直接嗅气体，而是用手向鼻孔扇入少量气体。

6. 不要用乙醇等有机溶剂擦洗溅在皮肤上的药品，这种做法反而增加皮肤对药品的吸收速度。

7. 实验室里禁止吸烟进食，禁止赤膊、穿拖鞋。

（四）防烫伤、割伤

在烧熔和加工玻璃物品时最容易被烫伤，在切割玻管或向木塞、橡皮塞中插入温度计、玻管等物品时最容易发生割伤。玻璃质脆易碎，对任何玻璃制品都不得用力挤压或造成张力。在将玻管、温度计插入塞中时，塞上的孔径与玻管的粗细要吻合。玻管的锋利切口必须在火中烧圆，管壁上用几滴水或甘油润湿后，用布包住用力部位轻轻旋入，切不可用猛力强行连接。

（五）实验室医药箱

医药箱内一般有下列急救药品和器具：

1. 医用酒精、碘酒、红药水、紫药水、止血粉，创口贴、烫伤油膏（或万花油）、鱼肝油，1%硼酸溶液或2%醋酸溶液，1%碳酸氢钠溶液、20%硫代硫酸钠溶液等。

2. 医用镊子、剪刀、纱布、药棉、棉签、绷带等。

医药箱专供急救用，不允许随便挪动，平时不得动用其中器具。

六、化学实验室事故处理

（一）火灾的处理

化学实验室一般不用水灭火！这是因为水能和一些药品（如钠）发生剧烈反应，用水灭火时会引起更大的火灾甚至爆炸，并且大多数有机溶剂不溶于水且比水轻，用水灭火时有机溶剂会浮在水上面，反而扩大火场。一旦失火，首先采取措施防止火势蔓延，应立即熄灭附近所有火源（如煤气灯），切断电源，移开易燃易爆物品。并视火势大小采取不同的扑灭方法。

1. 对在容器中（如烧杯、烧瓶，热水漏斗等）发生的局部小火，可用石棉网、表面皿或木块等盖灭。

2. 有机溶剂在桌面或地面上蔓延燃烧时不得用水冲，可撒上细沙或用灭火毯扑灭。

3. 对钠、钾等金属着火，通常用干燥的细沙覆盖。严禁用水和 CCl_4 灭火器，否则会导致猛烈的爆炸，也不能用 CO_2 灭火器。

4. 若衣服着火，切勿慌张奔跑，以免风助火势。化纤织物最好立即脱除。一般小火可用湿抹布、灭火毯等包裹使火熄灭。若火势较大，可就近用水龙头浇灭。必要时可就地卧倒打滚，一方面防止火焰烧向头部，另外在地上压住着火处，使其熄火。

5. 在反应过程中，若因冲料、渗漏、油浴着火等引起反应体系着火时，情况比较危险，处理不当会加重火势。扑救时必须谨防冷水溅在着火处的玻璃仪器上，必须谨防灭火器材击破玻璃仪器，造成严重的泄漏而扩大火势。有效的扑灭方法是用几层灭火毯包住着火部位，隔绝空气使其熄灭，必要时在灭火毯上撒些细沙。若仍不奏效，必须使用灭火器，由火场的周围逐渐向中心处扑灭。

（二）触电事故的处理

当发生触电事故时应采取以下措施：

1. 切断电流，用一个绝缘物小心地移走电线或其他接触以保护自己；戴上厚橡胶手套或绝缘手套或将手放入玻璃烧杯，推开受害者或将电源推向一边——仅使用干手杖或干毛巾是不够的。

2. 立即开始人工呼吸。

3. 不要过早地以僵直或僵硬作为停止人工呼吸的判断依据。尽管病人没有恢复知觉的迹象，为使其复活所做的努力也应当持续至少4h，或持续至医生证明已经死亡为止。

4. 要用毛毯裹住病人使其保持暖和。

（三）化学灼伤的急救

与腐蚀性化学物品接触的皮肤面应立即用肥皂和水充分洗涤，然后根据化学品的性质选择合适的处置方法。轻微的灼伤者敷以灼伤油膏，严重的灼伤者应去医院做进一步医治。

1. 眼睛灼伤或掉进异物　一旦眼内溅入任何化学药品，立即用大量水缓缓彻底冲洗。实验室内应备有专用洗眼水龙头。洗眼时要保持眼皮张开，可由他人帮助翻开眼睑，持续冲洗15min。忌用稀酸中和溅入眼内的碱性物质，反之亦然。对因溅入碱金属、溴、磷、浓酸、浓碱或其他刺激性物质的眼睛灼伤者，急救后必须迅速送往医院检查治疗。

玻璃屑进入眼睛内是比较危险的。这时要尽量保持平静，绝不可用手揉擦，也不要试图让别人取出碎屑，尽量不要转动眼球，可任其流泪，有时碎屑会随泪水流出。用纱布轻轻包住眼睛后，将伤者急送医院处理。若系木屑、尘粒等异物，可由他人翻开眼睑，用消毒棉签轻轻取出异物；或任其流泪，待异物排出后，再滴入几滴鱼肝油。

2. 皮肤灼伤

（1）溴引起的灼伤：一般都特别严重，应立即用水冲洗，10%硫代硫酸钠浸渍，敷上烫伤油膏，包扎并求诊。若眼睛受到溴蒸气的刺激，暂不能睁开时，可对着盛有乙醇的瓶口注视片刻。

（2）酸灼伤：先用大量水冲洗，以免深度受伤，再用稀 $NaHCO_3$ 溶液或稀氨水浸洗，最后用水洗。氢氟酸能腐烂指甲、骨头，滴在皮肤上会形成痛苦的难以治愈的烧伤。皮肤若被灼烧后，应先用大量水冲洗20min以上，再用冰冷的饱和硫酸镁溶液或70%乙醇浸洗30min以上，或用大量水冲洗后，用肥皂水或2%～5% $NaHCO_3$ 溶液冲洗，用5% $NaHCO_3$ 溶液湿敷。局部外用可的松软膏或紫草油软膏及硫酸镁糊剂。

（3）碱灼伤：先用大量水冲洗，再用1%硼酸或2%乙酸（HAc）溶液浸洗，最后用水洗。

在受上述灼伤后，若创面起水疱，均不宜把水疱挑破。

（四）中毒急救

实验中若感觉咽喉灼痛、嘴唇脱色，胃部痉挛或恶心呕吐、心悸头晕等症状时，则可能系中毒所致。视中毒原因，施以下述急救后立即送医院治疗，不得延误。

1. 固体或液体毒物中毒　有毒物质尚在嘴里的立即吐掉，用大量水漱口。误食碱者，先饮大量水再喝些牛奶。误食酸者，先喝水，再服 $Mg(OH)_2$ 乳剂，最后饮些牛奶。不要用催吐药，也不要服用碳酸盐或碳酸氢盐。

2. 重金属盐中毒　喝一杯含有几克 $MgSO_4$ 的水溶液，立即就医。不要服催吐药，以免引起危险或使病情复杂化。砷和汞化物中毒者，必须紧急就医。

3. 刺激性及神经性中毒　先服牛奶或鸡蛋白使之冲淡和缓解，再服用硫酸镁溶液(约 10g 溶于 100mL)催吐，并送往医院就诊。

4. 吸入气体或蒸气中毒　立即转移至室外，解开衣领和纽扣，呼吸新鲜空气。对休克者应施以人工呼吸，但不要用口对口法。立即送医院急救。吸入氯气、氯化氢等气体时，可立即吸入少量乙醇和乙醚的混合蒸气解毒；若吸入硫化氢气体而感到不适或头晕时，应立即到室外呼吸新鲜空气。

(五) 外伤的急救

1. 割伤　先取出伤口处的玻璃碎屑等异物，用水洗净伤口，挤出一点血，涂上红汞水后用消毒纱布包扎。也可在洗净的伤口上贴上创口贴，可立即止血，且易愈合。若严重割伤大量出血时，应先止血，让伤者平卧，抬高出血部位，压住附近动脉，或用绷带盖住伤口直接施压，若绷带被血浸透，不要换掉，再盖上一块施压，即送医院治疗。

2. 烫伤　一旦被火焰、蒸气、红热的玻璃、铁器等烫伤时，立即将伤处用大量水冲淋或浸泡，以迅速降温，避免深度烧伤。若起水疱不宜挑破，用纱布包扎后送医院治疗。对轻微烫伤，可在伤处涂些鱼肝油或烫伤油膏或万花油后包扎。

七、高压气体钢瓶的存放与安全操作

(一) 气瓶的存放

1. 气瓶应贮存于通风阴凉处，不能过冷、过热或忽冷忽热，使瓶材变质。也不能暴露于日光及一切热源照射下，因为暴露于热力中，瓶壁强度可能减弱，瓶内气体膨胀，压力迅速增长，可能引起爆炸。

2. 气瓶附近不能有还原性有机物，如有油污的棉纱、棉布等。不要用塑料布、油毡之类覆盖，以免爆炸。

3. 勿放于通道，以免碰倒。

4. 不用的气瓶不要放在实验室，应有专库保存。

5. 不同气瓶不能混放。空瓶与装有气体的瓶应分别存放。

6. 在实验室中，不要将气瓶倒放、卧倒，以防止开阀门时喷出压缩液体。要牢固地直立，固定于墙边或实验桌边，最好用固定架固定。

7. 接收气瓶时，应用肥皂水试验阀门有无漏气，如果漏气要退回厂家，否则会发生危险。

(二) 气瓶的搬运

气瓶要避免敲击、撞击及滚动。阀门是最脆弱的部分，要加以保护，因此搬运气瓶要注意遵守以下的规则：

1. 气瓶搬运时，不应使气瓶突出车旁或两端，并应采取充分措施防止气瓶从车上掉下；运输时不可散置，以免在车辆行进中发生碰撞。不可用磁铁或铁链悬吊，可以用绳索系牢吊装，每次不可超过一个。如果用起重机装卸超过一个时，应用正式设计托架。

2. 气瓶搬运时，应罩好气钢瓶帽，保护阀门。

3. 避免使用染有油脂的人手、手套、破布接触搬运气瓶。

4. 搬运前，应将联接气瓶的一切附件如压力调节器、橡皮管等卸去。

(三) 气瓶使用

1. 气瓶必须联接压力调节器，经降压后再流出使用，不要直接联接气瓶阀门使用气体。各种气体的调节器及配管不要混乱使用，使用氧气时尤其要注意此问题，否则可能发生爆炸。

最好配件和气瓶均漆上同一颜色的标志。

2. 安装调节器、配管等，要用绝对合适的。如不合适，绝不能用力强求吻合，接合口不要放润滑油，不要焊接。安装后，试接口，不漏气方可使用。

3. 保持阀门清洁，防止砂砾、秽物或污水等侵入阀门套管，引起漏气。清理时，由有经验的人慢慢开阀门，排出少量气冲走污物，操作人员应稍远离气瓶阀门。

4. 开阀门时，应徐徐进行；关闭阀门时，以能将气体截止流出即可，适可而止，不要过度用力。

5. 易燃气体的气瓶，经压力调节器后，应装单向阀门，防止回火。

6. 气瓶不要和电器电线接触，以免发生电弧，使瓶内气体受热发生危险。如使用乙炔气焊接或割切金属，要使气瓶远离火源及熔渣。

7. 点火前，要确保空气排尽，不发生回火才可以点火。为此用试管收集气体试验，如为氢气，收集气体不爆炸后才能点火。使用乙炔焊枪，亦应放一会儿气，保证不混空气才可点燃焊枪。

8. 易燃气体或腐蚀气体，每次实验完毕，都应将与仪器联接管拆除，不要联接过夜。

9. 气瓶内的气体不能用尽，即输入气体压力表指压不应为零，否则可能混入空气，将来再重装的气体工作时会发生危险。

10. 气瓶附近必须有合适的灭火器，且工作场所通风良好。

（四）注意事项及事故处理

1. 乙炔的铜盐、银盐是爆炸物，乙炔气及气瓶切勿与铜或含铜 70% 以上的合金接触，一切附件不能用这些金属。

2. 气瓶与仪器中间应有安全瓶，防止药物回吸入瓶中，发生危险。

3. 如发生回火或气瓶瓶身发热现象，应立即关掉气瓶阀门，将气瓶搬出室外空旷处，并将气瓶浸入冷水中或浇以大量凉水，降低温度，将阀门徐徐打开，继续保持冷却至气体放完为止。

4. 乙炔、氢气、石油气是最危险的易燃气体。

5. 氧气虽然不是易燃物，但助燃性强，一定不能接触污物、有机物。

6. 使用腐蚀性气体，气瓶和附件都要勤检查，不用时，不要放在实验室中。

（五）压力调节器的用途和操作

1. 压力调节器的用途　压力调节器是准确的仪器。它的设计使气瓶输出压力降至安全范围才流出，使流出气体压力限制在安全范围内，防止任何仪器或装置被超压撞坏，同时气流压力稳定。

好的调压器应有以下性能：气瓶输入气体改变压力，调节器输出气体压力能维持常压；压力调节器不因气体输出速度改变而改变压力，偏差很小，基本维持恒压；停止工作时，系统内的终压不会提高。

2. 压力调节器的操作

(1) 在与气瓶联接之前，察看调节器入口和气瓶阀门出口有无异物，如有，用布除去。但如为氧气瓶则不能用布擦，此时小心慢慢地稍开气瓶阀门，吹走出口之脏物。脏的氧气压力调节器入口用四氯化碳或三氯乙烯洗干净，用氮气吹干，再使用。

(2) 用平板钳拧紧气瓶出口和调节器入口之联接，但不要加力于螺纹。有的气瓶要在出入口间垫上密合垫，用聚四氟乙烯垫时不要过于用力，否则垫被挤入阀门开口，阻挡气体流出。

(3) 向逆时针方向松调压螺旋至无张力，就关上调节器。

(4)检查输出气体之针形阀是否关上。

(5)开气时首先慢慢打开气瓶的阀门,至输入表读出气瓶全压力。打开时,一定要全开阀门,调节器的输出压力才能维持恒定。

(6)向顺时针方向拧动调节螺旋,将输出压力调至要求的工作压力。

(7)调动针形阀调整流速。

(8)关气时首先关气瓶阀门。

(9)打开针形阀,将压力调节器内的气体排净。此时两个压力表的读数均应为零。

(10)向逆时针方向松开调节螺旋至无张力,将调节器关上。

(11)关上调节器输出的针形阀。

3. 保存　压力调节器不用时,要及时拆下并按下列方法保存。

(1)压力调节器保存于干净、无腐蚀性气体的地方。

(2)用于腐蚀性气体或易燃气体的调节器,用完后立即用干燥氮气冲洗。洗时,将螺旋向顺时针方向打开,接上氮气,通入入口管。冲洗 10min 以上。

(3)然后用原胶袋将入口管封住,保持清洁。

4. 压力调节器的检查　调节器要经常检查,尤其是强腐蚀性气体的调节器,使用一周就要检查一次,其他的可隔一两个月检查一次。完好的压力调节器应符合下述技术条件:

(1)无压力时两表读数都应为零。

(2)开气瓶阀门,调松螺旋后,应读出气瓶最高压力。

(3)关上调节器输入针形阀,在 5~10min 内,输出压力表之压力不应上升,否则内部阀门有漏气处。

(4)顺时针方向转动调节螺旋,应指出正常输出压力,如达不到,表示内部有堵塞,稍后些使输出压上升,这叫缓慢现象,呈现缓慢现象的调节器不能使用。

(5)关上气瓶阀门,在 5~10min 内输入输出压力均不应有变化。如下降,表示有漏气的地方,可能在输入管、针形阀、安全装置隔膜等处漏气。

(6)在操作时,输出压力异常下降,表示表内有故障。出现任何不正常现象,都要修理好才能使用。

注意:任何气体的压力调节器用过后,都不能用作氧气压力调节器!原则上,每个气体的调节器都不能混用,除非使用者非常了解该两种气体特性,确定不发生反应!

第三节　化学实验常用仪器和设备

一、玻璃仪器

化学实验中经常使用的仪器,大部分为玻璃制品。玻璃仪器按玻璃的性质不同,可以简单地分为软质玻璃仪器和硬质玻璃仪器两类。软质玻璃承受温差的性能、硬度和耐腐蚀性都比较差,但透明度比较好,一般用来制造不需要加热的仪器,如试剂瓶、漏斗、量筒、吸管等;硬质玻璃具有良好的耐受温差变化的性能,用它制造的仪器可以直接用明火加热,这类仪器耐腐蚀性强、耐热及耐冲击性能都比较好,常见的烧杯、烧瓶、试管、蒸馏器和冷凝管等都用硬质玻璃制作。玻璃仪器按用途分,可以分为容器类、量器类和其他常用器皿三大类。化学实验中常用的仪器如下所示。

（一）烧杯

常用的烧杯有低型烧杯、高型烧杯、三角烧杯等3种（图2-1），主要用于配制溶液，煮沸、蒸发、浓缩溶液，进行化学反应以及少量物质的制备等。烧杯用硬质玻璃制造，它可承受500℃以下的温度，在火焰上可直接或隔石棉网加热，也可选用水浴、油浴或砂浴等加热方式。烧杯的规格从25mL至5 000mL不等。

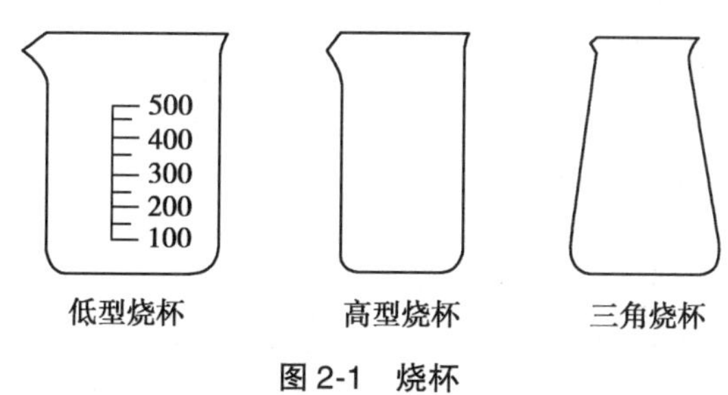

图2-1　烧杯

（二）烧瓶

烧瓶用于加热煮沸，以及物质间的化学反应，主要有平底烧瓶、圆底烧瓶、三角烧瓶、碘量瓶和洗气瓶（图2-2）。平底烧瓶不能直接用火加热，圆底烧瓶可以直接用火加热，但两者都不能骤冷，通常在热源与烧瓶之间加隔石棉网。蒸馏烧瓶是供蒸馏使用的，蒸馏常用的还有三口烧瓶和四口烧瓶。三角烧瓶也称锥形瓶，加热时可避免液体大量蒸发，反应时便于摇动，在滴定操作中经常用它作容器。碘量瓶主要用于碘量法的测定中，也用于须严防液体蒸发和固体升华的实验，但加热或冷却瓶内溶液时应将瓶塞打开，以免因气体膨胀或冷却而使塞子冲出或难以取下。洗气瓶用于去除气体中的杂质成分及气体的干燥。

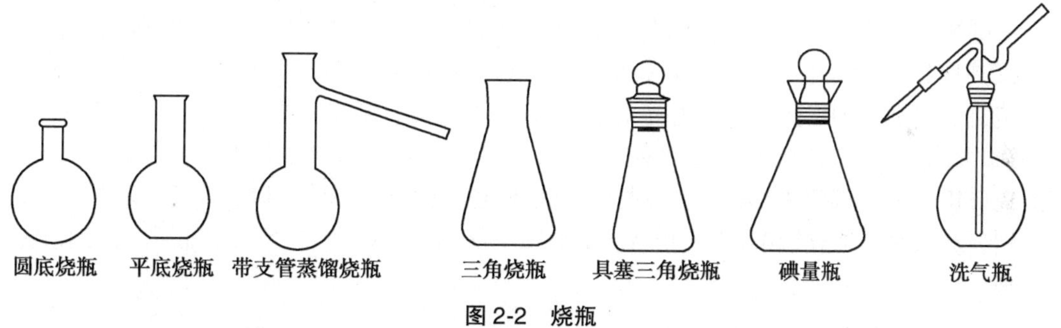

图2-2　烧瓶

（三）试管、离心试管和比色管

试管主要用作少量试剂的反应容器，常用于定性试验。试管可直接用明火加热，加热后不能骤冷。试管内盛放的液体量，如果不需要加热，不能超过其容积的1/2；如果需要加热，不能超过其容积的1/3。加热试管内的固体物质时，管口应略向下倾斜，以防凝结水回流至试管底部而使试管破裂。离心试管用于定性分析中的沉淀分离。常见的试管有普通试管、具支试管、刻度试管、具塞试管、尖底离心管、尖底刻度离心管和圆底刻度离心管等（图2-3）。

（四）干燥器

按操作压力，干燥器分为常压干燥器和真空干燥器（图2-4）。在真空下操作可降低空间的湿分蒸汽分压而加速干燥过程，且可降低湿分沸点和物料干燥温度，蒸汽不易外泄。所以，真空干燥器适用于干燥热敏性、易氧化、易爆和有毒物料以及湿分蒸汽需要回收的场合。

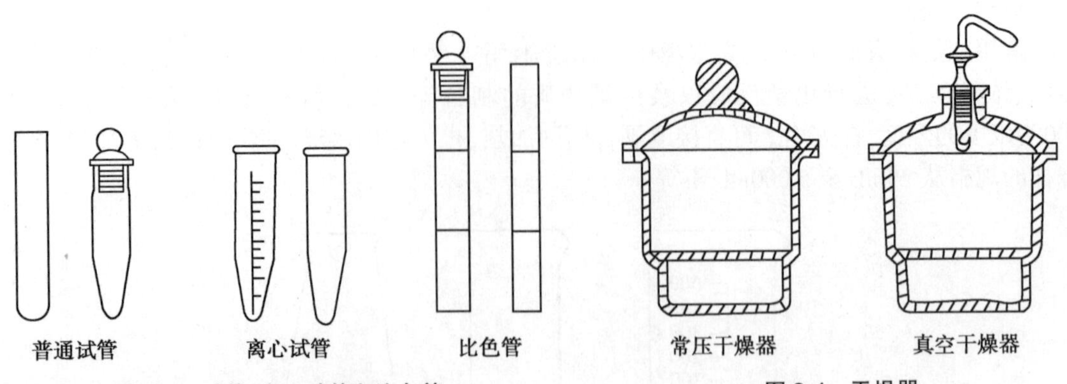

图 2-3 试管、离心试管和比色管

图 2-4 干燥器

干燥器的中下部口径略小，上面放置带孔的瓷板，瓷板上放置待干燥的物品，瓷板下面放有干燥剂。常用的干燥剂有 P_2O_5、碱石灰、硅胶、$CaSO_4$、CaO、$CaCl_2$、$CuSO_4$、浓硫酸等。固态干燥剂可直接放在瓷板下面，液态干燥剂放在小烧杯中，再放到瓷板下面。

干燥器主要用于保持固态、液态样品或产物的干燥，也用来存放防潮的小型贵重仪器和已经烘干的称量瓶、坩埚等。使用干燥器时，要沿仪器盖口均匀涂抹一薄层凡士林，使顶盖与干燥器本身保持密合，不致漏气。开启顶盖时，应稍稍用力使干燥器顶盖向水平方向缓缓错开，取下的顶盖应翻过来放稳。热的物体应冷却至略高于室温时，再移入干燥器内。

干燥器直径从 100mm 至 500mm 不等。干燥器洗涤过后要吹干或风干，切勿用加热或烘干的方法去除水气。久存的干燥器或室温较低的情况下，出现顶盖打不开时，可用热毛巾或暖风吹化开启。

（五）试剂瓶

试剂瓶用于盛装各种试剂。常见的试剂瓶有细口试剂瓶、广口试剂瓶和滴瓶（图 2-5）。细口试剂瓶和滴瓶常用于盛放液体药品，广口试剂瓶常用于盛放固体药品。试剂瓶有无色和棕色之分，棕色瓶用于盛装应避光的试剂。试剂瓶又有磨口和非磨口之分，一般非磨口试剂瓶用于盛装碱性溶液或浓盐溶液，使用橡皮塞或软木塞；磨口的试剂瓶盛装酸、非强碱性试剂或有机试剂，瓶塞不能调换，以防漏气。此外，还有便于使用的下口试剂瓶。若长期不用，应在瓶口和瓶塞间加放纸条，便于开启。试剂瓶不能用火直接加热，不能在瓶内久贮浓碱、浓盐溶液。

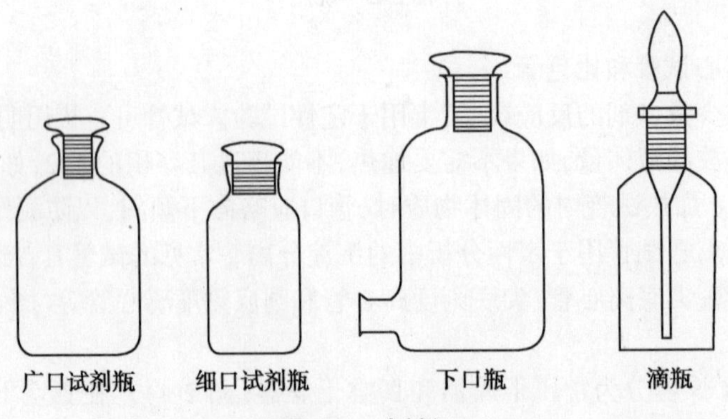

图 2-5 试剂瓶

（六）过滤瓶

过滤瓶也称抽滤瓶（图 2-6），主要供晶体或沉淀进行减压过滤用。

（七）称量瓶

称量瓶主要用于使用分析天平时称取一定量的试样，不能用火直接加热，瓶盖是磨口的，不能互换。称量瓶有高型和扁型两种（图 2-7）。

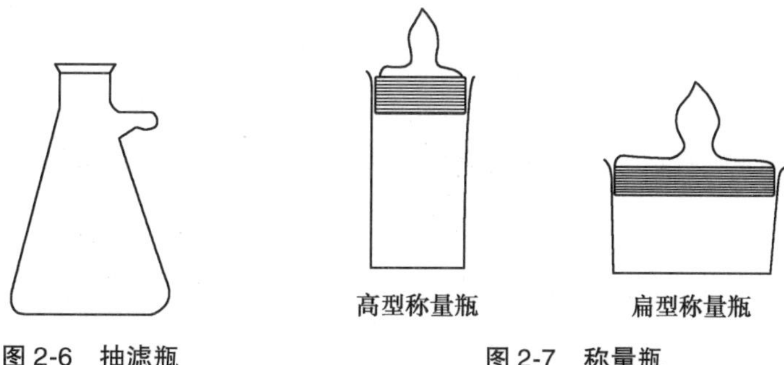

图 2-6　抽滤瓶　　　图 2-7　称量瓶

（八）表面皿

表面皿主要用作烧杯的盖（图 2-8），防止灰尘落入和加热时液体迸溅等，不能直接用火加热。此外，还有一种蒸发皿主要用于使液体蒸发，能耐高温，但不宜骤冷。蒸发溶液时一般放在石棉网上加热，如液体量多，可直接加热，但液体量以不超过深度的 2/3 为宜。

（九）研钵

研钵主要用于研磨固体物质，有玻璃研钵、瓷研钵、铁研钵和玛瑙研钵等（图 2-9）。玻璃研钵、瓷研钵适用于研磨硬度较低的物料，硬度大的物料应用玛瑙研钵进行研磨。研钵不能用火直接加热。

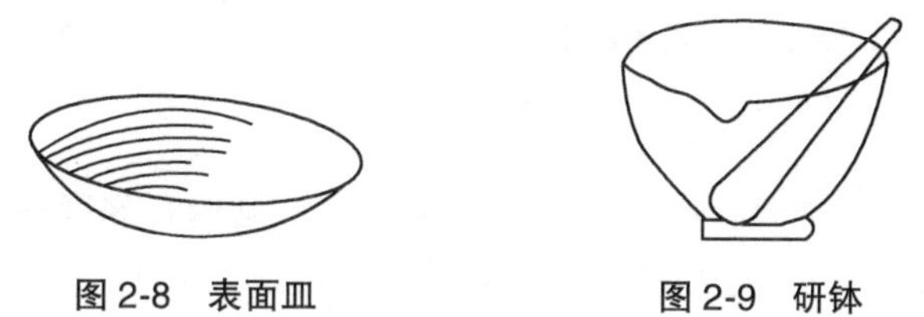

图 2-8　表面皿　　　图 2-9　研钵

（十）漏斗

漏斗主要用于过滤操作和向小口容器倾倒液体（图 2-10）。常见的有 60°角短颈标准漏斗、60°角长颈标准漏斗、筋纹漏斗和圆筒形漏斗。筋纹漏斗内壁有若干凹筋，可以提高过滤速度。分液漏斗主要用于互不相溶的两种液体分层和分离，常见的有厚料球形、球形、梨形、梨形刻度、筒形和筒形刻度等。球形分液漏斗适用于萃取分离操作；梨形分液漏斗除用于分离互不相溶的液体外，在合成反应中常用于随时加入反应试液。有刻度梨形漏斗和筒形漏斗常用于控制加液速度。

（十一）量筒和量杯

量筒和量杯主要用于量取一定体积的液体（图 2-11）。在配制和量取浓度与体积要求不是很精确的试剂时，常用它来直接量取溶液。

（十二）容量瓶

容量瓶用于配制体积要求准确的溶液，或作溶液的定量稀释（图 2-12）。容量瓶不能加

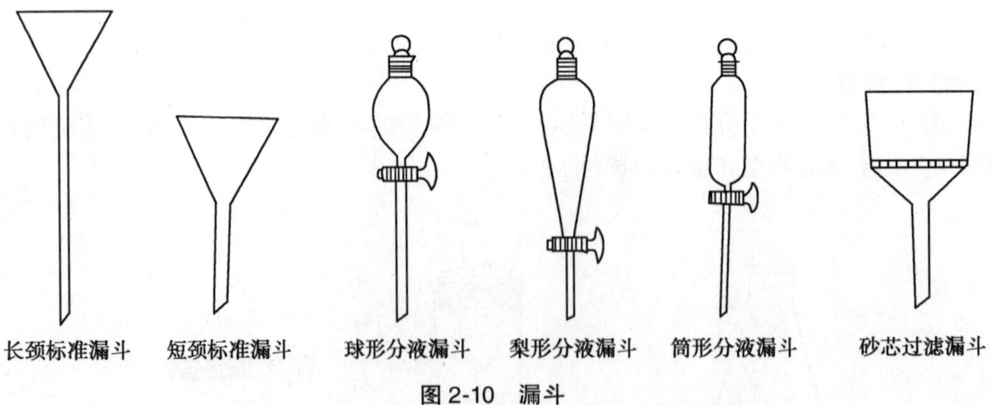

图 2-10　漏斗

热，瓶塞是磨口的，不能互换，以防漏水。容量瓶有无色和棕色之分，棕色瓶用于配制需要避光的溶液。

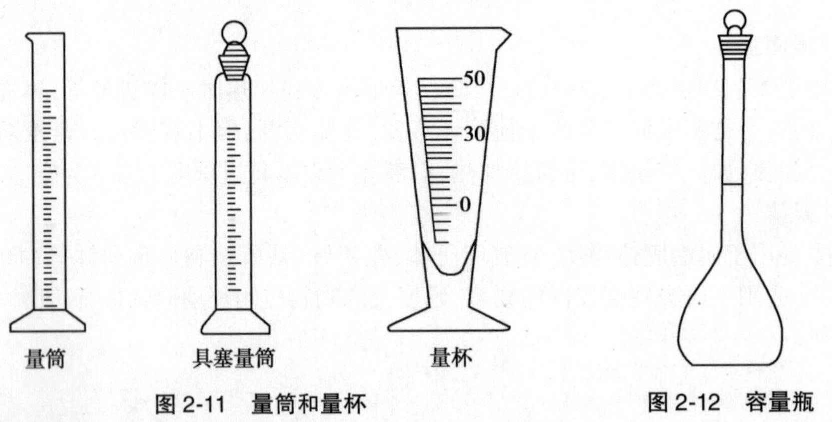

图 2-11　量筒和量杯

图 2-12　容量瓶

（十三）移液管

移液管也叫吸管，用于准确移取一定体积的液体。常见的有刻度移液管（吸量管）和单标记移液管（即普通移液管），也有量取更为准确的移液枪（图 2-13）。

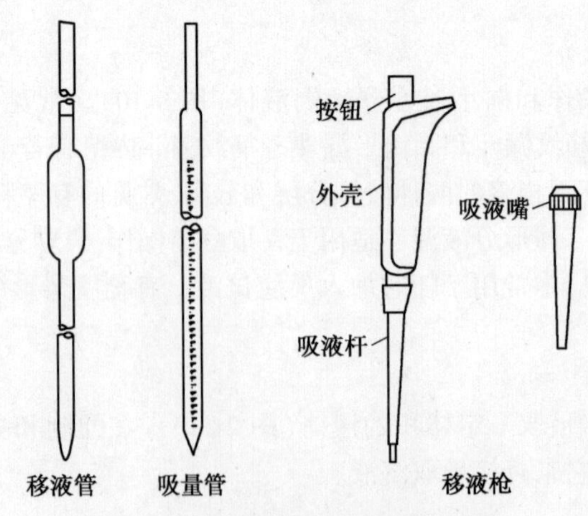

图 2-13　移液管、吸量管和移液枪

（十四）滴定管

滴定管是滴定时使用的精密仪器，用于测量自管内流出溶液的体积，有常量和微量滴定管之分。常量滴定管有酸式和碱式两种（图 2-14），酸式滴定管用来盛盐酸、氧化剂、还原剂等溶液；碱式滴定管用来盛碱溶液。滴定管有无色和棕色之分，无色的滴定管又有带蓝线和不带蓝线两种。

（十五）启普发生器

1. 构造　启普发生器主要由葫芦状容器、球形漏斗、旋塞导管、塞子等组成（图 2-15）。实验室中常常利用启普发生器制备 H_2、CO_2、H_2S 等气体。启普发生器不能受热，装在发生器内的固体必须是颗粒较大或块状的。移动时，应用两手握住球体下部，切勿只握住球形漏斗，以免葫芦状容器落下而打碎。

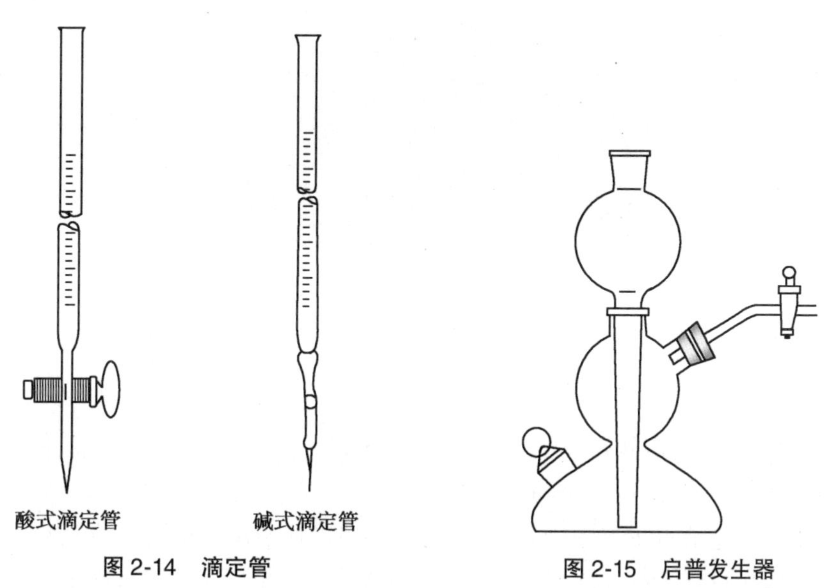

图 2-14　滴定管

图 2-15　启普发生器

2. 使用

（1）装配：在球形漏斗和玻璃旋塞磨口处涂一薄层凡士林油，插好球形漏斗和玻璃旋塞，转动几次，使其严密。

（2）检查气密性：开启旋塞，从球形漏斗口注水至充满半球体时，关闭旋塞。继续加水，待水从漏斗管上升到漏斗球体内，停止加水。在水面做记号，静置片刻，如水面不下降，证明不漏气，可以使用。

（3）加试剂：从导气管口加入固体试剂，从球形漏斗加入酸。

（4）发生气体：打开旋塞，固液接触产生气体；关闭旋塞，由于气体的压力使液体与固体分离，反应停止。

（5）添加或更换试剂：从下口排出废液，从漏斗口添加液体；从导气管口加入固体。

（6）结束后处理：关闭旋塞，使反应停止，将废液倒入废液桶，固体倒出洗净回收，磨口部分垫上纸条。

二、实验室常用设备

（一）水浴锅

水浴锅是实验室常用的一种加热仪器。使用温度：室温～100℃。主要用于实验室中蒸馏、干燥、浓缩及温渍化学药品或生物制品，也可用于恒温加热和其他温度试验，是生物、遗传、病毒、水产、环保、医药、卫生、化验室、分析室、教育科研的必备工具。

水浴锅(图2-16)的水槽材质通常是不锈钢，水槽内水平放置管状加热器和传感器，使用数字式或指针式控温仪控制温度。水浴锅使用水或其他非腐蚀性液体作为导热介质。水槽的内部放有带孔的不锈钢或铝制隔板，上盖上配有不同口径的组合套圈，可适应不同口径的烧瓶或其他玻璃仪器。水浴锅侧面有放水管。注意水浴锅一般不可干烧，使用时水位要高过隔板。

水浴锅的型号主要以加热位置的数量进行区分：单孔、两孔、四孔、八孔，分别可以同时加热1、2、4、8个玻璃仪器。

图2-16　水浴锅

1. 操作步骤

(1)电子恒温水浴锅应放在固定平台上，先将排水口的胶管夹紧，再将清水注入水浴锅箱体内(为缩短升温时间，亦可注入热水)。

(2)接通电源，显示OFF的红色指示灯亮，旋转温度调节旋钮至设定的温度(顺时针升温，逆时针降温)，水开始被加热，指示灯ON亮；当温度上升到设定温度时，指示灯OFF亮，水开始被恒温。

(3)水浴恒温后，将装有待恒温物品的容器放于水浴中开始恒温。

(4)恒温时为了保证恒温的效果，可在恒温容器与箱体接触的部位用硬纸板封严，恒温容器中的恒温物品应低于水浴锅的恒温水浴面。

(5)使用完毕后，取出恒温物，关闭电源，排除箱体内的水。并做好仪器使用记录。

2. 维护保养

(1)水箱应放在固定的平台上，仪器所接电源电压应为220V，电源插座应采用三孔安装插座，并必须安装地线。

(2)加水之前切勿接通电源，而且在使用过程中水位必须高于不锈钢隔板，切勿无水或水位低于隔板加热，否则会损坏加热管；加水也不可太多，以免沸腾时水量溢出锅外。

(3)使用该仪器须经过加热、恒温两次以上才能达到正确的温度精度(必须全部封盖、封圈后才能达到)。

(4)工作完毕，将温控旋钮、增减器置于最小值，切断电源。

(5)如果要使锅内水温达100℃，作沸水蒸馏用时，可将调节旋钮调至终点。

(6)如恒温控制失灵，可将控制器上的银接点用细砂布擦亮即可工作。

(7)注水时不可将水流入控制箱内，以防发生触电；使用后箱内水应及时放净并擦拭干净，保持清洁以利延长使用寿命。

(8)最好用纯化水，以避免产生水垢。

(二)电热套

电热套(图 2-17)是实验室中常用的一种加热仪器。加热温度：室温～400℃。电热套由无碱玻璃纤维和金属加热丝编制的半球形加热内套和控制电路组成，多用于玻璃容器的加热，具有升温快、温度高、操作简便、经久耐用的特点。

最简单的电热套采用电压控制方式进行控温。较好的电热套用温度传感器进行控温，分为两种：一种传感器在加热内套中，但不能准确测量反应容器内的温度；另一种可以把传感器插入仪器内部，显示和控制温度较为准确，但使用较为复杂。

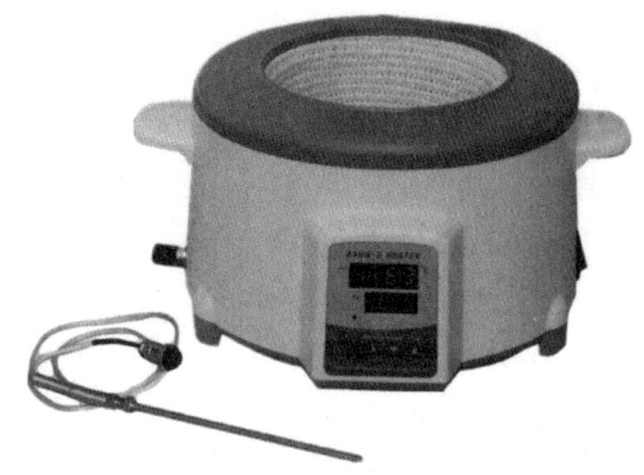

图 2-17　电热套

1. 温控范围

(1)普通电热套：最高可达 400℃。

(2)高温电热套：由于使用了更加耐高温的内套织造材料，最高加热温度可达 800～1 000℃。

2. 温控精度　数显型号温控精度在±1℃。

3. 使用方法

(1)插入 220V 电源，打开电源开关，显示窗显示当前温度，设定窗显示上次设定温度值。

(2)单键操作，按设定加“▲”或设定减“▼”键不放，将快速设定出所需的加热温度如 100℃。绿灯亮表示加温，绿灯灭表示停止，微电脑将根据所设定温度与现时温度的温差大小确定加热量，确保无温冲一次升温到位，并保持设定值与显示值±1℃温差下的供散热平衡。

(3)断偶保护功能：当热电偶连接不良时，显示窗百位上显示“1”或“hhhh”，绿灯灭，电器即停止加温，需检查后再用。

4. 注意事项

(1)仪器应有良好的接地。

(2)第一次使用时，套内有白烟和异味冒出，颜色由白色变为褐色再变成白色属于正常现象。因玻璃纤维在生产过程中含有油质及其他化合物，应放在通风处，数分钟消失后即可正常使用。

(3)3 000mL 以上电热套使用时有“吱-吱”响声是炉丝结构不同及与可控硅调压脉冲信号有关,可放心使用。

(4)液体溢入套内时请迅速关闭电源,将电热套放在通风处,待干燥后方可使用,以免漏电或电器短路发生危险。

(5)长期不用时,请将电热套放在干燥无腐蚀气体处保存。

(6)请不要空套取暖或干烧。

(7)环境湿度相对过大时,可能会有感应电透过保温层传至外壳,请务必接地线,并注意通风。

(三)电炉

1. 万用电炉　万用电炉(图 2-18)是用来对试液/样品进行加热、煮沸、消解、蒸馏等。

(1)使用方法

1)开机。

2)先检查开关是否在关闭状态。

3)选择使用电源电压为交流 220V,使用时注意安装地线。

4)插上电源,观察是否通电。

5)打开开关,加热即可。

6)用完关机。

7)拔开插座开关。

8)待温度下降至常温,清扫干净仪器表面。

(2)使用场合

1)工作电压:220V,50Hz。

2)应在干燥的工作台上,相对湿度不能大于 90%。

3)周围无易燃易爆及腐蚀性气体。

2. 封闭电炉　与万用电炉相同,也是通过电热丝来加热产生高温度。但与万用电炉相比,加装了生铁盖或把电热丝、防火材料、生铁壳体做成一整体(图 2-19)。其目的都是避免明火,增加安全性。使用方法同万用电炉。

图 2-18　万用电炉

图 2-19　常见的封闭电炉

(四)真空泵

实验室常用的真空泵为水循环真空泵和旋片式真空泵两种。

1. 水循环真空泵　水循环真空泵(图 2-20)以循环水作为工作流体,利用射流形成的负压原理进行作业,为蒸发、蒸馏、结晶、干燥、升华、过滤减压、脱气等过程提供真空条件。其形式有双表双抽头、四表四抽头、五抽头等多种类型,是实验室常用的粗真空泵。

图 2-20　水循环真空泵

2. 旋片式真空泵　旋片式真空泵(图 2-21)属于高真空泵。其工作压强范围为 $1.01\times10^{5}\sim1.33\times10^{-2}$(Pa)。它可以单独使用,也可以作为其他高真空泵或超高真空泵的前级泵。具有抽速快,体积小,重量较轻,维修方便,极限真空度高等优点,是实验室常用的初级高真空泵。

图 2-21　旋片式真空泵

适用范围:

(1)气体类型:常温无其他混合物的清洁干燥空气,不允许有含其他粉尘及水分的空气。

(2)工作要求:进口压强在>6 500Pa 时连续工作时间不得超过 3min,以免喷油引起泵损。

(3)工作要求:进口压强在<1 330Pa 的条件下,允许长时期连续工作。

(4)环境温度:真空泵一般在不低于 5℃的室温及不高于 90%相对湿度的环境内使用。

3. 隔膜真空泵　容积泵的一种,采用变容方式进行抽真空。隔膜真空泵由定子、转子、旋片、缸体、电机等主要零件组成。带有旋片的转子,偏心地安装在定缸内,当转子高速旋转时,转子槽内 4 个径向滑动旋片将泵腔分隔成 4 个工作室。由于离心力作用,旋片紧贴在缸壁,把定子进排出口分离开来,周而复始运转,进行变容,将吸入的气体从排气口排出,从而达到抽气目的。其特点是体积小,重量轻,耐腐蚀,极易维护,无工作介质倒吸的风险,但一般只能达到粗真空,也有高端产品能接近高真空。

(五)搅拌器

实验室常用的搅拌器为磁力搅拌器和电动搅拌器。

1. 磁力搅拌器　磁力搅拌器(图 2-22)适用于黏稠度不是很大的液体或者固液混合物的混匀操作。

(1)操作流程

1)把所需搅拌的烧杯放在加热板正中,加入溶液,把搅拌子放在溶液中。

2)接通电源,打开电源开关。

3)调节调速旋钮,由慢至快调节到所需速度,不允许高速挡启动,以免搅拌子因不可同步而跳子。

4)需加热时开加热开关,调节加热温度。

5)搅拌结束后,将速度调至最低,温度调至最低,用搅拌子取出棒取出搅拌子。

6)切断电源,将搅拌器擦拭干净。

(2)注意事项

1)搅拌时发现搅拌子跳动或不搅拌时,切断电源检查烧杯底是否平,烧杯放置位置是否正确。

2)搅拌器运转时间不要过长,中速运转可持续 8h,高速运转可持续 4h。

3)加热时间一般不宜过长,间歇使用延长寿命,不搅拌时不加热。

4)仪器应保持清洁干燥,尤其不要使溶液进入机内。

5)加热时指示灯闪烁,警告用户加热盘高温,不可触摸。

2. 电动搅拌器　电动搅拌器(图 2-23)适用于生物、理化、化妆品、保健品、食品、试剂等实验领域,是液体混合搅拌的实验设备。

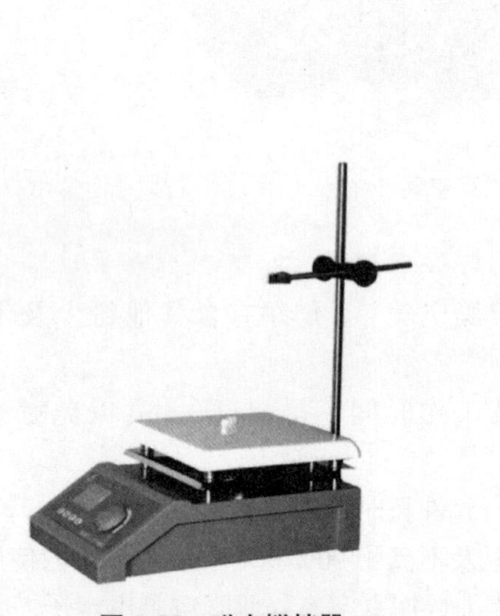

图 2-22　磁力搅拌器

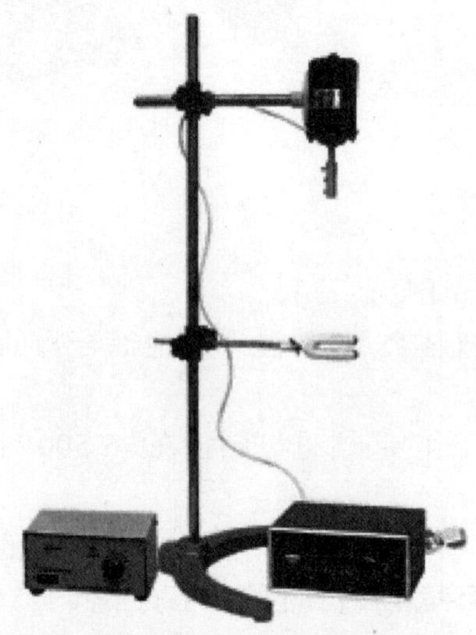

图 2-23　电动搅拌器

使用方法及注意事项:

(1)使用增力电动搅拌器时首先检查配件是否齐全,然后按图装配好整机。

(2)溶液瓶放在升降架上,根据要求调整好高度。

(3)再接通电源,打开电源开关,然后打开定时器,根据要求打开各自的调速开关,速度由慢到快,为了确保安全,一定要用接地线。

(4)使用时,如发现搅拌棒不同心,搅拌不稳的现象,请重新调整旋紧夹头,使搅拌同心,如使用三角烧瓶搅拌,将搅拌棒对准中心,然后再开机搅拌。

(5)本机采用机械定时控制,如无须定时,请把定时旋钮调至(ON)位置,如需要定时,将定时器调至所需位置即可。

（六）称量仪器

托盘天平和电子天平是实验室最常用的称量仪器。

1. 托盘天平　托盘天平（图 2-24）用于准确度要求不高的称量，能称准至 0.1g。

使用方法：

（1）零点调整：使用台秤前需把游码 D 放在游码标尺 E 的零处，托盘中未放物体时，如指针 A 不在刻度 B 的零点附近，可调节零点调节平衡螺丝 C。

（2）称量：称量时，将被称量物放在左盘，砝码放在右盘。添加游码及砝码时应从小到大，直至指针 A 指示的位置与零点相符（允许偏差一小格），记下游码及砝码质量，即为被称量物的质量。

（3）称量完毕，应把砝码放回盒内。把游码移回游码标尺的零处，取下称量物，将托盘放在一侧或用橡皮圈架起，以免摆动。

2. 电子天平/电子分析天平　电子天平是根据电磁力补偿原理设计的天平。采用弹簧片作支撑点取代机械天平的玛瑙刀口，采用数字显示代替指针显示，具有称量速度快、操作简便、称量精度及灵敏度高、性能稳定、使用寿命长等特点。此外，电子天平还具有自动校正、自动去皮、超载显示、故障报警等功能，并具有质量电信号输出功能，可与计算机、打印机联用，实现称量、记录和计算一体化。

电子天平按结构可分为上皿式和下皿式电子天平。秤盘在支架上面为上皿式，秤盘吊挂在支架下面为下皿式。目前，广泛使用的是上皿式电子天平。尽管电子天平种类繁多，但其使用方法大同小异，具体操作可参看各仪器的使用说明书。下面以 FA1104 型电子天平（图 2-25）为例，简要介绍电子天平的使用方法。

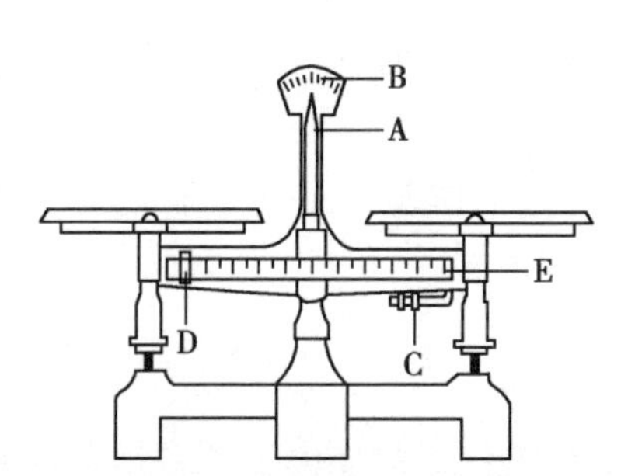

A—天平指针；B—刻度盘；C—平衡螺丝；D—游码；E—游码标尺。

图 2-24　托盘天平结构

图 2-25　FA1104 型电子天平外形

（1）使用方法

1）水平调节：观察水平仪，如水平泡中的气泡偏移，需调节调平脚螺丝，使气泡位于水平泡正中位置。天平每移动一次位置都需要重新调节水平。

2）天平自测：接通电源显示器显示“OFF”。按 ON/OFF 键，天平进入自测，显示“0.000 0g”，即自测通过，进入称量工作状态。

3）预热：为了获得精确的称量结果，天平需预热 1h 以达到稳定的工作温度。一次称量完毕，若短时间内再使用天平，一般不用切断电源，以节省预热时间。

4)校准:天平安装后,第一次使用前应对天平进行校准。位置移动、环境变化或为获得精确测量,以及天平每天首次使用前一般也应进行校准操作。其操作如下:按“T”键,显示“0.000 0g”;按“C”键,显示“CAL”;在秤盘中央加100g标准砝码,同时关上防风罩的玻璃门,等待天平内部自动校准;当显示器出现校准砝码名义值,同时蜂鸣器响了一下后天平校准结束。移去校准砝码,天平稳定后显示“0.000 0g”。如果在按“C”键后出现“CAL-E”说明校准出错,可按“T”键,天平显示“0.000 0g”,再按“C”键进行校准。若校准过程中,显示不是“+100.000 0g”或取下校准砝码后显示不为零,则再清零,并仔细重复以上校准操作。

5)称量:按“T”键,显示“0.000 0g”后,将被称物放于秤盘上,同时关上天平防风罩的玻璃门,待数字稳定后,该数字即为被称物的质量值。

6)去皮称量:在天平显示“0.000 0g”时,将容器放于秤盘上,同时关上天平防风罩的玻璃门,天平显示容器质量,再按“T”键,即“去皮”显示“0.000 0g”。将被称物(粉末状物或液体)逐步加入容器中直至达到所需质量,这时显示的是被称物的净质量。将秤盘上的所有物品拿开后,天平显示负值,按“T”键,天平显示“0.000 0g”。

若称量过程中秤盘上的总质量超过最大载荷(FA1104型电子天平为110g)时,天平仅显示上部线段,此时应立即减小载荷。

称量结束后,按“OFF”键关闭显示器。若当天不再使用天平,应拔下电源插头。

(2)使用注意事项:分析天平属精密仪器,必须先熟悉使用方法,使用时要认真仔细地遵守使用规则,做到既准确、快速地完成称量又不损坏天平。

1)开关天平门、放取被称物以及加减砝码等,动作宜轻宜缓,以免损坏天平。

2)要先关好天平门,再调定零点和读取称量读数。

3)对于热的或过冷的被称物,应置于干燥器中直至其温度同天平室温度一致后才能进行称量。

4)天平箱内作干燥剂使用的变色硅胶失效后,应及时更换。

5)必须使用指定的天平及该天平所附的砝码。

6)如果发现天平不正常,应及时报告老师或实验室工作人员,不要自行处理。

7)注意保持天平、天平台和天平室的安全、整洁和干燥。

8)称量读数要立即记录在实验报告本中。

(七)温度计

玻璃管温度计是利用热胀冷缩的原理来实现温度的测量的。由于测温介质的膨胀系数与沸点及凝固点的不同,所以我们常见的玻璃管温度计主要有:水银温度计和煤油温度计。它们的优点是结构简单,使用方便,测量精度相对较高,价格低廉;缺点是测量上下限和精度受玻璃质量与测温介质的性质限制,且不能远传,易碎。

1. 水银温度计　水银温度计是膨胀式温度计的一种,水银的凝固点是-38.87℃,沸点是356.7℃,测量温度范围是-39~357℃。用它来测量温度,比较简单直观。

(1)使用方法

1)先观察量程、分度值和0点,所测液体温度不能超过量程。

2)温度计的玻璃泡全部浸入被测液体中,不要碰到容器底或容器壁。

3)温度计玻璃泡浸入被测液体后要稍等一会,待温度计的示数稳定后再读数。

4)读数时温度计的玻璃泡要继续留在液体中,视线要与温度计中液柱的上表面相平。

注意：在测温前千万不要甩温度计。

(2)使用注意事项

1)使用前应进行校验(可以采用标准液温多支比较法进行校验或采用精度更高级的温度计校验)。

2)不允许使用温度超过该种温度计最大刻度值的测量值。

3)温度计有热惯性，应在温度计达到稳定状态后读数。读数时应在温度凸形弯月面的最高切线方向读取，目光直视。

4)切不可用作搅拌棒。

5)水银温度计应与被测物质流动方向相垂直或呈倾斜状。

6)水银温度计常常发生水银柱断裂的情况，消除方法有①冷修法：将温度计的测温包插入干冰和乙醇混合液中(温度不得超过-38℃)进行冷缩，使毛细管中的水银全部收缩到测温包中为止。②热修法：将温度计缓慢插入温度略高于测量上限的恒温槽中，使水银断裂部分与整个水银柱连接起来，再缓慢取出温度计，在空气中逐渐冷却至室温。

洒落出来的汞，必须立即用滴管、毛刷收集起来，并用水覆盖(最好用甘油)，然后在污染处撒上硫磺粉，无液体后(一般约 1 周时间)方可清扫。

2. 煤油温度计　煤油温度计的工作物质是煤油，它的沸点一般高于 150℃，凝固点低于-30℃，所以煤油温度计的量度范围为-30～150℃。

使用注意事项

(1)首先要选择测温范围合适的温度计，防止被测物体温度过高时，液柱将温度计胀裂。若无法估计被测物体的温度，则应先用测温范围较大的温度计，然后再挑选合适的温度计，并使其最小分度能符合实验精确度的要求。为减小温度计对实验系统的影响，要求实验系统应有足够大的热容量，这样才能得出较准确的实验结果。

(2)在测温时，必须使温度计的感温泡与被测物体充分接触。如果测量液体的温度，则感温泡应全部浸没在液体中，而且不能与容器的底、壁相碰(因容器的温度往往与盛放液体的温度有差别)。

(3)在读数时，要待温度计中的液面高度不再变化才能进行，并且温度计不能离开被测物体，人的视线要跟液柱面相平。普通液体温度计的最小分度值为 1℃或 0.5℃，一般情况下不需要估读出小于最小刻度的数值。

(4)不能将温度计当作搅拌器使用，以免碰破感温泡。使用完毕应把温度计外壁用软布擦干净并小心轻放于盒内，防止磕碰。由于煤油温度计不同于水银温度计，使用前后都不能甩，以免读数不准确。

(八)干燥箱

1. 鼓风干燥箱　实验室电热恒温鼓风干燥箱外观，如图 2-26 所示。

(1)烘干物质的基本操作

1)把需干燥处理的物品放入干燥箱内，关好箱门。

2)根据被干燥物品的潮湿程度，将风门调节旋钮调到“MIN”或“MAX”处。

3)打开电源开关，电源指示灯亮，温度控制器有显示。

4)打开风机开关，风机按要求自动运行。

5)设定温度控制器，设备即按设定的要求自动运行。

6)干燥结束后，关闭电源开关，取出物品。

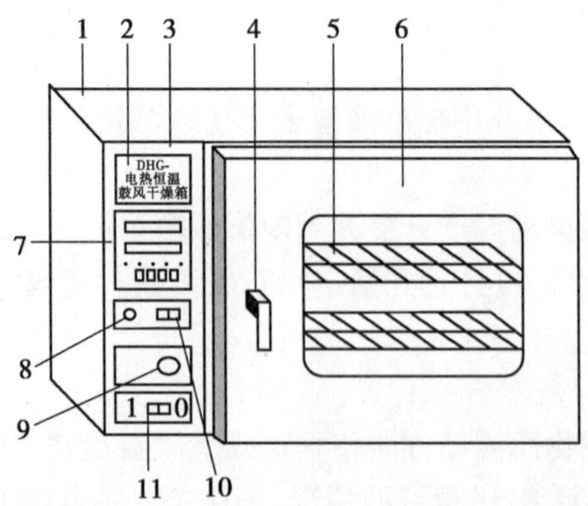

1—箱体;2—铭牌;3—控制面板;4—门拉手;5—搁板;6—箱门;
7—智能温度控制器;8—电源指示灯;9—风门调节旋钮;10—电源开关;11—风机开关。

图 2-26 恒温干燥箱外观示意图

(2)智能温度控制器使用说明

1)面板说明(图 2-27)

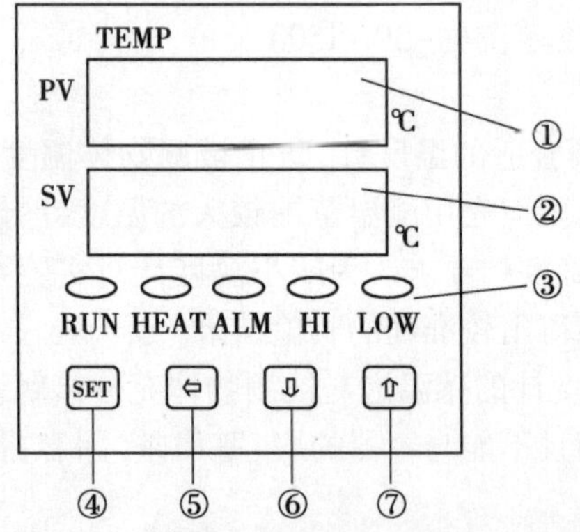

①PV 显示屏;②SV 显示屏;③指示灯:RUN-运行指示;HEAT-加热指示;ALM-报警指示;
HI-高速指示;LOW-低速指示;④功能键;⑤移位键;⑥减键;⑦加键。

图 2-27 恒温干燥箱控制面板示意图

2)面板使用说明

温度设置:①在正常工作状态下,按一下 SET 键,进入温度设定状态,此时 PV 显示屏显示 SP,SV 显示屏第一位闪烁;②按移位键将闪烁位移至所需设定位;③按减键或者加键将数字调至所需值;④按两下 SET 键,仪表恢复到正常工作状态,温度设置完成,仪表按新的设定值运行。

定时功能:①在正常工作状态下,按两下 SET 键,进入定时设定状态,此时 PV 显示屏显示 ST,SV 显示屏显示 0,并闪烁;②按移位键将闪烁位移至所需设定位;③按减键或者加键将数字调至所需值;④按一下 SET 键,仪表进入定时运行状态,此时运行指示灯闪烁;⑤定时功能为倒计时运行,在定时运行状态下,按一下移位键,SV 显示屏显示定时剩余时间;⑥定时剩余时间归零,仪表进入定时结束状态,此时 SV 显示屏显示 End,并闪烁,同时除风速指示灯以外的所有指示灯均熄灭;⑦在定时结束状态下,按一下 SET 键,仪表恢复到正常工作状态;⑧在定时结束状态下，由于仪表温度控制部分停止工作，PV 显示屏显示的测量值会下降到环境温度，此为正常现象；⑨如果无须使用定时功能，请务必将定时时间设置为零。

自动风速调节功能：①当设备在升温过程中，循环风机高速运行，加速工作室内的空气对流，缩短升温时间，提高工作效率；②当工作室内的温度接近控制温度时，仪表自动将循环风机由高速运行调整为低速运行，使工作室内的空气平缓对流，并有效延长循环风机的寿命；③如果无须使用自动风速调节功能，可按照控制参数调整方法，将高低速控制参数调整为 999.9 即可，循环风机将始终处于高速运行状态。

自整定功能：如果温度控制过程中出现较大的温度过冲或较大的温度波动时，请按下列操作启动自整定功能。①关闭电源开关，打开箱门，使设备自然冷却至环境温度；②关闭箱门，打开电源开关，将温度设至为常用温度值；③按照控制参数调整方法，将自整定参数调整为 1；④在正常工作状态下，按住减键 5s，即进入自整定状态，此时 PV 显示屏显示 ATU，并闪烁；⑤自整定结束后，仪表自动恢复到正常工作状态；⑥在自整定状态下，按任何键均无效。

控制参数调整方法：①同时按下加键和 SET 键，PV 显示屏显示 LCK；②按加键，使 SV 显示屏显示为 7；③再按 SET 键，使 PV 显示屏显示需要调整的控制参数的提示符；④按加键或减键，使 SV 显示屏显示为该控制参数所需要的值，所有控制参数可以一次调整完毕；⑤再按 SET 键 5s 以上，回到正常工作状态；此时温度控制器执行新修改的参数。

2. 真空干燥箱　真空干燥箱（图 2-28）是专为干燥热敏性、易分解和易氧化物质而设计的。其在工作时可使工作室内保持一定真空度，并能够向内部充入惰性气体，特别是一些成分复杂的物品也能进行快速干燥，采用智能型数字温度调节仪进行温度的设定、显示与控制。

图 2-28　真空干燥箱

（1）工作原理及特点：所谓真空干燥，就是将被干燥的物料处于真空条件下进行的加热干燥。它是利用真空泵进行抽气抽湿，使工作室内形成真空状态，降低水的沸点，加快了干燥速度，能在较低温度下得到较高的干燥速率，热量利用充分，在干燥过程中无任何不纯物质混入，属于静态真空干燥，故不会对干燥物料的形体造成损坏。

（2）操作流程

1）将物料均匀放入真空干燥箱内样品架上，推入干燥箱内。

2）关紧箱门，放气阀，箱门上有螺栓，可使箱门与硅胶密封条紧密结合。

3）将真空泵与真空阀连接，开启真空阀，抽真空。

4)依据真空泵的性能,抽到压力表为真空泵的极限值为准。

5)抽完真空后,先将真空阀门关闭,如果真空阀门关不紧时应更换,然后再将真空泵电源关闭或移除(防止倒吸现象产生)。

6)物料的真空干燥周期内,每隔一段时间观察一下压力表、温度表和箱体内的变化,如果压力表指数下降则可能存在漏气现象,可再进行抽气操作。

7)干燥完成后,先将放气阀打开放出里面气体,再打开真空干燥箱箱门,取出物料。

(3)使用注意事项

1)真空干燥箱外壳必须有效接地,以保证使用安全。

2)真空干燥箱应在相对湿度≤85%RH,周围无腐蚀性气体、无强烈振动源及强电磁场存在的环境中使用。

3)真空干燥箱工作室无防爆、防腐蚀等处理,不得放易燃、易爆、易产生腐蚀性气体的物品进行干燥。

4)真空泵不能长时期工作,因此当真空度达到干燥物品要求时,应先关闭真空阀,再关闭真空泵电源,待真空度小于干燥物品要求时,再打开真空阀及真空泵电源,继续抽真空,这样可延长真空泵的使用寿命。

5)干燥的物品如潮湿,则在真空箱与真空泵之间最好加入过滤器,防止潮湿气体进入真空泵,造成真空泵故障。

6)干燥的物品如干燥后改变为重量轻,体积小(为小颗粒状),应在工作室内抽真窄口加隔阻网,以防干燥物吸入而损坏真空泵(或电磁阀)。

7)真空箱应经常保持清洁。箱门玻璃切忌用有反应的化学溶液擦拭,应用松软棉布擦拭。

8)放气阀橡皮塞若旋转困难,可在内涂上适量油脂润滑(如凡士林)。

9)若真空箱长期不用,将露在外面的电镀件擦净后涂上中性油脂,以防腐蚀,并套上塑料薄膜防尘罩,放置于干燥的室内,以免电器元件受潮损坏,影响使用。

10)真空箱不需连续抽气使用时,应先关闭真空阀,再关闭真空泵电源,否则真空泵油要倒灌至箱内。

(九) 马弗炉

马弗炉(muffle furnace),“muffle”是包裹的意思,“furnace”是炉子,熔炉的意思。马弗炉在中国的通用叫法有以下几种:电炉、电阻炉、茂福炉、马福炉。马弗炉是一种通用的加热设备,依据外观形状可分为箱式炉、管式炉、坩埚炉。现对常见的箱式电阻炉(图 2-29)做一简单介绍。

图 2-29　箱式电阻炉

1. 操作规程

(1)通电前,先检查马弗炉电气性能是否完好,接地线是否良好,并应注意是否有断电或漏电现象。

(2)接通电源,打开电源开关。

(3)将温度设定到实验所需温度。

(4)当马弗炉第一次使用或长期停用后再次使用,必须进行烘炉,烘炉时间:室温~200℃,打开炉门 4h;200~400℃,关闭炉门 2h;400~600℃,关闭炉门 2h;使用时,炉温不得超过马弗炉最高使用温度下限。

(5)热电偶不要在高温状态或使用过程中拔出或插入,以防外套管炸裂。

(6)经常保持炉膛清洁,及时清除炉内氧化物之类的杂物;炉子周围不要放置易燃易爆及腐蚀性物品。

(7)禁止向炉膛内灌注各种液体及易溶解的金属。

(8)实验完毕后,关闭开关,切断电源。

(9)整理完毕现场后,方可离开。

(10)马弗炉由专人定期校准、维护。

2. 注意事项

(1)马弗炉放于坚固、平稳、不传电的平台上。

(2)使用温度不得超过所规定的数字。

(3)灼烧沉淀时,按规定的沉淀性质所要求的温度进行,不得随便超过。

(4)熔融碱性物质时,应防止熔融物外溢,以免污染炉膛。

(5)炉膛内应垫一层石棉板,以减少坩埚的磨损及防止炉膛污染。

(6)不得连续使用超过 8h 以上。

(7)发现漏电或其他不正常现象时,应请专人修理,不得随意乱动。

(8)要经常保持炉内外清洁、干燥。

(9)不用时应开门散热,并切断电源。

(10)马弗炉内热电偶所反映的指示温度,应作定期校正。

(十)酸度计

1. 基本原理和结构　酸度计(pH 计)是用来测定溶液 pH 和电极电位(mV 值)最常用的仪器之一,其优点是使用方便、测量迅速,主要由参比电极、指示电极和测量系统三部分组成。参比电极常用的是饱和甘汞电极,指示电极则通常是一支对 H^+ 具有特殊选择性的玻璃电极。组成的电池可表示如下:

玻璃电极 | 待测溶液 || 饱和甘汞电极

鉴于由玻璃电极组成的电池内阻很高,在常温时达几百兆欧,因此不能用普通的电位差计来测量电池的电动势。

酸度计的种类很多,现以 pHS-2C 型酸度计(图 2-30)为例,说明它的使用。该机采用 3 位半十进制 LED 数字显示,仪器结构如图 2-30 所示。

pHS-2C 型酸度计级别为 0.02 级,测量范围及最小显示单位如下:

测量范围:pH　(0~14.00)pH

mV　(0~±1 999)mV

最小显示单位:0.01pH,1mV

2. 使用方法

(1)开机前的准备

1)将电极杆旋入电极座内,并将电极夹安装在电极杆上。

2)将 E201C 复合电极安装在电极夹上,并将电极插头插在电极插座上。

3)将 pH 复合电极下端的电极保护套拔下,并且拉下电极上端的橡皮套使其露出上端小孔。

4)用蒸馏水清洗电极。

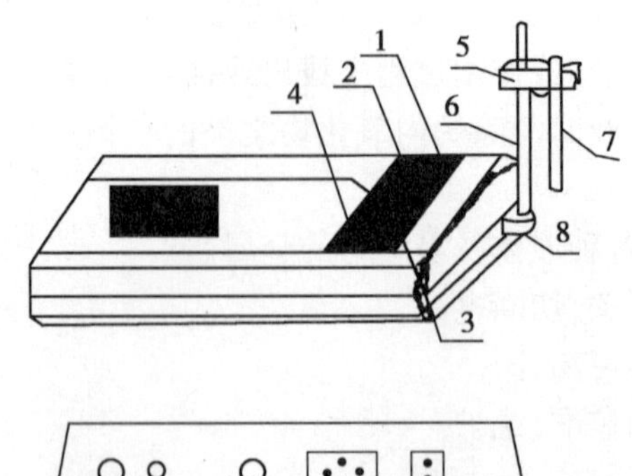

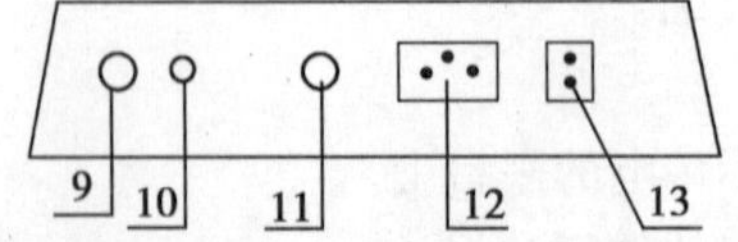

1—温度旋钮；2—斜率旋钮；3—定位旋钮；4—选择开关；5—电极杆；6—电机架；
7—复合电极；8—电极杆安装座；9—测量电极插口；10—参比电极接口；
11—保险丝座；12—电源插座；13—电源开关。

图 2-30　pHS-2C 型酸度计面板图

5）打开电源。

（2）仪器的标定

1）将“选择”钮拨至 pH 挡，“斜率”旋钮顺时针旋到底，“温度”旋钮旋至溶液的温度值。

2）将用蒸馏水清洗过的电极插入 pH＝6.86pH（25℃时的值）的标准缓冲溶液中，待读数稳定后调节“定位”旋钮至该溶液在当时温度下的 pH。

3）将用蒸馏水清洗过的电极插入 pH＝4.00 或 pH＝9.18 的标准缓冲溶液中（根据被测溶液的酸碱性确定），待读数稳定后调节“斜率”旋钮至该溶液在当时温度下的 pH。

4）重复步骤 2）和 3）直至不需要调节两个旋钮为止，标定结束（一般情况下，在 24h 内仪器不需再标定）。

5）用蒸馏水清洗电极后，即可对被测溶液进行测量。

（3）测量 pH：经标定过的仪器即可用来测量被测溶液，被测溶液与标定溶液温度是否相同，所引起的测量步骤也有所不同。

1）被测溶液与定位溶液温度相同时，先用蒸馏水清洗电极头部，再用被测溶液清洗一次，然后将电极浸入被测溶液中，用玻璃棒搅拌溶液，使溶液均匀，在显示屏上读出溶液的 pH。

2）被测溶液和定位溶液温度不同时，在分别用蒸馏水及被测溶液清洗电极头部之后，需用温度计测出被测溶液的温度值，然后将“温度”旋钮调节至被测溶液的温度值，再将电极插入被测溶液内，用玻璃棒搅拌溶液，使溶液均匀后读出该溶液的 pH。

（4）测量电极电位（mV 值）

1）将离子选择电极（或金属电极）和参比电极夹在电极架上。

2）用蒸馏水清洗电极头部，再用被测溶液清洗一次。

3）将离子电极的插头插入测量电极插座处。

4）将参比电极接入仪器后部的参比电极接口处。

5）将两种电极插在被测溶液内，将溶液搅拌均匀后，即可在显示屏上读出该离子选择电极的电极电位（mV 值），还可自动显示正负极性。

注：参比电极接口为正极，测量电极插口为负极。

3. 电极使用维护的注意事项

(1)电极在测量前必须用已知 pH 的标准缓冲溶液进行定位校准,其 pH 愈接近被测 pH 愈好。

(2)取下电极护套后,应避免电极的敏感玻璃泡与硬物接触,因为任何破损或擦毛都将使电极失效。

(3)测量结束,及时将电极保护套套上,电极套内应放少量参比补充液,以保持电极球泡的湿润,切忌浸泡在蒸馏水中。

(4)复合电极的外参比补充液为 3mol/L 氯化钾溶液,补充液可以从电极上端小孔加入,复合电极不使用时应拉上橡皮套,防止补充液干涸。

(5)电极的引出端必须保持清洁干燥,绝对防止输出两端短路,否则将导致测量失准或失效。

(6)电极应与输入阻抗较高的 pH 计($\geqslant 10^{12}\Omega$)配套,以使其保持良好的特性。

(7)电极应避免长期浸在蒸馏水、蛋白质溶液和酸性氟化物溶液中。

(8)电极避免与有机硅油接触。

(9)电极经长期使用后,如发现斜率略有降低,则可将电极下端浸泡在 4% HF 溶液中 3~5s,用蒸馏水洗净,然后在 0.1mol/L 盐酸溶液中浸泡,使之复新。

(10)被测溶液中如含有易污染敏感球泡或堵塞液接界的物质而使电极钝化,会出现斜率降低,显示读数不准现象。如发生该现象,则应根据污染物质的性质用适当溶液清洗,使电极复新。

【注意事项】

选用清洗剂时,不能用四氯化碳、三氯乙烯、四氢呋喃等能溶解聚碳酸树脂的清洗液,因为电极外壳是用聚碳酸树脂制成的,其溶解后极易污染敏感玻璃球泡,从而使电极失效,也不能用复合电极去测上述溶液;使用 pH 复合电极,最容易出现的问题是外参比电极的液接界处,该处的堵塞是产生误差的主要原因。

4. 缓冲溶液的配制方法

(1)pH4.00 溶液:用 GR 邻苯二甲酸氢钾 10.12g,溶解于 1 000mL 的高纯去离子水中。

(2)pH6.86 溶液:用 GR 磷酸二氢钾 3.388g、GR 磷酸氢二钠 3.533g,溶解于 1 000mL 的高纯去离子水中。

(3)pH 9.18 溶液:用 GR 硼砂 3.80g,溶解于 1 000mL 的高纯去离子水中。

注:配制(2)(3)溶液所用的水,应预先煮沸 15~30min,除去溶解的二氧化碳。在冷却过程中应避免与空气接触,以防止二氧化碳的污染。

(十一)电导率仪

1. 仪器结构　DDS-11A 型(数显)实验室电导率仪外部结构,如图 2-31 所示。

2. 使用方法

(1)将电极插头插入电导池插座内,接通电源。

(2)将温度旋钮调节至基准温度 25℃(每一次校正都须将温度旋钮调节至基准温度 25℃),将“校正/测量”开关拨到“校正”位置,调节“校正/常数”旋钮至电极常数值,例如:电极常数值为 1.10 则将显示值调节至 1.100;电极常数值为 0.98 则将显示值调节至 0.980,然后将“校正/测量”开关拨到“测量”位置,仪器校正结束。

(3)将电极放入被测溶液内,将“温度”旋钮调节至溶液温度,仪器读数值×“量程”即是溶

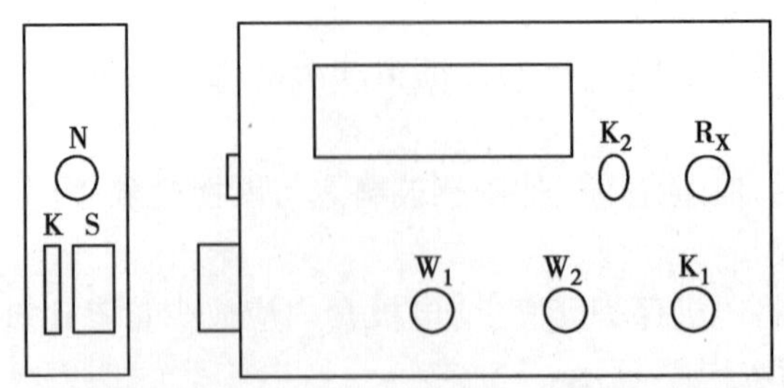

N—保险丝;S—三芯电源插座;K—电源开关;W_1—温度旋钮;W_2—校正/常数旋钮;

K_1—量程波段开关;K_2—校正/测量开关;R_X—电极插座。

图 2-31 DDS-11A 型电导率仪外部结构

液电导率值。当溶液电导率值超过该档量程时仪器将溢出,此时需拨动“量程”开关。

(4)当“量程”开关由低挡切换至高档或从高挡切换到低挡时,仪器须重新校正,校正方法同(2)。

(5)如果溶液的温度超过仪器的温度补偿范围,则可将“温度”旋钮放在25℃基准,此时的测量结果为溶液在当时温度下的电导率值,而没有进行温度补偿。

(6)如果溶液的电导率值超过 19.990mS · cm^{-1},此时须换成常数为 10 的电极,操作方法同上,只要将测量结果×10 即可。

(7)测量时使用的频率为固定式,一旦量程固定,工作频率也就随之固定,×1、×10 为低挡,×10^2、×10^3、×10^4为高挡。

3. 注意事项

(1)在测量高纯水时应避免污染,最好采用密封、流动的测量方法。

(2)因温度补偿系采用固定的2%的温度系数补偿的,故对高纯水测量尽量采用不补偿方式进行测量后查表。

(3)电极的引线不能受潮,否则将影响测量的正确性。

(十二)紫外-可见分光光度计

紫外-可见分光光度计可供物理学、化学、医学、生物学、药物学、地质学等学科进行科学研究,是广泛应用于化工、药品、生化、冶金、轻工、食品、材料、环保、医学化验等行业及分析行业中最重要的质量控制仪器之一。经过不断改进,常规实验室使用的主要是 72 系列和 75 系列,其工作原理基本相同。

1. 基本原理及结构 分光光度法分析的原理是利用物质对不同波长的光呈现选择性吸收现象来进行物质的定性和定量分析。该仪器根据相对测量原理,先设定参比样品(溶剂、蒸馏水、空气等)的透射比为 100%,再测量待测样品的透射比,从而达到分析的目的。测得的透射比与待测样品的浓度之间关系,在一定范围内符合朗伯-比尔定律。

$$A=K \cdot c \cdot L=-\log I/I_0$$

$$T=I/I_0$$

其中:T——透射比(透过率);

A——吸光度;

c——溶液的浓度;

K——溶液的吸收系数;

L——溶液的光程长度；

I——透射比强度；

I_0——入射光强度。

从以上公式可以看出，当入射光、吸收系数和溶液的光径长度不变时，透过光是根据溶液的浓度而变化的。

仪器采用光栅型单光束结构光路(图 2-32)，由卤钨灯或氘灯发出的连续辐射经聚光镜聚光后投向单色器入射狭缝，此狭缝正好处于聚光镜及单色器内准直镜的焦平面上，因此，进入单色器的复合光通过平面反射镜及准直镜变成平行光射向色散元件光栅，光栅将入射的复合光通过衍射作用形成按照一定顺序均匀排列的连续单色光谱，此单色光谱重新回到准直镜上。由于仪器出射狭缝设置在准直镜的焦平面上，这样，从光栅色散出来的单色光谱经准直镜聚光后成像在出射狭缝上，出射狭缝选出指定带宽的单色光通过聚光镜落在样品室被测样品中心，样品吸收后透射的光射向光电池接收面。

仪器正面结构见图 2-33，控制面板如图 2-34 所示。

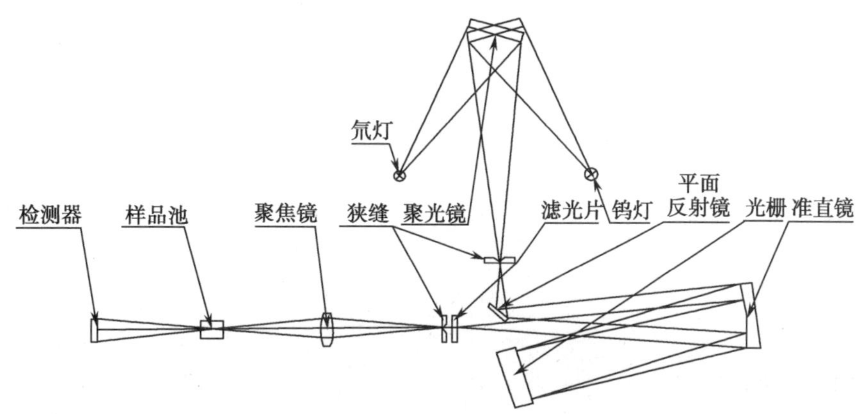

图 2-32　光学系统原理图

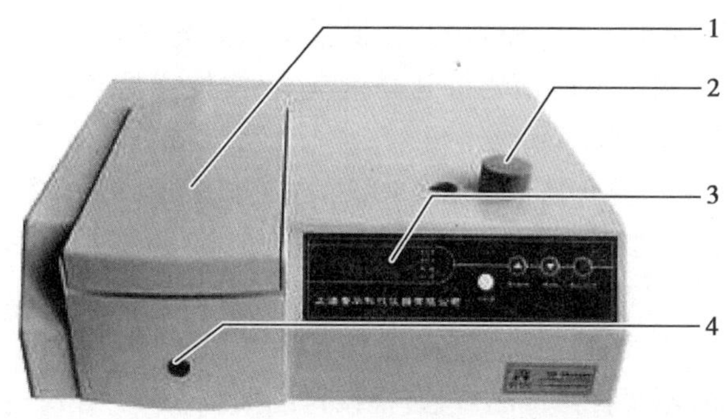

1—样品室；2—波长调节旋钮及波长显示窗；3—控制面板；4—样品架拉杆。

图 2-33　仪器正视图

2. 仪器使用

(1)开机预热：仪器在使用前应预热 30min。

(2)波长调整：转动波长旋钮，并观察波长显示窗，调整至需要的测试波长。

注意事项：转动测试波长调 100%T/0A 后，以稳定 5min 后进行测试为最佳(符合行业标

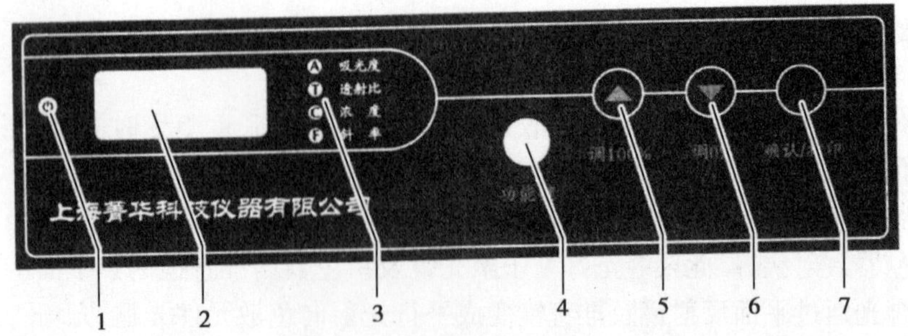

1—电源指示;2—数据显示;3—模式显示;4—功能键;5—调 100%键;6—调 0%键;7—确认/打印键。

图 2-34 仪器控制面板图

准及质量监督管理局检定规程要求)。

(3)设置测试模式:按动"功能键"即可切换测试模式,开机默认的测试模式为吸光度方式。相应的测试模式循环如下:

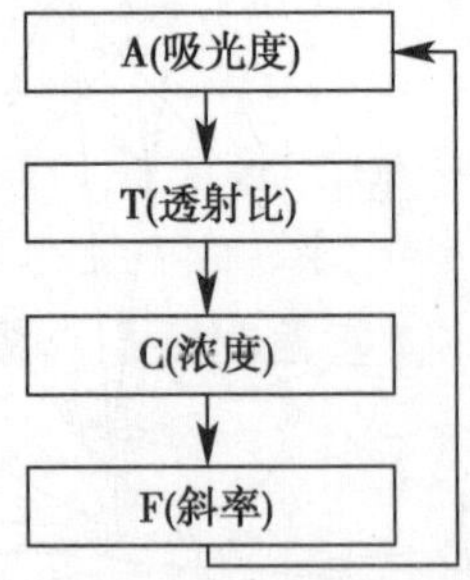

(4)调 T 零(0%T):在 T 模式时,将遮光体置入样品架,合上样品室盖,并拉动样品架拉杆使其进入光路。然后按动"调 0%T"键,显示器上显示"00.0"或"-00.0",便完成调 T 零,完成后取出遮光体。

注:①测试模式应在透射比(T)模式;②如果未置入遮光体合上样品室盖,并使其进入光路便无法完成调 T 零;③调 T 零时不要打开样品室盖、推拉样品架;④调 T 零后(未取出遮光体),如切换至吸光度测试模式,显示器上显示为".EL";⑤如直接在吸光度(A)模式调 T 零,则在置入遮光体后无论显示器上是否显示".EL",均需按动"调 0%T"键。

(5)调 100%T/0A:将参比(空白)样品置入样品架,并推拉样品架拉杆使其进入光路。然后按动"调 100%T"键,此时屏幕显示"BL",延时数秒便显示"100.0"(在 T 模式时)或"-.000"".000"(在 A 模式时),即自动完成调 100%T/0A。

注:调 100%T/0A 时不要打开样品室盖、推拉样品架。

(6)结果打印:在得到测试结果后按动"打印"键便可打印结果(需外接标准串行打印机)。

(7)比色皿配对性:仪器所附的比色皿是经过配对测试的(其配对误差不大于 0.5%T),未经配对处理的比色皿将影响样品的测试精度。石英比色皿一套两只,供紫外光谱区和可见光谱区使用;玻璃比色皿一套四只,供可见光谱区使用。比色皿是有方向性的,置入样品架时,两只石英比色皿上标记 Q 或箭头、四只玻璃比色皿上标记 G 方向要一致。

石英比色皿和玻璃比色皿不能混用,更不能和其他不经配对的比色皿混用。手持比色皿应握比色皿的磨砂表面,不应该接触比色皿的透光面,待测溶液中不能有气泡、悬浮物,否则也将影响样品的测试精度。比色皿在使用完毕后应立即清洗干净。

注：玻璃比色皿使用的波长范围为 320～1 100nm，石英比色皿使用的波长范围为 200～1 100nm。

3. 四种不同测试方式的具体操作步骤

（1）吸光度测试

1）调整测试波长。

2）按动“功能键”，切换至透射比测试模式。

3）置入遮光体，合上样品室盖，并使其进入光路，按动“调 0%T”键调 T 零，此时仪器显示“00. 0”或“-00. 0”，完成后取出遮光体。

4）按动“功能键”，切换至吸光度测试模式。

5）置入参比（空白）样品，按动“调 100%T”键，此时仪器显示“BL”，延时数秒后显示“-. 000”或“. 000”。

6）置入待测样品，读取测试数据。

（2）透射比测试

1）调整测试波长。

2）按动“功能键”，切换至透射比测试模式。

3）置入遮光体，合上样品室盖，并使其进入光路，按动“调 100%T”键调 T 零，此时仪器显示“00. 0”或“-00. 0”，完成后取出遮光体。

4）置入参比（空白）样品，按动“调 100%T”键，此时仪器显示“BL”，延时数秒后显示“100. 0”。

5）置入待测样品，读取测试数据。

（3）浓度方式测试

1）调整测试波长。

2）按动“功能键”，切换到透射比测试模式。

3）置入遮光体，合上样品室盖，并使其进入光路，按动“调 100%T”键调 T 零，此时仪器显示“00. 0”或“-00. 0”，完成后取出遮光体。

4）置入参比（空白）样品，按动“调 100%T”键，此时仪器显示“BL”，延时数秒后显示“100. 0”。

5）置入标准浓度样品并使其进入光路。

6）按动“功能键”切换到浓度测试模式。

7）按动参数设置键（“▲”或“▼”），设置标准样品浓度，并按动“确认”键。

8）置入待测样品，读取测试数据。

（4）斜率方式测试

1）调整测试波长。

2）按动“功能键”，切换至透射比测试模式。

3）置入遮光体，合上样品室盖，并使其进入光路，按动“调 0%T”键调 T 零，此时仪器显示“00. 0”或“-00. 0”，完成后取出遮光体。

4）置入参比（空白）样品，按动“调 100%T”键，此时仪器显示“BL”，延时数秒后显示“100. 0”。

5）按动“功能键”切换至斜率测试模式。

6）按动参数设置键（“▲”或“▼”），设置样品斜率。

7）置入待测样品，并按动“确认”键（此时测试模式自动切换至浓度方式）读取测试数据。

注：浓度显示范围为 0~1 999，即输入标样的 K 值应控制在 0~1 999 范围之内。

【注意事项】①每次使用后应检查样品室内是否积存有溢出溶液，经常擦拭样品室，以防废液对部件或光学元件的腐蚀。盛有测试溶液的比色皿不宜在样品室内久置。②要注意保护比色皿的光学窗（透光面）。除不能擦伤外，还要防止光学窗被污染，使用完毕后要及时清洗，不能使残存的样品或洗涤液吸附在光学窗上，以保持其良好的配对性。③仪器在出厂前已调试到最佳状态，用户不能在非故障状态下擅自调整，更不能擅自打开机壳拆卸其中的零件（更换光源灯除外），尤其是在拆卸单色器时不能碰伤或擦拭光学元件镜面。④仪器使用若超过 2h，应切断电源，待仪器休息 30min 后再开机使用。⑤不进行测量时，比色皿暗盒盖一定要打开，以保护和延长光电管寿命。

第四节　化学试剂的一般知识

化学试剂又叫化学药品，简称试剂，它是工农业生产、文教卫生、科学研究以及国防建设等多方面进行化验分析的重要药剂。化学试剂是指具有一定纯度标准的各种单质和化合物（也可以是混合物）。要进行任何实验都离不了试剂，试剂不仅有各种状态，而且不同的试剂其性能差异很大。有的常温非常安定、有的通常十分活泼，有的受高温也不变质、有的却易燃易爆；有的香气浓烈，有的则剧毒。只有对化学试剂的相关知识深入了解，才能安全、顺利地进行各项实验，既可保证达到预期实验目的，又可消除对环境的污染。因此，首先要知道试剂分类情况，然后才能掌握各类试剂的存放和使用。

一、化学试剂的分类

试剂分类的方法较多，如，按状态可分为固体试剂、液体试剂。按用途可分为通用试剂、专用试剂。按类别可分为无机试剂、有机试剂。按性能可分为危险试剂、非危险试剂等。从试剂的贮存和使用角度，常按类别和性能 2 种方法对试剂进行分类：

（一）无机试剂和有机试剂

这种分类方法与化学的物质分类一致，既便于识别、记忆，又便于贮存、取用；无机试剂按单质、氧化物、碱、酸、盐分出大类后，再考虑性质进行分类；有机试剂则按烃类、烃的衍生物、糖类蛋白质、高分子化合物、指示剂等进行分类。

（二）危险试剂和非危险试剂

这种分类既注意到实用性，更考虑到试剂的特征性质。因此，既便于安全存放，也便于实验工作者在使用时遵守安全操作规则。

1. 危险试剂的分类　根据危险试剂的性质和贮存要求又分为：

（1）易燃试剂：这类试剂指在空气中能够自燃或遇其他物质容易引起燃烧的化学物质，由于存在状态或引起燃烧的原因不同，常可分为：

1）易自燃试剂：如黄磷等。

2）遇水燃烧试剂：如钾、钠、碳化钙等。

3）易燃液体试剂：如苯、汽油、乙醚等。

4）易燃固体试剂：如硫、红磷、铝粉等。

(2)易爆试剂:指受外力作用发生剧烈化学反应而引起燃烧爆炸同时能放出大量有害气体的化学物质,如氯酸钾等。

(3)毒害性试剂:指对人或生物以及环境有强烈毒害性的化学物质,如溴、甲醇、汞、三氧化二砷等。

(4)氧化性试剂:指对其他物质能起氧化作用而自身被还原的物质,如过氧化钠、高锰酸钾、重铬酸铵、硝酸铵等。

(5)腐蚀性试剂:指具有强烈腐蚀性,对人体和其他物品能因腐蚀作用发生破坏现象,甚至引起燃烧、爆炸或伤亡的化学物质,如强酸、强碱、无水氯化铝、甲醛、苯酚、过氧化氢等。

2. 非危险试剂的分类　根据非危险试剂的性质与储存要求可分为:

(1)遇光易变质的试剂:指受紫外光线的影响,易引起试剂本身分解变质,或促使试剂与空气中的成分发生化学变化的物质。如硝酸、硝酸银、硫化铵、硫酸亚铁等。

(2)遇热易变质的试剂:这类试剂多为生物制品及不稳定的物质,在高气温中就可发生分解、发霉、发酵作用,有的常温也如此。如硝酸铵、碳铵、琼脂等。

(3)易冻结试剂:这类试剂的熔点或凝固点都在气温变化以内,当气温高于其熔点或下降到凝固点以下时,则试剂由于熔化或凝固而发生体积的膨胀或收缩,易造成试剂瓶的炸裂。如冰醋酸、晶体硫酸钠、晶体碘酸钠以及溴的水溶液等。

(4)易风化试剂:这类试剂本身含有一定比例的结晶水,通常为晶体。常温时在干燥的空气中(一般相对湿度在70%以下)可逐渐失去部分或全部结晶水而有的变成粉末,使用时不易掌握其含量。如结晶碳酸钠、结晶硫酸铝、结晶硫酸镁、胆矾、明矾等。

(5)易潮解试剂:这类试剂易吸收空气中的潮气(水分)而产生潮解、变质,外形改变,含量降低甚至发生霉变等。如氯化铁、无水乙酸钠、甲基橙、琼脂、还原铁粉、铝银粉等。

二、化学试剂的等级标准

化学试剂的种类很多,其分类标准也不尽相同。我国化学试剂的标准有国家标准(GB)、化工部标准(HG)及企业标准(QB)。实验室最普遍使用的试剂为一般试剂,可分为4个等级,其规格及适用范围见表2-3。

表2-3　化学试剂的级别及应用范围

级别	名称	英文符号	标签颜色	应用范围
一级	优级纯(保证试剂)	GR	绿	精密分析研究工作
二级	分析纯(分析试剂)	AR	红	分析实验
三级	化学纯	CP	蓝	一般化学实验
四级	实验试剂	LR	黄	工业或化学制备
生化试剂	生化试剂(生物染色剂)	BR	咖啡或玫瑰红	生化实验

指示剂也属于一般试剂,此外还有基准试剂、高纯试剂、专用试剂等。基准试剂的纯度相当于或高于保证试剂,用作容量分析的基准,可以直接用于配制标准溶液。

下面介绍各种规格试剂的应用范围。

基准试剂(容量)是一类用于标定分析标准溶液的标准物质,可作为滴定分析中的基准物用,也可精确称量后用直接法配制标准溶液。基准试剂主成分含量一般在99.95%~

100.05%，杂质含量略低于优级纯或与优级纯相当。

优级纯主成分含量高，杂质含量低，主要用于精密的科学研究和测定工作。

分析纯主成分含量略低于优级纯，杂质含量略高，用于一般的科学研究和重要的测定。

化学纯品质较分析纯差，但高于实验试剂，用于工厂、教学实验的一般工作。

实验试剂杂质含量更多，但比工业品纯度高。主要用于普通的实验或研究。

高纯、光谱纯及纯度99.99%（4个9也用4N表示）以上的试剂，主成分含量高，杂质含量比优级纯低，且规定的检验项目多。主要用于微量及痕量分析中试样的分解及试液的制备。

光谱纯试剂要求在一定波长范围内干扰物质的吸收小于规定值。

根据规定，试剂瓶的标签上应标示试剂名称、化学式、摩尔质量、级别、技术规格、产品标准号、生产许可证号（部分常用试剂）、生产批号、厂名等，危险品和毒品还应给出相应的标志。

化学试剂的包装单位是根据化学试剂的性质、纯度、用途和它们的价值而确定的。包装单位的规格是指每个包装容器内盛装化学试剂的净重或体积，一般固体试剂为500g/瓶，液体试剂为500mL/瓶。国产化学试剂规定为5类包装：

第一类为稀有元素，是超纯金属等贵重试剂。由于其价值昂贵，包装规格分为0.1g（或mL）、0.25g（或mL）、0.5g（或mL）、1g（或mL）、5g（或mL）等5种。

第二类为指示剂、生物试剂及供分析标准用的贵重金属元素试剂。由于价值较贵，包装规格有5g（或mL）、10g（或mL）、25g（或mL）等3种。

第三类为基准试剂或较贵重的固体或液体试剂，包装规格为25g（或mL）、50g（或mL）、100g（或mL）等3种。

第四类为各实验室广泛使用的化学试剂，一般为固体或有机液体的化学试剂，包装规格为250g（或mL）、500g（或mL）等2种。

第五类为酸类试剂及纯度较差的实验试剂，包装规格为0.5kg（或L）、1kg（或L）、2.5kg（或L）、5kg（或L）等。

应该根据用量决定购买量，以免造成浪费。若过量储存易燃易爆品，则不安全；易氧化及变质的试剂，则过期失效；标准物质等贵重试剂，则积压浪费。

三、化学试剂的合理选用

应根据不同的工作要求合理地选用相应级别的试剂。因为试剂的价格与其级别及纯度关系很大，在满足实验要求的前提下，选用试剂的级别就低不就高。痕量分析要选用高纯或优级纯试剂，以降低空白值和避免杂质干扰，同时对所用纯水的制取方法和仪器的洗涤方法也应有特殊的要求。化学分析可使用分析纯试剂。有些教学实验，如酸碱滴定也可用化学纯试剂代替。但配位滴定最好选用分析纯试剂，因试剂中有些杂质金属离子封闭指示剂，使终点难以观察。

对分析结果准确度要求高的工作，如仲裁分析、进出口商品检验、试剂检验等，可选用优级纯、分析纯试剂。车间控制分析可选用分析纯、化学纯试剂。制备实验、冷却浴或加热浴用的药品可选用工业品。

化学试剂虽然都按国家标准检验，但不同制造厂家或不同产地的化学试剂在性能上有时表现出某种差异。有时因原料不同，非控制项目的杂质会造成干扰或使实验出现异常现象。故在做科学实验时要注意产品厂家。另外，在标签上都印有“批号”，不同批号的产品因其制备条件不同，性能也有不同，在某些工作中，不同批号的试剂应做对照试验。在选用紫外光谱用溶剂、液相色谱流动相、色谱载体、吸附剂、指示剂、有机显色剂及试纸时应注意试剂的生产厂及批号并作好记录，必要时应做专项检验和对照试验。应该指出，未经药理检验的化学试剂是不能作为医药使用的。

四、化学试剂的使用和存放

为了保持试剂的质量和纯度，保证化验室人员的人身安全，要掌握化学试剂的性质和使用方法，制定出安全守则，并要求有关人员共同遵守。

（一）化学试剂使用人员注意事项

1. 应熟知最常用的试剂的性质，如市售酸碱的浓度，试剂在水中的溶解性，有机溶剂的沸点，试剂的毒性及其化学性质等。有危险性的试剂可分为易燃易爆危险品、毒品、强腐蚀剂3类。

2. 要注意保护试剂瓶的标签，它表明试剂的名称、规格、质量，万一掉失应照原样贴牢。分装或配制试剂后应立即贴上标签。绝不可在瓶中装上不是标签指明的物质。无标签的试剂可取小样检定，不能用的要慎重处理，不应乱倒。

3. 试剂等级不同，价格相差很大。对实验试剂的选用，并不是使用的试剂越纯越好，这需要有相应的纯水及仪器与之配合才能发挥试剂的纯度作用。一些要求不高的试剂，例如配制铬酸洗液的浓硫酸及重铬酸钾，作为燃料及一般溶剂的乙醇等都应使用低廉的工业品。因此，实验中应本着节约的原则，根据不同的要求合理选用不同级别的试剂。在能满足实验要求的前提下，尽量选用低价位的试剂。

4. 化学试剂在实验室分装时一般把固体试剂装在广口瓶中，把液体试剂或配制的溶液盛放在细口瓶或带有滴管的滴瓶中，把见光易分解的试剂或溶液（如硝酸银等）盛放在棕色瓶内。每一试剂瓶上都应贴上标签，上面写有试剂的名称、规格或浓度（溶液）以及日期，在标签外面涂上一层蜡以保护其不受污染。

（二）固体试剂的取用规则

1. 为保证试剂不受沾污，用干净的药勺取用，绝不可用手抓取，用过的药勺必须洗净、擦干后才能再使用。如试剂结块，可用洁净的粗玻璃棒或瓷药铲将其捣碎后取出。

2. 试剂取用后应立即盖紧瓶盖。

3. 多取出的药品，不能再倒回原瓶。

4. 一般试剂可放在干净的纸或表面皿上称量。具有腐蚀性、强氧化性或易潮解的试剂不能在纸上称量，应放在玻璃容器内称量。

5. 有毒药品要在教师指导下取用。

（三）液体试剂的取用规则

1. 从滴瓶中取用液体试剂时，要用滴瓶中的滴管，滴管不要触及所接收的容器，以免玷污药品。装有药品的滴管不得横置或滴管口向上斜放，以免液体流入滴管的胶皮帽中。

2. 从细口瓶中取用试剂时要用倾注法。将瓶塞取下，反放在桌面上，手握住试剂瓶上贴标签的一面，逐渐倾斜瓶子，让试剂沿着洁净的瓶口流入试管或沿着洁净的玻璃棒注入烧杯中。取出所需量后，将试剂瓶口在容器上靠一下，再逐渐竖起瓶子，以免遗留在瓶口的液体滴流到瓶的外壁。

3. 在试管里进行某些不需要准确体积的实验时，可以估算取用量。如用滴管取，1mL相当于多少滴，5mL液体占一个试管容量的几分之几等。倒入试管中的溶液的量，一般不超过其容积的 1/3。

4. 定量取用时，可用洗干净的量筒倒取，不要用吸管伸入原瓶试剂中吸取液体，取出的试剂不可倒回原瓶。

5. 打开易挥发的试剂瓶塞时不可把瓶口对准脸部。在夏季由于室温高，试剂瓶中很易冲出气液，最好把瓶子在冷水中浸一段时间再打开瓶塞。取完试剂后要盖紧塞子，不可换错瓶塞。放出有毒、有味气体的瓶子还应该用蜡封口。不可用鼻子对准试剂瓶口猛吸气，如果必须嗅试剂的气味，可将瓶口远离鼻子，用手在试剂瓶上方扇动，使空气流吹向自己而闻出其味。绝不可用舌头品尝试剂。

（四）指示剂的使用

指示剂是用来判别物质的酸碱性、测定溶液酸碱度或容量分析中用来指示达到滴定终点的物质。指示剂一般都是有机弱酸或弱碱，它们在一定的 pH 范围内变色灵敏，易于观察。故其用量很小，一般为每 10mL 溶液加入 1 滴指示剂。

指示剂的种类很多，除大家知道的石蕊、酚酞、甲基橙外，还有甲基红、百里酚酞、百里酚蓝、溴甲酚绿等，它们的变色范围不同，用途也不尽一致。容量分析中，为了某些特殊需要，除用单一的指示剂外，也常用混合指示剂。下面列出一些常用的指示剂及变色范围（表 2-4）。

表 2-4　常用的指示剂及变色范围

指示剂	pH 范围	颜色变化
酚酞	<8.2	无色
	8.2~10	浅红
	>10	红色
甲基橙	<3.1	红色
	3.1~4.4	橙色
	>4.4	黄色
甲基红	<4.2	红色
	4.2~6.2	橙色
	>6.2	黄色
刚果红	3.0	蓝色
	3.0~5.2	蓝紫色
	5.2	红色
溴百里酚蓝	6.0	黄色
	6.0~7.6	黄→绿→蓝
	7.6	蓝色

指示剂既要测定溶液的酸碱度，又常用于检验气态物质的酸碱性，所以实验中就常用到指示剂试液和试纸两类。

1. 指示剂试液的使用　使用试液时，一般用胶头滴管滴入 1~2 滴试液于待检溶液中，振荡后观察颜色的变化。

2. 试纸的使用　试纸能用来定性检验一些溶液的酸碱性，判断某些物质是否存在，常用的试纸有 pH 试纸（广泛和精密试纸）、碘化钾-淀粉试纸、醋酸铅试纸等。

（1）用试纸试验溶液的酸碱性时，将剪成小块的试纸放在表面皿或白色点滴板上，用洁净的玻璃棒蘸取待测溶液，接触试纸中部，试纸即被溶液湿润而变色，滴上待检液后 30s，将其与所附的标准色板比较，便可粗略确定溶液的 pH。不能将试纸浸泡在待测溶液中，以免造成误差或污染溶液；不能用试纸直接检验浓硫酸等有强烈脱水性物质的酸性或碱性。

（2）检验挥发性物质的性质，如酸碱性、氧化性或还原性等，可先将所用试纸用蒸馏水润湿，粘在玻璃棒上，用玻璃棒将其悬空放在容器口或导气管口上方，观察试纸被熏后颜色的变化。

（3）试纸要密闭保存，应该用镊子取用试纸。

指示剂有其各自的变色范围，可是其变色范围不是恰好位于 pH 为 7 的左右。其次，各种指示剂在变色范围内会显示出逐渐变化的过渡颜色。再则，各种指示剂的变色范围值的幅度也不尽相同。因此，在酸碱中和滴定中，为降低终点时的误差，不同类别的酸碱滴定应当选用适宜的指示剂。一般是：强酸滴定强碱或强碱滴定强酸时，可选用甲基橙、甲基红或酚酞试液作指示剂；强碱滴定弱酸时，则需选用百里酚酞或百里酚蓝试液为指示剂，若是强酸滴定弱碱时，应当选择溴甲酚绿或溴酚蓝试液。

（五）部分特殊化学试剂的存放和使用

1. 易燃固体试剂

（1）黄磷：黄磷又名白磷，应存放于盛水的棕色广口瓶里，水应保持将磷全部浸没；再将试剂瓶埋在盛硅石的金属罐或塑料筒里。

取用时，因其易氧化，燃点又低，有剧毒，能灼伤皮肤，故应在水下面用镊子夹住，小刀切取。掉落的碎块要全部收集，防止抛撒。

（2）红磷：红磷又名赤磷，应存放在棕色广口瓶中，务必保持干燥。取用时要用药匙，勿近火源，避免和灼热物体接触。

（3）钠、钾：金属钠、钾通常应保存在煤油、液体石蜡或甲苯的广口瓶中，瓶口用塞子塞紧，若用软木塞，还需涂石蜡密封。放在阴凉处，使用时先在煤油中切割成小块，再用镊子夹取，并用滤纸把煤油吸干，切勿与皮肤接触，以免烧伤。取用时切勿与水或溶液相接触，否则易引起火灾。未用完的金属碎屑不能乱丢，可加少量乙醇使其缓慢反应掉。

2. 易挥发出有腐蚀气体的试剂

（1）液溴：液溴密度较大，极易挥发，蒸气极毒，皮肤溅上溴液后会造成灼伤。故应将液溴贮存在密封的棕色磨口细口瓶内，为防止其扩散，一般要在溴的液面上加水起到封闭作用。且再将液溴的试剂瓶盖紧放于塑料筒中，置于阴凉不易碰翻处。

取用时，要用胶头滴管伸入水面下液溴中迅速吸取少量后，密封放还原处。

（2）浓氨水：浓氨水极易挥发，要用塑料塞和螺旋盖的棕色细口瓶，贮放于阴凉处。使用时，开启浓氨水的瓶盖要十分小心。因瓶内气体压强较大，有可能冲出瓶口使氨液外溅，所以要用塑料薄膜等遮住瓶口，使瓶口不要对着任何人，再开启瓶塞。特别是气温较高的夏天，可先用冷水降温后再启用。

（3）浓盐酸：浓盐酸极易放出氯化氢气体，具有强烈刺激性气味。所以应盛放于磨口细口瓶中，置于阴凉处，要远离浓氨水贮放。取用或配制这类试剂的溶液时，若量较大，接触时间又较长者，还应戴上防毒口罩。

3. 易燃液体试剂　乙醇、乙醚、二硫化碳、苯、丙酮等液体试剂沸点很低，极易挥发又易着火，故应盛于既有塑料塞又有螺旋盖的棕色细口瓶里，置于阴凉处。取用时勿近火种。其中常在二硫化碳的瓶中注少量水，起“水封”作用。因为二硫化碳沸点极低，为 46.3℃，密度比水大，为 1.26g/cm^3 且不溶于水，水封保存能防止挥发。而常在乙醚的试剂瓶中加少量铜丝，则是防止乙醚因变质而生成易爆的过氧化物。

4. 易升华的物质　易升华的物质有多种，如碘、干冰、萘、蒽、苯甲酸等。其中碘片升华后，其蒸气有腐蚀性且有毒。所以这类固体物质均应存放于棕色广口瓶中，密封放置于阴凉处。

5. 剧毒试剂　剧毒试剂常见的有氰化物、砷化物、汞化合物、铅化合物、可溶性钡的化合物以及汞、黄磷等。这类试剂要求与酸类物质隔离，放于干燥、阴凉处，专柜加锁。取用时应在指导下进行。

汞易挥发，在人体内会积累起来，引起慢性中毒。因此，不要让汞直接暴露在空气中，汞要存放在厚壁器皿中，保存汞的容器内必须加水将汞覆盖，使其不能挥发。玻璃瓶盛装汞只能至 1/2 满。

6. 易变质的试剂

（1）固体烧碱：氢氧化钠极易潮解并可吸收空气中的二氧化碳而变质不能使用，所以应当保存在广口瓶或塑料瓶中，塞子用蜡涂封。特别要注意避免使用玻璃塞以防粘结。氢氧化钾与此相同。

（2）碱石灰、生石灰、碳化钙（电石）、五氧化二磷、过氧化钠等：这些试剂都易与水蒸气或二氧化碳发生作用而变质，它们均应密封贮存。特别是取用后注意将瓶塞塞紧，放置于干燥处。

（3）硫酸亚铁、亚硫酸钠、亚硝酸钠等：这些试剂具有较强的还原性，易被空气中的氧气等氧化而变质。要密封保存，并尽可能减少与空气的接触。

（4）过氧化氢、硝酸银、碘化钾、浓硝酸、亚铁盐、三氯甲烷、苯酚、苯胺等：这些试剂受光照后会变质，有的还会放出有毒物质。它们均应按其状态保存在不同的棕色试剂瓶中，且避免光线直射。

五、固体试剂的干燥

（一）加热干燥

根据被干燥物对热的稳定性，通过加热将物质中的水分变成水蒸气蒸发出去。加热干燥可在常压下进行，例如将被干燥物放在蒸发皿内，用电炉、电热板、红外线照射、各种热浴和热空气干燥等。除此之外，也可以在减压条件下进行，如真空干燥箱等。易爆易燃物质不宜采用加热干燥的方法。

（二）低温干燥

一般指在常温或低于常温的情况下进行的干燥。可将被干燥物平摊于表面皿上，在常温常压下在空气中晾干、吹干，也可在减压（或真空）下干燥。

有些易吸水潮解或需要长时间保持干燥的固体，应放在干燥器内。

干燥器是一种具有磨口盖子的厚质玻璃器皿，真空干燥器在磨口盖子顶部装有抽气活塞，干燥器的中间放置一块带有圆孔的瓷板，用来盛放被干燥物品。

干燥器的使用方法和注意事项：

1. 在干燥器的底部放好干燥剂，常用的干燥剂有变色硅胶，无水氯化钙等；变色硅胶干燥时为蓝色，受潮后变粉红色。可以在 120℃烘受潮的硅胶，待其变蓝后反复使用，直至破碎不能用为止。

2. 在圆形瓷板上放上被干燥物，被干燥物应用器皿装好。

3. 在磨口处涂一层薄薄的凡士林，平推盖上磨口盖后，转动一下，密封好。

4. 使用真空干燥器时，必须抽真空。

5. 开启干燥器时，左手按住干燥器的下部，右手按住盖顶，向左前方推开盖子（图 2-35）。真空干燥器开启时应首先打开抽气活塞。

6. 搬动干燥器时，应用两手的拇指同时按住盖子（图 2-36）。防止盖子滑落打破。

7. 不可将太热的物体放入干燥器中；温度很高的物体应稍微冷却再放入干燥器内，放入后要在短时间内打开盖子 1~2 次，以调节干燥器内的气压。

8. 灼烧或烘干后的坩埚和沉淀在干燥器内不宜放置过久，否则会因吸收一些水分而使质量略有增加。

9. 有些带结晶水的晶体不能加热干燥，可以用有机溶剂（如乙醇、乙醚等）洗涤后晾干。

图 2-35　干燥器的开启方法

图 2-36　干燥器的搬动方法

六、使用试剂注意事项

1. 打开瓶盖（塞）取出试剂后，应立即将瓶（塞）盖好，以免试剂吸潮、沾污和变质。

2. 瓶盖（塞）不许随意放置，以免被其他物质沾污，影响原瓶试剂质量。

3. 试剂应直接从原试剂瓶取用，多取的试剂不允许倒回原试剂瓶。

4. 固体试剂应用洁净、干燥的小勺取用。取用强碱性试剂后的小勺应立即洗净，以免腐蚀。

5. 用吸管取用液态试剂时，决不许用同一吸管同时吸取 2 种试剂。

6. 盛装试剂的瓶上应贴有标明试剂名称、规格及出厂日期的标签，没有标签或标签字迹难以辨认的试剂，在未确定其成分前不能随便用。

七、引起化学试剂变质的原因

有些性质不稳定的化学试剂，由于储存过久或保存条件不当，会造成变质，影响使用。有些试剂必须在标签注明的条件如冷藏、充氮的条件下储存。以下是一些常见的化学试剂变质的原因。

1. 氧化和吸收二氧化碳　空气中的氧和二氧化碳对试剂的影响：易被氧化的还原剂，如硫酸亚铁、碘化钾，由于被氧化而变质。碱及碱性氧化物易吸收二氧化碳而变质，如 NaOH、KOH、MgO、CaO、ZnO 也易吸收 CO_2 变成碳酸盐。酚类易氧化变质。

2. 湿度的影响

(1) 潮解：有些试剂易吸收空气中的水分发生潮解，如 $CaCl_2$、$MgCl_2$、$ZnCl_2$、KOH、NaOH 等。

(2) 风化：含结晶水的试剂露置于干燥的空气中时，失去结晶水变成为白色不透明晶体或粉末，这种现象叫风化。如 $Na_2SO_4 \cdot 10H_2O$、$CuSO_4 \cdot 5H_2O$ 等。风化后的试剂取用时，其分子相对质量难以确定。

3. 挥发和升华　浓氨水若盖子密封不严，久存后由于 NH_3 的逸出，其浓度会降低。挥发性有机溶剂如石油醚等，由于挥发会使其体积减小。因其蒸气易燃，有引起火灾的危险。碘、萘等也会因密封不严造成质量损失及污染空气。

4. 见光分解　过氧化氢溶液见光后分解为水和氧，甲醛见光氧化成甲酸，三氯甲烷氧化产生有毒的光气，HNO_3 在光照下生成棕色的 NO_2。因此这些试剂一定要避免阳光直射。有机试剂一般均存于棕色瓶中。

5. 温度的影响　高温加速试剂的化学变化速度，也使挥发、升华速度加快，温度过低也不利于试剂储存，在低温时有的试剂会析出沉淀，如甲醛在 6℃ 以下析出三聚甲醛，有的试剂发生冻结。

第五节　溶液的配制与计算

一、一般溶液的配制和计算

一般溶液是指非标准溶液，它在分析工作中常常作为溶解样品、调节 pH、分离或者掩蔽离子、显色等使用。配制一般溶液的精度要求不高，保留 1~2 位有效数字，试剂的质量由托盘天平或普通电子秤称量，体积用量筒量取即可。

(一) 物质的量浓度溶液的配制和计算

根据 $c_B=\frac{n_B}{V}$ 和 $n_B=\frac{m_B}{M_B}$ 的关系，

$$m_B=c_B V\times\frac{M_B}{1\,000}$$

式中　m_B—— 固体溶质 B 的质量，g；

c_B——欲配溶液溶质 B 的物质的量浓度，mol/L；

V——欲配溶液的体积，mL；

M_B——溶质 B 的摩尔质量，g/mol。

1. 溶质是固体物质

例 2-1　欲配制 $c_{(Na_2CO_3)}=0.5$mol/L 溶液 500mL，如何配制？

［解］

$$m_{(Na_2CO_3)}=c_{(Na_2CO_3)}V\times\frac{M_{(Na_2CO_3)}}{1\,000}$$

$$m_{(\mathrm{Na_2CO_3})}=0.5\times500\times\frac{106}{1\,000}g=26.5g$$

配法：称取 $Na_2CO_3$26.5g 溶于水中，并用水稀释至 500mL，混匀。

2. 溶质是浓溶液

例 2-2　欲配制 $c_{(\mathrm{H_3PO_4})}=0.5$mol/L 溶液 500mL，如何配制？（浓 H_3PO_4 密度 $\rho=1.69$，$\omega=85\%$，浓度为 15mol/L）

［解］　溶液在稀释前后，其中溶质的物质的量不会改变，因而可用下式计算：

$$c_{浓}V_{浓}=c_{稀}V_{稀}$$

$$V_{浓}=\frac{c_{稀}\ V_{稀}}{c_{浓}}=\frac{0.5\times500}{15}\mathrm{mL}\approx17\mathrm{mL}$$

另一算法：

$$m_{(\mathrm{H_3PO_4})}=c_{(\mathrm{H_3PO_4})}V_{(\mathrm{H_3PO_4})}\times\frac{M_{(\mathrm{H_3PO_4})}}{1\,000}=\left(0.5\times500\times\frac{98.00}{1\,000}\right)\mathrm{g}=24.5\mathrm{g}$$

$$V_0=\frac{m}{\rho\omega}=\frac{24.5}{1.69\times85\%}\mathrm{mL}\approx17\mathrm{mL}$$

配法：量取浓 H_3PO_4 17mL 加水稀释至 500mL，混匀。

（二）质量分数溶液的配制和计算

1. 溶质是固体物质

$$m_1=m\omega$$

$$m_2=m-m_1$$

式中：m_1——固体溶质的质量，g；

m_2——溶剂的质量，g；

m——欲配溶液的质量，g；

ω——欲配溶液的质量分数。

例 2-3　欲配制 $\omega_{\mathrm{NaCl}}=10\%$NaCl 溶液 500g，如何配制？

［解］

$$m_1=(500\times10\%)\mathrm{g}=50\mathrm{g}$$

$$m_2=(500-50)\mathrm{g}=450\mathrm{g}$$

配法：称取 NaCl 50g，加水 450mL，混匀。

2. 溶质是浓溶液　由于浓溶液取用量是以量取体积较为方便，故一般需查阅酸、碱溶液浓度-密度关系表，查得溶液的密度后可算出体积，然后进行配制。计算依据是溶质的总量在稀释前后不变。

$$V_0\rho_0\omega_0=V\rho\omega$$

式中　V_0，V——溶液稀释前后的体积，mL；

ρ_0，ρ——浓溶液、欲配溶液的密度，g/mL；

ω_0，ω——浓溶液、欲配溶液的质量分数。

例 2-4　欲配 $\omega_{\mathrm{H_2SO_4}}=30\%$ H_2SO_4溶液（$\rho=1.22$）500mL，如何配制？（市售浓 H_2SO_4，$\rho_0=1.84$，$\omega_0=96\%$）

［解］

$$V_0=\frac{V\rho\omega}{\rho_0\omega_0}=\frac{500\times1.22\times30\%}{1.84\times96\%}\mathrm{mL}=103.6\mathrm{mL}$$

配法：量取浓 $H_2SO_4$103.6mL，在不断搅拌下慢慢倒入适量水中，冷却，用水稀释至 500mL，混匀。注:切不可将水往浓 H_2SO_4 中倒,以防浓 H_2SO_4 溅出伤人。

常用酸、碱试剂的密度和浓度关系如表 2-5 所示。

表 2-5　常用酸、碱试剂的密度和浓度

试剂名称	化学式	Mr	密度 $\rho/(g\cdot mL^{-1})$	质量分数 $w/\%$	物质的量浓度 $c_B/(mol\cdot L^{-1})$
浓硫酸	H_2SO_4	98.08	1.84	96	18
浓盐酸	HCl	36.46	1.19	37	12
浓硝酸	HNO_3	63.01	1.42	70	16
浓磷酸	H_3PO_4	98.00	1.69	85	15
冰醋酸	CH_3COOH	60.05	1.05	99	17
高氯酸	$HClO_4$	100.46	1.67	70	12
浓氢氧化钠	NaOH	40.00	1.43	40	14
浓氨水	$NH_3\cdot H_2O$	17.03	0.90	28	15

注:c_B 以化学式为基本单元。

(三) 质量浓度溶液的配制和计算

例 2-5　欲配制 20g/L 亚硫酸钠溶液 100mL,如何配制?

[解]

$$\rho_0=\frac{m_B}{V}\times 1\,000$$

$$m_B=\rho_B\times\frac{V}{1\,000}=\left(20\times\frac{100}{1\,000}\right)g=2g$$

配法:称取 2g 亚硫酸钠溶于水中,加水稀释至 100mL,混匀。

(四) 体积分数溶液的配制和计算

例 2-6　欲配制 $\varphi_{(C_2H_5OH)}=50\%$ 乙醇溶液 1 000mL,如何配制?

[解]

$$V_B=1\,000mL\times 50\%=500mL$$

配法:量取无水乙醇 500mL,加水稀释至 1 000mL,混匀。

(五) 比例浓度溶液的配制和计算

例 2-7　欲配(2+3)乙酸溶液 1L,如何配制?

[解]

$$V_A=V\times\frac{A}{A+B}=\left(1\,000\times\frac{2}{2+3}\right)mL=400mL$$

$$V_B=(1\,000-400)\,mL=600mL$$

配法:量取冰乙酸 400mL,加水 600mL,混匀。

二、标准溶液的配制和计算

(一) 滴定分析用标准溶液的配制和计算

1. 一般规定　已知准确浓度的溶液叫做标准溶液。标准溶液浓度的准确度直接影响分析结果的准确度。因此,配制标准溶液在方法、使用仪器、量具和试剂方面都要严格的要求。

一般按照国标 GB/T 601—2016 要求制备标准溶液，它有如下一些规定：

(1)实验用水应符合 GB/T 6682 中三级水的规格。

(2)所用试剂的级别应在分析纯(含分析纯)以上。

(3)标准滴定溶液标定、直接制备和使用时所用分析天平、滴定管、单标线容量瓶、单标线移液管等按相关检定规程定期进行检定或校准。

(4)制备标准滴定溶液的浓度，除高氯酸标准滴定溶液、盐酸-乙醇标准滴定溶液、亚硝酸钠标准滴定溶液[c_{NaNO_2}=0.5mol/L]外，均指 20℃时的浓度，在标准滴定溶液标定、直接制备和使用时若温度不为 20℃时，应对标准滴定溶液体积进行补正。

(5)在标定和使用标准滴定溶液时，滴定速度一般应保持在 6~8mL/min。

(6)称量工作基准试剂的质量≤0.5g 时，按精确至 0.01mg 称量；>0.5g 时，按准确至 0.1mg 称量。

(7)制备标准滴定溶液的浓度应在规定浓度的±5%范围内。

(8)除另有规定外，标定标准滴定溶液的浓度时，需两人进行实验，分别做四平行，每人四平行标定结果相对极差不得大于相对重复性临界极差[$CR_{0.95}(4)_r$=0.15%]，两人共八平行标定结果相对极差不得大于相对重复性临界极差[$CR_{0.95}(8)_r$=0.18%]。在运算过程中保留 5 位有效数字，取两人八平行标定结果的平均值为标定结果，报出结果取 4 位有效数字。需要时，可采用比较法对部分标准滴定溶液的浓度进行验证。

(9)标准滴定溶液浓度的相对扩展不确定度不大于 0.2%(k=2)。

(10)使用工作基准试剂标定标准溶液的浓度，当对标准滴定溶液浓度的准确度有更高要求时，可使用标准物质(扩展不确定度应小于 0.05%)代替工作基准试剂进行标定或直接制备，并在计算标准滴定溶液浓度时，将其质量分数代入计算式中。

(11)标准滴定溶液的浓度≤0.02mol/L 时(除 0.02mol/L 乙二胺四乙酸二钠、氯化锌标准滴定溶液外)，应于临用前将浓度高的标准溶液用煮沸并冷却的水稀释(不含非水溶剂的标准滴定溶液)，必要时重新标定。当需用本标准规定浓度以外的标准滴定溶液时，可参考本标准中相应标准滴定溶液的制备方法进行配制和标定。

(12)贮存：①除另有规定外，标准滴定溶液在 10~30℃下，密封保存时间一般不超过 6 个月；碘标准滴定溶液、亚硝酸钠标准滴定溶液[$c_{(NaNO_2)}$=0.1mol/L]密封保存时间为 4 个月；高氯酸标准滴定溶液、氢氧化钾-乙醇标准滴定溶液、硫酸铁(Ⅲ)铵标准滴定溶液密封保存时间为 2 个月。超过保存时间的标准滴定溶液进行复标定后可以继续使用。②在 10~30℃条件下，开封使用过的标准滴定溶液保存时间一般不超过 2 个月(倾出溶液后立即盖紧)；碘标准滴定溶液、氢氧化钾-乙醇标准滴定溶液一般不超过 1 个月；亚硝酸钠标准滴定溶液[$c_{(NaNO_2)}$=0.1mol/L]一般不超过 15 天；高氯酸标准滴定溶液开封后当天使用。③当标准滴定溶液出现浑浊、沉淀、颜色变化等现象时，应重新制备。

(13)贮存标准滴定溶液的容器，其材料不应与溶液起理化作用，壁厚最薄处不小于 0.5mm。

(14)标准中所用溶液以“%”表示的，除“乙醇(95%)”外其他均为质量分数。

2. 配制方法　标准溶液配制有直接配制法和标定法两种。

(1)直接配制法：在分析天平上准确称取一定量已干燥的“基准物”溶于水后，转入已校正的容量瓶中用水稀释至刻度，摇匀，即可算出其准确浓度。

作为“基准物”，应具备下列条件：纯度高，含量一般要求在 99.9%以上，杂质总含量小于

0.1%;性质稳定,在空气中不吸湿,加热干燥时不分解,不与空气中的氧气、二氧化碳等作用;使用时易溶解;最好是摩尔质量较大,这样称样量较多,可以减少称量误差。常用的基准物如表 2-6 所示。

表 2-6 常用的基准物

名称	化学式	式量	使用前的干燥条件[1]
碳酸钠	Na_2CO_3	105.99	270~300℃
邻苯二甲酸氢钾	$KHC_8H_4O_4$	204.22	105~110℃
重铬酸钾	$K_2Cr_2O_7$	294.18	120℃
三氧化二砷	As_2O_3	197.84	浓 H_2SO_4 干燥器中干燥至恒重
草酸钠	$Na_2C_2O_4$	134.00	105~110℃
碘酸钾	KIO_3	214.00	130℃
溴酸钾	$KBrO_3$	167.00	130℃
铜	Cu	63.546	用 2%乙酸、水、乙醇依次洗涤后,放干燥器中保存 24h 以上
氧化锌	ZnO	81.39	800~900℃
锌	Zn	65.38	用(1+3)HCl,乙醇依次洗涤后,放干燥器中保存 24h 以上
碳酸钙	$CaCO_3$	100.09	110℃
氯化钠	NaCl	58.44	500~600℃
氯化钾	KCl	74.55	500~600℃
硝酸银	$AgNO_3$	169.87	浓 H_2SO_4 干燥器中干燥至恒重

注:[1] 烘干后的基准物,除说明外,一律存放在硅胶干燥器中备用。

1)物质的量浓度标准溶液的配制和计算:

例 2-8 欲配 $c_{(1/6K_2Cr_2O_7)}=0.100\,0mol/L$ 标准溶液 1 000mL,如何配制?

[解] 根据公式 $$m_{(1/6K_2Cr_2O_7)}=c_{(1/6K_2Cr_2O_7)}\cdot V\times\frac{M_{(1/6K_2Cr_2O_7)}}{1\,000}$$

求出 $$m_{(1/6K_2Cr_2O_7)}=\left(0.100\,0\times1\,000\times\frac{49.03}{1\,000}\right)g=4.903g$$

配法:准确称取基准物 $K_2Cr_2O_7$ 4.903 0g,溶于水,转入 1 000mL 容量瓶中,加水稀释至刻度,摇匀。

2)滴定度标准溶液的配制和计算:

计算公式: $$m_s=\frac{s}{x}\cdot T_{s/x}$$

$$m=m_s\cdot V$$

式中 m_s——1mL 滴定液中含滴定剂(s)的质量,g;

s——按反应方程式确定的滴定剂(s)的质量,g;

x——按反应方程式确定的被测物(x)的质量,g;

$T_{s/x}$——滴定度;

V——欲配标准溶液的体积,mL;

m——滴定剂的质量,g。

例 2-9　欲配 $T_{AgNO_3/Cl^-}=0.001\,000g/mL$ 溶液 1 000mL,如何配制?

[解]　滴定反应:

$$\underset{(169.87)}{AgNO_3}+\underset{(35.453)}{Cl^-}\rightarrow AgCl\downarrow+NO_3^-$$

$$m_{(AgNO_3)}=\left(\frac{169.87}{35.453}\times0.001\,000\right)g=0.004\,791g$$

$$m=(0.004\,791\times1\,000)g=4.791g$$

配法:准确称取基准物 $AgNO_3$ 4.791 0g,溶于水,转入 1 000mL 棕色容量瓶中,加水稀释至刻度,摇匀。

(2)标定法:很多物质不符合基准物的条件。例如,浓盐酸中的氯化氢很易挥发,固体氢氧化钠易吸收水分和 CO_2,高锰酸钾不易提纯等。它们都不能直接配制标准溶液。一般是先将这些物质配成近似所需浓度的溶液,再用基准物测定其准确浓度。这一操作叫做"标定"。标定的方法有如下两种:

1)直接标定:准确称取一定量的基准物,溶于水后用待标定的溶液滴定,至反应完全。根据所消耗待标定溶液的体积和基准物的质量,计算出待标定溶液的准确浓度,计算公式为

$$c_B=\frac{m_A}{V_BM_A}\times1\,000$$

式中　c_B——待标定溶液的浓度,mol/L;

m_A——基准物的质量,g;

M_A——基准物的摩尔质量,g/mol;

V_B——消耗待标定溶液的体积,mL。

例如,标定 HCl 或 H_2SO_4,可用基准物无水碳酸钠,在 270~300℃烘干至质量恒定,用不含 CO_2 的水溶解,选用溴甲酚绿-甲基红混合指定剂指示终点。

2)间接标定:有一部分标准溶液没有合适的用于标定的基准试剂,只能用另一已知浓度的标准溶液来标定。如乙酸溶液用 NaOH 标准溶液来标定,草酸溶液用 $KMnO_4$ 标准溶液来标定等,当然,间接标定的系统误差比直接标定要大些。

在实际生产中,除了上述两种标定方法之外,还有用"标准物质"来标定标准溶液的。这样做的目的,使标定与测定的条件基本相同,可以消除共存元素的影响,更符合实际情况。目前我国已有上千种标准物质出售。

3)比较法:用基准物直接标定标准溶液的浓度后,为了更准确地保证其浓度,采用比较法进行验证。例如,HCl 标准溶液用 Na_2CO_3 基准物标定后,再用 NaOH 标准溶液进行标定。国家标准规定两种标定结果之差不得大于 0.2%,"比较"既可检验 HCl 标准溶液的浓度是否准确,也可考查 NaOH 标准溶液的浓度是否可靠,最后以直接标定结果为准。

另外,在有条件的工厂,标准溶液由中心试验室或标准溶液室由专人负责配制、标定,然后分发各车间使用,更能确保标准溶液浓度的准确性。

标准溶液要定期标定,它的有效期要根据溶液的性质、存放条件和使用情况来确定,表 2-7 所列有效期供参考。

表 2-7　标准溶液的有效日期

溶液名称	浓度 $c_B/(mol \cdot L^{-1})$	有效期/月	溶液名称	浓度 $c_B/(mol \cdot L^{-1})$	有效期/月
各种酸溶液	各种浓度	3	硫酸亚铁溶液	1;0.64	20 天
氢氧化钠	各种浓度	2	硫酸亚铁溶液	0.1	用前标定
氢氧化钾-乙醇溶液	0.1;0.5	1	亚硝酸钠溶液	0.1;0.25	2
硫代硫酸钠溶液	0.05;0.1	2	硝酸银溶液	0.1	3
高锰酸钾溶液	0.05;0.1	3	硫氰酸钾溶液	0.1	3
碘溶液	0.02;0.1	1	亚铁氰化钾溶液	各种浓度	1
重铬酸钾	0.1	3	EDTA 溶液	各种浓度	3
溴酸钾-溴化钾溶液	0.1	3	锌盐溶液	0.025	2
氢氧化钡溶液	0.05	1	硝酸铅溶液	0.025	2

3. 标准溶液浓度的调整　化验工作中为了计算方便，常需使用某一指定浓度的标准溶液，如 $c_{(HCl)}=0.1000mol/L$ HCl 溶液，配制时浓度可能略高或略低于此浓度，待标定结束后，可加水或加较浓 HCl 溶液进行调整。

标定后浓度较指定浓度略高　此时可按下式加水稀释，并重新标定。

$$c_1V_1=c_2(V_1+V_{H_2O})$$

$$V_{H_2O}=\frac{V_1(c_1-c_2)}{c_2}$$

式中　c_1——标定后的浓度，mol/L；

c_2——指定的浓度，mol/L；

V_1——标定后的体积，mL；

V_{H_2O}——稀释至指定浓度需加水的体积，mL。

标定后浓度较指定浓度略低　此时可按下式补加较浓溶液进行调整，并重新标定。

$$c_1V_1+c_{浓}V_{浓}=c_2(V_1+V_{浓})$$

$$V_{浓}=\frac{V_1(c_2-c_1)}{c_{浓}-c_2}$$

式中　c_1——标定后的浓度，mol/L；

c_2——指定的浓度，mol/L；

$c_{浓}$——需加浓溶液的浓度，mol/L；

V_1——标定后的体积，mL；

$V_{浓}$——需加浓溶液的体积，mL。

4. 物质的量浓度（c_B）与滴定度（$T_{s/x}$）的相互换算

$$T_{s/x}=c_B\times\frac{M_x}{1000}$$

式中　M_x——被测物的摩尔质量，g/mol。

例 2-10　$c_{(HCl)}=0.1016mol/L$ HCl 溶液，换算成 T_{HCl/Na_2CO_3} 应为多少？

［解］

$$2HCl+Na_2CO_3 \rightarrow 2NaCl+H_2O+CO_2\uparrow$$

$$T_{HCl/Na_2CO_3}=\left(0.1016\times\frac{53.00}{1000}\right)g/mL=0.005385g/mL$$

（二）微量分析用离子标准溶液的配制和计算

微量分析如比色法、原子吸收法等，所用的离子标准溶液，常用 mg/mL，μg/mL 等表示，配制时需用基准物或纯度在分析纯以上的高纯试剂配制。浓度低于 0. 1mg/mL 的标准溶液，常在临用前用较浓的标准溶液在容量瓶中稀释而成。因为太稀的离子液浓度易变，不宜存放太长时间。配制离子标准溶液应按照下式计算所需纯试剂的量，溶解后在容量瓶中稀释成一定体积，摇匀即成。

$$m=\frac{cV}{f\times1000}$$

式中　m——纯试剂的质量，g；

c——欲配离子液的浓度，mg/mL；

V——欲配离子液的体积，mL；

f——换算系数。

f 由下式计算：

$$f=\frac{试剂中欲配组分的式量}{试剂的式量}$$

例 2-11　欲配 10μg/mL 锌标准溶液 100mL，如何配制？

［解］先配 0. 1mg/mL Zn^{2+}标准溶液 1 000mL 作为储备液，然后在临用前取出部分储备液用水稀释 10 倍即成。

配法：称取 0. 100 0g 金属锌，加（1+1）HCl 20mL 溶解，转入 1L 容量瓶中，加水稀释至刻度，摇匀。此溶液浓度为 0. 1mg/mL（储备液）。

用移液管吸取 10. 00mL 储备液，在 100mL 容量瓶中用 2mol/L HCl 溶液稀释至刻度，摇匀。此溶液浓度为 10μg/mL。

例 2-12　欲配 1mg/mL Cu^{2+}标准溶液 100mL，如何配制？

［解］　用高纯 $CuSO_4 \cdot 5H_2O$ 试剂配制

$$f=\frac{M_{(Cu)}}{M_{(CuSO_4\cdot5H_2O)}}=\frac{63.546}{249.68}=0.2545$$

$$m=\frac{1\times100}{0.2545\times1000}g=0.3929g$$

配法：准确称取 $CuSO_4 \cdot 5H_2O$ 0. 392 9g，溶于水中，加几滴 H_2SO_4，转入 100mL 容量瓶中，用水稀释至刻度，摇匀。

三、配制溶液注意事项

1. 分析实验所用的溶液应用纯水配制，容器应用纯水洗 3 次以上。特殊要求的溶液应事先作纯水的空白值检验。如配制 $AgNO_3$ 溶液，应检验水中无 Cl^-；配制用于 EDTA 配位滴定的溶液，应检验水中无杂质阳离子。

2. 溶液要用带塞的试剂瓶盛装，见光易分解的溶液要装于棕色瓶中，挥发性试剂如用有机溶剂配制的溶液，瓶塞要严密，见空气易变质及放出腐蚀性气体的溶液也要盖紧，长期存放时要用蜡封住。浓碱液应用塑料瓶装，如装在玻璃瓶中，要用橡皮塞塞紧，不能用玻璃磨口塞。

3. 每瓶试剂溶液必须有标明名称、规格、浓度和配制日期的标签。

4. 溶液储存时可能的变质原因

(1)玻璃与水和试剂作用或多或少会被侵蚀（特别是碱性溶液），使溶液含有钠、钙、硅酸盐等杂质。某些离子被吸附于玻璃表面，这些对于低浓度的离子溶液不容忽略。故低于1mg/mL的离子溶液不能长期储存。

(2)由于试剂瓶密封不好，空气中的 CO_2、O_2、NH_3 或酸雾侵入使溶液发生变化，如氨水吸收 CO_2 生成 NH_4HCO_3，KI 溶液见光易被空气中的氧氧化生成 I_2 而变为黄色，$SnCl_2$、$FeSO_4$、Na_2SO_3 等还原剂溶液易被氧化。

(3)某些溶液见光分解，如硝酸银、汞盐等。有些溶液放置时间较长后逐渐水解，如铋盐、锑盐等。$Na_2S_2O_3$ 还能受微生物作用而逐渐使浓度变低。

(4)某些配位滴定指示剂溶液放置时间较长后发生聚合和氧化反应等，不能敏锐指示终点，如铬黑T、二甲酚橙等。

(5)由于易挥发组分的挥发使浓度降低，导致实验出现异常现象。

5. 配制硫酸、磷酸、硝酸、盐酸等溶液时，都应把酸倒入水中。对于溶解时放热较多的试剂，不可在试剂瓶中配制，以免炸裂。配制硫酸溶液时，应将浓硫酸分为小份慢慢倒入水中，边加边搅拌，必要时以冷水冷却烧杯外壁。

6. 用有机溶剂配制溶液时(如配制指示剂溶液)，有时有机物溶解较慢，应不时搅拌，可以在热水浴中温热溶液，不可直接加热。易燃溶剂使用时要远离明火。几乎所有的有机溶剂都有毒，应在通风柜内操作。应避免有机溶剂不必要的蒸发，烧杯应加盖。

7. 要熟悉一些常用溶液的配制方法。如碘溶液应将碘溶于较浓的碘化钾水溶液中，才可稀释。配制易水解盐类的水溶液应先加酸溶解后，再以一定浓度的稀酸稀释。如配制 $SnCl_2$ 溶液时，如果操作不当，已发生水解，加酸很难溶解沉淀。

8. 不能用手接触腐蚀性及有剧毒的溶液。剧毒废液应作解毒处理，不可直接倒入下水道。

第六节　实验室用水

自来水中常含有 K^+、Na^+、Ca^{2+}、Mn^{2+} 等金属离子的碳酸盐、硫酸盐、氯化物及某些气体等杂质。使用自来水配制溶液时，这些杂质可能会与溶液中的溶质起化学反应而使溶液变质失效，也可能会对实验现象或结果产生不良的干扰和影响，因此，化学实验室中所用的水必须是纯化的水。

一、级别及主要指标

不同的实验对水质的要求也不相同，一般的化学实验用一次蒸馏水或去离子水；超纯分析或精密物理化学实验中，需要水质更高的二次蒸馏水、三次蒸馏水，或根据实验要求用无二氧化碳蒸馏水、超纯水等。国标 GB 6682—2008 中明确规定了实验室用水的级别、主要技术指标及检验方法，见表2-8。

表 2-8　实验室用水的级别及主要指标

指标名称	一级	二级	三级
pH 范围(25℃)	-	-	5.0~7.5
电导率(25℃)/($mS \cdot m^{-1}$)	≤0.01	≤0.10	≤0.50
可氧化物质(以氧计)/($mg \cdot L^{-1}$)	-	<0.08	<0.4
蒸发残渣(105 ±2)℃/($mg \cdot L^{-1}$)	-	≤1.0	≤2.0
吸光度(254nm,1cm 光程)	≤0.001	≤0.01	
可溶性硅(以 SiO_2 计)/($mg \cdot L^{-1}$)	<0.01	<0.02	

二、制备方法

纯水是化学实验中最常用的纯净溶剂和洗涤剂。在化学分析实验中对水的质量要求较高,应根据所做实验对水质量的要求合理地选用不同规格的纯水。实验室中所用的纯水常用以下 3 种方法制备。

1. 蒸馏法　将自来水(或天然水)在蒸馏装置中加热汽化,水蒸气冷凝即得蒸馏水。该法能除去水中的不挥发性杂质及微生物等。因此,蒸馏水较纯净,适用于一般化学实验工作。

通常使用的蒸馏装置用玻璃、铜和石英等材料制成,蒸馏水中仍含有一些杂质,原因是:①二氧化碳及某些低沸物易挥发,随水蒸气进入蒸馏水中;②少量液态水成雾状飞出,进入蒸馏水中;③微量的冷凝管材料成分带入蒸馏水中。尽管如此,蒸馏水仍是化学实验中最常用的较纯净的廉价的溶剂和洗涤剂。在 25℃时,其电阻率为 $1\times10^5\Omega \cdot cm$。蒸馏法制取纯水设备成本低,操作简单,但能源消耗大。

实验室制取蒸馏水的方法是:用硬质玻璃或者石英蒸馏器,在每 1L 蒸馏水或去离子水中加入 50mL 碱性高锰酸钾溶液(每 1L 含有 8g $KMnO_4$+300g KOH),重新蒸馏,弃去头和尾各 1/4 容积,收集中段的蒸馏水,亦称二次蒸馏水,此法去除有机物较好,但不宜作无机痕量分析用。也可以直接在二次蒸馏水器中制备,第二个蒸馏瓶中不加 $KMnO_4$。亦可使用市售的"自动双重蒸馏水器"制取重蒸馏水。

采用蒸馏或离子交换法制备的纯水一般为三级水。将三级水再次蒸馏后所得纯水一般为二级水,常含有微量的无机、有机或胶态杂质。将二级水再进一步处理后所得纯水一般为一级水。用石英蒸馏器将二级水再次蒸馏所得水,基本上不含有溶解或胶态离子杂质及有机物。

2. 离子交换法　离子交换法是将自来水通过内装有阳离子交换树脂和阴离子交换树脂的离子交换柱,利用交换树脂中的活性基团与水中杂质离子的交换作用,以除去水中的杂质离子,实现净化水的方法。用此法制得的纯水通常称为"去离子水"。

离子交换法制取的纯水电导率可达到很低,纯度较高,25℃时其电阻率一般在 $5M\Omega \cdot cm$ 以上。但它的局限是不能去除非电解质、胶体物质、非离子化的有机物和溶解的空气。另外,树脂本身也会溶解出少量有机物。但在一般的化学分析中,离子交换制取的纯水是完全能满足需要的。由于它操作技术较易掌握,设备可大可小,比蒸馏法成本低,因此是目前各类化验室最常用的方法。

3. 超纯水机制备　超纯水机制备纯水,是采用预处理、反渗透技术、超纯化处理以及后级处理等方法,将水中的导电介质几乎完全去除,又将水中不解离的胶体物质、气体及有机物均去除至很低程度。实验室超纯水机大致分为预处理、反渗透、超纯化、终端超滤 4 个单元。自来水首先通过预处理单元,去除水中较大的颗粒、悬浮物以及部分有机物;然后进入反渗透单元,对水中的离子物质和大分子物质(如病毒、微生物等)进行截留性去除;之后再经过纯化和超纯化单元,对经过膜去除后残余的微少离子进行纯化和超纯化,使水中的离子含量降低到痕量水平。最后通过 UV、超滤等技术确保超纯水中的微生物、有机物和热原满足各类实验应用需求。

超纯水机所生产的超纯水电阻率一般应大于 10MΩ,10MΩ 以上的水才叫超纯水。一般超纯水出水能达到 18.25MΩ。超纯水适合多种精密分析实验的需求,如高效液相色谱(HPLC),离子色谱(IC)和离子捕获-质谱(ICP-MS)。

纯水并不是绝对不含杂质,只是杂质含量极少而已。随制备方法和所用仪器的材料不同,其杂质的种类和含量也有所不同。纯水的质量可以通过水质鉴定,检查水中杂质离子含量的多少来确定。通常采用物理方法,即用电导率仪测定水的电阻率(或电导率),用电阻率衡量水的纯度。水的纯度越高,杂质离子的含量越少,水的电阻率也就越高。故测得水的电阻率的大小,就可确定水质的好坏。上述一、二、三级水,25℃时的电阻率应分别等于或大于 10MΩ · cm、1MΩ · cm、0.2MΩ · cm,大于 10MΩ · cm 的水为超纯水。

三、检验

纯水的质量检验指标很多,分析化学实验室主要对实验用水的电阻率、酸碱度、钙镁离子、氯离子的含量等进行检测。此外,根据实际工作的需要及生化、医药化学等方面的特殊要求,有时还要进行一些特殊项目的检验。

(一) 电导率

纯水的质量可以根据水中杂质离子含量多少进行确定,主要质量指标是电导率(或电阻率)。水的纯度越高,杂质离子的含量越少,水的电阻率越高。

测定电导率应选用适于测定高纯水的电导率仪(最小量程为 $0.02\mu S \cdot cm^{-1}$)。测定一、二级水时,电导池常数为 0.01~0.1,进行“在线”(即将电极装入制水设备的出水管道中)测定。测定三级水时,电导池常数为 0.1~1,用烧杯接取约 300mL 水样,立即测定。

(二) 酸碱度

要求 pH 为 6~7。检验方法如下:

1. 简易法 取 2 支试管,各加待测水样 10mL,其中一支加入 2 滴甲基红指示剂应不显红色;另一支试管加 5 滴 0.1%溴麝香草酚蓝(溴百里酚蓝)不显蓝色为合要求。

2. 仪器法 用酸度计测量与大气相平衡的纯水的 pH,在 6~7 为合格。

(三) 钙镁离子

取 50mL 待测水样,加入 pH=10 的氨水-氯化铵缓冲液 1mL 和少许铬黑 T(EBT)指示剂,不显红色(应显纯蓝色)。

(四) 氯离子

取 10mL 待测水样,用 2 滴 1mol/L HNO_3 酸化,然后加入 2 滴 10g/L $AgNO_3$ 溶液,摇匀后不浑浊为合要求。

化学分析法中,除络合滴定必须用去离子水外,其他方法均可采用蒸馏水。分析实验用的纯水必须注意保持纯净、避免污染。通常采用以聚乙烯为材料制成的容器盛载实验用纯水。

第七节　实验记录和数据处理

一、实验记录的基本要求

在化学实验中，真实记录实验原始数据，科学进行数据处理不仅是一名化学工作者应具备的职业素质，也是分析结果准确可靠的前提。

1. 学生应有专门印制的编有页码的实验记录本，绝不允许将数据记在单面纸或小纸片上，或记在书上、手掌上等。实验过程中各种测量数据及有关现象，应及时、准确地记录下来。实验后写出实验报告。

2. 记录实验数据时要实事求是，切忌夹杂主观因素，绝不能随意拼凑或伪造数据。

3. 记录实验中的测量数据时，应注意有效数字及其运算的正确表达，即记录到最末一位可疑数字为止。用万分之一天平称量时，要求记录到 0.000 1g；常量滴定管及吸量管的读数，应记录至 0.01mL。记录中的文字叙述部分，应尽可能简明扼要；数据记录部分，应先设计一定的表格形式，这样更为清晰、规范，具有简明、便于比较等优点。

4. 如果实验中发现数据记录有误，如测定错误、读数错误等，需要改动原始记录时，可将要改动的数据用一横线划掉，并在其上方写出正确结果，还要注明改动原因。

二、实验报告的基本要求

实验完成后，应根据预习和实验中的现象与数据记录等，及时认真地撰写实验报告。化学实验报告一般包括以下内容：

1. 实验编号及实验名称。

2. 实验目的。

3. 实验原理　简要地用文字和化学反应式说明。例如，对于滴定分析，通常应有标定和滴定反应方程式、基准物质和指示剂的选择及适用的酸度范围、终点现象、标定和滴定的计算公式等。对特殊仪器的实验装置，应画出实验装置图。

4. 主要试剂和仪器　列出实验中所要使用的主要试剂和仪器，包括特殊仪器的型号及标准滴定溶液的浓度。

5. 实验步骤　应简明扼要地写出实验步骤，可用箭头流程法表示。

6. 数据记录与处理　应用表格将实验数据表示出来。包括测定次数、数据平均值、平均偏差、相对偏差、标准偏差、结果计算公式等。数据应使用法定计量单位。

7. 误差分析　分析误差产生的原因，写出实验中应注意的问题及改进意见。

8. 实验体会　包括对实验的感受、成功的经验、失败的总结。

9. 思考题　包括解答实验教材上的思考题和对实验中的现象、产生的误差等进行讨论和分析，尽可能地结合分析化学中的有关理论，以提高自己分析问题、解决问题的能力，也为以后科学研究论文的撰写打下一定的基础。

三、分析结果的表达

在常规分析中，通常是一个试样平行测定 3 次，在不超过允许的相对误差范围内，取 3 次测定结果的平均值。分析结果一般报告以下 3 项：

1. 测定次数。

2. 被测组分含量的平均值 $\bar{x}$ 或中位值 x_m。

3. 平均偏差 d、相对平均偏差、标准偏差 s、相对标准偏差 RSD 等。

这些是分析化学实验中最常用的几种处理数据的表示方法。其中相对偏差是分析化学实验中最常用的确定分析测定结果好坏的方法。

其他有关实验数据的统计学处理。例如,置信度与置信区间、是否存在显著性差异的检验及对可疑值的取舍判断等可参考有关书籍和专著。

四、测量误差

为了巩固和加深学生对基础化学基本理论和基本概念的理解,培养学生掌握基础化学实验的基本操作,学会一些基本仪器的使用和实验数据记录、处理及结果分析,基础化学实验安排有一定数量的物理常数测定实验。由实验测得的数据经过计算处理得到实验结果,而对实验结果的准确度通常有一定的要求。因此在实验过程中,除要选用合适的仪器和正确的操作方法外,还要学会科学地处理实验数据,以使实验结果与理论值尽可能接近。为此,需要掌握误差和有效数字的概念,以及正确的作图法,并把它们应用于实验数据的分析和处理中。

在实验测定中,会因各种原因导致误差的产生。根据其性质的不同,可以分为系统误差和偶然误差两大类;另外,在实验中还会因人为因素出现不应产生的过失误差。

(一) 系统误差

系统误差是由某种固定原因所造成的,有重复、单向的特点。系统误差的大小、正负,在理论上说是可以测定的,故又称为可测误差。根据系统误差的性质和产生原因,可分为以下几类:

1. 方法误差　由实验方法本身的缺陷造成。如滴定过程中反应进行不完全、干扰离子的影响、滴定终点与化学计量点不相符等。

2. 仪器和试剂误差　由仪器、试剂等原因带来的误差。如仪器刻度不够精确,试剂纯度不高等。

3. 操作误差和主观误差　由操作者的主观原因造成。如对终点颜色的深浅把握不好;进行平行滴定的过程中,估读滴定管最后一位数字时常想使第二份滴定结果与前一份滴定结果相吻合,有种“先入为主”的主观因素存在等。

(二) 偶然误差

偶然误差是由某些难以控制的偶然原因(如测定时环境温度、湿度、气压等外界条件的微小变化,仪器性能的微小波动等)造成的,又称为随机误差。这种误差在实验中无法避免,时大、时小、时正、时负,故又称不可测误差。

偶然误差难以找到原因,似乎没有规律可言。但它遵守统计和概率理论,因此能用数理统计和概率论来处理。偶然误差从多次测量整体来看,具有下列特性:

1. 对称性　绝对值相等的正、负误差出现的概率大致相等。

2. 单峰性　绝对值小的误差出现的概率大,而绝对值大的误差出现的概率小。

3. 有界性　一定测量条件下的有限次测量中,偶然误差的绝对值在一定的范围内。

4. 抵偿性　在相同条件下对同一过程多次测量时,随着测量次数的增加,偶然误差的代数和趋于零。

因此,在实验中可以通过增加平行测定次数和采用求平均值的方法来减小偶然误差。

（三）过失误差

过失误差是一种与事实明显不符的误差，是因读错、记错或实验者的过失和实验错误所致。发生此类误差，所得实验数据应予以删除。

（四）误差的表示

误差可由绝对误差和相对误差两种形式表示。前者是指测定值与真实值之差，后者是指绝对误差与真实值的百分比。即：

$$绝对误差=测定值-真实值$$

$$相对误差=\frac{绝对误差}{真实值}\times100\%$$

1. 真实值（真值） 一般来说是未知的，在实验中通常用多次测量的平均值代替真值。

2. 理论值 如一些理论设计值、理论公式表达值等。

3. 计量学约定值 如国际计量大会上确定的长度、质量、物质的量等。

4. 相对值 精度高一个数量级的测量值作为低一级测量值的真值，如实验中用到的一些标准试样中组分的含量等。

绝对误差和相对误差都有正、负，正值表示测量结果偏高，负值则表示测量结果偏低。

五、准确度和精密度

（一）准确度

准确度是指测定值与真实值之间相符合的程度。通常用误差的大小来衡量。误差越小，分析结果的准确度越高。

（二）精密度

精密度是各次测定结果之间的接近程度。通常用偏差的大小来衡量。在实际工作中，一般要进行多次测定，以求得分析结果的算术平均值。单次测定值与平均值之间的差值为偏差 d。

$$d=x-\bar{x}$$

偏差有（算术）平均偏差、绝对偏差、相对偏差、平均偏差、相对平均偏差、方差、标准偏差以及相对标准偏差（变异系数）等表示形式。

算术平均偏差 $\bar{x}=\dfrac{x_1+x_2+x_3+\cdots+x_n}{n}$

绝对偏差 $d_i=x_i-\bar{x}$

相对偏差 $\dfrac{d}{\bar{x}}=\dfrac{x-\bar{x}}{\bar{x}}\times100\%$

平均偏差 $\bar{d}=\dfrac{|d_1|+|d_2|+|d_3|+\cdots+|d_n|}{n}$

相对平均偏差 $\dfrac{\bar{d}}{\bar{x}}\times100\%$

方差 $\dfrac{\sum_{i=1}^{n}(x_i-\bar{x})^2}{n-1}$

标准偏差 $s=\sqrt{\frac{\sum_{i=1}^{n}(x_i-\bar{x})^2}{n-1}}$

相对标准偏差(变异系数) $RSD=\frac{s}{\bar{x}}\times100\%$

六、有效数字及其运算规则

(一) 有效数字的确定

有效数字是由准确数字与一位可疑数字组成的测量值。它除最后一位数字是不准确的外,其他各数均是确定的。有效数字的有效位反映了测量的精度。有效位是从有效数字最左边第一个不为零的数字起到最后一位数字止的数字个数。例如,用感量为千分之一的天平称一块锌片为 0.485g,这里 0.485 就是一个 3 位有效数字,其中最后一个数字 5 是不甚确定的。因为平衡时天平的指针投影可能停留在 4.5 分到 5.5 分刻度间,5 是四舍五入法估计出来的。用某一测量仪器测定物质的某一物理量,其准确度都是有一定限度的。测量值的准确度取决于仪器的可靠性,也与测量者的判断力有关。测量的精确度是由仪器刻度标尺的最小刻度决定的。

在没有搞清有效数字含义之前,有人错误地认为:测量时,小数点后的位数越多,精密度越高,或者在计算中保留的位数越多,准确度就越高。其实二者之间并无任何联系,小数点的位置只与单位有关,如 135mg,也可写成 0.135g,还可写成 1.35×10^{-4}kg,三者的精密度完全相同,都是 3 位有效数字。注意:首位数字≥8 的数据其有效数字的位数可多算 1 位,如 9.25 可作 4 位有效数字。常数、系数等有效数字的位数没有限制。记录和计算测量结果都应与测量的精确度相适应,任何超出或低于仪器精确度的数字都是不妥当的。常见仪器的精确度见表 2-9。

表 2-9 常见仪器的精确度

仪器名称	仪器精确度	举例	有效数字位数
台秤	0.1g	6.5g	2 位
千分之一天平	0.001g	20.253g	5 位
100mL 量筒	1mL	75mL	2 位
滴定管	0.01mL	35.23mL	4 位
容量瓶	0.01mL	50.00mL	4 位
移液管	0.01mL	25.00mL	4 位
PHS-2C 型酸度计	0.01	4.76	2 位

对于有效数字的确定,还有几点需要指出:

1. “0”在数字中是否是有效数字,与“0”在数字中的位置有关。“0”在数字后或在数字中间,都表示一定的数值,都算是有效数字,“0”在数字之前,只表示小数点的位置(仅起定位作用)。如 3.000 5 是 5 位有效数字,2.500 0 也是 5 位有效数字,而 0.002 5 则是 2 位有效数字。

2. 对于很大或很小的数字,如 260 000、0.000 002 5 采用指数表示法更简便合理,分别写

成 2.6×10^5,2.5×10^{-6}。“10”不包含在有效数字中。

3. 对化学中经常遇到 pH、lg*k* 等对数数值,有效数字仅由小数部分数字位数决定,首数(整数部分)只起定位作用,不是有效数字。如 pH=4.76 的有效数字为 2 位,而不是 3 位。4 是“10”的整数方次,即 10^4 中的 4。

4. 在化学计算中,有时还遇到表示倍数或分数的数字,如 5 $KMnO_4$的摩尔质量,式中的 5 是个固定数,不是测量所得,不应当看作 1 位有效数字,而应看作无限多位有效数字。

(二) 有效数字的运算规则

1. 有效数字的运算规则　记录和计算结果所得的数值,均只保留 1 位可疑数字;当有效数字的位数确定后,其余的尾数应按照“四舍五入”法或“四舍六入五留双”的原则一律舍去。“四舍六入五留双”的原则是:当尾数≤4 时,舍去;尾数≥6 时,进位;当尾数=5 时,则要看尾数前一位数是奇数还是偶数,若为奇数则进位,若为偶数则舍去。一般运算通常用“四舍五入”法,当进行复杂运算时,采用“四舍六入五留双”的原则,以提高运算规则的准确性。

2. 加减运算规则　进行加法或减法运算时,所得的和或差的有效数字的位数,应与各加、减数中的小数点后位数最少者相同。以上是先运算后取舍,也可以先取舍,后运算,取舍时也是以小数点后位数最少的为准。

3. 乘除法运算规则　在进行乘除运算时,其积或商的有效数字的位数应与各数中有效数字位数最少的数相同,而与小数点后的位数无关。同加减法一样,也可以先以小数点后位数最少的数为准,四舍五入后进行运算。当有效数字为 8 或 9 时,在乘除法运算中也可运用“四舍六入五留双”的原则,将此有效数字的位数多加 1 位。

4. 将其乘方或开方时,幂或根的有效数字的位数与原数相同。若乘方或开方后还要继续进行数学运算,则幂或根的有效数字的位数可多保留 1 位。

5. 在对数运算中所取对数的尾数应与真数有效数字位数相同。反之,尾数有几位,则真数就取几位。例如:溶液的 pH=4.74,其 $c_{(H+)}=1.8\times10^{-5}$mol/L。

6. 在所有计算式中,常数 π、e 的值及某些因子的有效数字的位数,可认为是无限制的,在计算中需要几位就可以写几位。一些国际定义值,如摄氏温标的零度值为热力学温标的 273.15K,标准大气压 1atm=1.013 25×10^5Pa,自由落体标准加速度 g=9.806 65m·s^{-2},R=8.314J·K^{-1}·mol^{-1}被认为是严密准确的数值。

7. 误差一般只取 1 位有效数字,最多取 2 位有效数字。

七、实验数据处理

化学实验中测量一系列数据的目的是要找出一个合理的实验值,通过实验数据找出某种变化规律,这就需要将实验数据进行归纳和处理。数据处理包括数据计算和根据数据进行作图处理与列表处理,以及应用计算机软件进行处理。

(一) 数据的计算处理步骤

对要求不太高的定量实验,一般只要求重复两三次,所得数据比较平行,用平均值作为结果即可。对要求较高的实验,往往要进行多次重复实验,所得的一系列数据要经过较为严格的处理。其具体做法是:

1. 整理数据。

2. 算出算术平均值。

3. 算出各数据与平均值的偏差。

4. 计算方差、标准偏差等。

(二) 作图法处理实验数据

利用图形来表达实验结果能直接显示出数据的特点和变化规律，并能利用图形作进一步的处理。如求斜率、截距、外推值、内插值等。作图的步骤简略介绍如下：

1. 作图纸和坐标的选择　无机化学实验与分析化学实验一般常用直角坐标纸和半对数坐标纸。习惯上以横坐标作为自变量，纵坐标表示因变量。坐标轴比例尺的选择一般应遵循以下原则：

(1) 坐标刻度要能表示出全部有效数字，从图中读出的精密度应与测量的精密度基本一致，通常采取读数的绝对误差在图纸上仍相当于(0.5~1)小格(最小分刻度)，即(0.5~1)mm。

(2) 坐标标度应采取容易读数的分度，通常每单位坐标格应代表1,2或5的倍数，而不采用3,6,7,9的倍数，数字一般标在逢5或逢10的粗线上。

(3) 在满足上述两个原则的条件下，所选坐标纸的大小应能包容全部所需数而略有宽裕。如无特殊需要(如直线外推求截距等)，就不一定要把变量的零点作为原点，可从略低于最小测量值的整数开始，以便于充分利用图纸，且有利于保证图的精密度，若为直线或近乎直线的曲线，则应安置在图纸的对角线附近。

2. 点和线的描绘

(1) 点的描绘：在直角坐标系中，代表某一读数的点常用◆、◇、▲、×等不同的符号表示，符号的重心所在即表示读数值，符号的大小应能粗略地显示出测量误差的范围。

(2) 曲线的描绘：根据大多数点描绘出的线必须平滑，并使处于曲线两边的点的数目大致相等。

(3) 在曲线的极大、极小或折点处，应尽可能地多测几个点，以保证曲线所示规律的可靠性。

(4) 对于个别远离曲线的点，如不能判断被测物理量在此区域会发生什么突变，就要分析一下测量过程中是否有偶然性的过失误差，如果属误差所致，描线时可不考虑这一点，否则就要重复实验。如仍有此点，说明曲线在此区间有新的变化规律，通过认真仔细测量，按上述原则描绘出此间曲线。

(5) 若同一图上需要绘制几条曲线，不同曲线上的数值点可以用不同的符号来表示，描绘出来不同曲线，也可用不同的线(虚线、实线、点线、粗线、细线、不同颜色的线)来表示，并在图上注明。

(6) 画线时，一般先用淡、软铅笔沿各数值点的变化趋势轻轻地手绘一条曲线，然后用曲线尺逐段吻合手绘线，作出光滑的曲线。

3. 图名和说明　图形作好后，应注上图名，标明坐标轴所代表的物理量，比例尺及主要测量条件(温度、压力、浓度等)。

(三) 列表法

把实验数据按顺序有规律地用表格表示出来，一目了然，既便于数据的处理、运算，又便于检查。一张完整的表格应包含如下内容：表格的顺序号、名称、项目、说明及数据来源。表格的横排称为行，竖排称为列。列表时应注意以下几点：

1. 每张表要有含义明确的完整名称。

2. 每个变量占表格的一行或一列，一般先列自变量，后列因变量，每行或每列的第一栏要写明变量的名称、量纲和公用因子。

3. 表中的数据排列要整齐，有效数字的位数要一致，同一列数据的小数点要对齐，若为函数表，数据应按自变量递增或递减的顺序排列，以显示出因变量的变化规律。

4. 处理方法和计算公式应在表格下注明。

（四）用计算机软件绘制工作曲线

用计算机软件（如常用的 Excel 和 Origin 软件）进行实验数据的处理、画图，已经是一门比较成熟的技术，其快速、准确的特点是其他方法所不具备的，如今已广泛地应用在科研、教学中。在仪器分析中，经常用工作曲线法测定被测组分的含量，工作曲线的好坏直接影响着测量结果的准确度，因此，正确地绘制工作曲线是保证测量结果准确的重要步骤之一。如用分光光度法测定 Fe^{2+} 质量浓度的实验中，在绘制工作曲线时，首先按与试样测定相同的实验方法配制一系列浓度由低到高的标准溶液，然后测定系列标准溶液的吸光度，数据见表 2-10。

表 2-10　吸光度 A 与 Fe^{2+} 质量浓度之间的关系

Fe^{2+} 的质量浓度/（$mg\cdot L^{-1}$）	0.00	0.40	0.80	1.20	1.60	2.00
吸光度 A	0.00	0.081	0.162	0.236	0.314	0.392

1. 使用 Excel 软件画图　Excel 是 Microsoft Office 的套件之一，用于表格处理、画图、数据分析。在 Excel 软件中能方便地将表格中的数据转化为图。以吸光度为纵坐标，溶液的质量浓度为横坐标，作出吸光度-质量浓度曲线，即得工作曲线（图 2-37）。若同时测出试样的吸光度，就可从工作曲线求出其浓度。

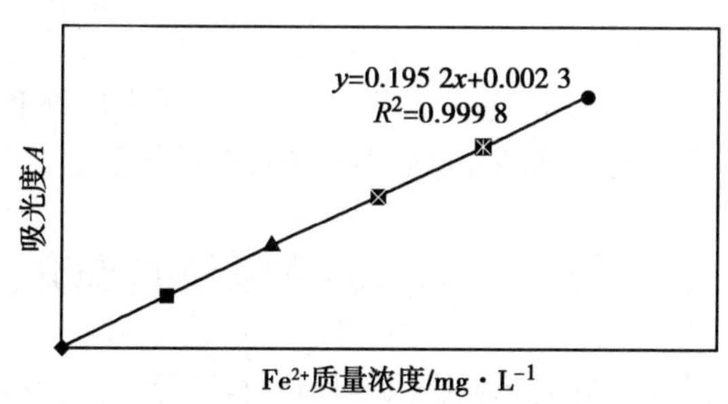

图 2-37　吸光度 A 与 Fe^{2+} 质量浓度之间的关系

横坐标既可以为比色管内溶液的物质的质量浓度，也可以为比色管内量取标准溶液的体积。若横坐标为比色管内溶液的质量浓度，则由样品溶液的吸光度在工作曲线上查出的对应于横坐标的数值为被测组分在比色管内的物质的质量浓度；若横坐标为比色管内量取标准溶液的体积，则由样品溶液的吸光度在工作曲线上查出的对应于横坐标的数值为被测组分相当于标准溶液的体积；若横坐标为比色管内量取标准溶液的质量，则由样品溶液的吸光度在工作曲线上查出的对应于横坐标的数值为被测组分在比色管内的质量。

其处理过程如下：

（1）启动 Excel 2010 后，出现自动创建一个新的工作簿文件，取名为 Book1。

（2）将实验数据按“列”输入，Fe^{3+} 的质量浓度输入 A 列，吸光度输入 B 列。

（3）将光标移至 B 列，点“插入”菜单，选择“图表”，出现“图表类型”对话框，选择其中的“XY 散点图”，即得到散点图形。

（4）将鼠标移至图中任一数据点，单击右键选中此列数据点，并在出现的对话框中选择

"添加趋势曲线",然后在"类型"页中选"线性(L)",在"选项"页中的"设置截距""显示公式"和"显示R平方值"前打"√",按"确定"键,即可得到回归方程(图2-37):$y=0.1952x+0.0023$,$R^2=0.9998$。

(5)点击"散点图形",在"布局"菜单中点击"坐标轴标题",并在下拉菜单中选"主要横坐标标题",再选择"坐标轴下方标题",在"坐标轴(X)标题"中填入"质量浓度";,同理,在"数轴(Y)轴"中填入"吸光度A"。

(6)将鼠标移至图中任一点,单击右键,可以对"网格线""图案颜色"等进行修改。

2. 使用Origin软件画图　Origin是在Windows平台下用于数据分析和工程绘图的软件。它功能强大,应用很广,最基本的功能是曲线拟合。现以对表2-10中实验数据的处理为例,介绍Origin 8.5软件曲线的拟合过程。

(1)启动Origin后,出现"Data1"。

(2)将数据按"列"输入,Fe^{3+}的含量输入A(X)列,吸光度A输入B(Y)列。

(3)将光标移至B(Y)列,单击右键,选择"Plot",再选择"symbol",然后再选择"Scantter",即得到图形文件Graph1。

(4)点击"Analysis"菜单,选择"Fitting",出现"Linear Fit"对话框,点击"Last used",在Graph1中就显示出得到拟合曲线。Results Log窗口出现拟合后的有关参数如下:

回归系数:A=0.00229　B=0.19521;

相关系数:R=0.99991;

(5)双击图中"x Axis Titlc"处,出现"Text control",输入"$c_{(Fe^{3+})}/(mg\cdot L^{-1})$",点击"OK";双击图中"y Axis Title",输入"A",点击"OK"。

(6)双击Y轴坐标,出现"y Axis-Layer 1"对话框,可以对坐标刻度、数字大小进行修改。

用Origin软件同样也可以画出曲线,方法类似于直线的绘制。

第八节　化学实验文献资料简介

学会查阅和使用有关工具书、化学文献、期刊等资料是化学实验课程的基本要求。

一、常用化学手册

(一)《英汉化学化工词汇》(第5版)(北京:科学出版社,2016)

化学化工专业最经典、最权威的参考工具书。第1版自1963年出版以来,累计印数达20余万册。其优势就在于内容,定名严谨、准确。全书共收词近17.5万条。

1. 第5版删去了第4版中较大篇幅的附录,对化学名词的命名根据第4版附录中的有机物、无机物命名原则重新进行了梳理,命名更合理、科学。对第4版附录中常用有机基团名称放于第5版正文,节省了篇幅,更便于读者使用。

2. 相比于第4版,增加了近十年化学化工学科方面的新词约2万条,里面含日常生活中常出现的药物俗名,以便于人们日常使用。

3. 删去了第4版中大量的商标词汇,如日常生活中常提起的Teflon(特氟龙),它只是某公司的一个商标,本身没有"聚四氟乙烯"的意思,这样的词汇是错误的,易引起法律纠纷。

(二)《化工辞典》(第5版)(北京:化学工业出版社,2014)

《化工辞典》被称为"化工界的新华字典",该书自1969年第1版与读者见面以来,至今已经历了 45 个春秋。由于《化工辞典》收词全面、新颖、实用，释义科学、准确、简明、规范，检索查阅方便，长期以来受到了众多专家及广大读者的一致好评，深受青睐。

《化工辞典》第 5 版重点增加了化学工程及其各单元过程、煤化工、石油和天然气化工、高分子化工、海洋化工、生物化工以及物理化学基本理论和应用等方面的词条；特别增设可供研究开发参考的单元过程耦合、换热和热回收网络、过程优化以及化学工程方法放大等方面的词条；补充化工与其他学科相互交叉的新材料、环境保护、废弃物循环利用、新能源和能量有效利用等方面的词条；对助剂、溶剂、添加剂、农药、医药等精细化工产品以及社会经济生活的内容进行了应用方面的补充和修订。

（三）《英汉化学辞典》（北京：清华大学出版社，2015）

本书精选化学及相关学科常用条目 13 800 余个，涵盖无机化学、有机化学、物理化学、高分子化学、生物化学、分析化学、药物化学、光化学、核化学、材料化学、电化学、量子化学、结晶化学、工程化学、环境化学、计算化学等诸多分支学科，主要涉及基础知识、物质名称、物化性质、反应原理和方法、生产技术和过程、仪器和设备等。每个条目由英文术语、中文术语和释文组成。本书可供化学化工领域科研人员、化工技术人员以及大专院校化学化工专业及相关专业师生使用。

（四） *CRC Handbook of Chemistry and Physics*（97th ed.）（W. M Haynes，2016—2017）

在近一个世纪的时间里，世界上的物理、化学以及相关领域的研究者从事科学研究都要依赖"*CRC Handbook of Chemistry and Physics*"所提供的权威的、及时更新的数据信息。"*CRC Handbook of Chemistry and Physics*"数据库 2016—2017 为第 97 版。

主要内容包括：物理和化学的基本常数，单位和转化因子；符号，术语和命名法；有机化合物的物理常数；无机化合物和元素的性质；热化学、电化学和动力学；流动性；生物化学；分析化学；分子的结构和色谱；原子、分子和光物理学；固体的性质；聚合体的性质；地球物理学、天文学和声学；应用试验参数；健康和安全资料；物理和化学数据来源等。

二、网络化学信息资源

随着互联网技术的普及，采用电子数据库查阅文献资料已经成为大学本科生的必备技能。SciFinder 是化学文摘（CA）的网络版，于 1994 年由美国化学学会（American Chemical Society，ACS）旗下的化学文摘服务社（Chemical Abstracts Service，CAS）开发成功。SciFinder 除可查询每日更新的 CA 数据回溯至 1907 年外，更提供读者自行以图形结构式检索。它是全世界最大、最全面的化学和科学信息数据库。SciFinder 包括的内容几乎涉及了化学家和生物学家感兴趣的所有领域，其中除包括无机化学、有机化学、分析化学、物理化学、高分子化学外，还包括冶金学、地球化学、药物学、毒物学、环境化学、生物学以及物理学等共五大部分 80 大类学科领域。SciFinder 采用各种主题词，人名，化学结构，反应结构式等的方式，让科研人员不需经特别的训练即可轻松地检索 CAS 制作的数据库以及美国国家医学图书馆制作的生物医学数据库 MEDLINE；并可通过 eScience 服务选择 Google，Chemindustry. com，ChemGuide 等检索引擎进一步链接相关网络资源，或透过 ChemPort 链接某些期刊或专利全文。

使用 SciFinder 需要以互联网的用户形式注册，允许建立自己的 SciFinder 用户名和密码。表格的 URL 由您组织的主要联系人提供（注：表格要求您应该从主要联系人指定的 IP 地址访问 URL；在您提交表格之后，CAS 为您发送电子邮件，指导您完成注册过程，因此，您必须有一个使用您组织的电子邮件域的电子邮件地址，如师生必须用包含 @ suda. edu. cn 或是

@ mail. suda. edu. cn, @ lib. suda. edu. cn 的邮箱来注册)

三、相关参考书目

1. 杨怀霞,吴培云. 无机化学实验. 2 版. 北京:中国医药科技出版社,2018.
2. 石建新,巢晖. 无机化学实验. 4 版. 北京:高等教育出版社,2019.
3. 刘永红. 无机及分析化学实验. 2 版. 北京:科学出版社,2019.
4. 商少明. 无机及分析化学实验. 3 版. 北京:化学工业出版社,2019.
5. 叶芬霞. 无机及分析化学实验. 3 版. 北京:高等教育出版社,2019.
6. 陈宇. 无机及分析化学实验. 厦门:厦门大学出版社,2018.
7. 周伟红,曲保中. 新大学化学实验. 4 版. 北京:科学出版社,2018.
8. 郑新生,王辉宪,王嘉讯. 物理化学实验. 2 版. 北京:科学出版社,2017.
9. 丁益民. 物理化学实验. 北京:化学工业出版社,2018.
10. 王敏,宋志国,王秀丽. 绿色化学理念与实验. 北京:化学工业出版社,2010.

第九节　绿色化学实验

按照美国《绿色化学》(*Green Chemistry*)杂志的定义,绿色化学是指:在制造和应用化学产品时应有效利用(最好可再生)原料,消除废物和避免使用有毒的与危险的试剂和溶剂。而今天的绿色化学是指能够保护环境的化学技术,又称“环境无害化学”“环境友好化学”“清洁化学”,它涉及有机合成、催化、生物化学、分析化学等学科,内容广泛。绿色化学打破传统“先污染、后治理”的理念,在始端就采用预防污染的科学手段,使得过程和终端都接近零排放或零污染。绿色化学以实现原子经济性为主要途径,即在获取新物质的转化过程中充分利用每个原料原子,从而实现“零排放”,因此既可以充分利用资源,又不产生污染。化学实验绿色化可以从以下几方面进行改革和尝试。

一、实验设计绿色化

在化学反应过程中尽可能采用无毒无害的原料、催化剂和溶剂,其内容包括新设计或重新设计化学合成、制造方法和化工产品来根除污染源,是最为理想的环境污染防治方法。

二、实验的微型化

在保证化学实验现象和结果的前提下,尽可能少地使用化学试剂。一些性质实验,总体降低各反应环节试剂的用量和浓度,实验容器也要尽可能微小化。这样既降低了化学反应的成本,也减少了废液、废固的产生,节约教学资源,降低污染物的产生。

三、模拟化学仿真实验

利用计算机多媒体技术对实验原理、装置、流程、实验过程进行仿真,用文字、声音、图像、动画的效果让学生在计算机屏幕上所做实验达到身临其境的感受,这样既让学生学会了实验方式,而且使那些毒性大、危险性较大、试剂昂贵的实验变成了绿色化的实验的方法,自始至终不会对人体和环境造成污染。

四、“三废”处理规范化

化学实验室的环境保护应该规范化、制度化，应对每次产生的废液、废气、废渣进行处理。实验室的教师或学生把用过的酸类、碱类、盐类等各种废液、废渣或有放射性的污染物分别倒入各自的回收容器内，按照国家要求的排放标准进行处理，可采取中和、吸收、燃烧、回收循环利用等方法来处理废弃物。

第三章

基础化学实验基本操作

第一节　常见玻璃仪器的使用

一、常见玻璃仪器的洗涤

化学实验室经常使用的玻璃仪器和陶瓷器皿必须保证清洁，才能使实验得到准确的结果，所以学会清洗玻璃仪器是进行化学实验的重要环节。洗涤仪器的方法很多，应根据实验的要求、污物的性质和玷污的程度来选择。一般来说，附着在仪器上的污物有尘土和其他不溶性物质、可溶性物质、有机物质和油污等。针对不同情况可以分别用下列方法进行洗涤：

1. 刷洗或水洗，即用试管刷刷洗，可以使附着在仪器上的尘土和其他不溶性物质脱落下来，用水洗则可除去可溶性物质。

2. 用去污粉或肥皂可以洗去油污和有机物质，若仍洗不干净，可用热的碱溶液洗。

3. 用浓盐酸可以洗去附着在器壁上的氧化剂，如 MnO_2 等污物。

4. 用氢氧化钠-高锰酸钾洗液可以洗去油污和有机物质。洗后在器壁上留下的二氧化锰沉淀可再用盐酸洗。

5. 在进行精确的定量实验时，即使少量杂质亦会影响实验的准确性，因而要求用洗液来洗涤仪器。洗液是等体积浓硫酸与饱和重铬酸钾溶液的混合物，具有很强的氧化性、酸性和去污能力。使用洗液时必须注意如下几点：

(1) 使用洗液前最好用水或去污粉把仪器洗一遍。

(2) 应该尽量把仪器的水去掉，以免稀释洗液。

(3) 洗液用后倒回原瓶，可以重复使用，装洗液的瓶塞盖紧，以防止洗液吸水而被稀释。

(4) 不要用洗液去洗涤具有还原性的污物(如某些有机物)。

(5) 洗液具有很强的腐蚀性，会灼伤皮肤和损坏衣物，使用时要小心，如洗液溅到皮肤或衣物上，应立即用水冲洗。

(6) 用上述方法洗涤后还要用自来水冲洗，但自来水中含有 Ca^{2+}、Mg^{2+}、Cl^- 等离子，如果实验中不允许这些杂质存在，则应该再用少量蒸馏水荡洗两次，以便除去这些杂志离子。

6. 有的实验室中还配有超声波清洗器来洗涤玻璃仪器，既省时又方便。操作方法：将需要洗涤的仪器放入盛有洗涤剂的超声波清洗器清洗槽中，接通电源，利用超声波的振动和能量达到清洗仪器的目的。清洗过的仪器，再用自来水清洗。

洗净的仪器壁上不应附着不溶物、油污，器壁可被水完全湿润。把仪器倒转过来，水即顺器壁流下，器壁上只留下一层既薄又均匀的水膜，不挂水珠，这表示仪器已经洗干净。已洗净的仪器不能再用布或纸抹，因为布和纸的纤维会留在器壁上弄脏仪器。

二、常见玻璃仪器的干燥

实验所用的仪器，除必须清洗外，有时还要求干燥。干燥的方法有以下几种（图 3-1）：

1. 烘干　洗净的仪器可以放在恒温箱内烘干。放置仪器时应注意使仪器的口朝下，不能倒置的仪器则应单放，应该在恒温箱的最下层放一瓷盆，接收从仪器滴下的水珠，以免损坏电炉丝。

2. 烤干　烧杯或蒸发皿可置于石棉网上用火烤干。试管烘烤干燥时可将试管略为倾斜，管口向下，不断转动试管，赶跑水气，最后管口朝上，以便把水气赶尽。

3. 晾干　洗净的仪器可以倒置于干净的实验柜内或放在仪器架上晾干。

4. 吹干　用压缩空气（或吹风机）把仪器吹干。

5. 用有机溶剂干燥　带有刻度的计量仪器不能用加热的方法干燥，因此和一些急需用的仪器一样，采用有机溶剂快速干燥法干燥：将易挥发的有机溶剂（如乙醇、丙酮等）少量加入已经用水洗干净的玻璃仪器中，倾斜并转动仪器，使水与有机溶剂互溶，然后倒出，同样操作两次后，再用乙醚洗涤仪器后倒出，自然晾干或用电吹风吹干。

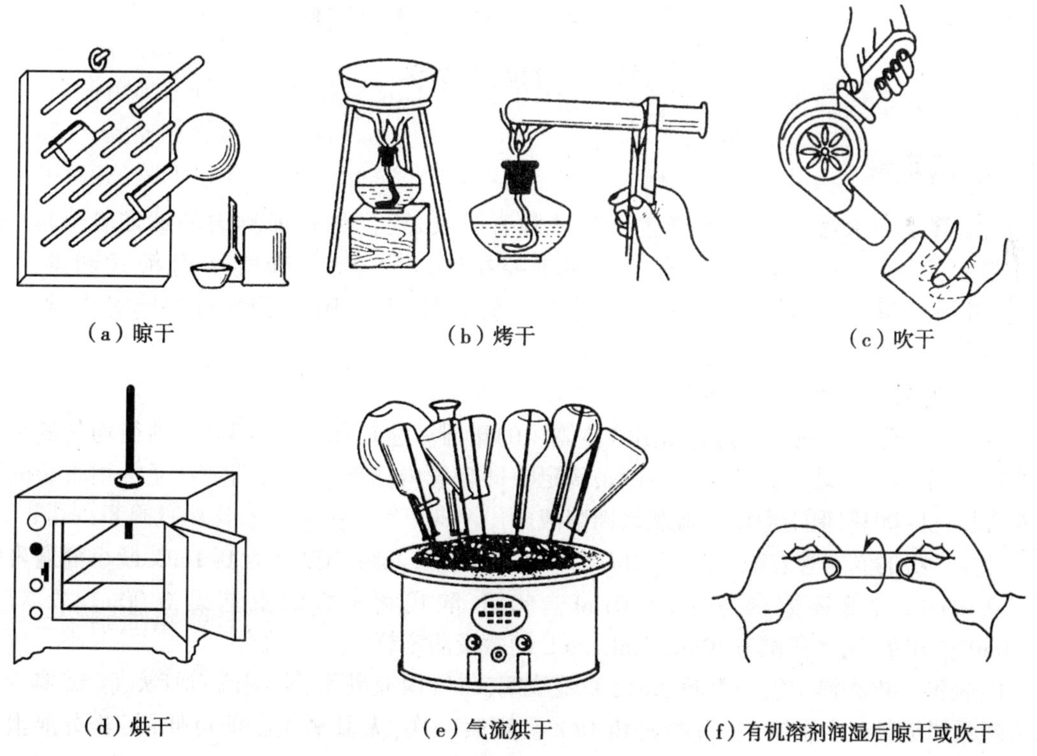

（a）晾干　（b）烤干　（c）吹干

（d）烘干　（e）气流烘干　（f）有机溶剂润湿后晾干或吹干

图 3-1　玻璃仪器的干燥方法

第二节　滴定分析仪器的使用

实验室中常用于度量液体体积的量器有量筒、滴定管、移液管和容量瓶等。能否正确使用这些量器，直接影响到实验结果的准确度。因此，必须了解各种量器的特点、性能，掌握正确的使用方法。

一、量筒

量筒为量出容器，即倒出液体的体积为所量取的溶液体积。量筒是化学实验中最常用的度量液体体积的仪器，其规格有 5mL、10mL、50mL、100mL、500mL 等多种，可根据不同需要选择使用。例如需要量取 8.0mL 液体时，为了提高测量的准确度，应选用 10mL 量筒（测量误差为±0.1mL）。如果选用 100mL 量筒量取 8.0mL 液体体积，则将产生至少±1mL 的误差。使用时，把要量取的液体注入量筒中，手拿量筒的上部，让量筒竖直，使量筒内液体凹面的最低处与视线保持水平（图 3-2），然后读出量筒上所对应的刻度，即得液体的体积。倾倒完毕后要停留一会，使液体全部流出。

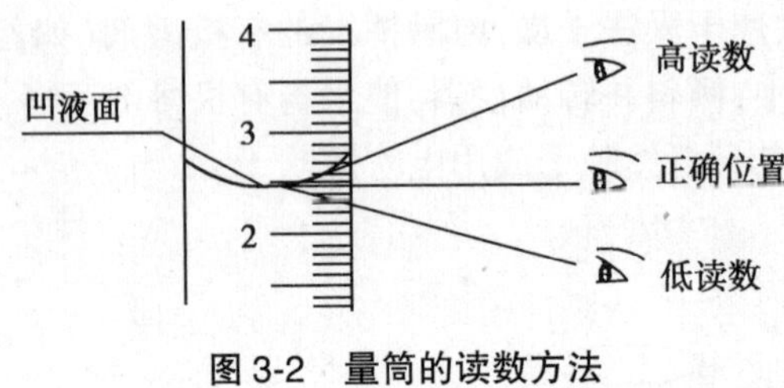

图 3-2　量筒的读数方法

二、滴定管

滴定管是用来准确放出不确定量液体的容量仪器，由细长而均匀的玻璃管制成，管上有刻度，下端是一尖嘴，中间有节门用来控制滴定的速度。滴定管分酸式和碱式两种，前者用于量取对橡皮管有侵蚀作用的液态试剂，后者用于量取对玻璃有侵蚀作用的液体。

（一）酸式滴定管的操作要求

酸式滴定管是一种准确测量流出液体体积的量器。它是具有精确刻度、内径均匀的细长玻璃管，其下端有一玻璃旋塞，开启旋塞，滴定液即自管内滴出。酸式滴定管通常用来装酸性溶液或氧化性溶液，但不适用于盛装碱性溶液。

常量分析的滴定管容积一般有 50mL 和 25mL 两种，其最小刻度为 0.1mL，最小刻度可估读到 0.01mL，一般读数误差为±0.01mL。50mL 酸式滴定管的上端是 0.00mL，下端是 50.00mL。另外，还有容积为 10mL、5mL、2mL 的微量滴定管。

1. 检漏　检查滴定管是否漏水时，关闭旋塞，将管内充满水，夹在滴定管夹上，观察管口及活塞两端是否有水渗出；将活塞旋转 180°再观察一次，无漏水现象即可使用，若有漏水现象，则重新涂油。

2. 涂油　酸式滴定管在使用前，应检查活塞旋转是否灵活，如不合要求，旋塞应重新涂油。旋塞涂油是起密封和润滑作用，最常用的油是凡士林油或真空脂。涂油的方法是将滴定管平放在台面上，抽出旋塞，用滤纸将旋塞及塞槽内的水擦干，用手指蘸少许凡士林在旋塞的两端涂上薄薄的一层[图 3-3(a)]，在旋塞孔的两旁少涂一些，以免凡士林堵住塞孔。涂好凡士林的旋塞插入旋塞槽内，沿同一方向旋转旋塞，直到旋塞部位的油膜均匀透明[图 3-3(b)]。如发现转动不灵活或旋塞上出现纹路，表示油涂得不够；若有凡士林从旋塞缝挤出或旋塞孔被堵，表示凡士林涂得太多。遇到这些情况，都必须把旋塞和塞槽擦干净后重新处理。在涂油过程中，滴定管始终要平放、平拿，不要直立，以免擦干的塞槽又沾湿。涂好凡士林后，用橡皮筋把旋塞固定在滴定管上，以防活塞脱落破损。

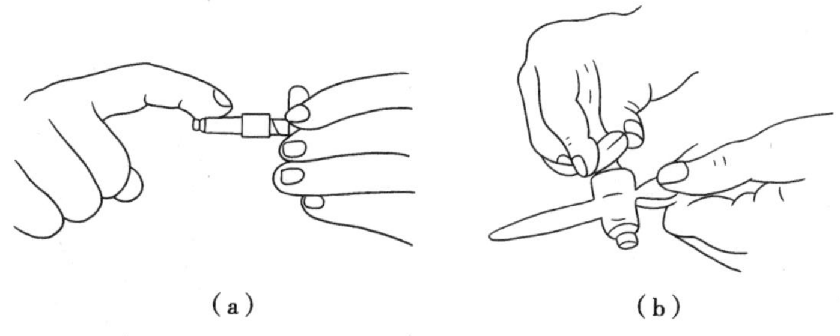

(a)　　(b)

图 3-3　滴定管活塞涂油的方法

3. 洗涤　滴定管在使用前先用自来水洗，然后用少量蒸馏水在管内转动淋洗 2~3 次。洗净的滴定管内壁应不挂水珠，如挂水珠则说明有油污，需要用洗涤剂刷洗或用洗液洗涤。用洗液洗涤酸式滴定管时，关闭旋塞，加入洗液，两手分别拿住管上下部无刻度的地方，边转动边使管口倾斜，让洗液布满全管内壁，然后竖起滴定管，打开旋塞，让洗液从下端尖嘴流回原洗液瓶中。停一段时间后，用自来水洗至流出液无色，再用少量蒸馏水润洗 2~3 次。润洗时应将滴定管倾斜转动，使水润湿整个内壁，然后直立，将蒸馏水从管尖放出。润洗后管内壁应不挂水珠。

4. 润洗、装液、排气泡　为了避免管中的水稀释标准溶液，应用少量标准溶液(约 10mL)润洗滴定管 2~3 次。润洗的操作要求是：先关好旋塞，倒入溶液，两手平端滴定管，即右手拿住滴定管上端无刻度部位，左手拿住旋塞无刻度部位，边转边向管口倾斜，使溶液流遍全管，然后打开滴定管的旋塞，使标准溶液由下端流出。润洗之后，随即装入溶液。向滴定管装入标准溶液时，宜由储液瓶直接倒入，不宜借助其他器皿，以免标准溶液浓度改变而引起误差。装满溶液的滴定管，应检查其尖端部分有无气泡，如有气泡必须排除。酸式滴定管可迅速地旋转活塞，使溶液快速流出，将气泡带走。若该法不能将气泡排出，应将酸式滴定管倾斜一定角度，打开旋塞，并用手指轻轻敲击旋塞处，至气泡排出为止。

5. 滴定　滴定操作常在锥形瓶中进行，也可在烧杯中进行(需要用玻璃棒搅拌)。滴定时所用操作溶液的体积应不超过滴定管的容量，因为多装一次溶液就要多读一次读数，从而使误差增大。

使用酸式滴定管滴定时，一般用左手控制活塞，将滴定管卡于左手虎口处，用拇指与示指、中指转动活塞(图 3-4)。旋转活塞时要轻轻向手心用力，以免活塞松动而漏液。在滴定时，滴定管嘴伸入瓶口约 1cm(图 3-5)。边滴边摇动锥形瓶(利用手腕的转动，使锥形瓶按顺时针方向运动)，滴定的速度也不能太快，一般不快于 3~4 滴/s，否则易超过终点。滴定过程中，要注意观察液滴落点周围溶液颜色的变化，以便控制溶液的滴速。一般在滴定开始时可以采用滴速较快的连续式滴加（溶液不能呈线流下）。接近终点时则应逐滴滴入，每滴1滴都要将溶液摇匀，并注意观察终点颜色的突变。由于滴定过程中溶液因锥形瓶旋转搅动会附到锥形瓶内壁的上部，故在接近终点时，要用洗瓶吹出少量蒸馏水冲洗锥形瓶内壁，然后再继续滴定。在快到终点时溶液应逐滴（甚至半滴）滴下。滴加半滴的方法是使液滴悬挂在管尖，而不让液滴自由滴下，再用锥形瓶内壁将液滴擦下，然后用洗瓶吹入少量水，将内壁附着的溶液冲下去，摇匀。如此重复，直至达到终点为止。

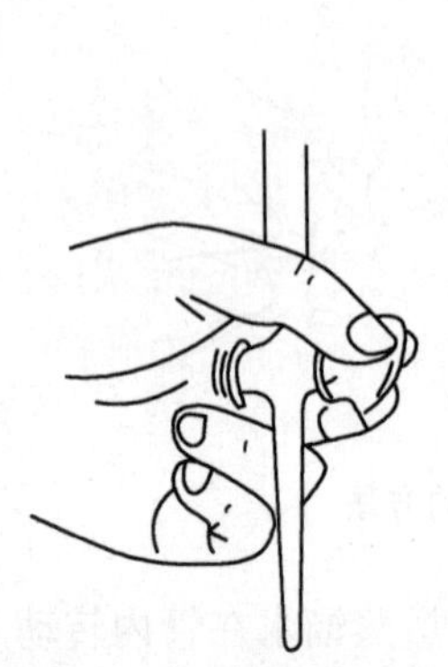

图 3-4 旋转活塞的方法

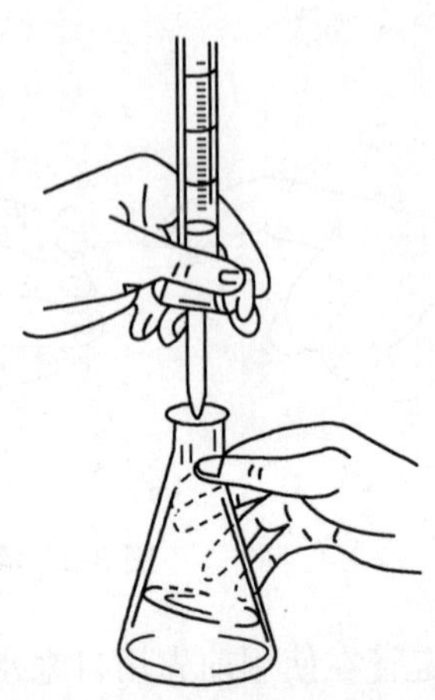

图 3-5 酸式滴定管的操作

6. 读数 准确读出滴定管液面位置，必须掌握两点：一是读数时滴定管要保持垂直。通常可将滴定管从滴定管夹取下，用右手拇指和示指拿住管身上部无刻度的地方，让其自然下垂时读数。二是读数时，眼睛的视线应与液面处于同一水平线，然后读取与弯月面相切的刻度［图 3-6（a）］。读数时对无色或浅色溶液应读出滴定管内液面弯月面最低处的位置，对深色溶液（如高锰酸钾溶液、碘液），由于弯月面不清晰，可读取液面最高点的位置。读数应估计到小数点后面第2位数。为帮助读数，可使用读数衬卡，它是由贴有黑纸条或涂有黑色长方形（约 3cm×1.5cm）的白纸制成。读数时，手持读数衬卡，将其放在滴定管背后，使黑色部分在弯月面下约1mm处，此时弯月面反射成黑色，读此黑色弯月面的最低点即可［图 3-6（b）］。此外还应注意，读数时要待液面稳定不再变化后再读（装液或放液后，必须静置 30s 后再读数）；同时滴定管尖嘴处不应留有液滴，尖管内不应留有气泡。

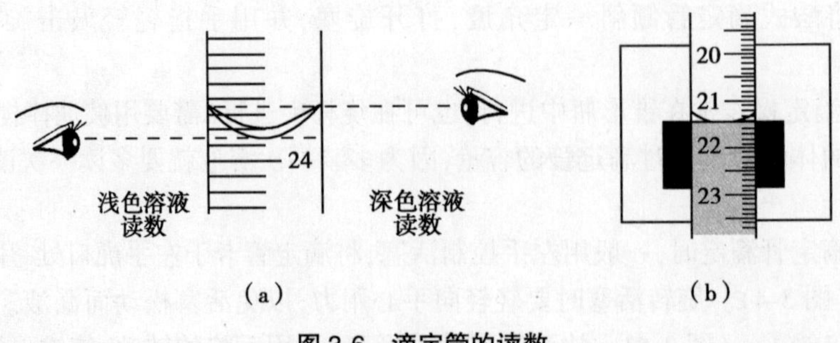

图 3-6 滴定管的读数

7. 滴定管的处理　滴定结束后，将管内剩余滴定液倒入废液桶或回收瓶（注意，不能倒回原试剂瓶），然后用水洗净滴定管。如还需继续使用，则可将滴定管垂直夹在滴定管夹上，下嘴口伸入锥形瓶内，并用滴定管帽盖住管口，或将滴定管倒置后夹于滴定台上。如滴定完后不再使用，则洗净后应在酸式滴定管旋塞与塞槽之间夹一纸片，然后保存备用。

（二）酸式滴定管的使用步骤

1. 检查酸式滴定管的活塞是否转动灵活。
2. 检查旋塞是否漏水。
3. 洗涤酸式滴定管。
4. 润洗、装标准溶液和排气泡。
5. 调节液面在“0.00”刻度线或之下并读取初始读数。
6. 滴定。
7. 读取终点读数。
8. 后处理。

（三）碱式滴定管的操作要求

1. 检漏　碱式滴定管下端的乳胶管很容易老化，因此在使用时也要检查其是否漏溶液。检查碱式滴定管是否漏液是将管内充满水，将滴定管夹在滴定管夹上，观察乳胶管和下边尖嘴是否有水渗出，若无漏水现象即可使用；若漏溶液，则需要更换乳胶管。乳胶管的长度一般为6cm，内径与玻璃珠的大小要适中，内径太大则容易漏溶液；内径太小，控制滴定操作比较困难。装玻璃珠时应先用水将其润湿，再挤压进乳胶管中部。然后在乳胶管的一端装上尖嘴，另一端套在碱式滴定管的下口部，并检查滴定管是否漏水，液滴是否能灵活控制。如不合要求，须重新装配。

2. 洗涤　碱式滴定管的洗涤方法和酸式滴定管一样，如洗涤后内壁挂水珠则说明有油污，应用洗涤剂刷洗，或用洗液洗涤。用洗涤液洗碱式滴定管时，先取去下端的乳胶管和尖嘴玻管，接上一小段塞有玻棒的橡胶管，然后按洗酸式滴定管的方法洗涤。

3. 润洗、装液、排气泡　碱式滴定管润洗和装液的要求与酸式滴定管一样。装满溶液的碱式滴定管，应检查其乳胶管及尖端部分有无气泡，如有气泡必须排除。排气泡时可将乳胶管稍向上弯曲，挤压玻璃球，使溶液从玻璃球和橡皮管之间的隙缝中流出，气泡即被逐出［图3-7（a）］。然后将多余的溶液滴出，使管内液面处在“0.00”刻度线（或0.00刻度线稍下）处。

4. 滴定操作　使用碱式滴定管时，左手拇指在前，示指在后，捏住乳胶管中的玻璃球所在部位稍上处，向手心捏挤乳胶管，使其与玻璃球之间形成一条缝隙，溶液即可流出［图3-7（b）］。应注意，不能捏挤玻璃球下方的乳胶管，否则易进入空气形成气泡。为防止乳胶管来回摆动，可用中指和无名指夹住尖嘴的上部。滴定操作及速度的控制与酸式滴定管的要求相同。

5. 读数与滴定结束后滴定管的处理方法　与酸式滴定管相同。

（四）碱式滴定管的使用步骤

检查碱式滴定管的玻璃珠是否能灵活控制液滴，以及碱式滴定管是否漏水。其余步骤与酸式滴定管的使用相同。

三、移液管

移液管用于准确地量取一定体积的溶液。它是中间有一膨大部分(称为球部)的玻璃管，管颈上部刻有一标线，该标线是按放出的体积来刻度的。常见的有5mL、10mL、25mL、50mL等规格。另一种移液管带有刻度，叫做吸量管，可量取吸量管以内的试液体积。移液管的使用过程分为吸液和放液两个步骤(图3-8)。

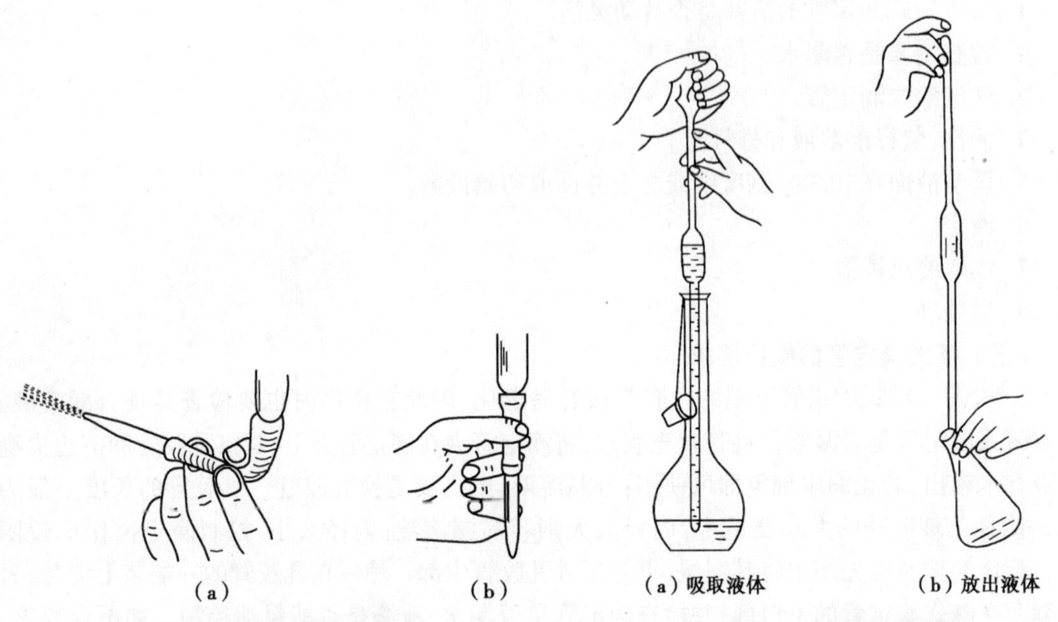

(a)　(b)

图3-7　碱式滴定管的使用方法

(a)吸取液体　(b)放出液体

图3-8　移液管的使用

1. 移液管的吸液步骤

(1)拇指及中指握住移液管标线以上部位。

(2)将移液管下端适当伸入液面，太深或太浅会使外壁沾上过多的试液或易吸空。

(3)将洗耳球对准移液管上端，吸入试液至标线以上约2cm，迅速用示指代替洗耳球堵住管口。

(4)取出移液管并靠在盛液容器内壁，然后缓慢转动移液管，使标线以上的试液流至标线。

(5)将移液管迅速放入接收容器中。

2. 移液管的放液步骤

(1)使接受容器倾斜而移液管直立。

(2)出口尖端接触容器壁。

(3)松开示指，使试液自由流出。

(4)待管内液体不再流出后，稍停片刻(十几秒钟)再把移液管拿开。此时遗留在管内的液滴不必吹出，因移液管的容量只计算自由流出液体的体积，刻制标线时已把留在管内的液滴考虑在内。只有在使用管壁上刻有“吹”字样的移液管时，才需将管中的试液全部放净。

移液管在使用前的洗涤方法与滴定管相仿，除分别用洗涤液、水及去离子水洗涤外，还需用少量被移取的液体洗涤。可先慢慢地吸入少量洗涤的水或液体至移液管中，用示指按住管口，然后将移液管平持，松开示指，转动移液管，使洗涤的水或液体与管口以下的内壁充分接触，再将移液管持直，让洗涤水或液体流出，如此反复洗涤数次。

四、容量瓶

容量瓶是一个细颈梨形的平底瓶，带有磨口塞。颈上有标线表明在所指温度下（一般为20℃），当液体充满到标线时，瓶内液体体积恰好与瓶上所注明的体积相等。容量瓶是为配制准确浓度的溶液用的，一般与移液管配合使用。通常有 25mL、50mL、100mL、250mL、500mL、1 000mL 等数种规格。

在使用容量瓶之前，要先进行以下两项检查：

1. 容量瓶容积与所要求的是否一致。

2. 检查瓶塞是否严密，不漏水。在瓶中放水到标线附近，塞紧瓶塞，使其倒立 2min，用干滤纸片沿瓶口缝处检查，看有无水珠渗出。如果不漏，再把塞子旋转 180°，塞紧、倒置，试验这个方向有无渗漏。这样做两次检查是必要的，因为有时瓶塞与瓶口不是在任何位置都是密合的。合用的瓶塞必须妥为保护，最好用绳把它系在瓶颈上，以防跌碎或与其他容量瓶搞混。

用容量瓶配制标准溶液时，先将精确称重的试样放在小烧杯中，加入少量溶剂，搅拌使其溶解（若难溶，可盖上表面皿并稍加热，但必须放冷后才能转移）。沿搅拌棒将溶液定量地移入洗净的容量瓶中（图 3-9），然后用洗瓶吹洗烧杯壁 5~6 次，按同法转入容量瓶中。当溶液加到瓶中 2/3 处以后，将容量瓶水平方向摇转几周（勿倒转），使溶液大体混匀。然后，把容量瓶平放在桌子上，慢慢加水到距标线 1cm 左右，等待 1~2min，使黏附在瓶颈内壁的溶液流下，用滴管伸入瓶颈接近液面处，眼睛平视标线，加水至弯月面下部与标线相切。立即盖好瓶塞，用一只手的示指按住瓶塞，另一只手的手指托住瓶底（图 3-10），注意不要用手掌握住瓶身，以免体温使液体膨胀，影响容积的准确（对于容积<100mL 的容量瓶，不必托住瓶底）。随后将容量瓶倒转，使气泡上升到顶，此时可将瓶振荡数次。再倒转过来，仍使气泡上升到顶。如此反复 10 次以上，才能混合均匀。

容量瓶不能加热，也不能久贮溶液，尤其是碱性溶液会侵蚀瓶壁并使瓶塞粘住，无法打开。

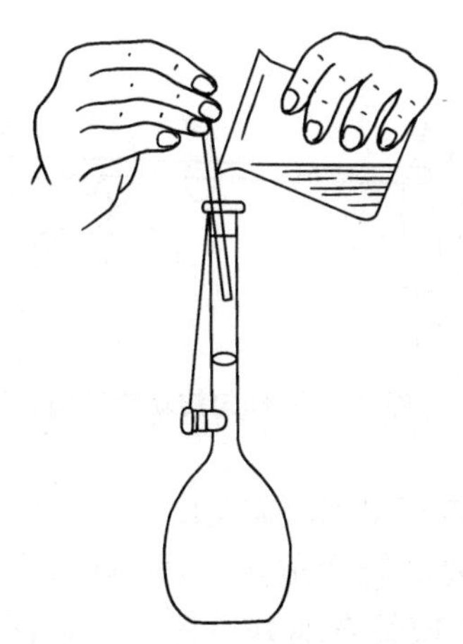

图 3-9　容量瓶定量转移操作

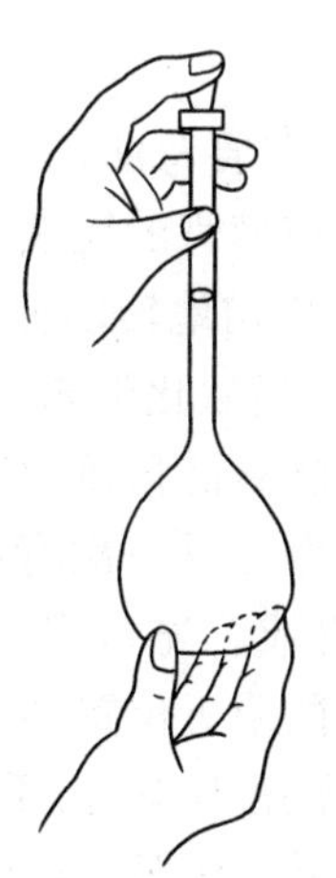

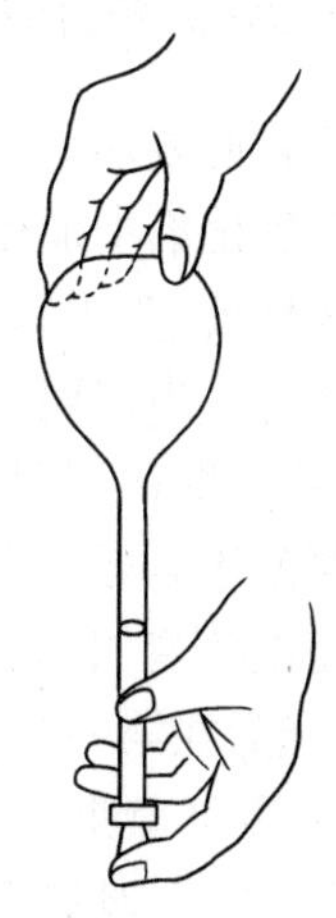

图 3-10　容量瓶的拿法

第三节　简单玻璃工操作

在化学实验中，常用到玻璃棒、弯管、滴管、毛细管等简单的玻璃用具，尽管多数情况下可获得成品，但有时也需要自己动手制作。因此学会简单的玻璃工操作技术具有一定的实用价值，也是必备的基本实验技能之一。

一、玻璃管的截断与熔光

选择干净、粗细合适的玻璃管(棒)，平放在桌面上，一手按住玻璃管(棒)，一手用三角锉的棱边在需截断的地方用力划一锉痕(只能向一个方向锉，不要来回锉)(图 3-11)，注意锉痕应与玻璃管(棒)垂直。然后用两手握住玻璃管(棒)，锉痕朝外，两拇指置于锉痕背后，轻轻用力向前推压(图 3-12)，同时两手稍用力向两侧拉，玻璃管(棒)便在锉痕处断开。

新切断的玻璃管(棒)的断口很锋利，容易划伤皮肤、割破橡皮管，需要熔烧圆滑。其方法是：将断口置于煤气灯或酒精喷灯氧化焰的边缘，不断转动玻璃管(棒)，使受热均匀，断面变得光滑即可(图 3-13)。熔烧时间不宜太长，以免玻璃管管口缩小，玻璃棒变形。

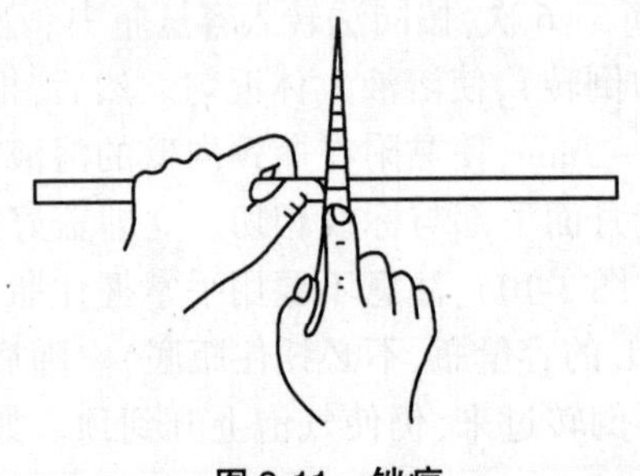

图 3-11　锉痕

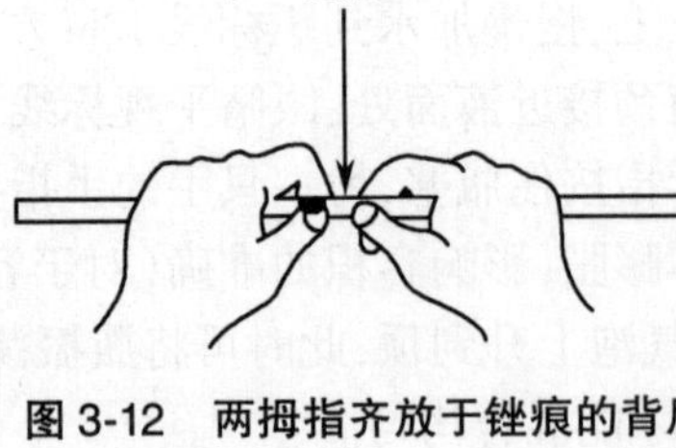

图 3-12　两拇指齐放于锉痕的背后

二、玻璃管的弯曲

两手轻握玻璃管的两端，将需要弯曲的部位斜插入煤气灯氧化焰中加热，以增大玻璃管的受热面积(也可用鱼尾灯头，图 3-14)，缓慢而均匀地转动玻璃管，使之受热均匀。当玻璃管加热到适当软化但未自动变形时，从火焰中取出，轻轻地弯曲至所需角度，待玻璃管变硬后再放手。较大角度的弯管可以一次弯成，若需要较小角度的弯管，可分几次弯成。先弯成一个较大的角度，然后在第一次受热部位的附近位置再加热、弯曲，直至得到所需角度。

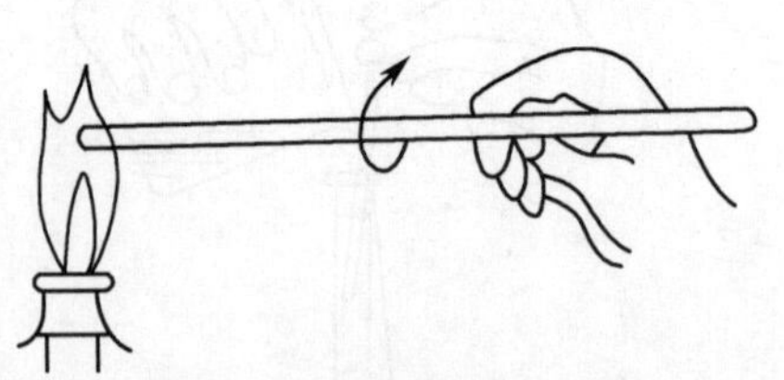

图 3-13　均匀转动使断面光滑

在加热和弯曲玻璃管时，要用力均匀，不要扭曲。玻璃管弯成后，应检查弯管处是否均匀平滑，整个玻璃管是否在同一平面上(图 3-15)。玻璃管弯曲好后置于石棉网上自然冷却。

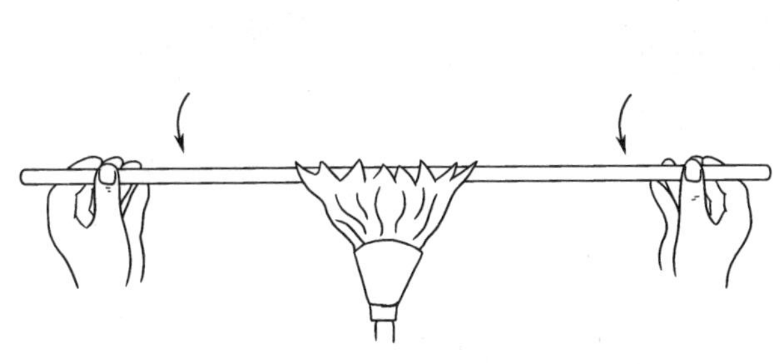
图 3-14　玻璃管的加热

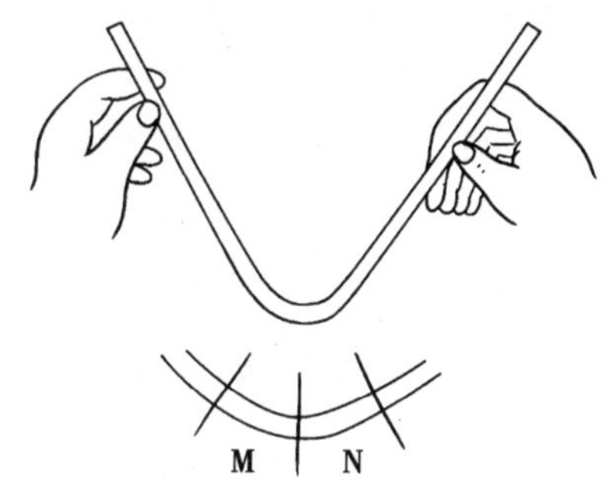

图 3-15　玻璃管的弯曲

三、玻璃管的拉制

取一干净的玻璃管，插入煤气灯氧化焰中加热。加热的方法与玻璃管的弯曲方法基本相同，只是烧得时间更长一些，烧得更软一些。待玻璃管呈红黄色时移出火焰，顺着水平方向慢慢地边拉边转动（图 3-16），玻璃管拉至所需粗细后，一手持玻璃管，使其下垂。拉出的细管应与原来的玻璃管在同一轴线上，不能歪斜（图 3-17）。待冷却后，在适当部位将其截断。

若制作滴管，在拉细部分中间截断，将尖嘴在小火中熔光，粗的管口熔烧至红热后，用金属锉刀柄斜放管口内迅速而均匀旋转一周，使管口扩大，然后套上橡皮胶头，即得两根滴管。若需毛细管，则要拉得更细一些（直径约 1mm）。

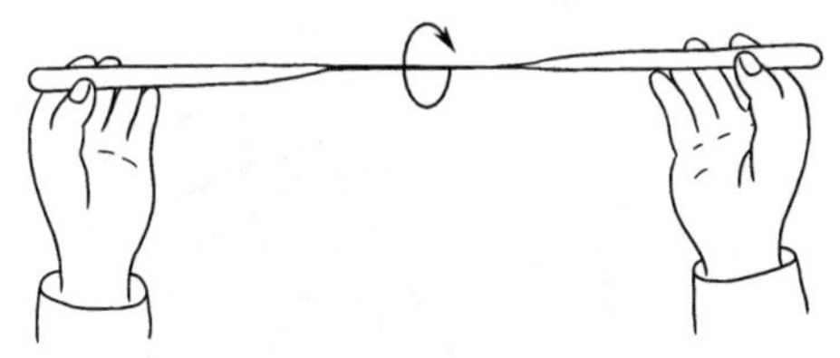
图 3-16　玻璃管的拉伸

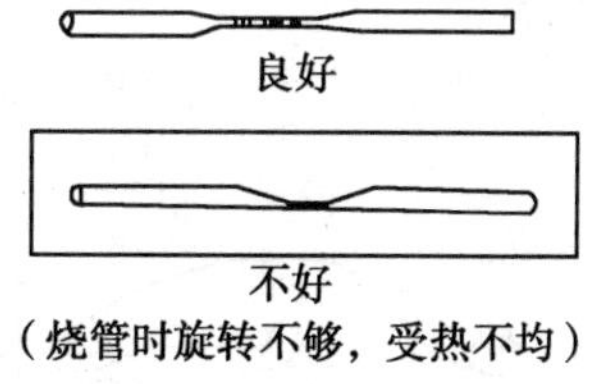

图 3-17　拉管好坏比较

第四节　试样的称量方法

试样的称量方法通常分为直接称量法、指定质量称量法和递减称量法。

一、直接称量法

用于称量在空气中不吸湿的试样或试剂，如金属、合金等；以及用于称量烧杯的质量、重量分析实验中称量坩埚的质量等。

二、指定质量称量法

用于称量某一指定质量的试剂（如基准物质）或试样，适于称量不易吸湿、在空气中稳定，且呈粉末状或小颗粒状（最小颗粒应小于 0.1mg）的样品，不适用于块状物质的称量。

当所加试样接近指定质量时，具体操作方法如下：用示指轻敲或摩擦角匙柄，将试样小颗粒逐粒敲入表面皿内(图 3-18),以达到指定质量称量的目的。

注意:若不慎加入的试剂超过指定质量,取出的多余试剂应弃去,不要放回原试剂瓶中。操作时不能将试剂洒落于表面皿等容器以外的地方。

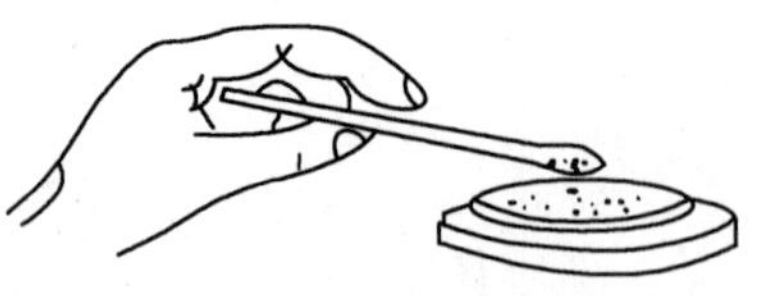

图 3-18　指定质量称量法

三、递减称量法(差减法)

称取试样的质量是由两次称量之差求得。对于易吸水、易氧化、易与 CO_2 反应以及易挥发样品,可选择递减称量法。粉末状或颗粒状固体样品用称量瓶称量,液体样品用滴瓶称量。

1. 固体样品称量步骤　称量瓶使用前要洗净烘干或晾干,操作时不能用手指直接接触称量瓶身和瓶盖,须用长纸条套住瓶身中部(图 3-19)及用小纸片包住称量瓶盖柄进行操作。先在台秤上称出称量瓶的质量,再将瓶盖拿下放在同一秤盘上,用角匙加入一定量的试样(一般为一份试样量的整数倍),盖上瓶盖,称出称量瓶加试样的质量,这一步骤操作称为粗称。然后将称量瓶置于天平左盘中央,称出称量瓶加试样后的精确质量。将称量瓶取出,在接收器的上方打开瓶盖,倾斜瓶身,用称量瓶盖轻敲瓶口上部使试样慢慢落入接受容器中(图 3-20)。当倾出的试样接近所需量(从试样的体积估计或试重得知)时,一边继续用瓶盖轻敲瓶口上部,一边慢慢将瓶身竖直,使黏附在瓶口上的试样落入接受容器或落回称量瓶中,然后盖好瓶盖,把称量瓶放回秤盘,准确称取其质量。两次质量的差值,即为称取试样的质量。若一次不能得到符合质量范围要求的试样,可再次敲出样品,但一般要求不超过 3 次。重复上述操作可称取多份试样。

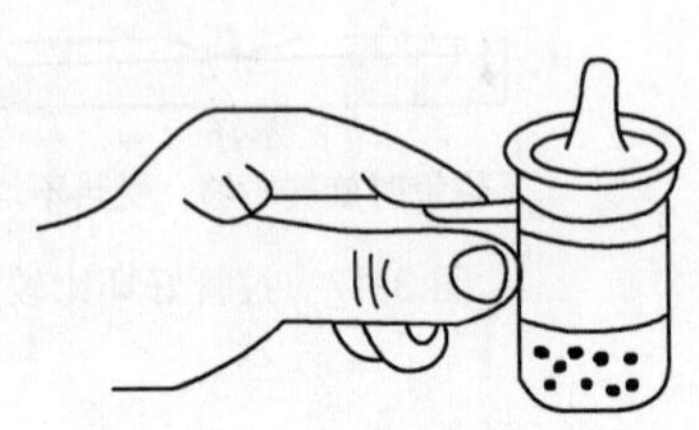

图 3-19　称量瓶拿法

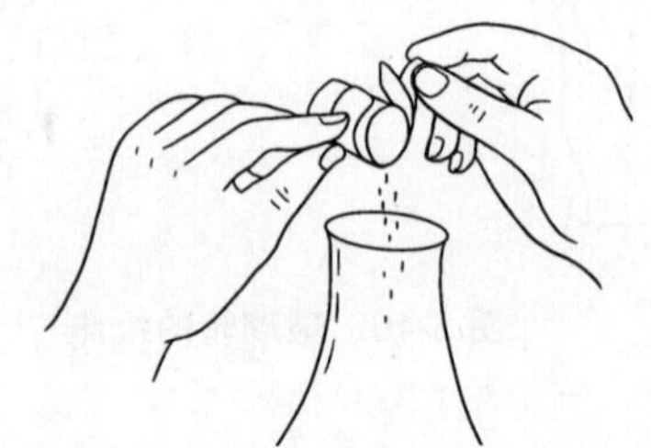

图 3-20　从称量瓶中敲出试样的操作

2. 液体样品的称量　对于不同性质的液体样品,一般有以下称量方法:

(1)性质较稳定且不易挥发的样品,可装在干燥小滴瓶中用差减法称量。

(2)较易挥发的样品可用增量法称取。例如称取浓盐酸试样,可先在 100mL 具塞锥形瓶中加入 20mL 水,准确称量后快速加入适量样品,立即盖上瓶塞,再进行准确称量。

(3)易挥发或与水强烈作用的样品采取特殊办法称量。例如冰乙酸样品可先用小称量瓶准确称量,然后连瓶一起放入已装有适量水的具塞锥形瓶中,摇动使称量瓶盖打开,样品与水混合后进行测定。发烟硫酸及硝酸样品一般采用直径约 10mm 带毛细管的安瓿球称取。已准确称量的安瓿球经火焰微热后,迅速将其毛细管插入样品中,球泡冷却后可吸入 1~2mL 样品,然后用火焰封住毛细管尖再准确称量。将安瓿球放入称有适量水的具塞锥形瓶中,摇碎安瓿球,样品与水混合并冷却后即可进行测定。

第五节 加热和冷却

一、加热

化学反应的反应速率一般情况下随温度升高而加快，大体上温度每升高10℃，反应速率就要增加2~4倍。因此，为了增加反应速率，往往需要在加热条件下进行反应。此外，化学实验的许多基本操作如蒸发、回流、蒸馏等都要用到加热。

化学实验室中常用的玻璃仪器一般不能用火焰直接加热，因为剧烈的温度变化和加热不均匀会造成玻璃仪器的损坏。同时由于局部过热，还可能引起化合物（特别是有机化合物）的部分分解。为了避免直接加热可能带来的弊端，实验室中常常根据具体情况应用不同的间接加热方式。

（一）石棉网

最简便的是通过石棉网进行加热。把石棉网放在三脚架或铁圈上，用煤气灯在下面加热，以避免由于局部过热引起有机化合物分解。但这种加热仍很不均匀，故在减压蒸馏或回流低沸点易燃物等操作中就不能用这种加热方式。

（二）水浴

当需要加热的温度在80℃以下时，可将容器浸入水浴中（注意：勿使容器触及水浴底部），小心加热以保持所需的温度。但是若要长时间加热，水浴中的水总难免汽化外逸，在这种情况下，可采用附有自动添水装置的水浴（图3-21），这样既方便，又能保证加热温度恒定。若需要加热到100℃时，可用沸水浴或水蒸气浴。如果加热温度要高于100℃，则可选用适当无机盐类的饱和水溶液作为热溶液。

（三）油浴

在100~250℃加热可用油浴，油浴所能达到的最高温度取决于所用油的种类。若在植物油中加入1%对苯二酚，便可增加它们在受热时的稳定性；透明液体石蜡可加热到220℃，温度再高并不分解，但易燃烧；甘油和邻苯二甲酸二正丁酯适用于加热到140~145℃，温度过高则易分解；硅油和真空泵油在250℃以上时仍较稳定，但由于价格昂贵，在普通实验室中并不常用。此外，蜡或石蜡也可用作油浴的浴液，其优点是在室温时是固体，便于贮藏，但是加热完毕后，在它们冷凝成固体前，应先取出浸入其中的容器。

使用油浴加热时，油浴中应放温度计，以便及时调节热源，防止温度过高。油浴中应防止水溅入。

在有机合成实验中，为保证实验室的安全，要避免使用明火直接加热。尤其是用明火加热油浴时，稍有不慎常发生油浴燃烧，为此采用电热圈放在热浴内加热更为安全。若与继电器和接触式温度计相连，就能自动控制油浴的温度。

（四）砂浴

加热温度必须达到数百摄氏度以上时往往使用砂浴。将清洁而又干燥的细砂平铺在铁盘上，盛有液体的容器埋入砂中，在铁盘下加热，液体就间接受热。由于砂对热的传导能力较差而散热却很快，所以容器底部与砂浴接触处的砂层要薄些，使易受热；容器周围与砂接触的部分可用较厚的砂层，使其不易散热。但砂浴由于散热太快，温度上升较慢，且不易控制而使其使用范围受限。

（五）空气浴

沸点在 80℃以上的液体，原则上均可采用空气浴加热。最简便的空气浴可用下法制作：取空的铁罐一只（用过的罐头盒即可），罐口边缘剪光后，在罐的底部打数行小孔，另将圆形石棉片（直径略小于罐的直径），厚 2～3mm，放入罐中，使其盖在小孔上，罐的四周用石棉布包裹。另取直径略大于罐口的石棉板 2～4mm 一块，在其中挖一个洞（洞的直径接近于蒸馏瓶或其他容器颈部的直径），然后对切为二，加热时用于盖住罐口。使用时将此空气浴放置在铁三脚架上，用火焰加热即可。注意蒸馏瓶或其他容器在罐中切勿触及罐底（图 3-22）。作为一种简易措施，有时也可将烧瓶离开石棉网 1～2mm 代替空气浴加热。

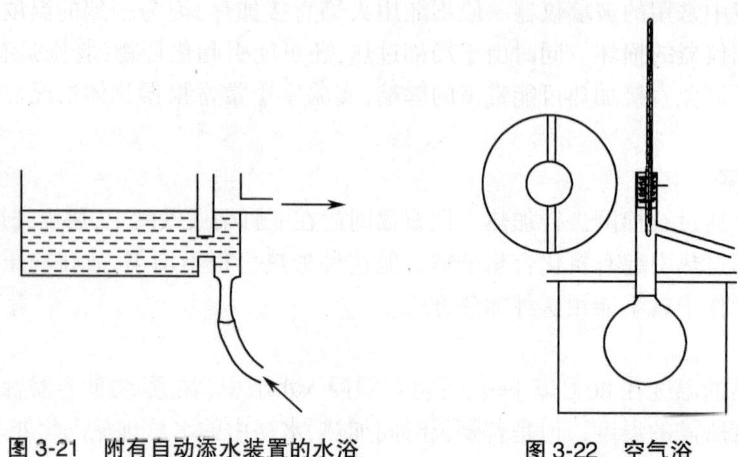

图 3-21　附有自动添水装置的水浴　　　　图 3-22　空气浴

此外，当物质在高温加热时，也可以使用熔融的盐，如等质量的硝酸钠和硝酸钾混合物在 218℃熔化，在 700℃以下是稳定的。含有 40%亚硝酸钠、7%硝酸钠和 53%硝酸钾的混合物在 142℃熔化，使用范围 150～500℃。必须注意若熔融的盐触及皮肤会引起严重的烧伤，所以在使用时应当倍加小心，并尽可能防止溢出或飞溅。

（六）微波

微波是频率在 300MHz～300kMHz 的电磁波（波长范围 1～1 000mm），通常是作为信息传递而用于雷达、通信技术中。而近代应用中又将它扩展为一种新能源，在工农业上用作加热、干燥；在化学工业中催化化学反应；在科研中激发等离子体等。

一些介质材料由极性分子和非极性分子组成，在微波电磁场作用下，极性分子从原来的热运动状态转向依照电磁场的方向交变而排列取向，产生类似摩擦热，在这一微观过程中交变电磁场的能量转化为介质内的热能，使介质温度出现宏观上的升高，这就是对微波加热最通俗的解释。由此可见，微波加热是介质材料自身损耗电磁场能量而发热。对于金属材料，电磁场不能透入内部而是被反射出来，所以金属材料不能吸收微波。水是吸收微波最好的介质，所以凡含水的物质必定吸收微波。有些介质虽然是由非极性分子组成，但也能在不同程度上吸收微波。

微波加热的特点：

1. 加热速度快　常规加热如火焰、热风、电热、蒸汽等，都是利用热传导的原理将热量从被加热物外部传入内部，逐步使物体中心温度升高，称之为外部加热。要使中心部位达到所需的温度需要一定的时间，导热性较差的物体所需的时间就更长。微波加热是使被加热物本身成为发热体，称之为内部加热方式，不需要热传导的过程，内外同时加热，因此能在短时间内达到加热效果。

2. 均匀加热　常规加热时为提高加热速度，就需要升高加热温度，容易产生外焦内生现象。微波加热时，物体各部位通常都能均匀渗透电磁波，产生热量，因此均匀性大大改善。

3. 节能高效　在微波加热中，微波能只能被加热物体吸收而生热，加热室内的空气与相应的容器都不会发热，所以热效率极高，环境也明显改善。

4. 易于控制　微波加热的热惯性极小，若配用微机控制，则特别适宜于加热过程和加热工艺的自动化控制。

5. 选择性加热　微波对不同性质的物料有不同的作用，这一点对干燥作业非常有利。因为水分子对微波的吸收最好，所以含水量高的部位，吸收微波功率多于含水量较低的部位，这就是选择加热的特点。值得注意的是有些物质当温度愈高，吸收性愈好，造成恶性循环，出现局部温度急剧上升造成过干，甚至炭化，对这类物质进行微波加热时，要注意制订合理的加热工艺。

6. 安全无害　微波加热、干燥技术，无废水、废气、废物产生，也无辐射遗留物存在，其微波泄漏也确保大大低于国家制定的安全标准，是一种十分安全无害的高新技术。

二、冷却

有些反应，其中间体在室温下是不够稳定的，必须在低温条件下进行，如重氮化反应等。有的放热反应常产生大量的热，使反应难以控制，并引起易挥发化合物的损失，或导致有机物的分解或增加副反应，为了除去过量的热量，便需要冷却。

此外，为了减少固体化合物在溶剂中的溶解度，使其易于析出结晶，也常需要冷却。

将反应物冷却的最简单方法，就是把盛有反应物的容器浸入冷水中。有些反应必须在室温以下的低温进行，这时最常用的冷却剂是冰或水和冰的混合物，后者由于能和器壁接触得更好，它冷却的效果要比单用冰为好。如果有水存在并不妨碍反应的进行，也可以将冰块直接投入反应物中，这样可以有效地保持低温。

若需要把反应混合物冷却到 0℃以下时，可用盐和碎冰的混合物，1 份食盐与 3 份碎冰的混合物理论上温度可降至−20℃，但在实际操作中温度常降至−5～−18℃；食盐投入冰内时碎冰易结块，故最好边加边搅拌。其他盐类与冰的混合物也有良好的制冷效果，如冰与六水合氯化钙结晶（$CaCl_2 \cdot 6H_2O$）的混合物，理论上可得到−50℃左右的低温。在实际操作中，10 份六水合氯化钙结晶与 7～8 份碎冰均匀混合，可达到−20～−40℃。表 3-1 列出了常用冷冻剂及其达到的温度。

表 3-1　常用冷冻剂及其达到温度

冷冻剂	t/℃	冷冻剂	t/℃
30 份 NH_4Cl+100 份碎冰	−3	5 份 $CaCl_2 \cdot 6H_2O$+4 份碎冰	−55
4 份 $CaCl_2 \cdot 6H_2O$+100 份碎冰	−9	干冰+二氯乙烯	−60
100 份 NH_4NO_3+100 份碎冰	−12	干冰+乙醇	−72
1 份 NaCl+3 份碎冰	−20	干冰+丙酮	−78
125 份 $CaCl_2 \cdot 6H_2O$+100 份碎冰	−40	液态 N_2	−190

为了保持制冷剂的效力，通常把干冰或它的溶液及液氨盛放在保温瓶（也叫杜瓦瓶）或其他绝热较好的容器中，上口用铝箔覆盖，降低其挥发的速度。

应当注意，温度若低于-39℃时则不能使用水银温度计，因为低于此温度时水银就会凝固。对于较低的温度，常常使用内装有机液体（如甲苯，可达到-90℃；正戊烷达到-130℃）的低温温度计。为了便于读数，往往向液体内加入少许颜料。但由于有机液体传热较差和黏度较大，这种温度计达到平衡的时间较长。

第六节　结晶和重结晶

一、结晶

物质从液态（液体或熔融体）或气态形成晶体的过程，称为结晶。一般结晶速度慢，晶体就大，晶形就完整。结晶是提纯固体物质的重要方法之一。结晶方法主要可分为两类：

1. 去除一部分溶剂的结晶　即使溶剂一部分蒸发或汽化，溶液浓缩达到过饱和而结晶。用于溶解度随着温度下降而减小不多的物质，如氯化钠、氯化钾、碳酸钾等。

2. 不去除溶剂的结晶　即使溶液冷却达到过饱和而结晶。用于溶解度随着温度下降而显著减小的物质，如硝酸钾、硝酸钠、硫酸镁等。

结晶主要分两个阶段，二者通常是同时进行的，但多少可独立地加以控制。第一阶段是结晶核（晶体微粒）的形成，第二阶段是晶核的成长。如果能控制晶核的数目，就能调节最终形成的晶体大小。

二、重结晶

固体有机物在溶剂中的溶解度与温度有密切关系。一般是温度升高，溶解度增大。若把固体溶解在热的溶剂中达到饱和，冷却时即由于溶解度降低，溶液变成过饱和而析出晶体。利用溶剂对被提纯物质及杂质的溶解度不同，可以使被提纯物质从过饱和溶液中析出。而让杂质全部或大部分仍留在溶液中（若在溶剂中的溶解度极小，则配成饱和溶液后被过滤除去），从而达到提纯目的。这一系列操作过程称之为重结晶。

三、溶剂的选择

在结晶和重结晶纯化化学试剂的操作中，溶剂的选择是关系到纯化质量和回收率的关键问题。选择适宜的溶剂时应注意以下几个问题：

1. 不与被提纯物质起化学反应。

2. 在较高温度时能溶解多量的被提纯物质；而在室温或更低温度时，只能溶解很少量的该种物质。

3. 对杂质的溶解非常大或者非常小，前一种情况是使杂质留在母液中不随被提纯物晶体一同析出，后一种情况是使杂质在热过滤时被滤去。

4. 容易挥发（溶剂的沸点较低），易与结晶分离除去。

5. 能给出较好的晶体。

6. 无毒或毒性很小，便于操作。

7. 价廉易得。
8. 适当时候可以选用混合溶剂。

第七节　固液分离技术

在无机制备及分析测试中，常采用生成沉淀或蒸发结晶的方法，从而需进行固液分离。此时，多采用过滤或离心分离操作技术。

一、过滤（沉淀的过滤、烘干和灼烧恒重）

过滤是使沉淀和母液分离的过程。如在分析实验中，对于需要灼烧的沉淀常用滤纸过滤，对于过滤后只需烘干即可进行称量的沉淀，则可采用微孔玻璃漏斗或微孔玻璃坩埚过滤。

二、离心

在半微量定性分析中，把沉淀和溶液分开常用离心沉降的方法，这就要使用离心机（利用离心沉降原理将溶液和沉淀分开的设备，见图 3-23）。常用的有手摇离心机和电动离心机两种。当盛有混合物的离心管在离心机中高速旋转时，沉淀的微粒受到离心力的作用，向离心管底部的方向抛去，因此沉淀在管的尖端迅速聚集成一层，溶液（离心液）则完全澄清。

图 3-23　离心机

必须注意，电动离心机是高速旋转的，为了避免发生危险，要用盖加以保护。离心机特别是电动离心机是较贵重的仪器，应该按操作要求小心使用。离心机的操作方法如下：为了避免旋转时将离心管碰破，应在离心机的套管底部垫上少许棉花，然后放入离心管；为了保持旋转时不发生震动或摇动，几个离心管应置于相对应的套管中，并使各管盛溶液高度基本相等。如果只有一个离心管的试液要离心分离，则应另取装有约等量水的离心管与之对称。

第八节　重量分析技术

重量分析的基本操作包括：试样的分解，沉淀的生成，沉淀的过滤、洗涤、烘干或灼烧、称量等过程。每一过程都应严格遵守操作规范，防止沉淀丢失或引入其他杂质，这样才能保证最终分析结果的准确度。

一、试样的分解

对于液体试样，可直接量取一定体积的溶液于洁净的烧杯中进行实验。如果试液浓度太稀或固体试样用酸溶解后需蒸发时，可在烧杯口上放一玻璃三角，再盖上表面皿（凸面向下），小火进行蒸发，以免溅失。蒸发溶液最好在水浴锅上进行，也可在温度较低的垫有石棉网的电炉上进行。在电炉上蒸发时要注意控制温度，切勿剧沸。蒸发完毕，用洗瓶吹洗表面皿的凸面，冲洗水应沿烧杯壁流入杯内（图 3-24）。

固体试样可采用水溶、酸溶、碱溶和熔融等方法制备溶液。

(一) 水溶解法

称取一定量能溶于水的试样，置于烧杯中，然后沿着下端紧靠杯壁的玻璃棒加入适量体积的蒸馏水，搅拌使试样溶解。必须注意在实验结束前不允许将玻璃棒取出，而是将其放在烧杯嘴处，盖上表面皿。

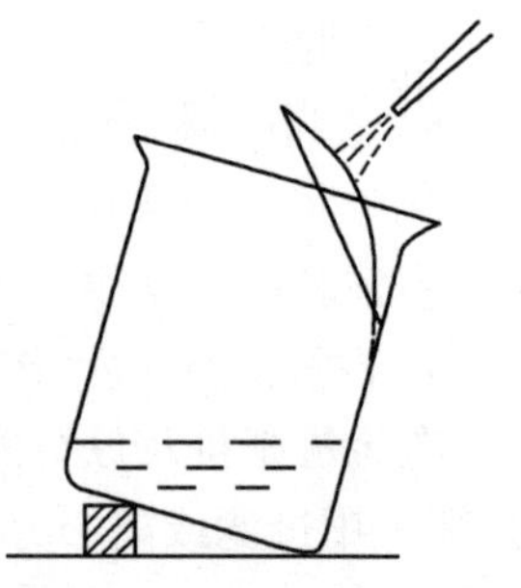

图 3-24 表面皿的冲洗

(二) 酸、碱溶解法

如果溶于酸或碱的试样在溶解时无气体产生，可按水溶解法进行处理。如果溶解时有气体产生，则应先加入少量蒸馏水润湿试样，盖上表面皿，然后由烧杯嘴处滴加溶剂。待剧烈作用后，用手拿住表面皿和烧杯轻轻摇动，使试样完全溶解。最后用洗瓶吹洗表面皿的凸部和烧杯壁，冲洗水应全部流入烧杯内，不要使溶液溅出烧杯，盖上表面皿。

(三) 熔融法

根据所用熔剂的性质和被测组分的要求，选用适宜的坩埚，洗净烘干。加入试样和适量熔剂，混匀，再将剩余的熔剂盖在试样上面，盖上坩埚盖，在电炉或高温炉中熔融。如果采用铂坩埚或银坩埚，最好再将其放在瓷坩埚中，然后一起放入高温炉内。高温熔融之后，冷却至室温，置于烧杯中，加适量的水或稀酸浸提(如果有气体产生，应盖上表面皿，待作用后再冲洗表面皿)，浸提后，用坩埚钳拿起坩埚，用洗瓶吹洗坩埚内外壁，冲洗水流入烧杯中，盖上表面皿。

二、沉淀的生成

沉淀生成时的条件即沉淀时溶液的温度、试剂加入的次序、浓度、数量和速度以及沉淀的时间等，均应按实验方法中的规定进行。沉淀所需的试剂溶液，其浓度准确到1%就足够了。固体试剂一般只需用台秤称取，溶液用量筒量取即可。

试剂如果可以一次加到溶液中去，则应沿着烧杯壁倒入或是沿着搅拌棒加入，注意勿使溶液溅出。通常进行沉淀操作时是用滴管将沉淀剂逐滴加入试液中，而且需要边加边搅拌，以免沉淀剂局部过浓，搅拌时不要使搅拌棒与杯壁接触。若需在热溶液中进行沉淀，最好用水浴加热，但不能使溶液沸腾，以免溶液溅出。

根据沉淀性质采取不同的操作方法进行沉淀。

(一) 晶形沉淀的操作

1. 在适当稀的溶液中进行沉淀，以降低相对过饱和度。

2. 需在热溶液中进行沉淀，使溶解度略有增加，相对过饱和度降低。同时温度增高，可减少杂质的吸附。为防止因溶解度增大而造成溶解损失，沉淀必须经冷却后才可过滤。

3. 操作时，左手拿滴管滴加沉淀剂溶液。滴管口应接近液面，勿使溶液溅出，滴加速度要慢，接近沉淀完全时可以稍快。与此同时右手持搅拌棒充分搅拌，以免局部相对过饱和度太大，但需注意搅拌时玻璃棒不要碰到烧杯的壁或底。

4. 检查沉淀是否完全 上述操作完成后，将烧杯静置，待沉淀下沉后，于上层清液液面加少量沉淀剂，观察是否出现浑浊。

5. 沉淀完全后盖上表面皿，放置过夜或在水浴上加热 1h 左右，使沉淀陈化。陈化就是在沉淀定量完成后，将沉淀和母液一起放置一段时间。陈化作用还能使沉淀变得更纯净，因而提高了沉淀的纯度。

（二）非晶形沉淀的操作

进行沉淀时宜用较浓的沉淀剂溶液，加沉淀剂的速度和搅拌速度都可快些，沉淀完全后要用热蒸馏水稀释，以减少杂质的吸附。不必放置陈化，待沉淀下沉后即进行过滤和洗涤。

三、沉淀的过滤和洗涤

首先根据沉淀在灼烧中是否会被纸灰还原以及称量物的性质，确定采用过滤坩埚还是滤纸来进行过滤。如果采用滤纸过滤，则需根据沉淀的性质和多少来选择滤纸的类型与大小。例如对于 $BaSO_4$、CaC_2O_4 等微粒晶形沉淀，应选用较小而紧密的滤纸；对于 $Fe_2O_3 \cdot nH_2O$ 等蓬松的胶状沉淀，则需选用较大而疏松的滤纸。

（一）用滤纸过滤

1. 滤纸的选择

（1）滤纸的致密程度要与沉淀的性质相适应：胶状沉淀应该选用质松孔大的滤纸，晶形沉淀则应选用致密孔小的滤纸。沉淀越细，所选用的滤纸就越致密。

（2）滤纸的大小要与沉淀的多少相适应：过滤时，漏斗中的沉淀一般不要超过滤纸圆锥高度的 1/3，最多不得超过 1/2。

2. 漏斗的选择

（1）漏斗的大小应与滤纸的大小相适应，滤纸的上缘应低于漏斗上沿 0.5~1cm。

（2）应选用锥体角度为 60°、颈口倾斜角度为 45° 的长颈漏斗进行过滤。颈长一般为 15~20cm，颈内径不要太粗，以 3~5mm 为宜。

3. 滤纸的折叠和漏斗的准备

（1）所需要的滤纸选好后，把滤纸对折后再对折，为保证滤纸与漏斗密合，第二次对折时不要把两角对齐，而是将一角向外错开一点，并且不要折死，这时将圆锥体滤纸打开放入洁净干燥的漏斗中。如果滤纸和漏斗的上边缘不是十分密合，可以稍稍改变滤纸的折叠程度，直到与漏斗密合后再用手轻按滤纸，把第二次的折边折死。所得的圆锥体滤纸半边为三层，另半边为一层，为使滤纸贴紧漏斗壁，将三层这半边的外层撕掉一个角（图 3-25）。最外层撕得多一点，第二层少撕一点，这样撕成梯形，将折好的滤纸放入漏斗，三层的一边放在漏斗出口短的一边。用示指按住三层的一边，用洗瓶吹水将滤纸湿润，然后轻轻按压滤纸，使滤纸的锥体上部与漏斗之间没有空隙，而后在漏斗中加水至滤纸边缘，这时漏斗下部空隙和颈内应全部充满水，当漏斗中的水流尽后，颈内仍能保留水柱且无气泡。若不能形成完整的水柱，可以用手堵住漏斗下口，稍稍掀起滤纸三层的一边，用洗瓶向滤纸和漏斗之间的空隙里加水，直到漏斗颈与锥体的大部分充满水，最后按紧滤纸边，放开堵出口的手指，此时水柱即可形成。如此操作后水柱仍无形成，可能由于漏斗内径太大，或者内径不干净有油污而造成的，根据具体情况处理好后，再重新贴滤纸。

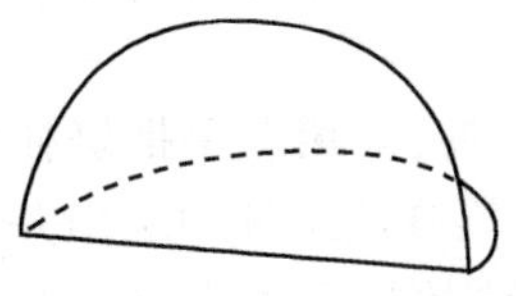
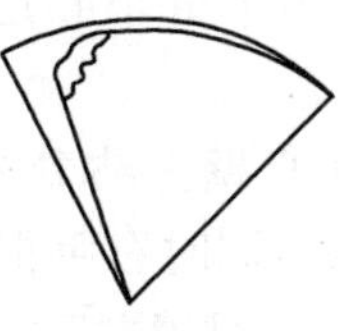
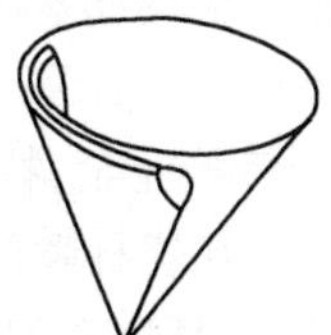

图 3-25　滤纸的折叠

（2）漏斗贴好后，再用蒸馏水冲洗一次滤纸，然后将准备好的漏斗放在漏斗架上，下面干净的烧杯承接滤液，漏斗出口长的一边紧靠杯壁。

4. 过滤和洗涤

（1）采用“倾泻法”过滤：就是先将上层清液倾入漏斗中，使沉淀尽可能留在烧杯中。左手拿起烧杯置于漏斗上方，右手轻轻地从烧杯中取出搅拌棒并紧贴烧杯嘴，垂直竖立于滤纸三层部分的上方，尽可能地接近滤纸，但绝不能接触滤纸。慢慢将烧杯倾斜，尽量不要搅起沉淀，把上层清液沿玻璃棒倾入漏斗中（图 3-26）。

倾入漏斗中的溶液，最多到滤纸边缘下 5~6mm 的地方。当暂停倾注溶液时，将烧杯沿玻璃棒慢慢向上提起一点，同时扶正烧杯，等玻璃棒上的溶液流完后，将玻璃棒放回原烧杯中，切勿放在烧杯嘴处。在整个过滤过程中，玻璃棒不是放在原烧杯中就是竖立在漏斗上方，以免试液损失。漏斗颈的下端不能接触滤液，溶液的倾泻操作必须在漏斗的正上方进行，而且要连续进行，即随着漏斗内液体的流出而不断地继续倾注。

（2）过滤开始后，随时观察滤液是否澄清；若滤液不澄清，则必须另换一洁净的烧杯承接滤液，用原漏斗将滤液进行第二次过滤；若滤液仍不澄清，则应更换滤纸重新过滤。上述过程中需保持沉淀及滤液不损失，第一次所用的滤纸应保留，待洗，洗过的溶液均需保留并过滤。

（3）当清液倾泻完毕，即可进行初步洗涤。每次加入 10~20mL 洗涤液冲洗杯壁，充分搅拌后，把烧杯放在桌上，待沉淀下沉后再倾泻（图 3-27）。如此重复洗涤数次，每次待滤纸内洗涤液流尽后再倾注下一次洗涤液。如果所用的洗涤液总量相同，那么少量多次的洗涤效果更好。

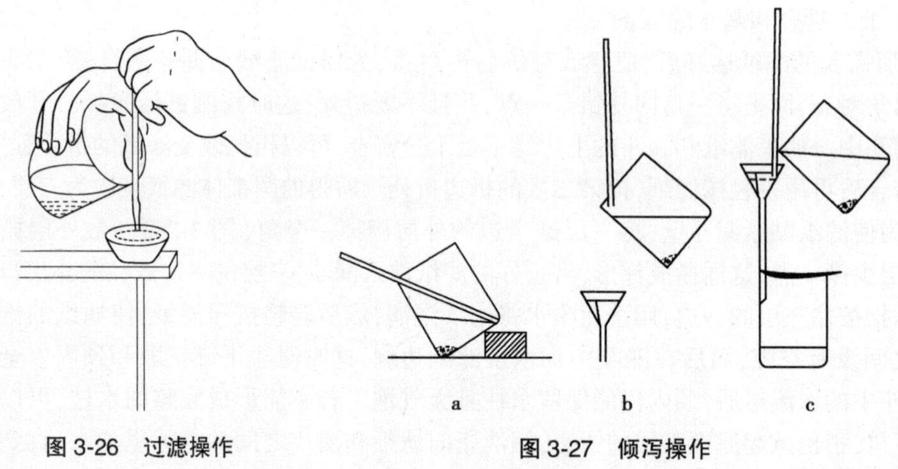

图 3-26　过滤操作　　图 3-27　倾泻操作

（4）初步洗涤几次后，再进行沉淀的转移。向盛有沉淀的烧杯中加入少量洗涤液，搅起沉淀，并立即将沉淀与洗涤液沿玻璃棒倾入漏斗中，如此反复几次，尽可能地将沉淀都转移到滤纸上。每一次的转移都必须十分小心地进行，因为每一滴的损失都会使整个分析工作失败。

（5）如果沉淀未转移完全，特别是杯壁上沾着的沉淀，要用左手把烧杯拿在漏斗的上方，烧杯嘴向着漏斗，拇指在烧杯嘴的下方，同时右手把玻璃棒从烧杯中取出并横放在烧杯口上，使玻璃棒的下端伸出烧杯嘴 2~3cm。此时用左手示指按住玻璃棒的较高地方，倾斜烧杯使玻璃棒下端指向滤纸三层一边，用洗瓶吹洗整个烧杯内壁，使洗涤液和沉淀沿玻璃棒流入漏斗中

(图 3-28)。若还有少量沉淀牢牢地粘在烧杯壁上吹洗不下来,可用撕下的滤纸角擦净玻璃棒和烧杯的内壁,并将擦过的滤纸角放在漏斗里的沉淀上。

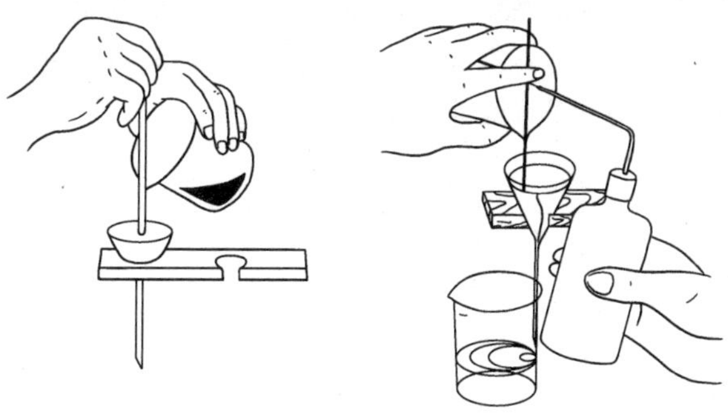

图 3-28　沉淀转移

(6)沉淀全部转移后,继续用洗涤液洗涤沉淀和滤纸。洗涤时水流从滤纸上缘开始往下作螺旋形移动,将沉淀冲洗到滤纸的底部(图 3-29)。用少量洗涤液反复多次洗涤,最后再用蒸馏水洗涤烧杯、沉淀及滤纸 3~4 次。

(7)最后用一洁净的小试管或表面皿承接少量漏斗中流出的洗涤液,用检测试剂检验沉淀是否洗干净。

(二) 用微孔玻璃坩埚(玻璃砂芯坩埚)过滤

1. 微孔玻璃坩埚的准备　选择合适孔径的玻璃坩埚,用稀盐酸或稀硝酸浸洗,然后用自来水冲洗,再把玻璃坩埚安置在具有橡皮垫圈的抽滤瓶上(图 3-30)。用抽水泵抽滤,在抽滤的同时用蒸馏水冲洗坩埚,冲洗干净后在与干燥沉淀相同的条件下,在烘箱中烘至恒重。

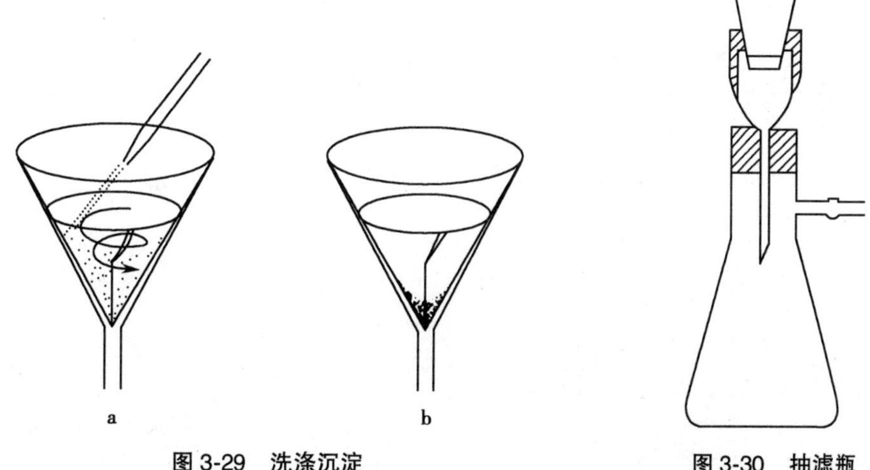

图 3-29　洗涤沉淀

图 3-30　抽滤瓶

2. 过滤与洗涤　过滤与洗涤的方法和用滤纸过滤相同。只是需要注意,开始过滤前,先倒溶液于玻璃坩埚中,然后再打开水泵,每次倒入溶液前不要等到吸干,以免沉淀被吸紧,影响过滤速度。过滤结束时,先要松开吸滤瓶上的橡皮管,最后关闭水泵以免倒吸。

3. 擦净搅拌棒和烧杯内壁上的沉淀时,只能用沉淀帚,不能用滤纸。

4. 微孔玻璃坩埚耐酸能力强,耐碱能力弱,因此不能过滤碱性较强的溶液。

用微孔玻璃坩埚过滤的沉淀,只需烘干除去沉淀中的水分和可挥发性物质,即可使沉淀成为称量形式。把微孔玻璃坩埚中的沉淀洗净后放入烘箱中,根据沉淀的性质在适当的温度下烘干;取出稍冷后放入干燥器中,冷却至室温,进行称量。再放入烘箱中烘干,冷却、称量。如此反复操作,直至恒重(前后两次质量之差不超过 0.3mg)。

第四章

无机化学实验

实验一　基本操作练习

一、实验目的

1. 掌握化学实验的基本操作——玻璃仪器洗涤、固体称量、固体溶解、容量瓶定容、液体量取、加热、抽滤、重结晶等操作。

2. 熟悉配制溶液时的相关计算。

二、实验原理

根据“第三章　基础化学实验基本操作”所讲的内容完成本实验要求的操作。

三、试剂和仪器

1. 试剂　NaOH，1.000mol/L；$H_2C_2O_4 \cdot 2H_2O$（s，AR）；粗盐（s，日晒盐）；活性炭；滤纸，7cm；称量纸等。

2. 仪器　托盘天平；量筒，50mL；烧杯，50mL，100mL，250mL；玻璃棒；容量瓶，100mL，2个；吸量管，25mL；酒精灯；石棉网；抽滤装置；蒸发皿；表面皿；铁架台；铁圈等。

四、实验内容

（一）仪器洗涤

1. 烧杯、玻璃棒、量筒、蒸发皿、抽滤瓶等仪器的洗涤　用大小和软硬合适的刷子蘸取去污粉，并加少量水刷洗，再用大量自来水冲洗干净，最后用少量蒸馏水洗涤3次。

2. 容量瓶和移液管洗涤　取少量铬酸洗液（小心不要让洗液沾到手上和身上），按“第三章　基础化学实验基本操作”所介绍的方法进行洗涤。洗液使用完毕后不要将其倒入下水道，应根据洗液的颜色选择倒入回收瓶还是废液桶。使用洗液洗完之后，先用少量自来水荡洗，荡洗液倒入废液桶；然后再用大量自来水冲洗。最后用少量蒸馏水荡洗3次。

（二）溶液配制

1. 用固体配制——100mL 0.1mol/L 的 $H_2C_2O_4$ 溶液

用 $H_2C_2O_4 \cdot 2H_2O$ 固体配制 100mL 0.1mol/L 的 $H_2C_2O_4$ 溶液。

（1）计算所需 $H_2C_2O_4 \cdot 2H_2O$ 固体的质量________g。在实验报告中写出计算过程。

（2）在托盘天平两边托盘上各放一张称量纸，将游码拨至零位，然后调节托盘天平侧面螺母使天平平衡。在右盘放置合适砝码并拨动游码至所需位置。用药匙分多次取 $H_2C_2O_4 \cdot 2H_2O$ 放入左边托盘至天平平衡。将称取的 $H_2C_2O_4 \cdot 2H_2O$ 倒入 100mL 烧杯中。

(3)烧杯中加适量水(20~30mL),用玻璃棒搅拌至固体全部溶解。如溶解太慢可稍稍加热(温度不可过高)。

(4)小心地用玻璃棒将溶液引流入 100mL 容量瓶。烧杯中加少量水(5~10mL),荡洗烧杯,把洗涤水同样引流入容量瓶,重复 3 遍。

(5)加蒸馏水到容量瓶中,距刻度线 1~2cm 时用胶头滴管滴加蒸馏水,使凹液面刚好与刻度线相切。摇匀。老师检查后,倒入指定的回收瓶。

2. 稀释法配制——100mL 0.200 0mol/L 的 NaOH 溶液

用 1.000mol/L NaOH 溶液配制 100mL 0.200 0mol/L 的 NaOH 溶液。

(1)计算所需 1.000mol/L NaOH 溶液的体积________mL。在实验报告中写出计算过程。

(2)在 50mL 烧杯中倒入少量(约 10mL)1.000mol/L NaOH 溶液,润洗吸量管,残液弃去。重复 2~3 遍。

(3)在烧杯中倒入一定量(约 30mL)1.000mol/L NaOH 溶液,用吸量管吸取所需体积的 1.000mol/L NaOH 溶液,并转移至 100mL 容量瓶中。

(4)加蒸馏水到容量瓶中,距刻度线 1~2cm 时用胶头滴管加蒸馏水,使凹液面刚好与刻度线相切。摇匀。老师检查后,倒入指定的回收瓶。

(三)粗盐的初步精制

1. 称量 10g 粗盐,加入 250mL 烧杯,取 40mL 蒸馏水,也加入烧杯。搅拌使粗盐绝大部分溶解。烧杯盖上表面皿,用酒精灯加热至沸。稍凉,加入一药匙活性炭,搅拌,盖上表面皿继续加热至沸,并保持沸腾 1min,放凉。

2. 搭建抽滤装置,并将滤纸平铺在布氏漏斗瓷板上。用少量蒸馏水润湿滤纸,打开真空泵抽吸,使滤纸贴紧布氏漏斗瓷板。把烧杯中液体倒入布氏漏斗中,抽滤至干,先拔掉抽滤瓶支管上的橡皮管,然后再关闭真空泵。收集滤液。

3. 滤液转移到蒸发皿中。蒸发皿放置在铁圈上,用酒精灯直接加热,蒸发溶剂。注意溶剂不可完全蒸干,保留薄薄一层液体。再次抽滤,收集固体,滤液弃去。

4. 清洗并烤干蒸发皿,将上步收集的固体加入蒸发皿,烤干固体。

5. 收集初步精制后的粗盐。称重,计算收率。

老师检查后,倒入指定的回收瓶。

(四)仪器整理

1. 将所有用过的仪器清洗干净。

2. 将仪器和药品按原位置摆放好。

3. 打扫实验室卫生。

五、数据记录与处理

1. 如实记录实验中直接产生的数据。比如天平的读数、吸量管的读数等。

2. 实验报告中所有计算出来的数据必须有详细计算过程。比如,需要称取的 $H_2C_2O_4$ 固体的质量、$H_2C_2O_4$ 溶液的浓度、盐的收率等。

【注意事项】

1. 溶液配制时,固体药品要在烧杯中全部溶解后方可进行转移。液体在转移中不可有损失，否则必须重新配制。

2. 容量瓶加蒸馏水，最终液面必须与刻度线相切，过少补加，过多必须重新配制。另外摇匀后，液体液面一般会低于刻度线。

3. 润洗和在烧杯中取液时要选用较小的烧杯，避免浪费。

4. 粗盐精制第一步沸腾时间不宜过长，以免溶剂水大量蒸发过多造成产品损失。

六、思考题

1. 溶解固体时应加入适量的水，如何判断这个“适量”？
2. 粗盐精制实验中，蒸发溶剂时为什么不能把水蒸干？
3. 容量瓶定容后摇匀，再次静止时，液面低于刻度线需不需要再补充蒸馏水？
4. 本次实验中得到的精制盐能不能食用，为什么？

实验二　摩尔气体常数的测定

一、实验目的

1. 了解一种测定摩尔气体常数的方法。
2. 熟悉分压定律与气体状态方程的应用。
3. 练习分析天平的使用与测量气体体积的操作。

二、实验原理

$$\text{气体状态方程式的表达式为：} pV = nRT = \frac{m}{M_r}RT \tag{4-1}$$

式中：p ——气体的压力或分压(Pa)

V ——气体体积(L)

n ——气体的物质的量(mol)

m ——气体的质量(g)

M_r——气体的摩尔质量($g \cdot mol^{-1}$)

T ——气体的温度(K)；

R ——摩尔气体常数(文献值：$8.31 Pa \cdot m^3 \cdot K^{-1} \cdot mol^{-1}$或$J \cdot K^{-1} \cdot mol^{-1}$)

可以看出，只要测定一定温度下给定气体的体积 V、压力 p 与气体的物质的量 n 或质量 m，即可求得 R 的数值。

本实验利用金属(如 Mg、Al 或 Zn)与稀酸置换出氢气的反应，求取 R 值。例如：

$$Mg(s) + 2H^+(aq) = Mg^{2+}(aq) + H_2(g) \tag{4-2}$$

$$\Delta_r H_m^\Theta(298K) = -466.85(kJ \cdot mol^{-1})$$

说明：s 表示固态(分子)；aq 表示水合的离子(或分子)；g 表示气态(分子)。

将已精确称量的一定量镁与过量稀酸反应，用排水集气法收集氢气。氢气的物质的量可根据式(4-2)由金属镁的质量求得：

$$n_{H_2} = \frac{m_{H_2}}{M_{H_2}} = \frac{m_{Mg}}{M_{Mg}}$$

由量气管可测出在实验温度与大气压力下反应所产生的氢气体积。

由于量气管内所收集的氢气是被水蒸气所饱和的，根据分压定律，氢气的分压 p_{H_2}，应是混合气体的总压 p（以 100kPa 计）与水蒸气分压 p_{H_2O} 之差：

$$p_{H_2}=p-p_{H_2O} \tag{4-3}$$

将所测得的各项数据代入式（4-1）可得：

$$R=\frac{p_{H_2}\cdot V}{n_{H_2}\cdot T}=\frac{(p-p_{H_2O})\cdot V}{n_{H_2}\cdot T}$$

三、试剂和仪器

1. 试剂　H_2SO_4，3.0mol/L；镁条（纯）。

2. 仪器　分析天平；称量纸，蜡光纸或硫酸纸；砂纸；气压计；精密温度计；量筒，10mL；漏斗；镊子；剪刀；烧杯，100mL，400mL；测定气体常数的装置（量气管、水准瓶、试管、铁架台、铁夹、铁圈、滴定管夹、橡皮塞、橡皮管、玻璃导管，见图 4-1）等。

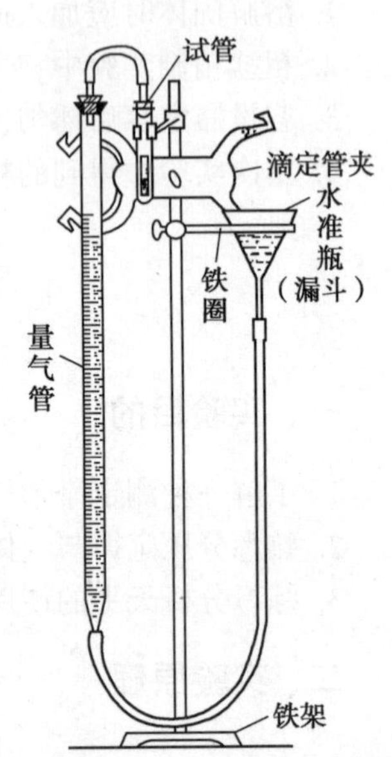

图 4-1　气体常数测定装置

四、实验步骤

1. 镁条称量　取 2 根镁条，用砂纸擦去其表面氧化膜，然后在分析天平上分别称出其质量，并用称量纸包好记下质量，待用（也可由实验室老师预备）。

镁条质量以 0.030 0~0.040 0g 为宜。镁条质量若太小，会增大称量及测定的相对误差。质量若太大，则产生的氢气体积可能超过量气管的容积而无法测量。称量要求准确至±0.000 1g。

2. 仪器的安装和检查　装置仪器见图 4-1。注意应将铁圈装在滴定管夹的下方，以便可以自由移动水准瓶（漏斗）。打开量气管的橡皮塞，从水准瓶注入自来水，使量气管内液面略低于刻度“0”（若液面过低或过高，则会带来什么影响?）。上下移动水准瓶，以赶尽附着于橡皮管和量气管内壁的气泡，然后塞紧量气管的橡皮塞。

为了准确量取反应中产生的氢气体积，整个装置不能有泄漏之处。检查漏气的方法如下：塞紧装置中连接处的橡皮管，然后将水准瓶（漏斗）向下（或向上）移动一段距离，使水准瓶内液面低于（或高于）量气管内液面。若水准瓶位置固定后，量气管内液面仍不断下降（或上升），表示装置漏气（为什么?），则应检查各连接处是否严密（注意橡皮塞及导气管间连接是否紧密）。务必使装置不再漏气，然后将水准瓶放回检漏前的位置。

3. 金属与稀酸反应前的准备　取下反应用试管，将 4~5mL 3mol/L H_2SO_4 溶液通过漏斗注入试管中（漏斗移出试管时，不能让酸液沾在试管壁上！为什么?）。稍稍倾斜试管，将已称好质量（勿忘记录）的镁条按压平整后蘸少许水贴在试管壁上部（图 4-2），确保镁条不与硫酸接触，然后小心固定

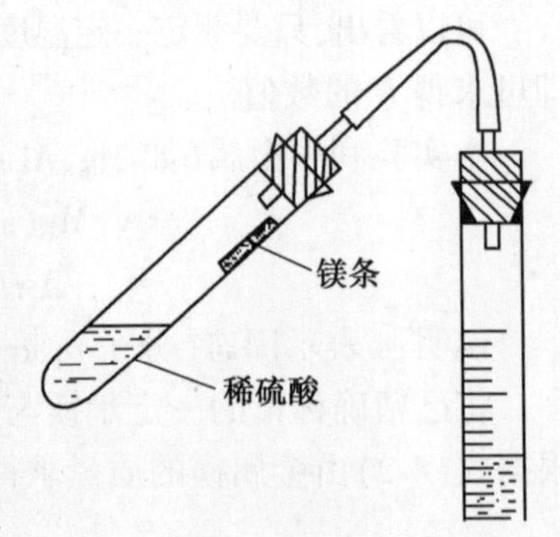

图 4-2　镁条贴在试管壁上半部

试管，塞紧（旋转）橡皮塞（动作要轻缓，谨防镁条落入稀酸溶液中）。

再次检查装置是否漏气。若不漏气，可调整水准瓶位置，使其液面与量气管内液面保持在同一水平面，然后读出量气管内液面的弯月面最低点读数。要求读准至±0.01mL，并记下读数（为使液面读数尽量准确，可移动铁圈位置，设法使水准瓶与量气管位置尽量靠近）。

4. 氢气的发生、收集和体积的量度　松开铁夹，稍稍抬高试管底部，使稀硫酸与镁条接触（切勿使酸碰到橡皮塞）；待镁条落入稀酸溶液中后，再将试管恢复原位。此时反应产生的氢气会使量气管内液面开始下降。为了不使量气管内因气压增大而引起漏气，在液面下降的同时应慢慢向下移动水准瓶，使水准瓶内液面随量气管内液面一齐下降，直至反应结束，量气管内液面停止下降（此时能否读数？为什么？）。

待反应试管冷却至室温（需 10 多分钟），再次移动水准瓶，使其与量气管的液面处于同一水平面，读出并记录量气管内液面的位置。每隔 2~3min 再读数一次，直到读数不变为止。记下最后的液面读数及此时的室温和大气压力。从附录 6 中查出相应于室温时水的饱和蒸气压。

打开试管口的橡皮塞，弃去试管内的溶液，洗净试管，并取另一份镁条重复进行一次实验。记录实验结果。

五、数据记录与处理

实验数据记录与处理如表 4-1 所示。

表 4-1　数据记录与处理结果

实验编号	1	2
镁条质量 m_{Mg}/g		
反应前量气管内液面的读数 V_1/mL		
反应后量气管内液面的读数 V_2/mL		
反应置换出 H_2 的体积 $V=(V_2-V_1)\times10^{-6}/mL$		
室温 T/K		
大气压力 p/Pa		
室温时水的饱和蒸气压 p_{H_2O}/Pa		
氢气的分压 $p_{H_2}=(p-p_{H_2O})/Pa$		
氢气的物质的量 $n_{H_2}=\frac{m_{Mg}}{M_{Mg}}/mol$		
摩尔气体常数 $R=\frac{p_{H_2}\cdot V}{n_{H_2}\cdot T}/(J\cdot K^{-1}\cdot mol^{-1})$		
R 的实验平均值$=\frac{R_1+R_2}{2}/(J\cdot K^{-1}\cdot mol^{-1})$		
相对误差(RE)$=\frac{R_{实验值}-R_{文献值}}{R_{文献值}}\times100\%$		

分析产生误差的原因:

【注意事项】

1. 将铁圈装在滴定管夹的下方,以便可以自由移动水准瓶(漏斗)。

2. 橡皮塞与试管和量气管口要先试试合适后再塞紧,不能硬塞,防止管口破裂。

3. 从水准瓶注入自来水,使量气管内液面略低于刻度“0”。

4. 橡皮管内气泡排净标志 橡皮管内透明度均匀,无浅色块状部分。

5. 气路通畅 试管和量气管间的橡皮管勿打折,保证通畅后再检查漏气或进行反应。

6. 装 H_2SO_4 长颈漏斗将 H_2SO_4 注入试管中,不能让酸液沾在试管壁上。

7. 贴镁条 按压平整后蘸少许水贴在试管壁上部,确保镁条不与硫酸接触,然后小心固定试管,塞紧(旋转)橡皮塞,谨防镁条落入稀酸溶液中。

8. 反应 检查不漏气后再反应(切勿使酸碰到橡皮塞)。

9. 读数 调整两液面处于同一水平面,冷至室温后读数(小数点后 2 位,单位:mL)量气管的容量不应小于 50mL,读数可估计到 0.01mL 或 0.02mL。可用碱式滴定管代替。

10. 本实验中用短颈(或者长颈)漏斗代替水准瓶。

六、思考题

1. 本实验中置换出的氢气体积是如何量度的?为什么读数时必须使水准瓶内液面与量气管内液面保持在同一水平面?

2. 量气管内气体的体积是否等于置换出氢气的体积?量气管内气体的压力是否等于氢气的压力?为什么?

3. 为什么必须检查仪器的气密性?如果漏气,将造成怎样的误差?

4. 试分析下列情况对实验结果有何影响:

(1)量气管(包括量气管与水准瓶相连接的橡皮管)内气泡未赶尽。

(2)镁条表面的氧化膜未擦净。

(3)固定镁条时,不小心使其与稀酸溶液有了接触。

(4)反应过程中,实验装置漏气。

(5)记录液面读数时,量气管内液面与水准瓶内液面不处于同一水平面。

(6)反应过程中,因量气管压入水准瓶中的水过多,造成水由水准瓶中溢出。

(7)反应完毕,未等试管冷却到室温即进行体积读数。

实验三 二氧化碳相对分子质量的测定

一、实验目的

1. 学习气体相对密度法测定分子量的原理和方法,加深理解理想气体状态方程式和阿伏伽德罗定律。

2. 巩固分析天平的使用。

3. 了解启普发生器的构造和原理,掌握其使用方法,熟悉洗涤、干燥气体的装置。

二、实验原理

阿伏伽德罗定律:同温同压下,相同体积的任何气体含有相同的分子数,即物质的量相等。

理想气体状态方程式： $pV=nRT=mRT/M$

对同 T、p，同 V 的空气（air）和二氧化碳（CO_2）有：

$$\frac{m_{air}}{M_{air}}=\frac{m_{co_2}}{M_{co_2}}$$

式中，m，M 分别为空气（二氧化碳）的质量和相对分子质量

$$则\quad M_{co_2}=\frac{m_{co_2}}{m_{air}}\times M_{air}=\frac{m_{co_2}}{m_{air}}\times 29.0$$

三、试剂和仪器

1. 试剂　石灰石；无水 $CaCl_2$；HCl，6mol/L；$NaHCO_3$，1mol/L；$CuSO_4$，1mol/L。

2. 仪器　台秤（电子秤）；分析天平；启普发生器；洗气瓶；锥形瓶；干燥管；玻璃棒；玻璃导管；橡皮塞；玻璃棉。

四、实验步骤

（一）CO_2 的制备及称量

1. 安装好制取 CO_2 的装置（图 4-3），检查气密性。

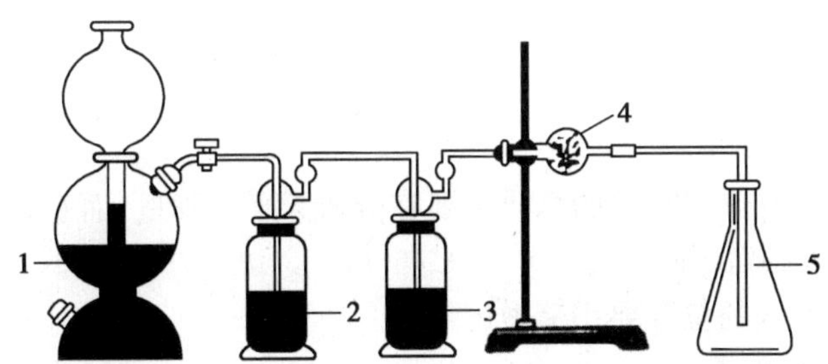

1. 石灰石+稀盐酸；2. $CuSO_4$溶液；3. $NaHCO_3$溶液；4. 无水氯化钙；5. 锥形瓶。

图 4-3　制取、净化和收集 CO_2 装置图

2. 称量锥形瓶+橡皮塞+空气（用笔在皮塞上做记号）的质量。分析天平准确称量（称准至 0.1mg），记为 m_1。

3. 制备 CO_2 气体并收集，检验是否收满（3~5min）。

4. 称量锥形瓶+橡皮塞+CO_2 的质量，分析天平准确称量，记为 m_2（重复两次取平均值）；锥形瓶+橡皮塞+H_2O 的质量，台秤粗称（称准至 0.1g），记为 m_3。

（二）数据记录与处理

室温 T =____ K　　　　　　　气压 p=____ Pa

m_1（锥形瓶+橡皮塞+空气）=____ g

第一次称 m_2（锥形瓶+橡皮塞+CO_2）=____ g

第二次称 m_2（锥形瓶+橡皮塞+CO_2）=____ g

平均 m_2=____ g

m_3（锥形瓶+橡皮塞+H_2O）=____ g

瓶子体积 $V=\frac{m_3-m_1}{1.00}$=____ mL=____ m^3

(这一步为近似计算,忽略了空气质量)

瓶内空气的质量 $m_{air}=\dfrac{MpV}{RT}$

$=$____ g

(锥形瓶+橡皮塞) $m_4=m_1-m_{air}=$_____ g

$m_{co_2}=m_2-m_4 \quad =$_____ g

$M_{co_2}=\dfrac{m_{co_2}}{m_{空气}}\times 29.0$

(三) 计算误差

$$绝对误差(E)=测定值(x)-真实值(x_T)=$$

$$相对误差=\frac{绝对误差}{真实值}\times 100\%$$

误差越小(大),准确度越高(低);结果偏高(低),正(负)误差。

【注意事项】

1. 电子天平的正确使用。
2. 启普发生器中酸不可多装,以防酸过多把导气管口淹没。
3. 碳酸钙不要加太多,占球体的 1/3 即可。
4. 保持塞子塞入瓶中的体积相同。

五、思考题

1. 为什么二氧化碳气体、瓶、塞的总质量要在分析天平上称量,而水+瓶+塞的质量可在台秤上称量?两者的要求有何不同?
2. 为什么橡皮塞塞入的位置要用笔做记号?
3. 分析误差产生的原因。
4. 哪些物质可用此法测定相对分子质量?哪些不可以?为什么?

实验四　离子交换法制备去离子水

一、实验目的

1. 了解离子交换法的原理。
2. 掌握离子交换柱的制作方法及去离子水的制备方法。
3. 学习电导率仪的使用及水中常见离子的定性鉴定方法。

二、实验原理

(一) 离子原理

无论是工农业生产用水、日常生活用水,还是科研实验用水,对水质都有一定的要求。在天然水或者自来水中含有各种各样的无机和有机杂质,常见的无机杂质有 Mg^{2+}、Ca^{2+}、CO_3^{2-}、HCO_3^-、Cl^- 及某些气体。常见的处理方法有蒸馏法、电渗析法和离子交换法。本实验中主要介绍离子交换法的原理及应用。

离子交换法中起核心作用的物质就是离子交换树脂。它是一种具有网状结构的有机高分子聚合物，由本体和交换基团两部分组成，其中本体起的是载体作用，而本体上附着的交换基团才是活性成分。根据活性基团类型的不同，可以把离子交换树脂分为阳离子交换树脂和阴离子交换树脂。

典型的阳离子交换树脂是磺酸盐型交换树脂，其结构为：

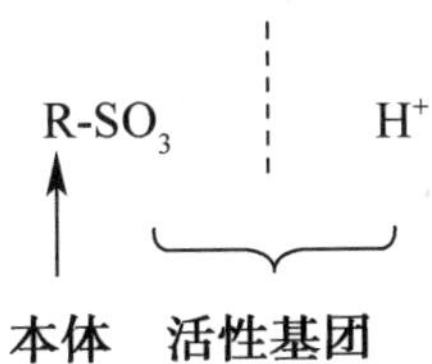

其中 H^+ 可以电离，进入溶液，并与溶液中阳离子如 Na^+、Mg^{2+}、Ca^{2+} 等进行交换，故名为阳离子交换树脂。

$$R\text{-}SO_3H+Na^+ \xrightarrow{\text{交换}} R\text{-}SO_3Na+H^+$$

典型的阴离子交换树脂如季铵盐型离子交换树脂，其结构为：

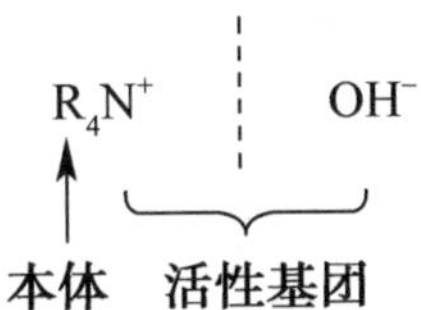

其中 OH^- 可以电离进入溶液，并与溶液中阴离子 SO_4^{2-}、Cl^- 等进行交换，故名为阴离子交换树脂。

$$RN(CH_3)_3OH+Cl^- \xrightarrow{\text{交换}} RN(CH_3)_3Cl+OH^-$$

待净化的水分别经过阴、阳离子交换树脂后，杂质离子被 H^+ 和 OH^- 所取代，最后通过中和反应：$H^+ + OH^- \rightarrow H_2O$，结合生成水，达到净化的目的。值得指出的是，离子交换法只能对水中电解质杂质有较好的净化作用，而对其他类型杂质如有机杂质是无能为力的。

实际生产时，将离子交换树脂装填入容器状管道中，做成离子交换柱（图 4-4）。一个阳离子交换柱和一个阴离子交换柱串联在一起使用，称为一级离子交换法水处理装置（图 4-5）。该装置串联的级数越多，去杂质的效果显然越好。实际上实验室里使用的所谓蒸馏水，有很多就是通过离子交换法制得的。

离子换柱在使用过一段时间后，柱内树脂的离子交换能力会出现下降，解决办法是分别让 NaOH 溶液和 HCl 溶液流过失效的阳离子和阴离子交换树脂，这一过程叫做离子交换树脂的再生。

（二）水质的检验

由于纯水中只含有微量的 H^+ 和 OH^-，所以电导率极小，如果水中含有电解质杂质，会使得水的电导率明显增大。故用电导率仪测定水样的电导率大小，可以估计出水样的纯度。

另外还可以用化学方法对水样中常见离子进行定性鉴定：

（1）Cl^-：用 $AgNO_3$ 溶液鉴定。

（2）SO_4^{2-}：用 $BaCl_2$ 溶液鉴定。

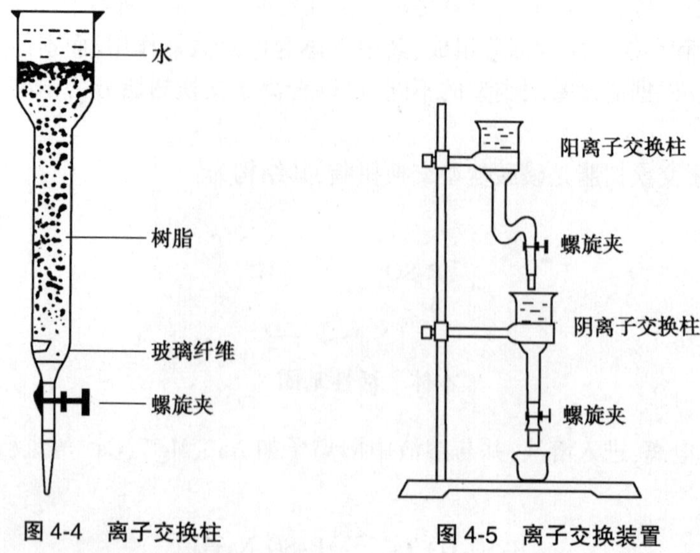

图 4-4 离子交换柱　　图 4-5 离子交换装置

(3) Mg^{2+}：在 pH 为 8~11 的溶液中，用铬黑 T 检验 Mg^{2+}。若无 Mg^{2+}，溶液呈蓝色；若有 Mg^{2+} 存在，则与铬黑 T 形成酒红色的配合物。

(4) Ca^{2+}：在 pH>12 的溶液中，用钙指示剂检验 Ca^{2+}。若无 Ca^{2+} 存在，溶液呈蓝色；若有 Ca^{2+} 存在，则与钙指示剂形成红色配合物（在此 pH 条件下，Mg^{2+} 已生成氢氧化物沉淀，不干扰 Ca^{2+} 的鉴定）。

三、试剂和仪器

1. 试剂　HNO_3，1mol/L；NaOH，2mol/L；$NH_3 \cdot H_2O$，2mol/L；$AgNO_3$，0.1mol/L；$BaCl_2$，1mol/L；铬黑 T（固体）；钙指示剂（固体）。

2. 仪器　电导率仪；微型烧杯；离子交换柱，2 根；阳离子交换树脂；阳离子交换树脂；滤纸；pH 试纸。

四、实验内容

1. 离子交换装置的制作　离子交换装置由两根离子交换柱串联组成。上面一根柱子中装阳离子交换树脂，下面一根柱子中装阴离子交换树脂。柱子底部垫有玻璃纤维，以防止树脂颗粒泄漏。

用烧杯将离子交换树脂装入柱内，一直填满到离柱口约 2cm 处。在装填过程中一定要填实，不能让柱子内部出现空洞或者气泡，出现以上情况可以拿玻璃棒伸入树脂内部捣实。

最后加水封住离子交换树脂，以避免接触空气。

装置的流程为自来水→阳离子交换柱→阴离子交换柱→去离子水（图 4-5）。

2. 去离子水的制备　将自来水加入阳离子交换柱上端的开口（注意：在实验过程中要随时补充自来水，以防止树脂干涸，水位要求能堵住树脂表面）。调节螺旋夹，使得流出液的速度为 15~20 滴/min，并流过阴离子交换柱，而且要保持上下柱子流速一致。

用烧杯在阴离子交换柱下承接约 15mL 流出液后，再用微型烧杯收集水样至满，然后进行检验。

实验结束后，将上、下两个螺旋夹旋紧，并在两根柱子内加满水。

3. 水质的检验　对自来水和制备得到的去离子水分别进行如下检测，实验结果填写在表 4-2。

(1) Ca^{2+}：取水样 1mL，加入 1 滴 2mol/L NaOH 溶液，再加入少许钙指示剂，观测溶液颜色。

(2) Mg^{2+}：取水样 1mL，加入 1 滴 2mol/L 氨水，再加入少许铬黑 T，观察溶液颜色。

(3) SO_4^{2-} 和 Cl^-：自己设计检验方案。

在这几组方案中，为了使实验现象更明显和便于比较，应当采取对照的方法。如检验 Ca^{2+} 时，将 2 支试管内分别装入自来水和去水，然后按实验步骤进行，观察比较 2 支试管内的颜色。

表 4-2　实验现象记录表

测试水样	检验现象			
	Ca^{2+}离子	Mg^{2+}离子	SO_4^{2-}离子	Cl^-离子
自来水				
制得的去离子水				

结论：______________________________。

五、思考题

1. 写出离子交换树脂再生的有关方程式。
2. 为什么要先让流出液流出 15mL 以后，才能开始收集产品检验？
3. 实验中为什么要用微型的烧杯收集流出液？
4. 列举出至少 3 种不能用离子交换法去除的水中杂质。
5. 需制备的水为什么先经过阳离子交换树脂处理，后经过阴离子交换树脂处理？反过来如何？

实验五　化学反应速率和活化能的测定

一、实验目的

1. 测定不同浓度和温度条件下过二硫酸铵与碘化钾反应的反应速率。
2. 计算该反应的反应级数，反应速率常数及反应的活化能。
3. 了解温度、浓度对化学反应速率的影响。

二、实验原理

在水溶液中，过二硫酸铵[$(NH_4)_2S_2O_8$]和碘化钾(KI)发生以下反应：

$$S_2O_8^{2-}+2I^- \xlongequal{} 2SO_4^{2-}+I_2 \tag{4-4}$$

该反应的速率方程为：

$$r=k(c_{S_2O_8^{2-}})^{\alpha}(c_{I^-})^{\beta} \tag{4-5}$$

其中 r 为反应的瞬时速率；$c_{S_2O_8^{2-}}$，c_{I^-}为反应物浓度；k 为反应速率常数，α 与 β 分别是过二硫酸铵和碘化钾的的反应级数，它们的和是该反应的反应级数。

该反应的平均速率为：

$$\bar{r}=\frac{\Delta c_{S_2O_8^{2-}}}{\Delta t} \tag{4-6}$$

其中 $\bar{r}$ 为反应的平均速率；$\Delta c_{S_2O_8^{2-}}$为 Δt 时间内过二硫酸铵浓度的改变量。

该反应无论是瞬时速率还是平均速率都不好直接测定。所以我们引入第二个反应：

$$2S_2O_3^{2-}+I_2=S_4O_6^{2-}+2I^- \tag{4-7}$$

由于第一个反应的速率远远小于第二个反应，在第一个反应体系中加入硫代硫酸钠后，在硫代硫酸钠消耗完之前，体系中无明显的碘生成。若在体系中加入淀粉指示剂，则硫代硫酸钠消耗完之前，溶液无色；而当硫代硫酸钠刚消耗完，溶液即会变蓝。可以控制加入的硫代硫酸钠量，来控制反应液变蓝色的时间。所以这个混合反应也称为碘钟反应。反应的计量关系为：

$$\Delta c_{S_2O_8^{2-}}=\frac{c_{S_2O_3^{2-}}}{2} \tag{4-8}$$

$$\bar{r}=\frac{c_{S_2O_3^{2-}}}{2\Delta t} \tag{4-9}$$

本实验加入的硫代硫酸钠的量远小于过二硫酸铵和碘化钾，所以在反应开始到反应液变蓝色的这段时间内，过二硫酸铵和碘化钾浓度几乎没变，可以认为这段时间内反应是匀速的。所以在本实验中近似地用平均速率替代初速率：

$$\bar{r}=r=k(c_{S_2O_8^{2-}})^{\alpha}(c_{I^-})^{\beta} \tag{4-10}$$

对速率方程 $\bar{r}=k(c_{S_2O_8^{2-}})^{\alpha}(c_{I^-})^{\beta}$两边求对数得：

$$\lg\bar{r}=\lg k+\alpha\lg c_{S_2O_8^{2-}}+\beta\lg c_{I^-} \tag{4-11}$$

可做若干组实验，每一组 I^-初浓度相同，但 $S_2O_8^{2-}$ 初浓度不同，测出多组速率。式(4-11)可变为：

$$\lg\bar{r}=\alpha\lg c_{S_2O_8^{2-}}+A \qquad (A=\beta\lg c_{I^-}+\lg k=\text{常数}) \tag{4-12}$$

以 $\lg\bar{r}$ 对$\beta\lg c_{I^-}$做图，由斜率即可求出 α。同样可做若干组实验，每一组 $S_2O_8^{2-}$ 初浓度相同，但 I^-初浓度不同，测出多组速率。式(4-11)可变为：

$$\lg\bar{r}=\beta\lg c_{I^-}+B \qquad (B=\alpha\lg c_{S_2O_8^{2-}}+\lg k=\text{常数}) \tag{4-13}$$

以 $\lg\bar{r}$ 对 $\beta\lg c_{I^-}$做图，由斜率即可求出 β。

将上述求得的数据代入 $\lg\bar{r}=\lg k+\alpha\lg c_{S_2O_8^{2-}}+\beta\lg c_{I^-}$可求出速率常数 k。

反应活化能 E_a 可根据 Arrhenius 公式求得：

$$\ln k=-\frac{E_a}{R}\cdot\frac{1}{T}+C \tag{4-14}$$

其中 R 为摩尔气体常数，T 为热力学温度。测出多个温度下的速率常数，以 $\ln k$ 对$\frac{1}{T}$做图，由斜率即可求出 E_a。

测定两个不同温度下的速率常数求出活化能。

$$\ln\frac{k_1}{k_2}=-\frac{E_a}{R}\left(\frac{1}{T_1}-\frac{1}{T_2}\right) \tag{4-15}$$

三、试剂和仪器

1. 试剂　$(NH_4)_2S_2O_8$，0.20mol/L；KI，0.20mol/L；$Na_2S_2O_3$，0.010mol/L；KNO_3，0.20mol/L；$(NH_4)_2SO_4$，0.20mol/L；淀粉溶液，0.4%。

2. 仪器　秒表；100℃温度计；恒温水浴锅；烧杯，100mL；锥形瓶，250mL，100mL；吸量管，25mL，3 支；吸量管，10mL，5mL；量筒，25mL。

四、实验内容

1. 反应级数　取 20.00mL 0.2mol/L KI 溶液，2.00mL 0.4%淀粉溶液，8.00mL 0.010mol/L $Na_2S_2O_3$ 溶液，均加至 250mL 锥形瓶中，混匀。用专用量筒量取 20.0mL 0.20mol/L $(NH_4)_2S_2O_8$ 溶液加入 100mL 锥形瓶中，把两个锥形瓶放入 25℃水浴锅中恒温 5min 以上，恒温时应轻轻摇动锥形瓶促进温度快速一致。混合两个锥形瓶中的液体并同时开始计时。混合后的盛放反应液的锥形瓶仍然要保持在 25℃水浴中，并且不断轻摇锥形瓶。仔细观察反应体系，当溶液刚出现蓝色时立刻停止计时，记录反应时间和温度。同样的方式按照表 4-3 中的用量进行另外 4 组实验。为了使每次实验中溶液的离子强度和总体积保持不变，不足量分别用用 KNO_3 溶液和 $(NH_4)_2SO_4$ 溶液补足，补足的溶液提前加入 250mL 锥形瓶中。

表 4-3　浓度对化学反应速率的影响

实验编号		Ⅰ	Ⅱ	Ⅲ	Ⅳ	Ⅴ
反应温度		25℃				
试剂用量/mL	0.20mol/L $(NH_4)_2S_2O_8$	20.0	10.0	5.0	20.0	20.0
	0.20mol/L KI	20.0	20.0	20.0	10.0	5.0
	0.010 00mol/L $Na_2S_2O_3$	8.0	8.0	8.0	8.0	8.0
	0.4% 淀粉溶液	2.0	2.0	2.0	2.0	2.0
	0.20mol/L KNO_3	0	0	0	10.0	15.0
	0.20mol/L $(NH_4)_2SO_4$	0	10.0	15.0	0	0
起始浓度/$mol \cdot L^{-1}$	$(NH_4)_2S_2O_8$ 溶液					
	KI 溶液					
	$Na_2S_2O_3$ 溶液					
反应时间 Δt/s						
$\Delta c_{S_2O_8^{2-}}/(mol \cdot L^{-1})$						
反应速率 $r/(mol \cdot L^{-1} \cdot s^{-1})$						
反应速度常数 k						

2. 温度对化学反应速率的影响,求活化能

在选定温度条件下(35℃、45℃),重复以上实验Ⅳ。这样就可以得到3个不同温度(25℃、35℃、45℃)下的反应时间(表4-4)。

表4-4　温度对化学反应速率的影响

试管编号	Ⅵ	Ⅶ	Ⅷ
反应温度/℃			
反应时间 t/s			
反应速率 r/($mol \cdot L^{-1} \cdot s^{-1}$)			
反应速率常数 k			

3. 实验数据记录与处理

(1)由计算得来的表4-3和表4-4中的数据须附有详细的计算过程。

算出各实验中的反应速率 r,并填入表4-3中。

用表中实验Ⅰ、Ⅱ、Ⅲ的数据作图求出 α。同理用实验Ⅰ、Ⅳ、Ⅴ的数据作图求出 β。

求出 α 和 β 后,再算出各实验的反应速率常数 k,把计算结果填入表4-3中。

(2)算出3个温度下的反应速率及反应速率常数 k,把数据及计算结果填入表4-4中。

用表4-4中数据作图,求出反应(4-4)的活化能 E_a。

【注意事项】

1. $(NH_4)_2S_2O_8$ 是主反应物,所以计时开始前应绝对避免 $(NH_4)_2S_2O_8$ 沾染除量筒和小锥形瓶外任何反应器皿(如大锥形瓶、各种吸量管、玻璃棒等)。

2. 数据处理的温度用热力学温度 K, $T=t℃+273.15$。

3. 作图用 Excel 或 Wps 表格并打印,不得用手绘。

五、思考题

1. 当反应液出现蓝色,反应终止了吗?

2. 如果用 I^- 浓度表示反应速率,结果一样吗?

实验六　溶度积常数的测定(1)——$Ca(OH)_2$ 的溶度积测定

一、实验目的

1. 了解氢氧化钙溶度积常数的测定原理和方法。

2. 熟悉巩固滴定、过滤等基本操作。

二、实验原理

难溶电解质 A_mB_n 与其饱和水溶液之间存在以下平衡:

$$A_mB_n(s) \rightleftharpoons mA^{n+} + nB^{m-}$$

此反应的平衡常数应为:

$$K=\frac{c^m_{A^{n+}}/c^{\ominus} \cdot c^n_{B^{m-}}/c^{\ominus}}{c_{A_mB_n(s)}/c^{\ominus}}$$

$$K_{sp} = c^m_{A^{n+}}/c^{\ominus} \cdot c^n_{B^{m-}}/c^{\ominus} = c^m_{A^{n+}} \cdot c^n_{B^{m-}} \qquad (K_{sp}\text{无量纲}, c^{\ominus} = 1\text{mol/L})$$

对于氢氧化钙来说：

$$Ca(OH)_2 \rightleftharpoons Ca^{2+} + 2OH^-$$

$$K_{sp,Ca(OH)_2} = c_{Ca^{2+}} \cdot c^2_{OH^-}$$

三、试剂和仪器

1. 试剂　$Ca(OH)_2$ 或 CaO 固体(AR)；HCl，0. 020 00mol/L 标准溶液；EDTA，0. 010 00mol/L 标准溶液；甲基橙指示剂，0. 1%(可以用甲基红-溴甲酚绿混合指示剂代替)；铬黑 T 指示剂(或钙紫红素指示剂)。

2. 仪器　移液管，25mL；酸式滴定管，50mL，两支；玻璃漏斗，70mm；锥形瓶，250mL，3 个；烧杯，100mL，2 个；烧杯，50mL；铁架台；滴定台；碘量瓶，250mL，2 个。

四、实验内容

1. 氢氧化钙饱和溶液的制备　取一个 250mL 碘量瓶加入 1g $Ca(OH)_2$ 或 CaO 固体，加蒸馏水 200mL，加盖振摇 1h，使之完全达到沉淀与溶解平衡。

将上述混合物用干燥滤纸过滤到另一个干燥的碘量瓶中(滤液应完全澄明，否则须重新过滤)，加盖密闭。

2. 滤液中钙离子浓度的测量　取上述滤液 20. 00mL 于 250mL 锥形瓶中，加 5mL 氨性缓冲溶液，8 滴铬黑 T(或钙紫红素指示剂)指示剂，用 0. 010 00mol/L EDTA 标准溶液滴定至溶液由红色变为蓝绿色(用钙紫红素指示剂为粉红色变为纯蓝色)，即为终点。注意接近终点时应慢滴多摇。平行滴定 3 次，计算钙离子浓度。

3. 滤液中氢氧根离子浓度的测量　取上述滤液 20. 00mL 于 250mL 锥形瓶中，加 2 滴甲基橙指示剂(可以用甲基红-溴甲酚绿混合指示剂代替)，用 0. 020 00mol/L HCl 标准溶液滴定至溶液由黄色变为橙红色(用混合指示剂则为绿色变为紫红色)，即为终点。注意接近终点时应慢滴多摇。平行滴定 3 次，计算氢氧根离子浓度。

五、数据记录与处理

将记录的数据填入表 4-5 和表 4-6 中。

表 4-5　数据记录表(1)

$c_{EDTA}/(mol \cdot L^{-1})$			
	1	2	3
试样体积/mL			
EDTA 标液最后读数/mL			
EDTA 标液最初读数/mL			
EDTA 标液消耗/mL			
钙离子浓度/$(mol \cdot L^{-1})$			
平均值/$(mol \cdot L^{-1})$			
相对平均偏差			

表 4-6　数据记录表(2)

c_{HCl}/(mol·L^{-1})			
	1	2	3
试样体积/mL			
HCl 标液最后读数/mL			
HCl 标液最初读数/mL			
HCl 标液消耗/mL			
氢氧根离子浓度/(mol·L^{-1})			
平均值/(mol·L^{-1})			
相对平均偏差			

根据公式

$$K_{sp,Ca(OH)_2}=c_{Ca^{2+}}\cdot c_{OH^-}^2$$

计算氢氧化钙溶度积(参考值:3.1×10^{-5})。

【注意事项】

1. 实验中所使用的碘量瓶、漏斗等仪器必须于实验前洗净烘干。吸量管不宜烘干,洗净沥干后可用少量待吸的滤液润洗 3 次,然后使用。

2. 摇动碘量瓶时必须轻轻地旋摇,使沉淀-溶解平衡尽量达到的同时,还需防止溶液溅出。

3. 应该用干燥滤纸过滤。因滤纸中含有水分,所以必须"去头",即弃去开始滤出的 1~2mL 滤液。

4. 如用 CaO 制备 $Ca(OH)_2$,小心放热。

六、思考题

1. 本实验测得的 $Ca(OH)_2$ 溶度积常数值与文献中值相比,偏高还是偏低?造成这些偏差的主要因素有哪些?

2. 难溶电解质溶度积常数的测定,除本实验使用的方法外,还可用哪些方法进行测定?

3. 假如有 $Ca(OH)_2$ 固体透过滤纸或沉淀溶解未完全平衡,对实验结果将产生什么影响?

4. 反应温度对实验结果有影响吗?查询 $Ca(OH)_2$ 溶解度与温度的关系,判断温度对结果可能有什么样的影响。

5. 如果用 $CaCl_2$ 和 NaOH 反应得到 $Ca(OH)_2$,然后用滴定的方法测定溶度积,其结果会偏大、偏小还是无影响?

实验七　溶度积常数的测定(2)——$PbCl_2$ 的溶度积测定

一、实验目的

1. 了解离子交换法测定难溶电解质溶度积的原理和方法。

2. 巩固离子交换树脂的一般使用方法。

3. 熟悉酸碱滴定、过滤等基本操作。

4. 掌握微型实验方法。

二、实验原理

二氯化铅($PbCl_2$)系难溶电解质。在过量 $PbCl_2$ 存在的饱和溶液中,有着如下溶解平衡:

$$PbCl_2(s) \rightleftharpoons Pb^{2+}(aq)+2Cl^-(aq)$$

其溶度积为

$$K_{sp(PbCl_2)}=\{c_{eq(Pb^{2+})}/c^{\ominus}\}\{c_{eq(Cl^-)}/c^{\ominus}\}^2$$

本实验是利用离子交换树脂与饱和 $PbCl_2$ 溶液进行离子交换,来测定室温条件下该 $PbCl_2$ 溶液中 Pb^{2+} 的浓度,从而求出其溶度积。这种树脂出厂时一般是 Na^+ 型,即活性基团为 $-SO_3Na$,如用 H^+ 把 Na^+ 交换下来,即得 H^+ 型树脂。一定量的饱和 $PbCl_2$ 溶液与 H^+ 型阳离子树脂充分接触后,下列交换反应能进行得很充分。

$$2R-SO_3H+PbCl_2=(R-SO_3)_2Pb+2HCl$$

经过交换后,H^+ 从离子交换柱中流出,用已知浓度的 NaOH 溶液滴定流出液,滴定所用的 NaOH 与 H^+ 物质的量相同,进而推知饱和溶液中 Pb^{2+} 的浓度,并算出 $PbCl_2$ 的溶度积。

三、试剂和仪器

1. 试剂　$PbCl_2$;标准 NaOH 溶液,0.1mol/L;溴百里酚蓝;去离子水;离子交换树脂。

2. 仪器　离子交换柱;烧杯,250mL,100mL;漏斗;长玻璃棒,40~50cm;台秤,0.1g;滴定管,50mL;移液管,25mL;锥形瓶,250mL;加热装置;螺丝夹。

四、实验步骤

1. $PbCl_2$ 饱和溶液的配制　将 1.5g 分析纯 $PbCl_2$ 固体溶于约 100mL 经煮沸除去 CO_2 并冷却后的去离子水中,搅拌约 15min,再放置约 15min,使之达到平衡。测量并记录饱和 $PbCl_2$ 溶液的温度,过滤得到澄清的饱和溶液(所用的漏斗、接收器必须是干燥的)。

2. 离子交换树脂的转型　称取 15g 强酸型阳离子交换树脂,用适量溶液(以使溶液漫过树脂为度)浸泡一昼夜。

3. 装柱　向离子交换柱中加约 1/2 体积的水,排除玻璃砂挡板下玻璃管中的空气。将处理好的阳离子交换树脂与水打浆,搅拌均匀后从交换柱的上部倾入(树脂随水一起倾入),这样可以使树脂充填紧实。当下沉的树脂高度达 10cm 时,停止加入树脂,旋开螺丝夹把柱中的多余水放至水面高出树脂 1cm 左右。在以后的操作中,一定要使树脂浸泡在溶液中,勿使溶液流干,否则气泡浸入树脂床中,将影响离子交换的进行。若树脂床中出现气泡,可用长玻璃棒一边搅动树脂,一边向上提拉,以带出气泡。

4. 交换和洗涤　用移液管吸取 25.00mL $PbCl_2$ 饱和溶液,放入离子交换柱中,控制交换柱流出液的速度为 20~25 滴/min。用洗净的锥形瓶承接流出液。在 $PbCl_2$ 饱和溶液差不多完全流出树脂床时,加去离子水淋洗树脂至流出液的 pH 为 6~7(pH 试纸检验)。淋洗时的流出液也应承接在同一锥形瓶中,在整个交换和洗涤过程中应注意勿使流出液损失。

5. 滴定　往流出液中加入 1~2 滴溴百里酚蓝指示剂,用标准 NaOH 溶液滴定至终点(溶液由黄色转为蓝色)。

【注意事项】

为保证 Pb^{2+} 能完全交换出 H^+,必须将 Na^+ 型树脂完全转变为 H^+ 型树脂。实验室提供的是用酸处理过的 H^+ 型树脂,实验结束后回收至指定容器。

五、思考题

1. 本实验中测定 $PbCl_2$ 溶度积的原理如何?

2. 本实验所用的玻璃仪器中,哪些需要用干燥的,哪些不需要用干燥的?为什么?

3. 在进行离子交换的操作过程中,为什么流出液要控制一定的流速?交换柱中树脂层内为什么不允许出现气泡?应如何避免?

4. 为什么交换前和交换、洗涤后的流出液需呈中性?若两者 pH 均为 6 或 3,分别对实验结果有无影响?

实验八　醋酸电离度和电离平衡常数的测定

一、实验目的

1. 掌握 pH 法测定弱酸解离平衡常数的原理和方法。
2. 加深对弱电解质解离平衡及解离度的埋解。
3. 学会使用酸度计。

二、实验原理

醋酸是弱电解质,在水溶液中存在下列解离平衡:

$$HAc(aq) \rightleftharpoons H^+(aq) + Ac^-(aq)$$

其解离常数的表达式为:

$$K_a(HAc) = \frac{c(H^+) \cdot c(Ac^-)}{c(HAc)}$$

为了定量地表示弱电解质在水中的解离程度,常采用解离度这个概念。解离度用符号 α 表示,它与标准平衡常数 K_a 不同,α 除了与电解质的本性和温度有关外,还与溶液的浓度有关。一般弱电解质的解离度会随着浓度的减小而增大。

设起始浓度为 c 的醋酸溶液在水中存在如下平衡:

	$HAc(aq) \rightleftharpoons$	$H^+(aq)$	$+Ac^-(aq)$
起始浓度/($mol \cdot L^{-1}$)	c	0	0
平衡浓度/($mol \cdot L^{-1}$)	$c-c\alpha$	$c\alpha$	$c\alpha$

平衡常数可表示为:

$$K_a(HAc) = \frac{(c\alpha)^2}{c-c\alpha}$$

式中:α 为醋酸的解离度,K_a 为醋酸的解离常数。在 298K 时,$K_a = 1.8 \times 10^{-5}$。

在一定温度下,用酸度计测定一系列已知浓度醋酸溶液的 pH,根据 $pH = -\lg c(H^+)$ 得到 $c_{(H^+)}$,再由 $\alpha = c_{(H^+)}/c$ 求出对应的解离度 α 和解离平衡常数 K_a。

三、试剂和仪器

1. 试剂　HAc；NaOH 标准溶液，0.100 0mol/L；酚酞指示剂；标准缓冲溶液，pH=6.86，pH=4.00，20℃。

2. 仪器　酸度计；复合电极；烧杯，100mL，5 只；滴定管；锥形瓶；玻璃棒。

四、实验步骤

1. HAc 溶液浓度的标定　准确量取 25.00mL HAc 溶液于锥形瓶中，加入 2 滴酚酞指示剂，用标准 NaOH 溶液滴定至粉红色，30s 内不褪色即为终点，根据滴定所用的标准 NaOH 溶液的体积，计算 HAc 溶液的准确浓度。平行测定 3 次，取平均值。

2. 系列醋酸溶液的配制　将上述已标定的 HAc 溶液装盛到酸式滴定管中，并从滴定管中分别放出 48.00mL、24.00mL、12.00mL、6.00mL、3.00mL 该 HAc 溶液于 5 只干燥的烧杯中。从另一支盛有去离子水的滴管中（酸式、碱式均可），往后面 4 只烧杯分别加入 24.00mL、36.00mL、42.00mL、45.00mL 去离子水，使各烧杯中的溶液总体积均为 48.00mL，混合均匀。

3. 醋酸溶液 pH 的测定　按上述所配制的系列醋酸溶液由稀到浓的顺序，并按酸度计的操作步骤，分别测定各 HAc 溶液的 pH，记录实验时的温度，算出测定所得不同浓度 HAc 溶液中 HAc 的 α 值、K_a 值。

五、数据记录与处理

将 HAc 溶液的标定数据和 HAc 溶液 pH 的测定数据分别填入表 4-7，表 4-8。

表 4-7　HAc 溶液的标定数据记录表

实验编号	1	2	3
取用 HAc 溶液的体积/mL			
消耗 NaOH 的体积/mL			
NaOH 溶液的浓度/($mol \cdot L^{-1}$)			
HAc 溶液的浓度/($mol \cdot L^{-1}$) $C_{HAc}=\frac{C_{NaOH}V_{平均}}{V_{HAc}}$			
HAc 溶液浓度平均值/($mol \cdot L^{-1}$)			

表 4-8　HAc 溶液 pH 的测定数据记录表

实验编号	HAc 溶液体积/mL	H_2O 体积/mL	HAc 溶液起始浓度/($mol \cdot L^{-1}$)	pH	$c_{(H^+)}$/($mol \cdot L^{-1}$)	α/%	$K_{a(HAc)}$
1	48.00	0.00					
2	24.00	24.00					
3	12.00	36.00					
4	6.00	42.00					
5	3.00	45.00					
室温/℃			$K_{a(HAc)}$ 平均值				

【注意事项】

1. 测定醋酸溶液 pH 用的小烧杯必须洁净、干燥，否则会影响醋酸起始浓度以及所测得的 pH。

2. 吸量管的使用与移液管类似，但如果所需液体的量小于吸量管体积时，溶液仍需吸至刻度线，然后放出所需量的液体。不可只吸取所需量的液体，然后完全放出。

3. pH 计使用时按浓度由低到高的顺序测定 pH，每次测定完毕，都必须用蒸馏水将电极头清洗干净，并用滤纸擦干。

六、思考题

1. 若改变所测 HAc 溶液的浓度或温度，对解离常数有无影响？
2. 测定 HAc 溶液的 pH 时，为什么要按由稀到浓的顺序进行？
3. 还有哪些方法可以测定弱电解质的解离常数？
4. 本实验中各醋酸溶液的 $[H^+]$ 测定可否改用酸碱滴定法进行？
5. 若所用醋酸溶液的浓度极稀，是否还可用公式 $K_a=\frac{[H_3O^+]^2}{c}$ 计算电离常数？

实验九　明矾的制备及其单晶的培养

一、实验目的

1. 学会利用身边易得的材料废铝制备明矾的方法。
2. 巩固溶解度概念及其应用。
3. 学习从溶液中培养晶体的原理和方法。

二、实验原理

1. 明矾的制备　将铝溶于稀氢氧化钾溶液制得偏铝酸钾：

$$2Al+2KOH+2H_2O = 2KAlO_2+3H_2\uparrow$$

往偏铝酸钾溶液中加入一定量的硫酸，能生成溶解度较小的复盐明矾 $[KAl(SO_4)_2\cdot 12H_2O]$。反应式为：

$$KAlO_2+2H_2SO_4+8H_2O = KAl(SO_4)_2\cdot 12H_2O$$

不同温度下明矾、硫酸铝、硫酸钾的溶解度（100g H_2O 中）如表 4-9 所示：

表 4-9　不同温度下明矾、硫酸铝、硫酸钾的溶解度（100g H_2O 中）

物质种类	温度 T/K							
	273	283	293	303	313	333	353	363
$KAl(SO_4)_2\cdot 12H_2O$/g	3.00	3.99	5.90	8.39	11.7	24.8	71.0	109
$Al_2(SO_4)_3$/g	31.2	33.5	36.4	40.4	45.8	59.2	73.0	80.8
K_2SO_4/g	7.4	9.3	11.1	13.0	14.8	18.2	21.4	22.9

2. 单晶的培养　要使晶体从溶液中析出,从原理上来说有两种方法。以溶解度曲线的过溶解度曲线(图 4-6)为例,BB′为溶解度曲线,在曲线的下方为不饱和区域。若从处于不饱和区域的 A 点状态的溶液出发,要使晶体析出,其中一种方法是采用 A→B 的过程,即保持浓度一定,降低温度的冷却法;另一种办法是采用 A→B′的过程,即保持温度一定,增加浓度的蒸发法。用这样的方法使溶液的状态进入到 BB′线上方区域。一进到这个区域一般就有晶核产生和成长。但有些物质在一定条件下虽处于这个区域,溶液中并不析出晶体,成为过饱和溶液。可是过饱和度是有界限的,一旦达到某种界限时,稍加振动就会有新的,较多的晶体析出(在图 4-6 中,C~C′表示过饱和的界限,此曲线称为过溶解度曲线)。在 C~C′和 B~B′之间的区域为准稳定区域。要使晶体能较大地成长起来,就应当使溶液处于准稳定区域,让它慢慢地成长,而不使细小的晶体析出。

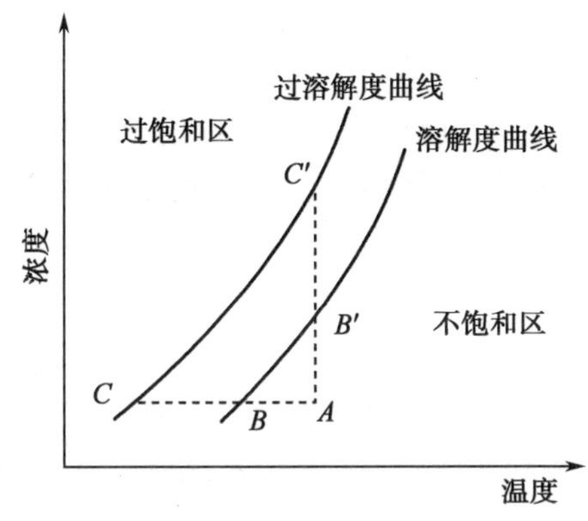

图 4-6　溶液的准稳定区

3. 制备工艺路线

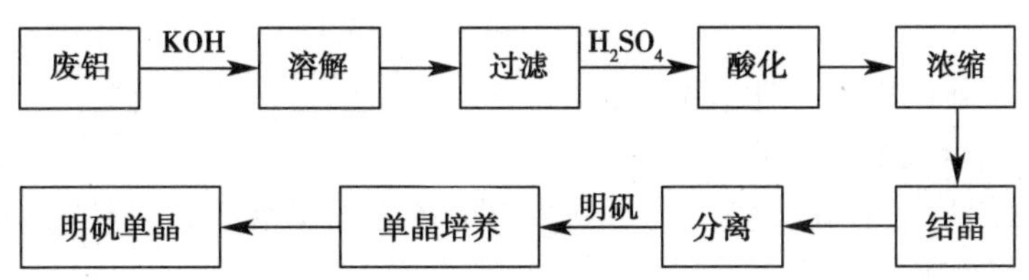

三、试剂和仪器

1. 试剂　KOH,1.5mol/L;$NH_3 \cdot H_2O$,6mol/L;H_2SO_4,9mol/L;HAc,6mol/L;$KAl(SO_4)_2 \cdot 12H_2O$ 晶种;$BaCl_2$,1mol/L;$Na_3[Co(NO_2)_6]$溶液;铝试剂;pH 试纸;涤纶线;废铝,可用铝质牙膏壳、铝合金罐头盒、易拉罐、铝导线等。

2. 仪器　烧杯,100mL;玻璃漏斗;漏斗架;布氏漏斗;抽滤瓶;蒸发皿;表面皿;玻璃棒;试管;台秤;电加热套;温度计。

四、实验步骤

1. $KAl(SO_4)_2 \cdot 12H_2O$ 的制备　取 50mL 1.5mol/L KOH 溶液,分多次加入 2g 废铝(反应激烈,防止溅入眼内),反应完毕后用布氏漏斗抽滤,取清液稀释到 100mL,在不断搅拌下,滴加

9mol/L H_2SO_4(按化学反应式计量)。加热至沉淀完全溶解并适当浓缩溶液,然后用自来水冷却结晶,抽滤,所得晶体即为 $KAl(SO_4)_2 \cdot 12H_2O$。

2. 产品的定性检测　鉴定产品为硫酸盐、铝盐及钾盐。

取少量产品溶于水,加入 HAc 溶液(6mol/L)呈微酸性(pH6~7),分成两份。一份加入几滴 $Na_3[Co(NO_2)_6]$溶液,若试管中有黄色沉淀,表示有 K^+存在;另一份加入几滴铝试剂,摇荡后放置片刻,再加 $NH_3 \cdot H_2O$(6mol/L)碱化,置于水浴上加热,如沉淀为红色,表示有 Al^{3+} 存在。

3. 明矾单晶的培养　$KAl(SO_4)_2 \cdot 12H_2O$ 为正八面体晶形。为获得棱角完整、透明的单晶,应让籽晶(晶种)有足够的时间长大,而晶籽能够成长的前提是溶液的浓度处于适当过饱和的准稳定区(图 4-6 的 C′B′BC 区)。

本实验通过将饱和溶液在室温下静置,靠溶剂的自然挥发来创造溶液的准稳定状态,人工投放晶种让之逐渐长成单晶。

(1)籽晶的生长和选择:根据 $KAl(SO_4)_2 \cdot 12H_2O$ 的溶解度,称取 10g 明矾,加入适量的水加热溶解。然后放在不易振动的地方,烧杯口上架一玻棒,在烧杯口上盖一块滤纸,以免灰尘落下。放置 24h 左右,杯底会有小晶体析出,从中挑选出晶型完善的籽晶待用,同时过滤溶液,留待后用。

(2)晶体的生长:以缝纫用的涤纶线把籽晶系好,剪去余头,缠在玻棒上悬吊在已过滤的饱和溶液中,观察晶体的缓慢生长。数天后,可得到棱角完整齐全、晶莹透明的大块晶体。在晶体生长过程中应经常观察,若发现籽晶上又长出小晶体,应及时去掉。若杯底有晶体析出也应及时滤去,以免影响晶体生长。

注:晶体的生长实验经老师同意,可课下操作。

五、思考题

1. 复盐和简单盐的性质有什么不同?
2. 如何把籽晶植入饱和溶液?
3. 若在饱和溶液中,籽晶长出一些小晶体或烧杯底部出现少量晶体时,对大晶体的培养有何影响?应如何处理?

实验十　五水硫酸铜的制备

一、实验目的

1. 学习并掌握以铜和硫酸为原料制备五水硫酸铜的实验原理和实验方法。
2. 熟悉称量、溶解、蒸发、冷却、结晶、抽滤、洗涤、干燥等基本操作。

二、实验原理

$CuSO_4 \cdot 5H_2O$ 易溶于水,不溶于乙醇,在干燥空气中缓慢风化,加热到 230℃时全部失水变为白色的 $CuSO_4$。

本实验以铜粉和硫酸为原料制备硫酸铜。反应如下：

$$2Cu+O_2 \xrightarrow{灼烧} 2CuO$$

$$CuO+H_2SO_4 = CuSO_4+H_2O$$

$CuSO_4 \cdot 5H_2O$ 在水中的溶解度随温度变化较大，将硫酸铜溶液蒸发、浓缩、冷却、结晶、过滤、干燥，可得到蓝色的五水硫酸铜晶体。

三、试剂和仪器

1. 试剂和材料　H_2SO_4 溶液，2mol/L；Na_2CO_3 饱和溶液；Na_2S 溶液，0.1mol/L；浓氨水；铜粉；滤纸；广泛 pH 试纸。

2. 仪器　托盘天平；烧杯；量筒；试管；布氏漏斗；抽滤瓶；真空泵；蒸发皿；瓷坩埚；酒精灯；石棉网；铁架台。

四、实验步骤

1. 氧化铜的制备　称取 1.5g 铜粉，放入干燥、洁净的瓷坩埚中。用酒精灯加热（如使用煤气灯加热，能提高反应温度，可使反应进行得更完全），不断搅拌，加热至铜粉完全转化为黑色，停止加热，冷却。

2. 硫酸铜溶液的制备　将 CuO 粉倒入 50mL 小烧杯中，加入 15mL 2mol/L H_2SO_4 溶液，小火加热，搅拌，尽量使 CuO 完全溶解。趁热抽滤，得到蓝色的硫酸铜溶液。

3. 五水硫酸铜晶体的制备　将硫酸铜溶液转移到洁净的蒸发皿中，先检验溶液的酸碱性（pH=1，必要时可滴加 Na_2CO_3 饱和溶液调节）。置于石棉网上小火加热蒸发，也可水浴加热蒸发，蒸发至溶液表面有晶膜出现（勿蒸干），停止加热，自然冷却至室温，有大量晶体析出。抽滤，将晶体尽量抽干。再用无水乙醇淋洗晶体 2~3 次。

4. 干燥　将晶体取出夹在两张干滤纸之间，轻轻按压吸干水分，之后将晶体转移到洁净干燥且已称重的表面皿中，称量。

5. 五水硫酸铜的性质

（1）取少量 $CuSO_4 \cdot 5H_2O$ 产品于试管中，加热至白色，备用。观察现象。

（2）将上一步得到的 $CuSO_4$ 晶体用适量水溶解，滴加浓氨水，振荡，直至沉淀全部溶解，得到硫酸四氨合铜（Ⅱ）溶液，观察现象。

【注意事项】

1. 滤纸的折叠及其三层滤纸的安放位置。

2. 浓缩程度的掌握。

五、数据记录与处理

实验现象、结论及解释填入表 4-10。

产品________g，产品外观________；收率% $=\frac{m_{实际}}{m_{理论}}\times100\%=$________。

注：$m_{理论}$ 以铜粉量为基准计算

表 4-10　五水硫酸铜的性质

实验内容	现象	结论及解释
$CuSO_4 \cdot 5H_2O$ 加热		
$CuSO_4$ 溶液+浓氨水		

六、思考题

1. 结晶时滤液为什么不可蒸干？
2. 本实验重结晶过程中为什么要热过滤？热过滤选择短颈漏斗还是长颈漏斗，为什么？

实验十一　硫代硫酸钠的制备

一、实验目的

1. 了解用亚硫酸钠(Na_2SO_3)和硫(S)制备硫代硫酸钠的方法。
2. 学习用冷凝管进行回流的操作。
3. 熟悉减压过滤、蒸发、结晶等基本操作。

二、实验原理

硫代硫酸钠，化学式为 $Na_2S_2O_3 \cdot 5H_2O$，是最重要的硫代硫酸盐，俗称“海波”，是无色透明单斜晶体。硫代硫酸钠易溶于水，不溶于乙醇，具有较强的还原性和配位能力，是冲洗照相底片的定影剂，棉织物漂白后的脱氯剂，定量分析中的还原剂。

$Na_2S_2O_3 \cdot 5H_2O$ 的制备方法有多种，其中亚硫酸钠法是工业和实验室常用方法，反应式如下：

$$Na_2SO_3+S+5H_2O \xrightarrow{\triangle} Na_2S_2O_3 \cdot 5H_2O$$

反应溶液经过脱色、过滤、浓缩结晶即得产品。

$Na_2S_2O_3 \cdot 5H_2O$ 于 40~45℃熔化，48℃转变成二水合物，100℃时失去全部结晶水。因此，在浓缩过程中要注意不能蒸发过度。

鉴别 $Na_2S_2O_3$ 的特征反应为：

$$2Ag^+ + S_2O_3^{2-} = Ag_2S_2O_3\downarrow$$
$$\text{(白色)}$$
$$Ag_2S_2O_3\downarrow + H_2O = H_2SO_4 + Ag_2S\downarrow$$
$$\text{(黑色)}$$

在含有 $S_2O_3^{2-}$ 溶液中加入过量的 $AgNO_3$溶液，立刻生成白色沉淀，此沉淀迅速变黄、变棕，最后变成黑色。

硫代硫酸盐的含量测定是利用反应：

$$2S_2O_3^{2-} + I_2(aq) = S_4O_6^{2-} + 2I^-(aq)$$

但亚硫酸盐也能与 I_2- KI 溶液反应：

$$SO_3^{2-}+I_2+H_2O=SO_4^{2-}+2I^-+2H^+$$

所以用标准碘溶液测定 $Na_2S_2O_3$ 含量前，先要加甲醛使溶液中的 Na_2SO_3 与甲醛反应，生成加合物 $CH_2(Na_2SO_3)O$，此加合物还原能力很弱，不能还原 I_2-KI 溶液中的 I_2。

三、试剂和仪器

1. 试剂　Na_2SO_3，固体；S，固体；HAc-NaAc 缓冲溶液，含 HAc 0.1mol/L、NaAc 1mol/L；$AgNO_3$，0.1mol/L；I_2 标准溶液，0.05mol/L（标准浓度见标签）；淀粉溶液，0.5%；中性甲醛溶液（40%甲醛水溶液中加入 2 滴酚酞，滴加 2g/L NaOH 溶液至刚呈微红色）。

2. 仪器　圆底烧瓶，500mL；球形冷凝管；量筒；减压过滤装置；表面皿；烘箱；锥形瓶；滴定管，50mL；滴定台；移液管，25mL；蒸发皿；托盘天平；分析天平。

四、实验步骤

1. 制备 $Na_2S_2O_3 \cdot 5H_2O$　在圆底烧瓶中加入 12g Na_2SO_3、60mL 去离子水、4g 充分研细的硫粉［可加少量（4mL 左右）乙醇润湿，使硫粉易于分散到溶液中］，安装好回流装置（图 4-7），小火煮沸，回流 40min 后，停止加热，待溶液稍稍冷却后加一匙（2g 左右）活性炭，加热煮沸 2min，趁热用减压过滤装置过滤，除去剩余的硫粉。将滤液倒入蒸发皿，于蒸气浴上蒸发浓缩至溶液变为微黄色浑浊为止。充分冷却，即有大量晶体析出（若放置一段时间仍没有晶体析出，是形成过饱和溶液，可采用摩擦器壁或加 1 粒硫代硫酸钠晶体引种，破坏过饱和状态）。抽滤，用少量乙醇（5~10mL）洗涤晶体，抽干，并用吸水纸吸干晶体表面的水分，称重，并按 Na_2SO_3用量计算产率。产品放入干燥器中保存。

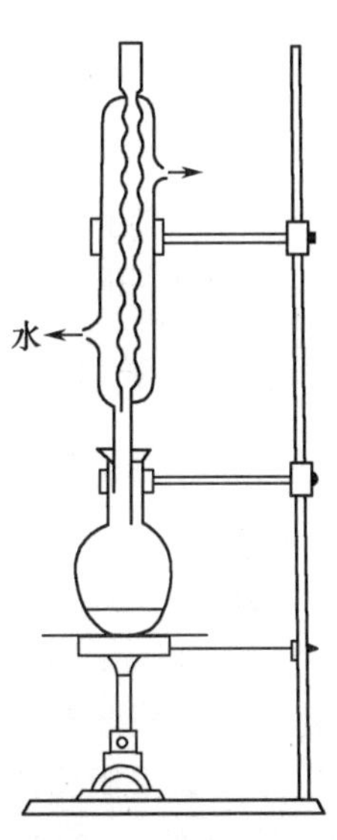

图 4-7　回流装置

2. 产品检验

（1）定性检验

1）取 2 粒硫代硫酸钠晶体于试管中，加 2mL 去离子水使之溶解，将溶液分成 2 份，于一份溶液中滴加 2 滴 0.1mol/L $AgNO_3$，振荡，观察现象；另一份取 2 滴滴入盛有 1mL 0.1mol/L $AgNO_3$ 溶液的试管中，振荡，观察现象。写出反应方程式。

2）取 1 粒硫代硫酸钠晶体于试管中，加 1mL 去离子水使之溶解，将溶液分成 2 份，一份滴加碘水，观察现象；另一份滴加氯水，观察现象。写出反应方程式。

3）取 10 滴 0.1mol/L $AgNO_3$ 溶液于试管中，加 10 滴 0.1mol/L KBr 溶液，静置沉淀，弃去上清液。另取少量硫代硫酸钠晶体于试管中，加 1mL 去离子水使之溶解。将硫代硫酸钠溶液迅速倒入 AgBr 沉淀中，观察现象，写出反应方程式。

（2）定量检验：准确称取 0.5g $Na_2S_2O_3 \cdot 5H_2O$ 晶体，用少量蒸馏水溶解，以淀粉作指示剂，用 0.1mol/L 碘标准溶液进行滴定，直至 1min 内蓝色不褪为止，计算含量。

【注意事项】

1. 取少量产品加水溶解。取此水溶液数滴加入过量 $AgNO_3$ 溶液，观察沉淀的生成及其颜色变化。若颜色由白色→黄色→棕色→黑色，则证明有 $Na_2S_2O_3$。

2. 浓缩结晶时切忌蒸出较多溶剂，免得产物因缺水而固化，得不到 $Na_2S_2O_3 \cdot 5H_2O$ 晶体。

五、思考题

1. $Na_2S_2O_3$ 在酸性溶液中能否稳定存在？写出相应的反应方程式。
2. 适量和过量的 $Na_2S_2O_3$ 与 $AgNO_3$ 溶液作用有什么不同？用反应方程式表示之。
3. 计算产率时为什么以 Na_2SO_3 用量而不以硫的用量计算？

实验十二　无水四碘化锡的制备

一、实验目的

1. 学习在非水溶剂中制备无水四碘化锡的原理和方法。
2. 巩固加热，回流等基本操作。
3. 熟悉四碘化锡的某些化学性质。

二、实验原理

无水四碘化锡是橙红色的立方晶体，为共价型化合物，熔点 144.5℃，沸点 364℃，180℃开始升华，受潮易水解。在空气中也会缓慢水解，易溶于二硫化碳、三氯甲烷、四氯化碳、苯等有机溶剂中，在冰乙酸中溶解度较小。

根据四碘化锡溶解度的特性，它的制备一般在非水溶剂中进行，目前较多选择四氯化碳或冰乙酸为合成溶剂。

本实验采用冰乙酸为溶剂，金属锡和碘在非水溶剂冰乙酸和乙酸酐体系中直接合成：

$$Sn+2I_2 \xlongequal{} SnI_4$$

三、试剂和仪器

1. 试剂　I_2，固体；锡箔；KI 饱和溶液；丙酮；冰乙酸；乙酸酐；沸石；三氯甲烷。

2. 仪器　圆底烧瓶，100~150mL；球形冷凝管；抽滤瓶；布氏漏斗；干燥管。

四、实验步骤

1. 四碘化锡的制备　在 100~150mL 干燥的圆底烧瓶中，加入 0.5g 的碎锡箔和 2.2g I_2，再加入 25mL 冰乙酸和 25mL 乙酸酐，加入少量沸石。装好球形冷凝管和干燥管（图 4-8），用煤气灯加热至沸，1~1.5h，直至紫红色的碘蒸气消失，溶液颜色由紫红色变成橙红色，停止加热。冷至室温即有橙红色的四碘化锡晶体析出，结晶用布氏漏斗抽滤，将所得晶体转移到圆底烧瓶中并加入 30mL 三氯甲烷，水浴加热回流溶解后，趁热抽滤（保留滤纸上的固体，为何物质？）将滤液倒入蒸发皿中，置于通风橱内，待三氯甲烷全部挥发尽后，可得 SnI_4 橙红色晶体，称量，计算产率。

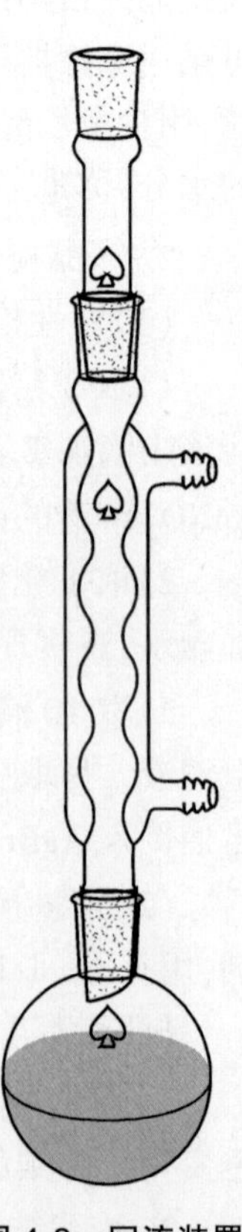

图 4-8　回流装置

2. 产品检验

（1）确定碘化锡最简式：称出滤纸上剩余锡箔的重量（准确至 0.01g），根

据 I_2 与 Sn 的消耗量，计算其比值，得出碘化锡得最简式。

(2)性质实验

1)取自制的 SnI_4 少量溶于 5mL 丙酮中，分成两份，一份加几滴水，另一份加同样量的饱和 KI 溶液，解释所观察到的实验现象。

2)用实验证实 SnI_4 易水解的特性。

【注意事项】

1. 圆底烧瓶、冷凝管、干燥管、抽滤瓶、布氏漏斗、烧杯等均需完全干燥。
2. 接通冷凝管的水管时，应下进、上出。
3. 皮肤一旦接触 I_2、冰乙酸、乙酸酐，应及时洗涤。
4. 实验过程中应注意通风。

五、思考题

1. 在合成 SnI_4 的过程中，为什么要预先干燥好玻璃仪器且安上 $CaCl_2$ 干燥管？
2. 在四碘化锡合成中，以何种原料过量为好，为什么？
3. 在反应液中加入乙酸酐有何作用？

实验十三　氯化亚铜的制备

一、实验目的

1. 巩固氧化还原反应的原理，掌握 Cu^{2+} 与 Cu^{+} 之间的转化条件。
2. 掌握用铜粉还原法制备氯化亚铜的方法。

二、实验原理

1. 氯化亚铜的制备原理　将硫酸铜与氯化钠加水溶解，并用盐酸调节酸度，再加入铜粉一起加热，Cu^{2+} 被单质铜还原成可溶性的配合物 $Na[CuCl_2]$，经水解后产生白色沉淀，即为氯化亚铜产品。有关化学反应方程式如下：

$$Cu+CuCl_2+2NaCl = 2Na[CuCl_2]$$

$$[CuCl_2]^- = CuCl\downarrow +Cl^-$$

2. 氯化亚铜的定性分析原理

$$Cu_2Cl_2+4NH_3\cdot H_2O = 4H_2O+2[Cu(NH_3)_2]Cl\text{（无色或淡黄色）}$$

$$Cu_2Cl_2+H_2O_2 = H_2O+CuO\downarrow\text{（黑色）}+CuCl_2\text{（蓝绿色）}$$

$$Cu_2Cl_2+2NaOH = H_2O+Cu_2O\downarrow\text{（红棕色）}+2NaCl$$

$$Cu_2Cl_2 = Cu\downarrow\text{（红色或黑色）}+CuCl_2\text{（蓝绿色）}$$（酸性条件下的歧化反应；单质铜为红色，但铜粉颗粒很小时会呈黑色）

对比：

$$CuCl_2+4NH_3\cdot H_2O = 4H_2O+[Cu(NH_3)_4]Cl_2\text{（绛蓝色）}$$

$$CuCl_2+H_2O_2 = \text{不反应}$$

$$CuCl_2+2NaOH = Cu(OH)_2\downarrow\text{（天蓝色）}+2NaCl$$

氯化亚铜为白色立方体结晶，分子量 99.00，相对密度 4.14，熔点 430℃，沸点 1 490℃，露置空气中易氧化。微溶于水、硫酸、醇等；溶于氨水、浓盐酸。其主要用于有机合成工业，做为合成酞菁颜料、合成染料的催化剂、还原剂，在石油工业做为脱硫剂、脱色剂。也可用于冶金、医药、电镀、分析等行业。

三、试剂和仪器

1. 试剂　五水硫酸铜；氯化钠；盐酸；无水乙醇；浓氨水；铜粉；H_2O_2，10%；NaOH，1mol/L；H_2SO_4，3mol/L。

2. 仪器　封闭电炉；水循环真空泵；恒温鼓风干燥箱；台秤，0.1g；烧杯，1 000mL、500mL；量筒，10mL、100mL；玻璃棒，20cm；布氏漏斗；试管。

四、实验步骤

1. 氯化亚铜的制备　在烧杯中放入12.5g五水硫酸铜和6g NaCl，加水200mL，加热搅拌使溶解，再加入3.2g铜粉和3mL浓HCl，于微沸下反应至蓝色溶液转变成无色透明时为止。此时用滴管吸少许滴入清水中，应有白色沉淀产生。

待反应液澄清后（或用布氏漏斗抽滤），慢慢将上层清液倾入800mL清水中，水解5min，用布氏漏斗抽滤，再用清水洗涤沉淀3次，继续抽干后用10mL无水乙醇洗涤，抽干后转移到真空干燥箱中，于50℃干燥30min，得白色氯化亚铜晶体成品。

2. 氯化亚铜的定性检测

（1）试管中加入少许固体，滴加入浓氨水并振摇直至白色固体消失，记录现象。

（2）试管中加入少许固体，加入5mL 10% H_2O_2 并振摇，记录现象。

（3）试管中加入少许固体，加入5mL 1mol/L NaOH并振摇，记录现象。

（4）试管中加入少许固体，加入5mL 3mol/L H_2SO_4 并振摇，记录现象。

【注意事项】

1. 制备反应时会有酸雾放出，应注意通风排污染。

2. 产品为白色有毒粉末。干燥时对空气及光稳定，暴露在空气中时遇微量湿气即生成碱式盐而变成绿色，遇光则被氧化而呈蓝色。在热水中氯化亚铜会迅速水解，生成氧化铜水合物，所以产品应注意密闭避光保存。

五、思考题

1. 氯化亚铜生产中还可使用哪些还原剂？
2. 氯化亚铜产品有哪些用途？
3. 氯化亚铜产品为什么要用无水乙醇洗涤？

实验十四　碱式碳酸铜的制备

一、实验目的

1. 了解碱式碳酸铜的制备原理和方法。
2. 掌握碱式碳酸铜制备及产物组成分析过程中的各种操作。

二、实验原理

由 $Na_2CO_3 \cdot 10H_2O$ 跟 $CuSO_4 \cdot 5H_2O$ 晶体混合反应后加入沸水中，得到蓝绿色沉淀，经过抽滤、洗涤、风干后可得到蓝绿色晶体。

相关反应方程式：

$$2CuSO_4 \cdot 5H_2O+2Na_2CO_3 \cdot 10H_2O = Cu_2(OH)_2CO_3+2Na_2SO_4+14H_2O+CO_2\uparrow$$

碱式碳酸铜为天然孔雀石的主要成分，呈暗绿色或淡蓝绿色，加热至200℃即分解，在水中的溶解度度很小，新制备的试样在沸水中很易分解。

三、试剂和仪器

1. 试剂　$CuSO_4$ 固体；Na_2CO_3 固体；$NaHCO_3$ 固体；$Na_2S_2O_3$ 标准溶液；已知浓度的 KI 溶液；淀粉溶液。

2. 仪器　恒温水浴箱；电子天平；烘箱；布氏漏斗；抽滤瓶；量筒，10mL，100mL；胶头滴管；烧杯；试管；玻璃棒；研钵；电炉；滴定管；锥形瓶；铁架台。

四、实验内容

1. 反应物溶液的配制　配制 0.5mol/L 的 $CuSO_4$ 溶液和 0.5mol/L 的 Na_2CO_3 溶液各 100mL。

2. 制备反应条件的探究

(1) $CuSO_4$ 和 Na_2CO_3 溶液的合适配比：于 4 支试管内均加入 2.0mL 0.5mol/L $CuSO_4$ 溶液，再分别取 0.5mol/L Na_2CO_3 溶液 1.6mL、2.0mL、2.4mL 及 2.8mL 依次加入另外 4 支编号的试管中。将 8 支试管放在 75℃ 的恒温水浴中。几分钟后，依次将 $CuSO_4$ 溶液分别倒入 Na_2CO_3 溶液中，振荡试管，比较各试管中沉淀生成的速度、沉淀的数量及颜色，从中得出两种反应物溶液以何种比例相混合为最佳。

(2) 反应温度的确定：在 3 支试管中，各加入 2.0mL 0.5mol/L $CuSO_4$ 溶液，另取 3 支试管，各加入由上述实验得到的合适用量的 0.5mol/L Na_2CO_3 溶液。从这两列试管中各取 1 支，将它们分别置于室温、50℃、100℃的恒温水浴中，数分钟后将 $CuSO_4$ 溶液倒入 Na_2CO_3 溶液中，振荡并观察现象，由实验结果确定制备反应的合适温度。

3. 碱式碳酸铜制备　取 60mL 0.5mol/L $CuSO_4$ 溶液，根据上面实验确定的反应物合适比例及适宜温度制取碱式碳酸铜。待沉淀完全后，用蒸馏水洗涤沉淀数次，直到沉淀中不含 SO_4^{2-} 为止，吸干。

将所得产品在烘箱中于 100℃烘干，待冷至室温后，称重并计算产率。

五、思考题

1. 反应温度对本实验有何影响？

2. 反应在何种温度下进行会出现褐色产物？这种褐色物质是什么？

3. 除反应物的配比和反应温度对本实验的结果有影响外，反应物的种类、反应进行的时间等是否对产物的质量也会有影响？

实验十五 硝酸钾的制备与提纯

一、实验目的

1. 学习利用温度对物质溶解度影响的不同和复分解反应制备盐类。
2. 掌握溶解、蒸发、结晶、过滤等技术。
3. 学会用重结晶法提纯物质的技术。

二、实验原理

复分解法是制备无机盐类的常用方法。不溶性盐利用复分解法很容易制得，但是可溶性盐则需要根据温度对反应中几种盐类溶解度的不同影响来处理。

本实验用 $NaNO_3$ 和 KCl 通过复分解反应来制取 KNO_3，其反应为：

$$NaNO_3+KCl = KNO_3+NaCl$$

从表 4-11 四种盐类在不同温度下的溶解度数据（g/100g H_2O）可以看出，NaCl 的溶解度随温度变化极小，KNO_3 的溶解度却随着温度的升高而增大。在高温下，四种盐中以 NaCl 的溶解度最小。因此，只要把一定量的 $NaNO_3$ 和 KCl 混合溶液加热浓缩，当浓缩到 NaCl 过饱和时，溶液就有 NaCl 析出；随着溶液的继续蒸发浓缩，析出的 NaCl 量也越来越多，上述反应就不断朝右方进行，溶液中 KNO_3 与 NaCl 含量的比值不断增大。当溶液浓缩到一定程度后，停止浓缩，将溶液趁热过滤，分离去除所析出的晶体，滤液冷却至室温，溶液中便有大量的 KNO_3 晶体析出。其中共析出的少量 NaCl 等杂质可在重结晶中与 KNO_3 晶体分离除去。

产物 KNO_3 中杂质 NaCl 的含量可利用 $AgNO_3$ 与氯化物生成 AgCl 白色沉淀的反应来检验。

表 4-11 几种盐类在不同温度下的溶解度（g/100g H_2O）

盐	温度/℃						
	0	10	20	30	50	80	100
NaCl	35.7	35.8	36.0	36.3	36.8	38.4	39.8
$NaNO_3$	73	80	88	96	114	148	180
KCl	27.6	31.0	34.0	37.0	42.6	51.1	56.7
KNO_3	13.3	20.9	31.6	45.8	83.5	169	246

三、试剂和仪器

1. 试剂 $NaNO_3$，固体；KCl，固体；$AgNO_3$，0.1mol/L。

2. 仪器 台秤；烧杯 100mL，3 个；量筒，50mL；表面皿；布氏漏斗；吸滤瓶；短颈漏斗；铜质保温漏斗套；铁三脚架；石棉网；铁架台，带铁圈；玻璃棒；定性滤纸。

四、实验内容

1. KNO_3 的制备　用表面皿在台秤上称取 $NaNO_3$ 12g,KCl 10.5g,放入烧杯中,加入 20mL 蒸馏水,加热至沸,使固体溶解。继续加热蒸发并不断搅拌,有晶体析出。待溶液蒸发至原来体积的 2/3 时,便可停止加热,趁热用热滤漏斗进行过滤。将滤液冷却至室温,滤液中便有晶体析出。用减压过滤的方法分离并抽干此晶体,即得粗产品。将其转移到一干燥洁净的滤纸上,上面再覆一滤纸,吸干晶体表面的水分后转移到已称重的洁净表面皿中,用台秤称量,计算粗产品的百分产率。

2. 重结晶法提纯 KNO_3　将粗产品放在 50mL 烧杯中(留 0.5g 粗产品作纯度对比检验用),加入计算量的蒸馏水(多少水,怎么算?)并搅拌之,用小火加热,直至晶体全部溶解为止。然后冷却溶液至室温,待大量晶体析出后减压过滤,晶体用滤纸吸干,放在表面皿上称重,并观察其外观。

3. 产品纯度的检验　按下法检验重结晶后 KNO_3 的纯度,与粗产品的纯度作比较。

称取 KNO_3 产品 0.5g(剩余产品回收)放入盛有 20mL 蒸馏水的小烧杯中,溶解后取出 1mL,稀释至 100mL,取稀释液 1mL 放在试管中,加 1~2 滴 0.1mol/L $AgNO_3$ 溶液,观察有无 AgCl 白色沉淀产生。

五、思考题

1. 用 $NaNO_3$ 和 KCl 来制备 KNO_3 的原理是什么?
2. 粗产品 KNO_3 中混有什么杂质?应如何提纯?
3. 实验中为何要趁热过滤除去 NaCl 晶体?为何要小火加热?
4. 用 Cl^- 能否被检出来衡量产品纯度的依据是什么?

实验十六　硫酸四氨合铜(Ⅱ)的制备

一、实验目的

1. 熟悉硫酸四氨合铜(Ⅱ)的制备步骤并掌握其相关的实验技术。
2. 通过对硫酸四氨合铜(Ⅱ)性质的测试,掌握配合物性质的一般特征。

二、实验原理

硫酸四氨合铜(Ⅱ)($[Cu(NH_3)_4]SO_4 \cdot H_2O$)为深蓝色晶体,主要用于印染、纤维、杀虫剂及制备某些含铜的化合物。本实验以硫酸铜为原料,与过量的 $NH_3 \cdot H_2O$ 反应来制备:

$$[Cu(H_2O)_5]^{2+} + 4NH_3 + SO_4^{2-} = [Cu(NH_3)_4]SO_4 \cdot H_2O + 5H_2O$$

硫酸四氨合铜溶于水,不溶于乙醇,因此在 $[Cu(NH_3)_4]SO_4$ 溶液中加入乙醇,即可析出 $[Cu(NH_3)_4]SO_4 \cdot H_2O$ 晶体。

三、试剂和仪器

1. 试剂　$NH_3 \cdot H_2O$(1∶1);$CuSO_4 \cdot 5H_2O$ 固体;$NH_3 \cdot H_2O$(浓);乙醇(95%);酚酞(0.2%);

HCl，1mol/L；Na_2CO_3，0.1mol/L；Na_2S，0.1mol/L；$BaCl_2$，0.1mol/L；pH 试纸。

2. 仪器　台秤；研钵；布氏漏斗；抽滤瓶；试管。

四、实验步骤

1. 硫酸四氨合铜(Ⅱ)的制备　在小烧杯中加入 $NH_3 \cdot H_2O$(1∶1)20mL，在不断搅拌下慢慢加入精制 $CuSO_4 \cdot 5H_2O$ 5g，继续搅拌，使其完全溶解成深蓝色溶液。待溶液冷却后，缓慢加入 20mL 乙醇(95%)，即有深蓝色晶体析出。盖上表面皿，静置约 15min，抽滤，并用 1∶1 $NH_3 \cdot H_2O$-乙醇混合液(1∶1 氨水与 95%乙醇等体积混合)淋洗晶体两次，每次用量 2~3mL，将其在 60℃左右烘干，称量。

按 $CuSO_4 \cdot 5H_2O$ 的量计算 $[Cu(NH_3)_4]SO_4 \cdot H_2O$ 的产率。评价产品的质和量，并分析原因。

2. 硫酸四氨合铜(Ⅱ)的性质实验

(1)取少量产品，溶于几滴水，观察并记录溶液的颜色，再继续加水，观察溶液颜色有何变化。

(2)取少量产品，溶于几滴水，逐滴加入 1mol/L HCl 至过量，观察并记录溶液颜色的变化，再加入浓氨水，观察溶液颜色的变化。

根据以上现象，讨论该配合物在溶液中的形成和解离。

(3)取少量产品，溶于几滴水，分在 3 个小试管中。

在第一个试管中加 0.1mol/L Na_2CO_3 溶液，观察有无碱式碳酸铜沉淀生成。

在第二个试管中加 0.1mol/L Na_2S 溶液，观察有无硫化铜沉淀生成。

根据这两个实验结果讨论 Cu^{2+}浓度在溶液中的变化。

在第三个试管中加 0.1mol/L $BaCl_2$ 溶液，观察有无硫酸钡沉淀生成。

根据配合物的组成，讨论配合物中 Cu^{2+}和 SO_4^{2-} 在组成中的位置。

(4)取少量产品(已干燥)，闻一闻有无氨臭味，然后放在一支干试管里，管口挂一条湿润的 pH 试纸或红色石蕊试纸，微火加热。观察并记录：①试纸的颜色变化；②残余固体的颜色；③有无氨臭味；④写出化学反应方程式。

分析说明 NH_3 分子是否参与组成配合物，其结合是否牢固。

【注意事项】

1. 要制得比较纯的 $[Cu(NH_3)_4]SO_4 \cdot H_2O$ 晶体，必须注意操作顺序，$CuSO_4$ 要尽量研细且应充分搅拌，否则可能局部生成 $Cu_2(OH)_2SO_4$，影响产品质量(反应后溶液应无沉淀，透明)。

2. $[Cu(NH_3)_4]SO_4 \cdot H_2O$ 生成时放热，在加入乙醇前必须充分冷却并静置足够时间。如能放置过夜，则能制得较大颗粒的晶体。

3. 废液和固体废弃物倒入指定容器中。

五、思考题

1. 硫酸四氨合铜(Ⅱ)中 Cu^{2+}，NH_3 还可以用哪些方法测定？

2. 叙述配位化合物的酸效应、水解效应、内界、外界的概念。

3. 设计一个方案测定铜离子和氨分子的配位比。

实验十七　解离平衡和缓冲溶液

一、实验目的

1. 掌握缓冲溶液的配制的相关计算。
2. 了解影响缓冲溶液缓冲能力的因素。
3. 了解同离子效应对弱酸弱碱的影响。

二、实验原理

1. 弱电解质和强电解质　强酸、强碱和大多数盐在水溶液中能完全解离，被称为强电解质，如 HCl、NaOH、Na_2CO_3 等。而弱酸、弱碱和少部分盐在水溶液只发生部分解离，并最终达到相应的解离平衡，被称为弱电解质，如 HAc、$NH_3 \cdot H_2O$、Hg_2Cl_2 等。

分别用 K_a 和 K_b 表示弱酸和弱碱的解离平衡常数，c 为酸或碱的浓度。则弱酸弱碱 pH 的近似计算公式：

弱酸：

$$c_{(H^+)} = \sqrt{K_a \cdot c} \tag{4-16}$$

$$pH = -\lg c_{(H^+)} \tag{4-17}$$

弱碱：

$$c_{(OH^-)} = \sqrt{K_b \cdot c} \tag{4-18}$$

$$pOH = -\lg c_{(OH^-)} \tag{4-19}$$

$$pH = 14 - pOH \tag{4-20}$$

另外还有两性化合物，可分成两类：

既是酸也是碱，如碳酸氢根离子 HCO_3^-：

$$HCO_3^- + H_2O \rightleftharpoons H_3O^+ + CO_3^{2-}$$

$$HCO_3^- + H_2O \rightleftharpoons OH^- + H_2CO_3$$

既有酸又有碱，如乙酸铵（NH_4Ac）：

$$Ac^- + H_2O \rightleftharpoons OH^- + HAc$$

$$NH_4^+ + 2H_2O \rightleftharpoons H_3O^+ + NH_3 \cdot H_2O$$

两者计算公式相同

$$c_{(H^+)} = \sqrt{K_a \cdot K'_a} \tag{4-21}$$

K_a 和 K'_a 是上面两组方程中的两个共轭酸的解离平衡常数。

2. 同离子效应　在弱酸或弱碱等弱电解质溶液中，加入与弱酸或弱碱解离后具有相同离子的易溶强电解质，使弱电解质解离度降低的现象称同离子效应。

3. 缓冲溶液　在一定程度上能抵抗外加少量酸、碱或稀释，而保持溶液 pH 基本不变的作用称为缓冲作用。具有缓冲作用的溶液称为缓冲溶液。缓冲溶液成分一般是一对共轭酸碱对。缓冲溶液的 pH 由缓冲比和 pK_a 决定。

$$pH = pK_a + \lg \frac{c_b}{c_a} = pK_a + \lg \frac{n_b}{n_a}$$

c_a 和 c_b 是缓冲溶液中共轭酸和共轭碱的浓度，n_a 和 n_b 是共轭酸和共轭碱的物质的量，浓度的比值或物质的量的比值称为缓冲比。

用共轭酸溶液和共轭碱溶液来配制缓冲溶液时，若混合前共轭酸碱的浓度相等，则：

$$pH = pK_a + \lg \frac{V_b}{V_a}$$

V_a 和 V_b 是混合前共轭酸碱的体积。

三、试剂和仪器

1. 试剂　柠檬酸 $C_6H_8O_7$，0.1mol/L；草酸 $H_2C_2O_4$，0.1mol/L；草酸钠 $Na_2C_2O_4$，0.1mol/L；柠檬酸三钠 Na_3Cit，0.1mol/L；$NH_3 \cdot H_2O$，0.1mol/L；NH_4Cl，0.1mol/L；HAc，0.1mol/L；NaAc 0.1mol/L；Na_2HPO_4，0.1mol/L；KH_2PO_4，0.1mol/L；Na_2CO_3，0.1mol/L；$NaHCO_3$，0.1mol/L；HCl，0.1mol/L；NaOH，0.1mol/L；万能指示剂。

2. 仪器　50mL 大试管；10mL 刻度试管；点滴板；吸量管，1mL、10mL 各 2 支；烧杯。

四、实验步骤

1. 弱电解质溶液中的同离子效应　按表 4-12 在 4 个试管中分别配制 4 组溶液。先用 pH 试纸检测各组溶液的 pH，再加入相应的指示剂，比较颜色，最后计算各组溶液的 pH。回答表后的问题。

表 4-12　同离子效应测定结果

序号	试液	pH(试纸)	pH(计算)	万能指示剂	颜色
(1)	0.1mol/L HAc 和蒸馏水各 1mL			1 滴	
(2)	0.1mol/L HAc 和 0.1mol/L NaAc 各 1mL			1 滴	
(3)	0.1mol/L $NaHCO_3$ 和蒸馏水各 1mL			1 滴	
(4)	0.1mol/L $NaHCO_3$ 和 0.1mol/L Na_2CO_3 各 1mL			1 滴	

分别比较第(1)，(2)组和第(3)，(4)组的现象和数据，其结果说明了什么？试纸测量结果和计算结果是否一致，为什么？

2. 缓冲溶液的配制和性质

(1)缓冲溶液的配制：取洁净的大试管 4 支，分别标上 *a*、*b*、*c*、*d*，按表 4-13 配制溶液，并分别用试纸测量和计算相应的 pH。

表 4-13　缓冲溶液的配制和其 pH

序号	缓冲溶液	pH(试纸)	pH(计算)
a	0.1mol/L Na_2HPO_4 10.00mL 和 0.1mol/L KH_2PO_4 10.00mL		
b	0.1mol/L Na_2HPO_4 6.80mL 和 0.1mol/L KH_2PO_4 3.20mL		
c	0.1mol/L NaOH 0.50mL 和 0.1mol/L KH_2PO_4 9.50mL		
d	0.1mol/L Na_2HPO_4 9.50mL 和 0.1mol/L HCl 0.50mL		

(2)缓冲溶液的稀释及不同浓度缓冲溶液抗酸碱能力的差别：按表4-14顺序进行实验，记录实验现象，并进行分析。

表 4-14　缓冲溶液的稀释及不同浓度缓冲溶液抗酸碱能力测定

序号	加缓冲溶液 *b* 的量	加蒸馏水的量	万能指示剂	颜色①	碱的用量	颜色②
(1)	—	2mL	1 滴		—	—
(2)	2mL	—			0.1mol/L NaOH 溶液 4 滴	
(3)	1mL	1mL				
(4)	0.5mL	1.5mL				

比较(2)(3)(4)的颜色①，再比较(4)和(1)的颜色①，哪组颜色相近？为什么？比较(2)(3)(4)三者颜色②，结果说明了什么？

(3)缓冲溶液的抗酸、碱作用：按表4-15顺序进行实验，记录实验现象，并进行分析。

表 4-15　缓冲溶液的抗酸、碱作用测定

序号	溶液的量	万能指示剂	颜色①	酸或碱的用量	颜色②
(1)	蒸馏水 2mL	1 滴		0.1mol/L HCl 溶液 2 滴	
(2)	蒸馏水 2mL			0.1mol/L NaOH 溶液 2 滴	
(3)	0.1mol/L NaAc 溶液 2mL			0.1mol/L HCl 溶液 2 滴	
(4)	0.1mol/L NaAc 溶液 2mL			0.1mol/L NaOH 溶液 2 滴	
(5)	缓冲溶液 *a*　2mL			0.1mol/L HCl 溶液 2 滴	
(6)	缓冲溶液 *a*　2mL			0.1mol/L NaOH 溶液 2 滴	

分别比较各组的颜色①和颜色②的差别，其结果说明了什么？

(4)缓冲比对缓冲溶液缓冲能力的影响：按表4-16顺序进行实验，记录实验现象，并进行分析。

表 4-16　缓冲溶液缓冲能力的比较

序号	溶液的量	缓冲比	万能指示剂	颜色①	酸或碱	颜色②
(1)	缓冲溶液 *a*　2mL		1 滴		0.1mol/L HCl 溶液 5 滴	
(2)	缓冲溶液 *c*　2mL					
(3)	缓冲溶液 *a*　2mL		1 滴		0.1mol/L NaOH 溶液 5 滴	
(4)	缓冲溶液 *d*　2mL					

分别比较第(1)(2)组，第(3)(4)组的现象，其结果说明了什么？

3. 万能指示剂的检验　要求配制 pH 等于 2、4、6、8、10 的缓冲溶液各约 10mL，检测万能指示剂显色是否有效。计算和选择合适的缓冲对、缓冲比、用量。取试剂配制，检测并分析结果,结果填入表 4-17。

表 4-17　万能指示剂的检验

pH	2	4	6	8	10
试剂 A 化学式					
试剂 B 化学式					
试剂 A 用量/mL					
试剂 B 用量/mL					
各加 1 滴万能指示剂后的颜色					

已知:草酸 $H_2C_2O_4$:$pK_{a1}=1.38$,$pK_{a2}=4.28$;

醋酸 HAc:$pK_a=4.75$;

柠檬酸 $C_6H_8O_7$:$pK_{a1}=3.13$,$pK_{a2}=4.76$,$pK_{a3}=6.40$;

磷酸 H_2PO_4:$pK_{a1}=2.12$,$pK_{a2}=7.21$,$pK_{a3}=12.67$;

氨水 $NH_3 \cdot H_2O$:$pK_b=4.75$。

【注意事项】

1. 本实验报告中颜色的描述应简洁,不要使用过多的描述性词语,如翠绿,玫瑰红等。最好只使用红、橙、黄、绿、蓝、深、浅等字词描述,如黄绿色、深蓝色等。指示剂的用量不可随意加大,用量多会导致颜色加深而不好判断和描述。

2. 实验报告中所有计算出来的数据必须有详细计算过程。

3. 溶液的 pH 除受到离子浓度的影响,还受到温度、离子强度等因素的影响,所以本实验所有 pH 的计算结果仅是近似值。

4. 万能指示剂是一种混合指示剂,由多种指示剂和染料按一定配比混合配制而成。万能指示剂有多种配方,本实验用的万能指示剂配制方法如下:

甲基红 0.4g,二甲氨基偶氮苯(二甲基黄)0.6g,麝香草酚蓝 1.0g,溴麝香草酚蓝 0.8g,酚酞 0.2g,乙醇 1 000mL。用 0.1mol/L NaOH 调成 pH 中性(黄绿色)。pH 与万能指示剂的颜色关系见表 4-18。

表 4-18　pH 和万能指示剂颜色的关系

pH	2	4	6	8	10
万能指示剂颜色	红	橙	黄	绿	蓝

五、思考题

1. 分析 NaH_2PO_4,Na_2HPO_4 溶液的酸碱性,结合解离常数说明原因。

2. 分析同离子效应对弱电解质溶液的影响。

3. 公式(4-16)(4-18)(4-20)的适用条件分别是什么?

实验十八　沉淀平衡

一、实验目的

1. 根据沉淀平衡,同离子效应和溶度积规则解释沉淀的生成,转化和溶解。

2. 利用沉淀反应了解分步沉淀原理和混合离子的分离。

3. 掌握离心分离操作（离心、倾泻、过滤）及离心机的使用。

二、实验原理

1. 定义 温度一定时，难溶电解质在溶液中达到下列平衡：

$$A_mB_n(s) \rightleftharpoons mA^{n+}(aq) + nB^{m-}(aq)$$

平衡常数 $K_{sp} = c^m_{A^{n+},eq} \cdot c^n_{B^{m-},eq}$

K_{sp}称溶度积常数。

2. 溶度积规则

离子积 $Q_i = c^m_{A^{n+}} \cdot c^n_{B^{m-}}$

K_{sp}与 Q_i 的关系：

$Q_i < K_{sp}$，不饱和溶液，沉淀可继续溶解

$Q_i = K_{sp}$，饱和溶液，动态平衡

$Q_i > K_{sp}$，过饱和溶液，沉淀析出

3. 分步沉淀 向溶液中逐滴加入某种沉淀剂，在有几种离子均可生成沉淀的情况下，分先后次序生成沉淀的过程称分步沉淀。其沉淀的次序：同类型沉淀，K_{sp}越小，越先沉淀，不同类型则溶解度小的先生成沉淀。当两种沉淀 K_{sp}相差 10^{-6}，即比值$<10^{-5}$时，两种离子可以用这种方法进行分离。

4. 沉淀转化 含有沉淀的溶液中，加入适当试剂与某一离子结合，生成更难溶（K_{sp}更小）的物质，叫沉淀转化。

5. 沉淀完全 当溶液中残留离子浓度$<10^{-5}$mol/L 时，可认为沉淀完全。

6. 沉淀溶解的方法

（1）使生成弱电解质。

（2）使发生氧化还原反应。

（3）使生成配位化合物。

三、主要试剂和仪器

1. 试剂 Na_2SO_4，0.002mol/L；$CaCl_2$，0.01mol/L；$BaCl_2$，0.01mol/L，0.1mol/L；NaCl，0.1mol/L；$AgNO_3$，0.1mol/L；HNO_3，6mol/L；K_2CrO_4，0.1mol/L；HAc，2mol/L；HCl，2mol/L；$ZnSO_4$，0.1mol/L；Na_2S，0.1mol/L；$Pb(NO_3)_2$，0.1mol/L，0.001mol/L；KI，0.1mol/L，0.001mol/L；PbI_2，饱和；NaOH，0.1mol/L；$CuSO_4$，0.1mol/L；$NH_3 \cdot H_2O$（浓）；KBr，0.1mol/L；$Na_2S_2O_3$，0.5mol/L。

2. 仪器 试管；烧杯；离心机；离心管。

四、实验内容

1. 溶度积规则

（1）往 10 滴 0.002mol/L Na_2SO_4 溶液中加入 10 滴 0.01mol/L $CaCl_2$ 溶液，观察有无沉淀产生。

（2）往 10 滴 0.002mol/L Na_2SO_4 溶液中加入 10 滴 0.01mol/L $BaCl_2$溶液，观察有无沉淀产生。

(3)往10滴0.1mol/L $Pb(NO_3)_2$ 溶液中加入10滴0.1mol/L KI溶液,观察有无沉淀产生。

(4)往10滴0.001mol/L $Pb(NO_3)_2$ 溶液中加入10滴0.001mol/L KI溶液,观察有无沉淀产生。

(5)往20滴饱和 PbI_2 溶液中加入10滴0.1mol/L KI溶液,观察有无沉淀产生。

以上5个实验的结果用溶度积规则进行解释,反应的写出方程式。

2. 分步沉淀 在试管中加10滴0.1mol/L NaCl溶液和4滴0.1mol/L K_2CrO_4 溶液,混匀后,边振荡试管边滴加0.1mol/L $AgNO_3$ 溶液,观察沉淀颜色变化,说明原因。

3. 沉淀转化

(1)往离心试管中加入5滴0.1mol/L NaCl溶液,逐滴滴入0.1mol/L $AgNO_3$ 溶液,待反应完全后,将沉淀离心分离,用热去离子水洗涤沉淀2次,在沉淀上加10滴0.1mol/L Na_2S 溶液,观察沉淀颜色的变化,解释实验现象(反应液离心,上清液弃去,沉淀留用)。

(2)往离心试管中加入5滴0.1mol/L $CuSO_4$ 溶液,滴入10滴0.1mol/L NaOH,待反应完全后,将沉淀离心分离,用热去离子水洗涤沉淀2次,在沉淀上加10滴0.1mol/L Na_2S 溶液,观察沉淀颜色的变化,解释实验现象(反应液离心,上清液弃去,沉淀留用)。

4. 沉淀溶解

(1)往离心试管中加入10滴0.1mol/L $AgNO_3$ 溶液,再加入10滴0.1mol/L NaCl溶液,观察实验现象。离心并弃去上清液,沉淀留用。

上步沉淀上加入5滴浓 $NH_3 \cdot H_2O$,振摇,观察实验现象。

上步溶液中加入15滴0.1mol/L KBr溶液,观察实验现象。离心并弃去上清液,沉淀留用。

上步沉淀上加入10滴0.5mol/L $Na_2S_2O_3$ 溶液,振摇,观察实验现象。

上步溶液中加入15滴0.1mol/L KI溶液,观察实验现象。

观察并记录各步结果,写出化学反应方程式,并用相关的 K_{sp} 和 $K_{稳}$ 说明原因。

(2)在3(1)所得沉淀上加入20滴6mol/L HNO_3,观察现象,写出方程式,解释实验现象。

(3)在3(2)所得沉淀上加入20滴6mol/L HNO_3,若反应不明显可以水浴加热片刻,观察现象,写出方程式,解释实验现象。

(4)往离心试管中加入10滴0.1mol/L Na_2CO_3 溶液,再加入10滴0.1mol/L $BaCl_2$ 溶液。离心分离,用去离子水洗涤沉淀,并将沉淀分成两部分。然后分别加入10滴2mol/L HAc和2mol/L HCl,观察现象,写出反应方程式。

(5)往离心试管中加入10滴0.1mol/L K_2CrO_4 溶液,再加入10滴0.1mol/L $BaCl_2$ 溶液。离心分离,用去离子水洗涤沉淀,并将沉淀分成两部分。然后分别加入10滴2mol/L HAc和2mol/L HCl,观察现象,写出反应方程式。

5. 利用沉淀进行离子分离 溶液中含有0.1mol/L Zn^{2+} 和0.1mol/L Cu^{2+} 离子,如何利用它们硫化物溶解度的不同进行分离?设计实验,并进行。并且要验证两种离子确实分开。

设计方案必须在实验前交给授课老师检查,并认可后才能进行。

【注意事项】

1. 离心机内的离心试管一定要对称放置。

2. 本实验用到的试剂有较多的重金属盐而且酸碱浓度较大,所以一要注意安全;二要注意废液回收。

3. 实验要用到大量的滴瓶,所以注意滴管不要混用,滴瓶上的滴管用完及时归位。避免污染试剂,导致实验失败。

五、实验结果及处理

实验结果请用表格体现,格式如表4-19。

表4-19　实验结果及分析

实验编号	实验现象	反应方程式	实验现象分析
……	……	……	……

六、思考题

1. $BaSO_4$ 转化为 $BaCO_3$ 与 $BaCO_3$ 转化为 $BaSO_4$,哪一种转化容易进行?
2. AgI能否转化为AgCl? 总结难溶化合物的转化条件。
3. 使用离心机应注意些什么?
4. $CaSO_4$ 的溶解度等于2g/L。将硫酸钙的饱和溶液与等体积草酸铵 $(NH_4)_2C_2O_4$ 溶液(0.024 8g/L)混合,是否生成 CaC_2O_4 沉淀?

实验十九　氧化还原反应

一、实验目的

1. 了解氧化还原反应和电极电势的关系。
2. 试验溶液酸度、反应物(或产物)浓度、催化剂对氧化还原反应的影响。
3. 了解氧化态或还原态浓度变化对电极电势的影响。
4. 利用原电池电解水,观察金属的电化学腐蚀现象。

二、实验原理

氧化还原反应是物质得失电子的过程,反映在元素的氧化数发生变化。反应中得到电子的物质称为氧化剂,反应后氧化数降低,被还原;反应中失去电子的物质称为还原剂,反应后氧化数升高,被氧化。氧化还原是同时进行的,其中得失电子数相等。

电极电势是判断氧化剂和还原剂相对强弱的标准,并可以确定氧化还原反应进行的方向。电极电势表是各种物质在水溶液中进行氧化还原反应规律性的总结,溶液的浓度、酸度、温度均影响电极电势的数值。不同浓度和温度下的数值可以用Nernst方程进行计算。

$$\varphi_{\text{氧化型/还原型}}=\varphi^{\ominus}_{\text{氧化型/还原型}}+\frac{RT}{2F}\ln\frac{a_{\text{氧化型}}}{a_{\text{还原型}}}$$

标准电极电势可以查标准电极电势表,氧化剂和还原剂的活度在浓度不大以及对结果精度要求不高的情况下可以用浓度代替。

将电能转化为化学能的装置为原电池。

三、试剂和仪器

1. 试剂 KI,0.1mol/L;KBr,0.1mol/L;H_2SO_4,3mol/L;NaOH,6mol/L;$KMnO_4$,0.01mol/L;Na_2SO_3,0.1mol/L;$AgNO_3$,0.1mol/L;$FeCl_3$,0.1mol/L;$MnSO_4$,0.1mol/L;$H_2C_2O_4$,0.1mol/L;$Pb(NO_3)_2$,0.5mol/L;$K_3[Fe(CN)_6]$,0.5mol/L;$FeSO_4$,0.2mol/L;$K_2Cr_2O_7$,0.1mol/L;NH_4F,1mol/L;H_2O_2,6%;$CuSO_4$,0.5mol/L,0.1mol/L;$ZnSO_4$,0.5mol/L,0.1mol/L;Na_2SO_4,0.5mol/L;混合溶液(含0.5mol/L NaOH和0.2mol/L EDTA二钠);淀粉溶液,0.2%;溴水;碘水;环已烷;$MnO_2(s)$。

2. 仪器 试管;点滴板;培养皿;烧杯;盐桥;铜片;锌片;镍镉丝;铜丝。

四、实验内容

1. 电极电势和氧化还原反应

(1)金属活泼性比较:在四个小培养皿中,分别放入四块直径2cm的滤纸,依次滴入2滴0.1mol/L $AgNO_3$,0.5mol/L $CuSO_4$和0.5mol/L $Pb(NO_3)_2$溶液于滤纸片上,然后在每块滤纸片的中央放一片$2mm^2$大小的已打磨好的锌片,用放大镜观察金属树的生长和形状。

(2)定性比较某些电对电极电势的大小:在试管中滴加10滴0.1mol/L KI溶液和10滴0.1mol/L $FeCl_3$溶液,溶液颜色有何变化?再加5滴环已烷,充分振荡,观察环已烷层是否出现紫红色。顺着试管壁再滴加1滴0.5mol/L $K_3[Fe(CN)_6]$溶液,不要振荡,如有Fe^{2+}生成,则出现蓝色沉淀。写出相关反应的方程式。

用同浓度的KBr代替KI进行同样实验,观察环已烷层是否有Br_2的橙红色?

取10滴溴水(饱和溴水,浓度约为0.2mol/L)于小试管中,加入10滴0.2mol/L $FeSO_4$溶液,观察溴水颜色褪去,说明溴水褪色的原因,并写出方程式。

根据以上实验结果,定性比较Br_2/Br^-,I_2/I^-,Fe^{3+}/Fe^{2+}三个反应的电极电势的相对大小,并指出哪个是最强的氧化剂,哪个是最强的还原剂。

2. 酸度对氧化还原反应的影响

(1)酸度对氧化还原反应产物的影响:三个试管中各滴入5滴0.01mol/L $KMnO_4$溶液,分别加入5滴3mol/L H_2SO_4溶液,5滴H_2O,5滴6mol/L NaOH溶液;再分别向三个试管中滴加2滴0.1mol/L Na_2SO_3溶液,观察现象有何不同。写出有关反应方程式。

(2)酸度对氧化还原反应方向的影响:试管中滴加3滴碘水,往其中滴加6mol/L的NaOH溶液至颜色刚好褪去,然后再往其中滴加3mol/L H_2SO_4,观察溶液颜色的变化(如果现象不明显,可往其中滴入1滴淀粉溶液)。

(3)酸度对某些物质氧化还原能力的影响:试管中滴加3滴0.1mol/L $K_2Cr_2O_7$溶液,往其中加10滴0.1mol/L Na_2SO_3溶液,颜色有无变化?再往其中加1~2滴3mol/L H_2SO_4,又有何变化?

试管中滴加10滴0.1mol/L $MnSO_4$溶液,加1滴6mol/L NaOH溶液,观察实验现象,放置后再观察。用电极电势解释所观察到的现象。

3. 浓度对氧化还原反应的影响

(1)取2支小试管,其中1支试管中加入5滴1mol/L NH_4F,另一支加入同样量蒸馏水。然后两支试管各加入5滴0.1mol/L KI和5滴0.1mol/L $FeCl_3$溶液,振摇试管。观察现象写出方程式。

(2)往小试管中加 0.5mL 0.1mol/L KI,2 滴 0.5mol/L $K_3[Fe(CN)_6]$ 和 2 滴环己烷,振荡观察有无 I_2 的生成?再往其中加入几滴 0.5mol/L $ZnSO_4$,充分振荡后静置,观察现象并写出方程式。

用电极电势解释上述实验现象。

4. 催化剂对氧化还原反应速度的影响

(1)均相催化:在点滴板中 3 个凹穴,各加入 0.1mol/L $H_2C_2O_4$,3mol/L H_2SO_4 各 5 滴,然后往一个凹穴中加 2 滴 0.1mol/L $MnSO_4$溶液,往另一个凹穴中加 1 滴 1mol/L NH_4F 溶液,最后往 3 个凹穴中都各加入 1 滴 0.01mol/L $KMnO_4$ 溶液,比较 3 个凹穴中紫红色褪去的快慢。观察现象写出方程式。

(2)非均相催化:取 3mL 6% H_2O_2 于小试管中,加入少量 MnO_2 固体,将带有余烬的火柴放于试管口,观察现象并解释。

5. 原电池和电解　以原电池为电源电解 Na_2SO_4 溶液(图 4-9)。

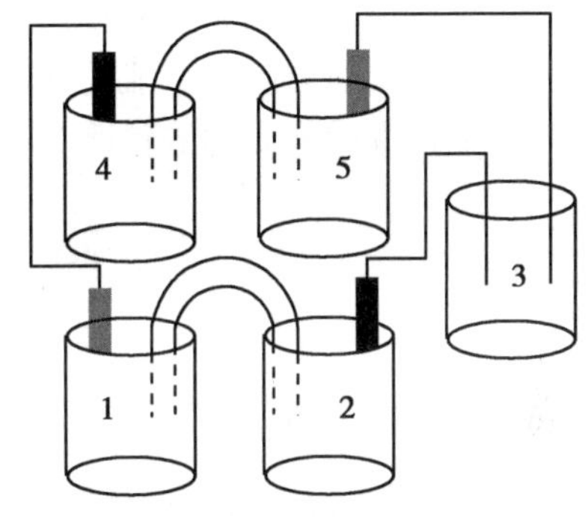

图 4-9　原电池和电解示意图

取 5 个小烧杯编好号。在 1#和 5#烧杯中分别加入 20mL 0.5mol/L $CuSO_4$ 溶液。在 2#和 4#烧杯中分别加入 20mL 0.5mol/L $ZnSO_4$ 溶液。将 1#和 2#以及 4#和 5#烧杯用盐桥连接,在 1#和 5#烧杯中插入 Cu 片,在 2#和 4#烧杯中插入 Zn 片,把 1#和 4#烧杯中的 Cu、Zn 片用铜丝连接,将两个原电池串联起来,在 2#和 5#的 Zn 片和 Cu 片上分别连接上一根 Ni-Cr 丝。在 3#烧杯中加入 20mL 0.5mol/L Na_2SO_4 溶液和 2 滴酚酞,将连接 Cu 片和 Zn 片的两根 Ni-Cr 丝插入有 Na_2SO_4溶液的烧杯中,两根 Ni-Cr 丝不要接触,尽量分开。

观察连接 Zn 片的那根 Ni-Cr 丝周围的溶液有何变化?两极上有何现象发生,写出电解池两极上发生的反应式,并解释之。

6. 浓度改变对原电池电动势的影响　在两个 250mL 高型烧杯中分别加入 0.1mol/L $ZnSO_4$ 和 0.1mol/L $CuSO_4$ 溶液各 20~40mL。在 $ZnSO_4$ 溶液中插入 Zn 片,在 $CuSO_4$ 溶液中插入 Cu 片。用铜导线把 Zn 片与伏特计的标注“-”的接线柱连接,同样用铜导线把 Cu 片与伏特计的标注“+”的接线柱连接。最后两个烧杯用盐桥连接,测量原电池电动势。

在 $CuSO_4$ 溶液中逐步加入混合溶液(含 0.5mol/L NaOH 和 0.2mol/L EDTA 二钠),开始时有沉淀生成,继续加入混合溶液至生成的沉淀消失,观察电动势有什么变化。然后在 $ZnSO_4$ 溶液中也加入混合溶液至生成的沉淀消失,观察电动势又有什么变化。

写出上述过程中可能的反应式,用 Nernst 方程解释实验现象。

7. 金属电化学腐蚀与防护　在烧杯板的烧杯内加入 0.3mol/L H_2SO_4(用 3mol/L H_2SO_4 稀释 10 倍)1mL,放进一小片纯锌片,观察有何现象?将一铜丝插入溶液中,不与锌片接触,观察铜丝上有无气泡逸出?然后使铜丝接触锌片,观察并解释实验现象。

【注意事项】

1. 本实验用到的试剂有较多的重金属盐和氟化物,而且酸碱浓度较大,所以一要注意安全;二要注意废液回收。

2. 实验要用到大量的滴瓶,所以注意滴管不要混用,滴瓶上的滴管用完及时归位。避免污染试剂,导致实验失败。

五、实验结果及处理

实验结果请用表格体现,格式如表 4-20 所示。

表 4-20　实验结果

实验编号	实验现象	反应方程式	实验现象分析
……	……	……	……

六、思考题

1. 反应速率与电极电势有无关系?
2. 判断反应方向什么情况下需要计算,什么情况下可以不计算?
3. 举例说明介质的酸碱性对哪些氧化还原反应有影响。

实验二十　配合物与配位平衡

一、实验目的

1. 熟悉配合物的组成。
2. 了解配合物稳定性的影响因素——配位平衡。
3. 熟悉配合物形成时特征。

二、实验原理

配合物是由形成体(又称为中心离子或原子)与一定数目的配位体(负离子或中性分子)以配位键结合而形成的一类复杂化合物,是路易斯(Lewis)酸和路易斯(Lewis)碱的加合物。配合物的内层与外层之间以离子键结合,在水溶液中完全解离。配位个体在水溶液中分步解离,其类似于弱电解质。

在一定条件下,中心离子和配位体之间达到配位平衡。例:

$$Cu^{2+}+4NH_3 \rightleftharpoons [Cu(NH_3)_4]^{2+}$$

相应反应的标准平衡常数 K_f 称为配合物的稳定常数。对于相同类型的配合物,K_f 数值愈大就愈稳定。

在水溶液中,配合物的生成反应主要有配位体的取代反应和加合反应。

例:

$$[Fe(SCN)_n]^{(n-3)-}+6F^- \rightleftharpoons [FeF_6]^{3-}+nSCN^-$$

$$HgI_2(s)+2I^- \rightleftharpoons [HgI_4]^{2-}$$

配合物形成时,往往伴随溶液颜色、酸碱性(即 pH)、难溶电解质溶解度、中心离子氧化还原性质改变等特征。

三、主要试剂和仪器

1. 试剂　H_2SO_4,3mol/L;NaOH,6mol/L;$CuSO_4$,1mol/L;Na_2CO_3,0.1mol/L;$BaCl_2$, 0.1mol/L;

$FeCl_3$，0.1mol/L；KI，0.1mol/L；$FeSO_4$，0.1mol/L；$NiSO_4$，0.2mol/L；$CoCl_2$，0.1mol/L；$NH_3 \cdot H_2O$，2mol/L；$NH_3 \cdot H_2O$，0.1mol/L；柠檬酸钠，1mol/L；NH_4SCN，1mol/L；NH_4F，1mol/L；$(NH_4)_2C_2O_4$（饱和）；EDTA 二钠，0.1mol/L；邻菲罗啉，0.25%；二乙酰二肟，1%；环己烷；H_2O_2，30%；HCl，6mol/L。

2. 仪器　试管。

四、实验内容

1. 硫酸四氨合铜溶液配制　取 2mL 1mol/L $CuSO_4$，逐滴加入 2mol/L $NH_3 \cdot H_2O$，边加边振摇。直至生成的沉淀刚好消失，并形成深蓝色溶液（氨水不要多加）。

2. 配合物的结构

（1）两支试管中各加硫酸四氨合铜溶液 0.5mL，在第一支试管中滴加 1～2 滴 0.1mol/L Na_2CO_3，看是否有沉淀生成；在第二份中滴加 2 滴 0.1mol/L $BaCl_2$，看是否有沉淀生成。

（2）两支试管中各加 1mol/L $CuSO_4$ 各 0.5mL，在第一支试管中滴加 1～2 滴 0.1mol/L Na_2CO_3，看是否有沉淀生成；在第二支试管中滴加 2 滴 0.1mol/L $BaCl_2$，看是否有沉淀生成。

写出相关反应方程式。比较（1）和（2）实验现象说明硫酸四氨合铜的结构是什么样的？

3. 配合物的稳定性

（1）两支试管中各加硫酸四氨合铜溶液 0.5mL，在第一支试管中加入 1mL 3mol/L H_2SO_4。观察现象，写出相关反应方程式。说明在大量酸存在下，配位化合物的稳定性怎么样？在第二支试管中加入 1mL 6mol/L NaOH，振荡。观察现象，写出相关反应方程式。说明在大量碱存在下，配位化合物的稳定性怎么样？

（2）在试管中加入 3mL 0.1mol/L $FeCl_3$ 溶液，加 3mL 1mol/L 柠檬酸钠溶液，形成黄绿色溶液。分成 3 份，一支试管中加 0.5mL 3mol/L H_2SO_4，一支试管中加 0.5mL 6mol/L NaOH，最后一支试管加蒸馏水 0.5mL（对照液）。振荡。观察现象，写出相关反应方程式。说明在大量酸碱存在情况下配合物的稳定性会怎么变化？

4. 配合物的转化

（1）试管中加入 1mL 0.1mol/L $FeCl_3$，滴加 2 滴 1mol/L NH_4SCN，记录现象。然后滴加 5 滴 1mol/L NH_4F 溶液，记录现象。再滴加 10 滴饱和 $(NH_4)_2C_2O_4$ 溶液，记录现象。写出上述 3 个反应的方程式。

（2）试管中加入 0.5mL 0.1mol/L $FeCl_3$ 和 0.5mL 1mol/L NH_4SCN，然后加入 1mL 0.1mol/L EDTA 二钠。观察现象，写出相关反应方程式。

（3）试管中加入硫酸四氨合铜溶液 2 滴。然后加入 2mL 0.1mol/L EDTA 二钠。观察现象，写出相关反应方程式。

5. 配合物的氧化还原特性

（1）取两支试管各加入 0.5mL 0.1mol/L $FeCl_3$，然后向一支试管中加入 0.5mL 的饱和 $(NH_4)_2C_2O_4$，另一支试管加入 0.5mL 的蒸馏水，再向两支试管中各加入 0.5mL 0.1mol/L KI 和 1mL 环己烷，振荡。观察现象，写出相关反应方程式。

（2）取 0.1mol/L $CoCl_2$ 溶液 4～5 滴，加 30% H_2O_2，观察现象（注：Co^{3+} 为棕色）。取 0.1mol/L $CoCl_2$ 溶液 4～5 滴，加过量浓氨水至沉淀溶解，观察现象。再加 30% H_2O_2，观察现象。再在其中加 6mol/L HCl 酸化，观察颜色。此时钴是几价？形成配合物对 Co^{2+} 的还原性有什么影响？（提示：查表了解 Co^{3+} 和 Co^{2+} 配合物稳定常数）

6. 用配位反应鉴别金属离子

(1)在点滴板上滴 1 滴 0.1mol/L $FeSO_4$ 和 2~3 滴 0.25%邻菲罗啉。观察现象,写出相关反应方程式。

(2)在点滴板上滴 1 滴 0.2mol/L $NiSO_4$,1 滴 2mol/L $NH_3 \cdot H_2O$ 和 1 滴 1%二乙酰二肟。观察现象,写出相关反应方程式。

(3)在一支试管中加入 2 滴 0.1mol/L $CoCl_2$ 溶液和几滴 1mol/L NH_4SCN,再加一些乙醚,观察现象。

(4)在一支试管中加入 1 滴 0.1mol/L $FeCl_3$ 溶液和 5 滴 0.1mol/L $CoCl_2$ 溶液,加几滴 1mol/L NH_4SCN,有何现象?逐滴加入 1mol/L NH_4F 溶液并振摇试管,观察现象;等溶液的血红色褪去后,加一些乙醚,振摇,静置,观察乙醚层颜色。对比(3)的现象,说明 NH_4F 的作用。

五、实验结果及处理

实验结果请用表格体现,格式如表 4-21。

表 4-21　实验结果

实验编号	实验现象	反应方程式	实验现象分析
……	……	……	……

六、思考题

1. 比较$[FeCl_4]^-$,$[Fe(SCN)_6]^{3-}$和$[FeF_6]^{3-}$的稳定性。
2. 比较$[Ag(NH_3)_2]^+$,$[Ag(S_2O_3)_2]^{3-}$和$[AgI_2]^-$的稳定性。
3. 试计算 0.1mol/L Na_2H_2Y 溶液的 pH。

第五章

分析化学实验

实验一　分析天平称量练习

一、实验目的

1. 学习分析天平基本操作和常用称量方法。
2. 培养整齐简明地记录实验原始数据的习惯。

二、实验原理

电子天平是最新一代天平，是根据电磁力平衡原理，直接称量，全量程不需砝码，放上被称物后，数秒即达平衡，显示读数，称量速度快，精度高。其操作基本过程如下：水平调节→预热→开启显示器→校准→称量→去皮称量→关闭显示器。通常使用两次称量之差得到试样质量，即差减法。

三、主要试剂和仪器

1. 试剂　重铬酸钾粉末试样。
2. 仪器　分析天平；台秤；称量瓶；小烧杯。

四、实验步骤

差减法称取 0.3~0.4g 试样两份。

1. 取两个干净的小烧杯，分别在分析天平上称取质量 m_0 和 m_0^*。

2. 取一个干净的称量瓶，先在台秤上粗称大致质量，然后加入 1.2g 试样，在分析天平上准确称其质量 m_1；估计一下样品的体积，转移 0.3~0.4g 试样到第一个已知质量的小烧杯中，称量并记录称量瓶和剩余试样的质量 m_2；以同样方法再转移 0.3~0.4g 试样到第二个小烧杯中，再次称量称量瓶剩余质量 m_3。

3. 分别准确称量两个已有试样的小烧杯质量 m_1^* 和 m_2^*。

4. 记录数据于表 5-1。

表 5-1　称量练习记录表

称量编号	Ⅰ	Ⅱ
$M_{(称瓶+试样)}$/g	$m_1=$	$m_2=$
	$m_2=$	$m_3=$
$M_{(称出试样)}$/g	$m_{s1}=$	$m_{s2}=$

续表

称量编号	Ⅰ	Ⅱ
$M_{(烧杯+试样)}$/g	m_1^* =	m_2^* =
$M_{(空烧杯)}$/g	m_0 =	m_0^* =
$M_{(烧杯中试样)}$/g	m_{s1}^* =	m_{s2}^* =
|偏差|/g		

【注意事项】

1. 所称样品不得超过天平的最大称样量，以免损坏天平。

2. 使用前应检查水平仪气泡是否处于中间位置，使用过程中不得随意移动天平。

3. 使用过程中动作要轻，避免振动天平，天平两侧的玻璃门在不称量时应保持关闭状态。

4. 称量易挥发和具有腐蚀性的样品时，要将样品盛放在密闭的容器中，以免腐蚀和损坏天平。

5. 被称物的温度必须与天平箱内的温度一致，热或冷的物体应预先放在天平附近的干燥器内，待其温度恒定后再称量。天平内应放置吸湿干燥剂并注意定期更换。

6. 称量时，应避免用手直接取放样品。

五、思考题

1. 称量方法有几种，固定称量法和递减称量法各有何优缺点，分别在何种情况下选用？

2. 实验记录数据有效数到几位，为什么？

3. 递减称量法中，从称量瓶向器皿中转移样品时能否用钥匙取，为什么？如果转移样品时有少许样品未转移到器皿中而洒落到外面，此次称量数据是否还能使用？

实验二　容量仪器的校准

一、实验目的

1. 了解容量仪器校准的基本原理。

2. 初步掌握滴定管、容量瓶的校准，及移液管和容量瓶的相对校准方法。

二、实验原理

滴定管、移液管和容量瓶是分析实验中常用的玻璃量器，都具有刻度和标称容量。量器产品都允许有一定的容量误差。在准确度要求较高的分析测试中，对自己使用的一套量器进行校准是完全必要的。

校准的方法有称量法和相对校准法。校准的方法通常是称量容器中容纳或释放出的纯水重，由 $V_{20}=\dfrac{W_t}{d_t}$ 直接计算出它的容积（V_{20}）。式中：

V_{20}：容器在20℃时的容积。

W_t：容器中容纳或释放出的纯水在 t℃，于大气中，以黄铜砝码称量所得重量。

d_t：考虑了进行校准时的温度，空气浮力影响后，水在 t℃时的密度，制表5-2。

表 5-2 20℃时体积为 1L 水在 t℃时重量/g

t/℃	g	t/℃	g	t/℃	g	t/℃	g
10	998.39	16	997.80	22	996.81	28	995.44
11	998.32	17	997.66	23	996.60	29	995.18
12	998.23	18	997.51	24	996.39	30	994.92
13	998.14	19	997.35	25	996.17	31	994.64
14	998.04	20	997.18	26	995.94	32	994.34
15	997.93	21	997.00	27	995.69	33	994.06

故校准后的体积是指该容器在 20℃时的容积。

有时只要求两种容器之间有一定的比例关系，而无须知道它们各自的准确体积，这时可用容量相对校准法。经常配套使用的移液管和容量瓶，采用相对校准法更为重要。例如，用 25mL 移液管移取蒸馏水于干净且倒立晾干的 100mL 容量瓶中，到第 4 次重复操作后，观察瓶颈处水的弯月面下缘是否刚好与刻线上缘相切。若不相切，应重新做一记号为标线，以后此移液管和容量瓶配套使用时就用校准的标线。

三、主要试剂和仪器

1. 试剂　蒸馏水。

2. 仪器　移液管，25mL，1 支；容量瓶，250mL，1 个；滴定管，酸式 50mL，1 支；锥形瓶，磨口 50mL，1 个；温度计，1 支；烧杯，250mL，1 个；二等分析天平，1 台。

四、实验步骤

1. 滴定管校正　将欲校准的滴定管洗净，加入与室温达平衡的蒸馏水（可事先用烧杯盛蒸馏水，放在天平室内，并且杯中插有温度计，测量水温，备用）至零线刻度以下附近，记录水温（t℃）及滴定管中水面（弯月形）的起始读数（mL）。

称量 50mL 磨口锥形瓶（磨口及外部保持洁净及干燥，以便称量）的重量，再以正确操作由滴定管中放出 5.00mL 水于上述磨口锥形瓶中（勿将水滴在磨口上）盖紧，称量。两次重量之差即为滴定管中放出的水重。

用同样方法测得滴定管 0.00~10.00，0.00~15.00，0.00~20.00，0.00~25.00，0.00~30.00mL，0.00~35.00mL，0.00~40.00mL，刻度间放出水的重量。由表 5-2 查得校准温度下 1L 水的重量，算出滴定管所测各段的真正容积。列出滴定管校正表，如表 5-3 所示。

表 5-3 50mL 滴定管校正表（水温 20℃，ρ=0.997 18g/L）

V_0/mL	$m_{(瓶+水)}$/g	$m_{瓶}$/g	$m_{水}$/g	V_{20}/mL	$\Delta V_{校正值}$/mL
0.00~5.00					
0.00~10.00					
0.00~15.00					
0.00~20.00					
0.00~25.00					
……					

称准至 0.001g，每段重复一次，两次校正值之差不得超过 0.02mL，结果取平均值。并将所得结果绘制成以滴定管读数为横坐标，以校正值为纵坐标的校正曲线。

2. 移液管的校正　方法同上。由移液管放出的水的重量，计算出它的真正容积。重复一次，两次校正值之差不超过 0.02mL。

3. 容量瓶的校正　用已校正的移液管进行间接校准。用 25mL 移液管移取蒸馏水至洗净而干燥的容量瓶（250mL）中，移取 10 次后，仔细观察溶液弯月面是否与标线相切，否则另作一新的标记。由移液管的真正容积可知容量瓶的容积（至新标线）。经相对校正后的移液管和容量瓶，应配套使用。

【注意事项】

1. 使用电子天平时不乱按键，常查看水平仪。防风门关严后读数，毛刷不碰秤盘，保持秤盘、天平箱清洁。

2. 相对校正准确与否的关键是吸管操作的好坏；实验结果的好坏取决于移取纯水的体积是否准确。

3. 做到左右手，拇指、示指、中指各司其职；用小烧杯盛液，烧杯与吸管同时荡洗 3 次；移液操作准确。

4. 通过 10 次移取溶液，达到掌握吸管使用操作的规范与熟练，因此不求快，强调规范。

5. 滴定管洗至内壁不挂水珠。

6. 旋开滴定管活塞任水自然流出，要待液面降到预定体积（如 10mL）以上约 5mm 处，关闭活塞等待 30s 后，在 10s 内调整至 10mL。

五、思考题

1. 电子天平可称至 0.000 1g，记录只要记至 mg 位，为什么？

2. 分段校准滴定管时，为何每次都要从 0.00mL 开始？

3. 校正时，如何处理锥形瓶内、外壁的水？

实验三　酸碱滴定操作练习

一、实验目的

1. 掌握滴定分析的正确操作技术。

2. 熟悉滴定分析的基本要求，及原始数据和有效数字在定量分析中的重要性。

二、方法原理

本实验为滴定分析操作练习，是通过酸碱相互滴定（中和反应）来实现的。当有不同浓度的酸或碱时，滴定时消耗的碱或酸应该相互对应。由此来检验滴定者在操作方面的掌握程度。

三、主要试剂和仪器

1. 试剂　草酸溶液，0.1mol/L；NaOH 溶液，0.2mol/L；酚酞指示剂，0.5%乙醇溶液；甲基橙指示剂，0.1%水溶液。

2. 仪器　酸式滴定管，25mL，1 支；碱式滴定管，25mL，1 支；移液管，25mL，1 支；锥形瓶，

250mL,3 个;洗瓶,1 个。

四、实验步骤

1. 在酸式滴定管中装入 0.1mol/L 草酸溶液,调节至 0.00mL 刻度。在碱式滴定管中装入 0.2mol/L NaOH 溶液,调节至 0.00mL 刻度。以 10mL/min 的速度放出 10.00mL 的 NaOH 溶液至 250mL 锥形瓶中。加入 2 滴甲基橙指示剂(注意:滴管要垂直加入),用 0.1mol/L 草酸溶液滴定至溶液由黄变橙,记下读数。自碱式滴定管中再放出 2.00mL NaOH 溶液(此时滴定管读数为 22.00mL),继续用草酸溶液(不要重新装入 0.1mol/L 草酸溶液)滴定至橙色,记下读数。如此继续三次,每次加入 2.00mL NaOH 溶液得到一系列草酸滴定数据(累积体积,即从 0.00 开始),求历次滴定的体积比 $V_{草酸}/V_{NaOH}$,各次相对偏差应不超过 2‰。

2. 用移液管吸取 25.00mL 0.1mol/L 草酸溶液于 250mL 锥形瓶中,加入 2 滴酚酞指示剂,用 0.2mol/L NaOH 溶液滴定至粉红色刚刚出现为止(30s 内不褪色即为终点),记下读数。平行滴定 3 份,计算 $V_{草酸}/V_{NaOH}$,相对偏差应不超过 2‰。

【注意事项】

1. 每次滴定时应都从零点开始,以确保使用的滴定管体积相同。
2. 每次放出的溶液体积应与规定的体积相同。
3. 练习基本操作时,要注意动作的规范性,并严格按照要求去做。

五、思考题

1. 滴定管和移液管在使用前如何处理,为什么?
2. 滴定用的锥形瓶是否需要干燥,是否需要用被滴定溶液润洗几次以除去其水分,为什么?
3. 遗留在移液管口内部的少量溶液,是否应当吹出去?为什么?

实验四 鸡蛋壳中碳酸盐含量的测定

一、实验目的

1. 了解实际试样的处理方法。
2. 掌握返滴定法的方法原理。

二、实验原理

蛋壳主要成分为碳酸钙,粉碎后和盐酸反应:

$$CaCO_3+2HCl \rightleftharpoons CO_3^{2-}+Ca^{2+}+H_2O$$

过量的盐酸由标准 NaOH 溶液返滴定,通过计算可以求得 $CaCO_3$ 的含量。

三、主要试剂和仪器

1. 试剂 0.1mol/L NaOH;0.1mol/L HCl;甲基橙指示剂,1g/L;基准级无水 Na_2CO_3;基准级邻苯二甲酸氢钾;蛋壳。

2. 仪器 分析天平;滴定管;移液管;锥形瓶,250mL。

四、实验步骤

1. 0.1mol/L HCl 标准溶液标定　在称量瓶中以差减法称取基准级无水 Na_2CO_3 3 份，每份 0.15~0.20g，分别倒入 3 个 250mL 锥形瓶中，加入 20~30mL 煮沸放冷的蒸馏水，待试剂完全溶解后，加入 2 滴甲基橙指示剂，用待标定的 HCl 溶液滴定。滴定至溶液由黄色变为橙色并保持 30s 不褪色，即为终点，计算盐酸溶液的浓度和偏差。

2. 0.1mol/L NaOH 标准溶液标定　在称量瓶中以差减法称取基准级邻苯二甲酸氢钾 3 份，每份 0.60~0.65g，分别倒入 3 个 250mL 锥形瓶中，加入 50mL 煮沸放冷的蒸馏水，使其尽量溶解。加酚酞指示液 2 滴，用待标定 NaOH 溶液滴定。在接近终点时，应使邻苯二甲酸氢钾完全溶解，滴定至溶液显粉红色，即为终点，计算氢氧化钠溶液浓度和偏差。

3. $CaCO_3$ 含量的测定　将蛋壳去内膜并洗净，烘干粉碎，过 80~100 目标准筛，准确称取 3 份 0.1g 试样，分别置于 3 个 250mL 锥形瓶中，用滴定管逐滴加入 HCl 标准溶液 40.00mL，放置 30min，加入 2 滴甲基橙指示剂，用 NaOH 标准溶液返滴定过量的盐酸至溶液由红色刚变为黄色为止即为终点。计算蛋壳中碳酸钙的质量分数。

4. 实验结果　记录于表 5-4 和表 5-5。

表 5-4　HCl 和 NaOH 标准溶液标定

项目	次数		
	1	2	3
$m_{Na_2CO_3}$/g			
V_{HCl}/mL			
c_{HCl}/(mol·L^{-1})			
$\bar{c}_{HCl}$/(mol·L^{-1})			
d_r/%			
m_{KHP}/g			
V_{NaOH}/mL			
c_{NaOH}/(mol·L^{-1})			
$\bar{c}_{NaOH}$/(mol·L^{-1})			
d_r/%			

表 5-5　$CaCO_3$ 含量的测定

项目	次数		
	1	2	3
$m_{蛋壳}$/g			
$\bar{c}_{HCl}$/(mol·L^{-1})			
V_{HCl}/mL			
$\bar{c}_{NaOH}$/(mol·L^{-1})			

续表

项目	次数		
	1	2	3
V_{NaOH}/mL			
w_{CaCO_3}/%			
$\overline{w_{CaCO_3}}$/%			

五、思考题

1. 为何要逐滴加入 HCl 标准溶液？为何要放置 30min 再滴定？
2. 测定样品时能否用酚酞作指示剂？

实验五 阿司匹林药片中乙酰水杨酸含量的测定

一、实验目的

1. 了解复杂体系中酸碱滴定法的应用。
2. 掌握药物样品的处理方法。

二、实验原理

乙酰水杨酸(阿司匹林)是最常用的药物之一。它是有机弱酸($pK_a=3.0$),结构式为：

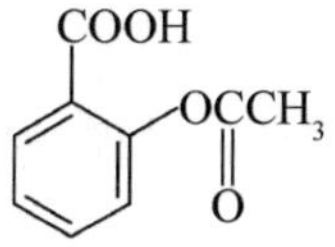

COOH, $OCCH_3$, O

摩尔质量为 180.16g/L,微溶于水,易溶于乙醇。在 NaOH 或 Na_2CO_3 等强碱性溶液中溶解并分解为水杨酸(即邻羟基苯甲酸)和乙酸盐：

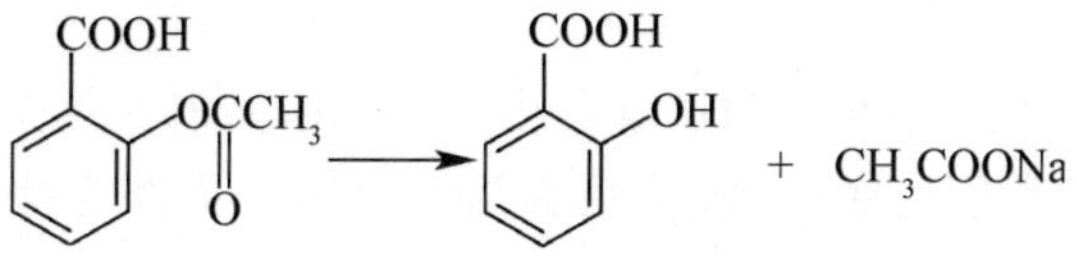

COOH, $OCCH_3$, O ⟶ COOH, OH + CH_3COONa

由于它的 pK_a 较小,可以作为一元酸用 NaOH 溶液直接滴定,以酚酞为指示剂。为了防止乙酰基水解,应在 10℃以下的中性冷乙醇介质中进行滴定,滴定反应为：

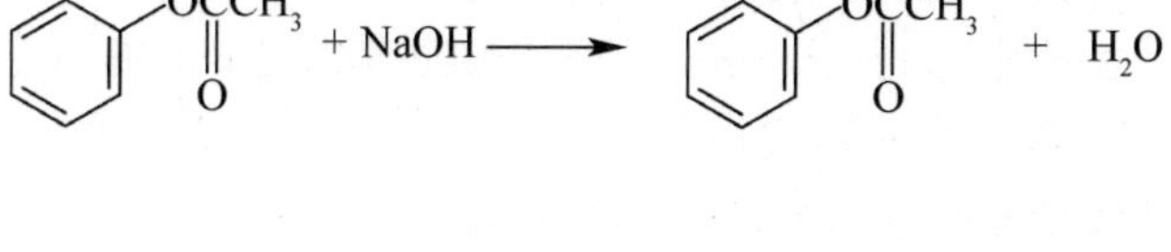

COOH, $OCCH_3$, O + NaOH ⟶ COONa, $OCCH_3$, O + H_2O

直接滴定法适用于乙酰水杨酸纯品的测定。而药片中一般都混有淀粉等不溶物，在冷乙醇中不易溶解完全，不宜直接滴定。可以利用上述水解反应，采用返滴定法进行测定。药片研磨成粉状后加入过量的 NaOH 标准溶液，加热一定时间使乙酰基水解完全，再用 HCl 标准溶液回滴过量的 NaOH，以酚酞的粉红色刚刚消失为终点。在这一滴定中，1mol 乙酰水杨酸消耗 2mol NaOH。

三、主要试剂和仪器

1. 试剂　草酸（$H_2C_2O_4 \cdot 2H_2O$）；NaOH 溶液，0.10mol/L；HCl 溶液，0.10mol/L；乙醇（CH_3CH_2OH），95%；酚酞溶液，0.2%（乙醇溶液）。

2. 仪器　滴定管，1 支；瓷研钵，直径 75mm，配备药勺；锥形瓶，250mL，3 个；烧杯，500mL、100mL，各 1 个；量筒，100mL、20mL，各 1 个；试剂瓶，500mL，玻璃瓶、塑料瓶各 1 个。

四、实验步骤

1. 乙醇的预中和　量取约 60mL 乙醇置于 100mL 烧杯中，加入 8 滴酚酞指示剂，在搅拌下滴加 0.1mol/LNaOH 溶液至刚刚出现微红色，盖上表面皿，泡在冰水中。

2. 乙酰水杨酸（晶体）纯度的测定　准确称取试样约 0.4g，置于干燥的锥形瓶中，加入 20mL 中性冷乙醇，摇动溶解后立即用 NaOH 标准溶液滴定至微红色为终点。平行滴定 3 次，计算试样的纯度（%）。3 次滴定结果的极差应不大于 0.3%，以其平均值为最终结果。

3. 乙酰水杨酸药片的测定

（1）样品测定：取 4 粒药片，称量其总量（准确至 0.001g）。在瓷研钵中将药片充分研细并混匀，转入称量瓶中。准确称取（0.4±0.05）g 药粉置于锥形瓶中。加入 40.00mL NaOH 标准溶液，盖上表面皿，轻轻摇动后放在水浴上用蒸汽加热（15±2）min，其间摇动两次并冲洗瓶壁一次。迅速用自来水冷却，然后加入 3 滴酚酞溶液。立即用 0.1mol/LHCl 溶液滴定至红色刚刚消失为终点。平行测定 3 份。

（2）NaOH 标准溶液与 HCl 溶液体积比的测定：在锥形瓶中加入 20.00mL NaOH 标准溶液和 20mL 水，在与测定药粉相同的实验条件下进行加热、冷却和滴定。平行测定 2 次或 3 次，计算 V_{NaOH}/V_{HCl} 值。

（3）计算测定结果：分别计算药粉中乙酰水杨酸的含量（%）和每片药中乙酰水杨酸的含量（g/片）。

【注意事项】

1. 实验步骤中 3(2) 也是一种空白试验。由于 NaOH 溶液在加热过程中会受空气中 CO_2 的干扰，给测定造成一定程度的系统误差（可称为空白值），而在与测定样品相同的条件下滴定两种溶液的体积比，就可以基本上扣除空白。

2. 在水浴上加热的时间以及冷却时间都要一致。

五、思考题

1. 称取纯品试样（晶体）时，所用锥形瓶为什么要干燥？

2. 在测定药片的实验中，为什么 1mol 乙酰水杨酸消耗 2mol NaOH，而不是 3mol NaOH？回滴后的溶液中，水解产物的存在形式是什么？

3. 请列出计算药粉中乙酰水杨酸含量的关系式。

实验六　食用醋中醋酸含量的测定

一、实验目的

1. 了解强碱滴定弱酸对指示剂的选择。
2. 学习移液管和容量瓶的正确使用方法。
3. 熟悉液体试样中浓度含量的测定方法。

二、实验原理

醋酸为弱酸，其解离常数 $K_a=1.8\times10^{-5}$(25℃)，因此可用标准碱溶液直接滴定。化学计量点时反应产物是 NaAc，在水溶液中显弱碱性，可采用酚酞作指示剂。反应如下：

$$HAc+NaOH=\!=\!=NaAc+H_2O$$

三、试剂和仪器

1. 试剂　0.1mol/L NaOH 标准溶液(需标定)；酚酞指示剂(0.2%乙醇溶液)。
2. 仪器　碱式滴定管，50mL；移液管，25mL；容量瓶，250mL；锥形瓶，250mL。

四、实验内容

1. 用公用移液管移取食用醋试液 25.00mL，置于 250mL 容量瓶中，加水稀释至刻度，摇匀。

2. 移取稀释后的食用醋试液 25.00mL 于 250mL 锥形瓶中，加入酚酞指示剂 2~3 滴，用氢氧化钠标准溶液滴定至溶液呈微红色，30s 不褪色为终点。平行测定 3 份，根据消耗氢氧化钠标准溶液的体积计算食用醋中醋酸的含量(g/L)，滴定过程中记录的数据按照表 5-6 填写。

五、数据记录与处理

$$c_{HAc}(g/L)=\frac{c_{NaOH}\cdot\dfrac{V_{NaOH}}{1\,000}\cdot\dfrac{250}{25}\cdot M_{HAc}}{\dfrac{25}{1\,000}}$$

表 5-6　滴定数据记录及结果

	1	2	3
滴定时移取食用醋试液体积/mL			
消耗 NaOH 体积/mL			
NaOH 标准溶液浓度/(mol·L^{-1})			
食用醋中醋酸含量/(g·L^{-1})			
食用醋中醋酸平均含量/(g·L^{-1})			

六、思考题

1. 测定醋酸含量为什么选酚酞做指示剂,用甲基橙可否,为什么?
2. 移液管和容量瓶是配套使用的容器,记录时应精确至小数点后第几位?

实验七　配位滴定法测定铜和锌的含量

一、实验目的

1. 掌握络合滴定法测定黄铜中铜、锌的含量。
2. 掌握用 $Na_2S_2O_3$ 掩蔽 Cu^{2+} 从而分别滴定 Cu 和 Zn 的实验方法。

二、实验原理

1. 溶解　试样以硝酸(或 $HCl+H_2O_2$)溶解。

2. 除杂　用 1∶1 $NH_3 \cdot H_2O$ 调至 pH8~9,沉淀分离 Fe^{3+}、Al^{3+}、Mn^{2+}、Pb^{2+}、Sn^{4+}、Cr^{3+}、Bi^{3+} 等干扰离子,Cu^{2+}、Zn^{2+} 则以络氨离子形式存在于溶液中,过滤。

3. 将一等份滤液调至微酸性,用 $Na_2S_2O_3$(或硫脲)掩蔽 Cu^{2+},在 pH5.5 的 HAc-NaAc 缓冲溶液中,XO 作指示剂,用标准 EDTA 直接络合滴定 Zn^{2+};在另一等份滤液中,于 pH5.5,加热至 70~80℃,加入 10mL 乙醇,以 PAN 为指示剂,用标准 EDTA 直接滴定 Cu^{2+}、Zn^{2+} 合量,差减得 Cu^{2+}。

三、试剂和仪器

1. 试剂　乙二胺四乙酸钠盐(EDTA);HAc-NaAc 缓冲溶液(0.1mol/L,pH5.5~6.0);硫代硫酸钠($Na_2S_2O_3$),10%水溶液;$(NH_4)_2S_2O_8$;浓 $NH_3 \cdot H_2O$;PAN 指示剂(0.1%乙醇溶液);金属锌粒(>99.9%);HCl(1∶1 水溶液,约 6mol/L);浓 HNO_3;六次甲基四胺(20%水溶液);二甲酚橙(XO,0.2%水溶液);黄铜样品。

2. 仪器　酸式滴定管,50mL;锥形瓶,250mL;试剂瓶,500mL;烧杯,100mL,400mL;容量瓶,100mL,250mL;移液管,25mL;量筒,100mL;称量瓶:分析天平,0.1mg;托盘天平。

四、实验步骤

1. 黄铜样品的溶解　准确称取 0.25g 黄铜试样于 100mL 烧杯中,小心加入 5mL 浓 HNO_3,加热使之完全溶解(由于这一步会有 NO_2 气体产生,一定要在通风橱内进行)。加 0.5g $(NH_4)_2S_2O_8$,摇匀。小心分次加入 10mL $NH_3 \cdot H_2O$(1∶1),再多加 15mL 浓氨水。加热微沸 1min,冷却,将沉淀与溶液一起转入 250mL 容量瓶中,以水稀至刻度,摇匀,干过滤(滤纸、漏斗、接滤液的烧杯都应是干的)。

2. Zn 的测定　吸取滤液 25.00mL 三份于三个锥形瓶中,用 2mol/L HCl 酸化(留意能否观察到有沉淀产生后又溶解),此时 pH 为 1~2(也有控制在 pH 5~6)。加 10% $Na_2S_2O_3$ 6mL(或加 $Na_2S_2O_3$ 至无色后多加 1mL),摇匀后立即加 10mLHAc-NaAc 缓冲液。加二甲酚橙指示剂 4 滴,用 0.02mol/L 标准 EDTA 溶液滴定,终点由红紫变亮黄,记下消耗 EDTA 的毫升数 V_1。

3. Cu 的测定　吸取滤液 25.00mL 三份于三个锥形瓶中,用 2mol/L HCl 酸化,加入

10mLpH5.5 的 HAc-NaAc 缓冲液，加热至近沸，加 10mL 乙醇，加 PAN 指示剂 8 滴，用 EDTA 滴定至深蓝紫变为草绿色，记下消耗 EDTA 的毫升数 V_2。

五、实验结果及处理

实验结果填入表 5-7 和表 5-8。

表 5-7　Zn 的滴定结果

滴定次数	1	2	3
$V_{样品}$/mL			
消耗 V_1/mL			
$V_{样品}/V_1$			
$V_{样品}/V_1$(平均值)			
单次测定误差 d/mL			
相对平均偏差/%			

表 5-8　Cu 的滴定结果

滴定次数	1	2	3
$V_{样品}$/mL			
消耗 V_2/mL			
$V_{样品}/V_2$			
$V_{样品}/V_1$(平均值)			
单次测定误差 d/mL			
相对平均偏差/%			

1. 铜的计算　$\omega_{(Cu)}=c_{(EDTA)}\times(V_2-V_1)\times M_{(Cu)}\div m_{(试样)}\times100\%$

2. 锌的计算　$\omega_{(Zn)}=c_{(EDTA)}\times V_1\times M_{(Zn)}\div m_{(试样)}\times100\%$

【注意事项】

1. 掩蔽 Cu 需在弱酸性介质中进行。因 $Na_2S_2O_3$ 遇酸分解而析出 S：

$$S_2O_3^{2-}+H^+\longrightarrow H_2SO_3+S\downarrow$$

故酸性不能过强，并在加入 $Na_2S_2O_3$ 摇匀后随即加入 HAc-NaAc 缓冲液，就可避免上述反应发生。$Na_2S_2O_3$ 掩蔽 Cu 的反应如下：

$$2Cu^{2+}+2S_2O_3^{2-}\longrightarrow 2Cu^++S_4O_6^{2-}$$

Cu^{2+}过量 $S_2O_3^{2-}$ 络合生成无色可溶性 $Cu_2(S_2O_3)_2^{2-}$ 络合物，此络合物在 pH>7 时不稳定。

2. 在 pH5.5 时，用 XO 作指示剂比用 PAN 作指示剂终点变色敏锐。这是因为 Zn-XO 的条件稳定常数($\lg K'=5.7$)比 Zn-PAN 的大之故，滴定至终点后几分钟，会由亮黄转为橙红，这可能是 Cu^+被慢慢氧化为 Cu^{2+}后与 XO 络合之故，对滴定无影响。

3. PAN 与 Cu^{2+}络合为红色，游离 PAN 为黄色，Cu-EDTA 络合物为蓝色，故终点变化不是从红→黄，而是蓝紫(蓝+红)变草绿(蓝+黄)。又由于 Cu-PAN 络合物水溶性较差，终点时 Cu-PAN 与 EDTA 交换较慢，故临终点时滴定要慢。

六、思考题

1. 解释硫代硫酸钠掩蔽 Cu^{2+} 的原因。
2. 为什么滴定时 pH 要控制在 5～6？

实验八　维生素 C（抗坏血酸）含量的测定

一、实验目的

1. 了解用 2,6-二氯酚靛酚测定维生素 C 的方法。
2. 掌握片剂测定的前处理方法。

二、方法原理

维生素 C 是人类营养中最重要的维生素之一，它与体内其他还原剂共同维持细胞正常的氧化还原电势和有关酶系统的活性。维生素 C 能促进细胞间质的合成，如果人体缺乏维生素 C 时则会出现维生素 C 缺乏症（坏血病），因而维生素 C 又称为抗坏血酸。水果和蔬菜是人体抗坏血酸的主要来源。不同栽培条件、不同成熟度和不同的加工贮藏方法，都可以影响水果、蔬菜的抗坏血酸含量。测定抗坏血酸含量是了解果蔬品质高低及其加工工艺成效的重要指标。

2,6-二氯酚靛酚是一种染料，在碱性溶液中呈蓝色，在酸性溶液中呈红色。抗坏血酸具有强还原性，能使 2,6-二氯酚靛酚还原褪色，本身成为脱氢抗坏血酸。其反应如下：

抗坏血酸　+　(蓝色)　$\underset{H^+}{\overset{HO^-}{\rightleftharpoons}}$　2,6-二氯酚靛酚（红色）

→　脱氢抗坏血酸　+　还原型2,6-二氯酚靛酚（红色）

当用2,6-二氯酚靛酚滴定含有抗坏血酸的酸性溶液时,滴下的2,6-二氯酚靛酚被还原成无色;当溶液中的抗坏血酸全部被氧化成脱氢抗坏血酸时,滴入的2,6-二氯酚靛酚立即使溶液呈现红色。因此用这种染料滴定抗坏血酸至溶液呈淡红色即为滴定终点,根据染料消耗量即可计算出样品中还原型抗坏血酸的含量。

三、主要试剂和仪器

1. 试剂　草酸,1%水溶液;碘标准溶液,0.050 00mol/L;淀粉,0.1%溶液;抗坏血酸溶液(1.000 0mg/mL),称取纯抗坏血酸2.500 0g溶于适量水,加入10mL 1%草酸,稀释至250mL,得10.00mg/mL溶液,临用时用容量瓶稀释10倍得1.000 0mg/mL溶液;2,6-二氯酚靛酚溶液(0.25%水溶液),称取2,6-二氯酚靛酚0.5g,溶于200mL含有0.5g $NaHCO_3$ 的沸水中,待冷,放置冰箱中过夜。次日过滤,稀释至250mL,摇匀。冰箱保存。

2. 仪器　滴定管,1支;移液管,25mL、10mL各1支;锥形瓶,250mL,3个;烧杯,250mL,1个;量筒,100mL、25mL、10mL各1个;试剂瓶,500mL塑料瓶1个;容量瓶,250mL、100mL各1个;玻璃研钵,1套;吸量管,5mL。

四、实验步骤

1. 抗坏血酸溶液浓度的标定　准确吸取25.00mL 10.00mg/mL抗坏血酸溶液于250mL锥形瓶中,加1mL 0.1%淀粉溶液指示剂,然后用0.050 00mol的碘标准溶液滴定至溶液出现稳定的蓝色并在15 s内不褪色即为终点。根据碘标准溶液的用量计算抗坏血酸的质量浓度(mg/mL)。

2. 2,6-二氯酚靛酚溶液浓度的标定　准确吸取25.00mL抗坏血酸标准溶液于250mL锥形瓶中,加25mL 1%草酸溶液,然后用2,6-二氯酚靛酚溶液滴定至溶液呈红色,并在15s内不褪色,即为终点。根据抗坏血酸溶液的浓度及2,6-二氯酚靛酚溶液的用量,计算2,6-二氯酚靛酚溶液对抗坏血酸的滴定度T。

3. 维生素C片剂中抗坏血酸含量的测定　取2片维生素C片,用少量水润湿后研磨,全部转移入100mL容量瓶中,用蒸馏水稀释至刻度。干过滤(最初20mL滤液弃去不用)。吸取滤液3.00mL于250mL锥形瓶,加25mL 1%草酸溶液,用已标定的2,6-二氯酚靛酚溶液滴定至溶液呈红色,并在15s内不褪色即为终点。根据滴定剂用量,计算维生素C片中抗坏血酸的含量(以mg/片表示)。

【注意事项】

1. 抗坏血酸溶液在空气中易氧化,在草酸溶液中将大大增加其稳定性,故抗坏血酸溶液内应含少量草酸。

2. 本方法中2,6-二氯酚靛酚与抗坏血酸的反应迅速,而一般杂质的还原速度较抗坏血酸的缓慢,这样就提高了方法的选择性,且方法简便易行。但它的不足之处是只能测定还原性的抗坏血酸,而样品中若同时存在具有相同生理活性的脱氢抗坏血酸时,则不能与2,6-二氯酚靛酚反应。

3. 2,6-二氯酚靛酚溶液不稳定,每周至少标定一次。

五、思考题

1. 干过滤时,为何要弃去最初部分的滤液?

2. 碘标准溶液可否直接配制?

实验九　注射液中葡萄糖含量的测定(碘量法)

一、实验目的

1. 掌握碘标准溶液、$Na_2S_2O_3$ 溶液的配制、保存及标定方法。
2. 熟悉间接碘量法测定葡萄糖含量的方法和原理。

二、实验原理

碘量法是氧化还原滴定中常用的测定方法之一，在碘量法中，常用的两种试剂是 I_2 和 $Na_2S_2O_3$。纯 I_2 可以作为基准物质使用，按照直接法来配制标准溶液。

碘量法均采用淀粉溶液指示终点，本实验使用的是间接碘量法，使碘与淀粉形成的蓝色物质颜色褪去作为滴定终点的达到，指示剂应该在临近终点时加入。

碱性溶液中，I_2 可歧化成 IO^- 和 I^-，IO^- 能定量地将葡萄糖($C_6H_{12}O_6$)氧化成葡萄糖酸($C_6H_{12}O_7$)，未与 $C_6H_{12}O_6$ 作用的 IO^- 进一步歧化为 IO_3^- 和 I^-，溶液酸化后，IO_3^- 又与 I^- 作用析出 I_2，用 $Na_2S_2O_3$ 标准溶液滴定析出的 I_2，由此可计算出 $C_6H_{12}O_6$ 的含量，有关反应式如下：

1. I_2 的歧化

$$I_2+2OH^- = IO^-+I^-+H_2O$$

2. $C_6H_{12}O_6$ 和 IO^- 定量作用

$$C_6H_{12}O_6+IO^- = I^-+C_6H_{12}O_7$$

3. 总反应式

$$I_2+C_6H_{12}O_6+2OH^- = C_6H_{12}O_7+2I^-+H_2O$$

4. $C_6H_{12}O_6$ 作用完后，剩下未作用的 IO^- 在碱性条件下发生歧化反应

$$3IO^- = IO_3^-+2I^-$$

5. 在酸性条件下

$$IO_3^-+5I^-+6H^+ = 3I_2+3H_2O$$

6. 析出过量的 I_2 可用标准 $Na_2S_2O_3$ 溶液滴定

$$I_2+2S_2O_3^{2-} = 2I^-+S_4O_6^{2-}$$

由以上反应可以看出 1 分子葡萄糖与 1 分子 NaIO 作用，而 1 分子 I_2 产生 1 分子 NaIO，也就是 1 分子葡萄糖与 1 分子 I_2 相当。由此可以作为定量计算葡萄糖含量的依据。

三、主要试剂及仪器

1. 试剂　KI 固体；10%KI 溶液；$Na_2S_2O_3$ 标准溶液(0.1mol/L)，称取 13g $Na_2S_2O_3 \cdot 5H_2O$ 溶于 500mL 新煮沸且刚冷却的蒸馏水中，加入约 0.1g Na_2CO_3；HCl 溶液(6mol/L)；NaOH 溶液(2mol/L)；葡萄糖注射液(0.50%)；$K_2Cr_2O_7$ 标准溶液；淀粉溶液(0.5%)，称取 0.5g 可溶性淀粉，用少量水调成糊状，慢慢加入 100mL 沸腾的蒸馏水中，继续煮沸至溶液透明为止。

2. 仪器　碱式滴定管，50mL；移液管，25.00mL；烧杯，100mL；容量瓶，250.00mL。

四、实验步骤

1. 0.017mol/L $K_2Cr_2O_7$ 溶液的配制　电子天平上称量 1.25~1.5g $K_2Cr_2O_7$ 于小烧杯中，

溶解定容于 250mL 容量瓶中。

2. 0.05mol/L I_2 标准溶液的配制和浓度测定

(1)配制：称取 3.2g I_2 于小烧杯中，加 6g KI，先用约 30mL 水溶解，待 I_2 完全溶解后，稀释至 250mL，摇匀，贮于棕色瓶中，放至暗处保存。

(2)标定 $Na_2S_2O_3$ 溶液：移取 25.00mL 0.017mol/L $K_2Cr_2O_7$ 溶液于 250mL 锥形瓶中，加入 10mL 10% KI 溶液和 5mL 6mol/L HCl(注意：不可 3 份同时加入)，用表面皿盖上瓶口，摇匀，于暗处放置 5min。取出后，加入 50~100mL 蒸馏水(稀释的原因是减少溶液中过量 I^- 被氧化的速度；避免 $Na_2S_2O_3$ 的分解反应)，立刻用需标定的 $Na_2S_2O_3$ 溶液滴定至试液为黄绿色(为什么?)，加入 2mL 淀粉溶液(避免较多的 I_2 与淀粉结合)，继续滴定至蓝色消失(溶液为亮绿色)，即为终点，记录所消耗滴定剂的体积，平行测定 3 次，求出 $Na_2S_2O_3$ 溶液浓度。

(3)I_2 标准溶液的浓度测定：移取 25.00mL I_2 溶液于 250mL 锥形瓶中，加 50mL 蒸馏水稀释，用已标定好的 $Na_2S_2O_3$ 标准溶液滴定至溶液呈浅黄色，再加入 2mL 淀粉溶液，继续滴定至蓝色刚好消失即为终点。记下消耗的 $Na_2S_2O_3$ 溶液体积。平行测定 3 份，计算 I_2 溶液的浓度。

3. 葡萄糖含量的测定　移取 10.00mL 稀释后的葡萄糖注射液(0.5%)于 250mL 锥形瓶中，准确加入 0.05mol/L I_2 标准溶液 25.00mL(记录准确读数)，慢慢滴加 2mol/L NaOH (如果滴加 NaOH 过快就会使生成的 IO^- 来不及氧化葡萄糖就发生了歧化反应，生成了不与葡萄糖反应的 I^- 和 IO_3^-，使测定结果偏低)。边加边摇，直至溶液呈淡黄色(加碱的速度不能过快，否则生成的 IO^- 来不及氧化 $C_6H_{12}O_6$，使测定结果偏低)。用小表面皿将锥形瓶盖好，放置 10~15min。然后加 2mL 6mol/L HCl 使溶液呈酸性，并立即用 $Na_2S_2O_3$ 溶液滴定，至溶液呈浅黄色时，加入淀粉指示剂 2mL，继续滴至蓝色刚好消失即为终点，记下滴定读数。平行滴定 3 份，计算葡萄糖的含量。

五、数据记录与处理

将实验数据和计算结果填入表 5-9、表 5-10 和表 5-11，按下列式(5-1)进行计算。根据滴定所消耗的体积分别计算 $Na_2S_2O_3$ 溶液、I_2 标准溶液的浓度和葡萄糖含量，并计算 3 次测定结果的相对标准偏差。对标定结果要求相对标准偏差<0.2%，对测定结果要求相对标准偏差<0.3%。

$$C_6H_{12}O_6\%(W/V)=\frac{(2c_{I_2}\cdot V_{I_2}-c_{Na_2S_2O_3}\cdot V_{Na_2S_2O_3})\times M_{C_6H_{12}O_6}}{2\,000\times 25.00}\times 100 \tag{5-1}$$

表 5-9　$Na_2S_2O_3$ 溶液浓度

滴定编号	1	2	3
$V_{Na_2S_2O_3}$/mL			
$c_{Na_2S_2O_3}$/(mol·L^{-1})			
平均浓度			
相对标准偏差			

表 5-10　I_2 标准溶液的浓度测定

滴定编号	1	2	3
$V_{Na_2S_2O_3}$/mL			
c_{I_2}/(mol·L^{-1})			
平均浓度			
相对标准偏差			

表 5-11　葡萄糖含量的测定

滴定编号	1	2	3
$V_{Na_2S_2O_3}$/mL			
葡萄糖的浓度/(mol·L^{-1})			
平均浓度			
相对标准偏差			

【注意事项】

1. $Na_2S_2O_3$ 标准溶液(0.1mol/L)　硫代硫酸钠($Na_2S_2O_3 \cdot 5H_2O$)一般都含有少量 S、Na_2SO_4、Na_2CO_3 及 NaCl 等杂质,同时还容易风化和潮解,通常先配制近似浓度的 $Na_2S_2O_3$ 溶液,用间接碘量法来标定 $Na_2S_2O_3$ 溶液的浓度。$Na_2S_2O_3$ 溶液不稳定,容易与空气中的氧气、水中的 CO_2 作用,以及微生物作用分解,导致浓度的变化。因此需用新煮沸后冷却好的蒸馏水配制;配制好的 $Na_2S_2O_3$ 溶液应贮于棕色瓶中,放置暗处,长时间不用应重新进行标定。

$Na_2S_2O_3$ 不能用直接配制法配制的主要原因是:

(1)细菌或微生物的作用:$S_2O_3^{2-} = S + SO_3^{2-}$

(2)水中 CO_2 的作用:$S_2O_3^{2-} + CO_2 + H_2O = HSO_3^- + S + HCO_3^-$

(3)空气的氧化作用:$2S_2O_3^{2-} + O_2 = 2SO_4^{2-} + 2S$

2. I_2 标准溶液的配制　I_2 微溶于水中,一般在配制 I_2 标准溶液时常将 I_2 溶解于 KI 溶液中,由于溶解度大大增加,使得 I_2 的挥发性大为减小,配好的 I_2 标准溶液应储存于棕色玻璃瓶中,置冷暗处保存,防止 I_2 的升华。

3. $Na_2S_2O_3$ 溶液滴定 I_2 标准溶液至终点,试液放置 5~10min 会变蓝,这是由于溶液中过量 I^- 被空气氧化的缘故。如滴定后试液变蓝且不断加深,则说明 $S_2O_3^{2-}$ 与 I^- 的反应不完全,稀释溶液过早,应重做。

4. 在标定和滴定时,在加入淀粉前尽可能将溶液滴定到浅黄色。

5. 滴加碱时速度不能太快,同时摇动溶液时也要注意控制力道。

六、思考题

1. 配制 I_2 溶液时为何加入 KI? 为何要先用少量水溶解后再稀释至所需体积?

2. 为什么在氧化葡萄糖时加碱的速度要慢,且加完后要放置一段时间,而在酸化后要立即用 $Na_2S_2O_3$ 滴定?

实验十　过氧化氢含量的测定

一、实验目的

1. 掌握 $KMnO_4$ 溶液的配制与标定方法，了解自催化反应。
2. 学习 $KMnO_4$ 法测定 H_2O_2 的原理和方法。
3. 了解 $KMnO_4$ 自身指示剂的特点。

二、实验原理

在稀硫酸溶液中，H_2O_2 在室温下能定量、迅速地被高锰酸钾氧化，因此，可用高锰酸钾法测定其含量，有关反应式为：

$$5H_2O_2+2MnO_4^-+6H^+ = 2Mn^{2+}+5O_2\uparrow+8H_2O$$

该反应在开始时比较缓慢，滴入的第 1 滴 $KMnO_4$ 溶液不容易褪色，待生成少量 Mn^{2+} 后，由于 Mn^{2+} 的催化作用，反应速率逐渐加快。化学计量点后，稍微过量的滴定剂 $KMnO_4$（约 10^{-6}mol/L）呈现微红色指示终点的到达。根据 $KMnO_4$ 标准溶液的浓度和滴定所消耗的体积，可算出试样中 H_2O_2 的含量。

$KMnO_4$ 溶液的浓度可用基准物质 As_2O_3、纯铁丝或 $Na_2C_2O_4$ 等标定。若以 $Na_2C_2O_4$ 标定，其反应式为

$$5C_2O_4^{2-}+2MnO_4^-+16H^+ = 2Mn^{2+}+10CO_2\uparrow+8H_2O$$

过氧化氢在工业、生物、医药等方面应用广泛。它可用于漂白毛、丝织物及消毒杀菌；纯 H_2O_2 能做火箭燃料的氧化剂；工业上可利用 H_2O_2 的还原性除去氯气；在生物方面，则可利用过氧化氢酶对 H_2O_2 分解反应的催化作用来测量过氧化氢酶的活性。由于过氧化氢有着这样广泛的应用，故常需测定它的含量。

三、主要试剂和仪器

1. 试剂　$Na_2C_2O_4$ 基准试剂，在 105～115℃ 条件下烘干 2h 备用；$KMnO_4$ 标准溶液，0.02mol/L；H_2SO_4 溶液，3mol/L；H_2O_2 溶液，30g/L，市售 30%H_2O_2 稀释 10 倍而成，贮存在棕色试剂瓶中。

2. 仪器　台秤；天平；锥形瓶；移液管；酸式滴定管。

四、实验步骤

1. $KMnO_4$ 溶液的标定　准确称取 0.15～0.2g $Na_2C_2O_4$ 基准物质 3 份，分别置于 250mL 锥形瓶中，向其中各加入 30mL 蒸馏水使之溶解，再各加入 15mL 3mol/L H_2SO_4 溶液，然后将锥形瓶置于水浴上加热至 75～85℃（刚好冒蒸气），趁热用待标定的 $KMnO_4$ 溶液滴定至溶液呈微红色并保持 30s 不褪色即为终点。平行滴定 3 份，根据标定消耗的 $KMnO_4$ 溶液的体积和 $Na_2C_2O_4$ 的量，计算 $KMnO_4$ 溶液的浓度。

$$c_{KMnO_4}=\frac{2}{5}\times\left(\frac{m}{M}\times 1\,000\right)\times\frac{1}{V_{KMnO_4}}(\text{mol/L})$$

2. H_2O_2 含量的测定　用移液管移取 10.00mL 30g/L H_2O_2 试样于 250mL 容量瓶中，加蒸馏水稀释至刻度，摇匀。移取 25.00mL 该稀溶液 3 份，分别置于 250mL 锥形瓶中，各加 30mL H_2O 和 30mL 3mol/L H_2SO_4 溶液，然后用已标定的 $KMnO_4$ 标准溶液滴至溶液呈微红色并在 30s 内不消失，即为终点。如此平行滴定 3 份，根据 $KMnO_4$ 标准溶液的浓度和滴定消耗的体积计算 H_2O_2 试样的质量浓度。

$$\rho_{H_2O_2}(\text{g}\cdot\text{L}^{-1})=\frac{\frac{5}{2}(cV)_{KMnO_4}\times M_{H_2O_2}}{V_s\times\frac{1}{10}}$$

五、数据记录与处理

数据记录于表 5-12 和表 5-13。

表 5-12　$KMnO_4$ 溶液的标定

项目	次数		
	1	2	3
$m_{Na_2C_2O_4}$/g			
V_{KMnO_4}/mL			
c_{KMnO_4}/(mol·L^{-1})			
平均浓度/(mol·L^{-1})			
相对偏差/%			
平均相对偏差/%			

表 5-13　H_2O_2 含量的测定

项目	次数		
	1	2	3
$V_{H_2O_2}$/mL			
V_{KMnO_4}/mL			
$\rho_{H_2O_2}$/(g·L^{-1})			
平均值/(g·L^{-1})			
相对偏差/%			
平均相对偏差/%			

六、思考题

1. 配制 $KMnO_4$ 溶液应注意些什么？用基准物质 $Na_2C_2O_4$ 标定 $KMnO_4$ 时，应在什么条件下进行？

2. 用 $KMnO_4$ 法测定 H_2O_2 含量时，能否用 HNO_3 溶液、HCl 溶液或 HAc 溶液来调节溶液酸度？为什么？

3. 用 $KMnO_4$ 法测定 H_2O_2 含量时，能否在加热条件下滴定？为什么？

4. 配制 $KMnO_4$ 溶液时，过滤后滤器上黏附的物质是什么？应选用什么物质清洗干净？

5. H_2O_2 有什么重要性质？使用时应注意什么？

实验十一 水样中化学需氧量(COD)测定($KMnO_4$ 法)

一、实验目的

1. 了解并掌握高锰酸钾标准溶液的配制及标定方法。
2. 掌握 $KMnO_4$ 法测定天然水样 COD 的原理、滴定条件和操作步骤。

二、实验原理

化学需氧量(chemical oxygen demand，COD)是在一定条件下，采用一定的强氧化剂处理水样时所消耗的氧化剂的量；它是衡量水中还原性物质多少的一个指标。COD 越大，说明水体被污染的程度越严重。

水样 COD 的测定，会因加入氧化剂的种类和浓度、反应溶液的温度、酸度和时间，以及催化剂的存在与否而得到不同的结果。因此，COD 是一个条件性的指标，必须严格按操作步骤进行测定。COD 的测定有几种方法，对于污染较严重的水样或工业废水，一般用重铬酸钾法或库仑法；对于一般水样可以用高锰酸钾法。由于高锰酸钾法是在规定条件下所进行的反应，所以水中有机物只能部分被氧化，并不是理论上的全部需氧量，也不能反映水体中总有机物的含量。因此，常用“高锰酸盐指数”这一术语作为水质的一项指标，以有别于重铬酸钾法测定的化学需氧量。高锰酸钾法分为酸性法和碱性法两种，本实验以酸性法测定水样的化学需氧量——高锰酸盐指数，以每升多少毫克 O_2 表示。

水样加入硫酸酸化后，加入一定量的 $KMnO_4$ 溶液，并在沸水浴中加热反应一定时间。然后加入过量的 $Na_2C_2O_4$ 标准溶液，使之与剩余的 $KMnO_4$ 充分作用。再用 $KMnO_4$ 溶液回滴过量的 $Na_2C_2O_4$，通过计算求得高锰酸盐指数值。

水溶液中多数有机化合物都可以被氧化，但反应过程相当复杂，只能用下式表示其中的部分过程：

$$4MnO_4^- + 5C + 12H^+ = 4Mn^{2+} + 5CO_2\uparrow + 6H_2O$$

剩余的 $KMnO_4$ 用定量且过量的 $Na_2C_2O_4$ 还原，再用 $KMnO_4$ 溶液返滴定至溶液呈微红色为终点，反应如下：

$$2MnO_4^- + 5C_2O_4^{2-} + 16H^+ = 2Mn^{2+} + 10CO_2\uparrow + 8H_2O$$

MnO_4^- 与 $C_2O_4^{2-}$ 反应的注意事项：三度一点

三度：反应温度，70～80℃；温度低则反应慢；温度高则 $H_2C_2O_4$ 分解；

反应酸度，强酸性介质（硫酸介质），若酸度过低则 MnO_4^- 被还原为 MnO_2，酸度高则 $H_2C_2O_4$ 分解；

滴定速度，先慢后快再慢，一开始滴定速度要慢，否则 MnO_4^- 会分解。

$$4MnO_4^- + 12H^+ = 4Mn^{2+} + 5O_2\uparrow + 6H_2O$$

随着反应进行，生成的 Mn^{2+} 是反应的自催化剂，可使反应速度加快，临近滴定终点，反应速度接着放慢。

一点：滴定终点，滴定终点颜色出现 30s 不褪色即为终点到达。

三、试剂和仪器

1. 试剂　$KMnO_4$ 溶液（A 液），0.02mol/L；$KMnO_4$ 溶液（B 液），0.002mol/L；硫酸（1∶3）；草酸钠基准试剂（在 105～110℃烘干 1h，并冷却）。

2. 仪器　水浴装置；锥形瓶；台秤；电子天平；烧杯，250mL，500mL；锥形瓶，250mL；移液管，25mL；容量瓶，250mL，500mL；量筒，50mL；洗瓶；酸碱滴定管；胶头滴管；玻璃棒；镊子；烘箱；称量瓶；小烧杯，50mL。

四、实验步骤

1. 配制 150mL 0.02mol/L $KMnO_4$ 溶液（A 液）　在电子天平上称取 0.474g $KMnO_4$ 于 500mL 烧杯中，加入约 170mL 水，盖上表面皿，加热至沸并保持微沸状态 15～20min，中间可补充适量水，使溶液最后体积在 150mL 左右。于暗处放置 7～10d 后，用 G4A 号（国际标准 P16）微孔玻璃漏斗滤去溶液中的 MnO_2 等杂质，滤液贮存于有玻璃塞的棕色瓶中，摇匀后置于暗处保存，贴上标签。若将溶液煮沸后在沸水浴上保持 1h，冷却并过滤后即可进行标定。

2. 配制 500mL 0.002mol/L $KMnO_4$溶液（B 液）　用 50mL 的量筒量取 50.0mL A 液于 500mL 容量瓶，用新煮沸且刚冷却的蒸馏水稀释、定容并摇匀，避光保存，临时配制。

3. 配制 250mL 0.005mol/L $Na_2C_2O_4$ 标准溶液　准确称量 0.15～0.17g $Na_2C_2O_4$ 于小烧杯中，加适量水使其完全溶解后，以水定容于 250mL 容量瓶中。

4. COD 的测定　用量筒量取 100mL 充分搅拌的水样于锥形瓶中，加入 5mL H_2SO_4(1∶3)溶液和几粒玻璃珠（防止溶液暴沸），由滴定管加入 10.00mL $KMnO_4$ B 液，立即加热至沸腾。从冒出的第一个大气泡开始，煮沸 10.0min（红色不应褪去）。取下锥形瓶，放置 0.5～1min，趁热由碱式滴定管准确加入 $Na_2C_2O_4$ 标准溶液 25.00mL，充分摇匀，立即用 $KMnO_4$B 液进行滴定。随着试液的红色褪去加快，滴定速度亦可稍快，滴定至试液呈微红色且 30s 不褪去即为终点，消耗体积为 V_1，此时试液的温度应不低于 60℃。

5. 标定 B 液的浓度　取步骤 4 滴定完毕的水样，加入 H_2SO_4(1∶3)溶液 2mL，趁热（75～85℃）准确移入 10.00mL $Na_2C_2O_4$ 标准溶液，摇匀。再用 $KMnO_4$B 液滴定至终点，记录所用滴定剂的体积，体积记录为 V_2。

五、数据记录与处理

写出有关公式，将实验数据和计算结果填入表 5-14 中。计算出水中化学需氧量的大小，并计算 3 次测定结果的相对标准偏差。对标定结果要求相对标准偏差<0.2%，对测定结果要求相对标准偏差<0.3%。

表 5-14 数据记录表格

滴定编号	1	2	3
V_1/mL			
V_2/mL			
COD 值			
COD 平均值			
相对平均偏差			
相对标准偏差			

COD 计算公式如下：

$$COD(O_2,mg/L)=\frac{[(10+V_1)(10.00/V_2)-20]\times c_{Na_2C_2O_4}\times 16.00\times 1\,000}{V_{水样}(mL)}$$

【注意事项】

1. 在水浴加热完毕后，溶液仍应保持淡红色，如变浅或全部褪去，说明高锰酸钾的用量不够。此时，应将水样稀释倍数加大后再测定。

2. 水样采集后，应加入硫酸使 pH<2，抑制微生物繁殖并尽快分析，若确有必要可在 0~5℃的环境中保存，但不宜超过 2d。另外，根据水质污染情况，进行分析的水样体积可以适当变动 10~100mL，洁净透明的水样体积可以大一些，污染严重、浑浊的水样体积需要小一些，并适当补加蒸馏水。

3. 水的需氧量大小是水质污染程度的重要指标之一。它分为化学需氧量(COD)和生物需氧量(biological oxygen demand，BOD)两种。COD 反映了水体受还原性物质污染的程度，这些还原性物质包括有机物、亚硝酸盐、亚铁盐、硫化物等。水被有机物污染是很普遍的，因此，COD 也作为有机物相对含量的指标之一。

六、思考题

1. 配制 $KMnO_4$ 标准溶液时为什么要把 $KMnO_4$ 水溶液煮沸一定时间(或放置数天)？配制好的 $KMnO_4$ 溶液为什么要过滤后才能保存？过滤时是否能用滤纸？

2. 配好的 $KMnO_4$ 溶液为什么要装在棕色瓶中(如果没有棕色瓶应该怎样办？)并放置暗处保存？

3. 用 $Na_2C_2O_4$ 标定 $KMnO_4$ 溶液浓度时，或用 $KMnO_4$ 法测定水样 COD 时，为什么必须在大量 H_2SO_4(可以用 HCl 或 HNO_3 溶液吗？)存在的条件下进行？酸度过高或过低有无影响？为什么要加热至 75~85℃后才能滴定？溶液温度过高或过低有什么影响？

4. 水样中 Cl^- 含量高时为什么对测定有干扰？应如何消除？

实验十二　氯化物中氯的测定(莫尔法)

一、实验目的

1. 学会 $AgNO_3$ 标准溶液的配制和标定。

2. 掌握莫尔法测定氯的原理和方法。

二、实验原理

可溶性氯化物中氯含量的测定常采用莫尔法。此方法是在中性或弱碱性溶液中,以 K_2CrO_4 为指示剂,用 $AgNO_3$ 标准溶液进行滴定。Ag^+先与 Cl^-生成白色沉淀,过量一滴 $AgNO_3$ 溶液即与指示剂 CrO_4^{2-} 生成 Ag_2CrO_4 砖红色沉淀,指示终点,主要反应如下:

$$Ag^+ + Cl^- \rightleftharpoons AgCl\downarrow (白) \qquad K_{sp} = 1.8\times10^{-10}$$

$$2Ag^+ + CrO_4^{2-} \rightleftharpoons Ag_2CrO_4\downarrow (砖红) \qquad K_{sp} = 2.0\times10^{-12}$$

最适宜的 pH 范围是 6.5~10.5,如有 NH_4^+ 存在,则 pH 需控制在 6.5~7.2。

指示剂的用量对滴定有影响,一般以 5×10^{-3}mol/L 为宜。有时须作指示剂的空白校正,取 2mL K_2CrO_4 溶液,加水 100mL,加与 AgCl 沉淀量相当的无 Cl^-的 $CaCO_3$,以制成和实际滴定相似的浑浊液,滴入 $AgNO_3$ 溶液至与终点颜色相同。

凡能与 Ag^+生成微溶性沉淀或络合物的阴离子都可干扰测定,如 PO_4^{3-}、AsO_4^{3-}、SO_3^{2-}、S^{2-}、CO_3^{2-}、$C_2O_4^{2-}$等。大量 Cu^{2+}、Co^{2+}、Ni^{2+}等有色离子影响终点的观察。Ba^{2+}、Pb^{2+}能与 CrO_4^{2-}生成 $BaCrO_4$及 $PbCrO_4$沉淀,也干扰滴定。Ba^{2+}的干扰可通过加入过量的 Na_2SO_4消除。Al^{3+}、Fe^{3+}、Bi^{3+}、Sn^{4+}等高价金属离子在中性或弱碱性溶液中发生水解,也会产生干扰。

三、主要试剂和仪器

1. 试剂　NaCl 基准试剂,使用前在 500~600℃灼烧 30min,置于干燥器中冷却;$AgNO_3$,分析纯;K_2CrO_4 溶液,5%;NaCl 试样,粗食盐;$AgNO_3$ 溶液,0.1mol/L。

2. 仪器　电子天平;烧杯,250mL,500mL;锥形瓶,250mL;移液管,25mL;容量瓶,250mL;洗瓶;酸碱滴定管;胶头滴管;玻璃棒;镊子;烘箱;称量瓶;小烧杯,50mL。

四、实验步骤

1. 0.02mol/LNaCl 标准溶液的配制　准确称取 0.23~0.25g 基准试剂 NaCl 于小烧杯中,用蒸馏水溶解后,转移至 250mL 容量瓶中,稀释至刻度,摇匀,定容。

2. 0.02mol/L $AgNO_3$ 溶液的配制及标定　称取 1.7g $AgNO_3$,溶解于 500mL 不含 Cl^-的蒸馏水中,贮于带玻璃塞的棕色试剂瓶中,放置暗处保存。

准确移取 NaCl 标准溶液 25.00mL 于 250mL 锥形瓶中,加水 25mL,5% K_2CrO_4 1mL,在不断摇动下,用 $AgNO_3$ 溶液滴定至溶液呈砖红色,即为终点。平行测定 3 份,计算 $AgNO_3$ 溶液的准确浓度。

3. 氯含量的测定　准确称取 0.25~0.27g NaCl 试样于小烧杯中,加水溶解后,定容于 250mL 容量瓶中。

准确移取 25.00mL NaCl 试液于 250mL 锥形瓶中，加水 25mL，5% K_2CrO_4 1mL。在不断摇动下，用 $AgNO_3$ 标准溶液滴定至溶液呈砖红色，即为终点。平行测定 3 份，计算试样中氯含量。

实验结束后，盛装 $AgNO_3$ 的滴定管应先用蒸馏水冲洗 2~3 次，再用自来水冲洗，以免产生 AgCl 沉淀，难以洗净。含银废液应予以回收，不得随意倒入水槽。

五、数据记录与处理

将实验数据及结果填入表 5-15 中，根据下列公式(5-2)(5-3)进行计算。

表 5-15 数据处理结果

项目	序号		
	1	2	3
m_{NaCl}/g			
V_{AgNO_3}初读数/mL			
V_{AgNO_3}终读数/mL			
V_{AgNO_3}/mL			
c_{AgNO_3}/(mol·L^{-1})			
$\bar{c}_{AgNO_3}$/(mol·L^{-1})			
$\|d_i\|$			
相对平均偏差/%			

计算公式：

$$\bar{c}_{AgNO_3}=\frac{m_{NaCl}\times 1\,000}{M_{NaCl}\times 4\times \bar{V}_{AgNO_3}} \tag{5-2}$$

$$\bar{w}_{Cl}=\frac{\bar{c}_{AgNO_3}\times \bar{V}_{AgNO_3}\times M_{Cl}\times 10}{1\,000\times m_s}\times 100\% \tag{5-3}$$

【注意事项】

沉淀滴定法中常用的银量法是一种滴定终点的确定方法。在含有 Cl^- 的中性或弱碱性溶液中，以 K_2CrO_4 作指示剂，用 $AgNO_3$ 标准溶液滴定 Cl^-。由于 AgCl 的溶解度比 K_2CrO_4 小，根据分步沉淀原理，溶液中实现析出 AgCl 白色沉淀。当 AgCl 定量沉淀完全后，稍过量的 Ag^+ 与 CrO_4^- 生成砖红色的 Ag_2CrO_4 沉淀，从而指示站点的到达。除莫尔法之外，还有佛尔哈德法和法扬司法。

六、思考题

1. K_2CrO_4 指示剂的浓度太大或太小，对测定 Cl^- 有何影响？
2. 莫尔法测 Cl^- 时，溶液的 pH 应控制在什么范围？为什么？
3. 滴定过程中为什么要充分摇动溶液？

实验十三 EDTA 标准溶液配制、标定及水中钙镁离子含量的测定

一、实验目的

1. 掌握标定 EDTA 的基本原理及方法。
2. 了解缓冲溶液的应用，水的硬度测定意义和常用硬度表示方法。
3. 掌握 EDTA 法测定水的硬度的原理、方法和计算。
4. 掌握络合滴定指示剂的应用，了解金属指示剂的特点。
5. 熟练掌握吸量管和容量瓶的基本操作。

二、实验原理

乙二胺四乙酸二钠盐简称 EDTA，由于 EDTA 与大多数金属离子形成稳定的 1∶1 型螯合物，故常用作配位滴定的标准溶液。标定 EDTA 溶液的基准物有 Zn，ZnO，$CaCO_3$，Cu，Bi，$MgSO_4 \cdot 7H_2O$，Ni，Pb 等。通常选用的标定条件应尽可能与测定条件一致，以免引起系统误差，如果用被测元素的纯金属或化合物作基准物质就更为理想。常见用纯金属锌作基准物标定 EDTA，可以用铬黑 T 作指示剂，用氨缓冲溶液，在 pH = 10 进行标定。也可用钙指示剂、二甲酚橙作指示剂，用六亚甲基四胺调节酸度，在 pH 5~6 时进行标定。

本实验中采用 $CaCO_3$ 作为基准物，用 HCl 把 $CaCO_3$ 溶解制成钙标准溶液，用 K-B 指示剂（两种指示剂复配而成，可以使颜色变化更明显）指示滴定终点。在氨性缓冲溶液（pH = 10）中用 EDTA 溶液滴定至溶液由紫红色变成蓝绿色为终点。

滴定前 Ca^{2+} + In ══ CaIn

纯蓝色 酒红色

滴定开始至终点前 Ca^{2+} + Y ══ CaY

终点时 CaIn + Y ══ CaY + In

酒红色 纯蓝色

水的硬度主要是指水中含有的钙盐和镁盐，其他金属离子如铁、铝、锰、锌等离子也形成硬度，但一般含量甚少，测定工业用水总硬度时可忽略不计。测定水的硬度常采用配位滴定法，用乙二胺四乙酸二钠盐（EDTA）溶液滴定水中 Ca、Mg 总量，然后换算为相应的硬度单位。若水样中存在 Fe^{3+}、Al^{3+}等微量杂质时，可用三乙醇胺进行掩蔽，Cu^{2+}、Pb^{2+}、Zn^{2+}等重金属离子可用 Na_2S 或 KCN 掩蔽。

水的硬度常以氧化钙的量来表示。各国对水的硬度表示不同，我国采用的硬度表示方法是以 $CaCO_3$mg/L 表示。

在与标定 EDTA 标准溶液相同的实验条件下，用已知准确浓度的 EDTA 溶液滴定水样，计算水样中 Ca^{2+}，Mg^{2+}的总含量。如需分别得到 Ca 含量和 Mg 含量，可以用同等分的水样调节 pH 至 12~13，使镁离子沉淀下来再去同样滴定出 Ca 含量，两者差减即可得到 Mg 含量。

三、仪器与试剂

1. 试剂 乙二胺四乙酸二钠（$Na_2H_2Y \cdot 2H_2O$，AR，Mr = 372.24）；$CaCO_3$（GR，Mr = 100.09）；

铬黑 T 指示剂;1∶1 的盐酸($V:V$);1∶1 氨水;$NH_3 \cdot H_2O-NH_4Cl$ 缓冲溶液(pH≈10,称取固体氯化铵 67g 溶于少量水中,加浓氨水 570mL,用水稀释至 1L)。

2. 仪器　酸式滴定管,250mL;台秤;分析天平;锥形瓶;移液管,25mL;容量瓶,250mL;烧杯;试剂瓶;量筒,100mL;表面皿。

四、实验内容

1. 0.01mol/L EDTA 标准溶液的配制　称取 1.8~2.0g 分析纯的乙二胺四乙酸二钠溶于 100mL 温水中,再加入 400mL 水,摇匀。如需久贮,最好贮存于聚乙烯塑料瓶中为佳。

2. 0.01mol/L $CaCO_3$ 标准溶液的配制　准确称量 0.26~0.30g 基准 $CaCO_3$,置于 50mL 烧杯中,慢慢滴加 1∶1 HCl 5mL 使 $CaCO_3$ 完全溶解,定量转移到 250.0mL 容量瓶中,3 次洗涤烧杯的水都要转入,最后定容到 250.0mL。

3. EDTA 溶液浓度的标定　准确量取 25.00mL 钙标准溶液于锥形瓶中,加入 10mL 氨性缓冲溶液,再加入 3 滴铬黑 T 指示剂,用 EDTA 溶液(装在酸式滴定管中)滴定,滴定至溶液颜色由酒红色恰变为蓝色。至少平行测定 3 次,至相对平均偏差小于 0.2%为止。

4. 水样中 Ca^{2+}、Mg^{2+} 总量的测定　移取 150.0mL 自来水样于 250mL 锥形瓶中,加 5mL $NH_3 \cdot H_2O-NH_4Cl$ 缓冲溶液,5mL 1∶1 三乙醇胺(有重金属离子时加 1mL 2% Na_2S 溶液),再加 3 滴铬黑 T 指示剂,用 0.01mol/L EDTA 标准溶液(装在酸式滴定管中)滴定,滴定至溶液颜色由酒红色恰变为蓝色。至少平行测定 3 次,注意接近终点时应慢滴多摇,至相对平均偏差小于 0.2%为止。

【注意事项】

1. 铬黑 T 对 Mg^{2+} 显色灵敏度高,对 Ca^{2+} 显色灵敏度低,当水样中 Ca^{2+} 含量高而 Mg^{2+} 很低时得到不敏锐的终点,这时可采用 K-B 混合指示剂。水样中含铁量超过 10mg/mL 时用三乙醇胺掩蔽有困难,需用蒸馏水将水样稀释到 Fe^{3+} 不超过 10mg/mL 即可。

2. 暂时硬度　水中含有钙、镁的酸式碳酸盐,遇热即成碳酸盐沉淀而失去其硬性:

$$Ca(HCO_3)_2 \longrightarrow CaCO_3(\text{完全})\downarrow + H_2O + CO_2\uparrow$$

$$Mg(HCO_3)_2 \longrightarrow MgCO_3(\text{不完全})\downarrow + H_2O + CO_2\uparrow$$

$$Mg(OH)_2\downarrow + CO_2\uparrow$$

3. 永久硬度　水中含有钙、镁的硫酸盐、氯化物、硝酸盐,在加热时亦不沉淀(但在锅炉运行温度下,溶解度低的可析出而成为锅垢)。

4. 暂时硬度和永久硬度总和称为"总硬"。由镁离子形成的硬度称为"镁硬",由钙离子形成的硬度称为"钙硬"。

5. 水中钙镁含量可用 EDTA 法测定。钙硬测定原理与以碳酸钙为基准物标定 EDTA 相同。总硬则以铬黑 T 为指示剂,控制溶液的酸度为 pH=10,用 EDTA 标液滴定。由 EDTA 溶液的浓度和体积即可计算出水的总硬;总硬-钙硬=镁硬。

6. 水的硬度表示法:表示方法有多种,随各国的习惯而有所不同,如德国度、法国度等,有将水中的盐类折算成碳酸钙而以碳酸钙的量作为硬度标准的,也有将盐类折算成氧化钙而以氧化钙的量来表示的(如:1 德国度=10mg/LCaO,1 法国度=10mg/L$CaCO_3$)。在我国发布的《生活饮用水卫生标准》(GB5749—2006)中,对饮用水的硬度的指标及限值为 450mg/L(以碳酸钙计)。

五、数据记录与处理

自行设计数据记录表格，以及计算公式。

计算 EDTA 溶液的浓度。计算水的总硬度，以 $CaCO_3$ mg/L 表示分析结果。要求相对平均偏差≤0.2%。

六、思考题

1. 配位滴定中为什么要加入缓冲溶液？
2. 配位滴定与酸碱滴定法相比，有哪些不同点？操作中应注意哪些问题？
3. EDTA 标准溶液和 Ca 标准溶液的配制方法有何不同？
4. 为什么标定 EDTA 时加入 10mL 缓冲液而测定水样时加入 5mL 就可以？

实验十四 邻二氮菲分光光度法测定 Fe 含量

一、实验目的

1. 学会分光光度法测定条件的选择。
2. 掌握测定微量 Fe 的方法。

二、实验原理

邻二氮菲是测定微量 Fe 的高灵敏、高选择性试剂，邻二氮菲分光光度法则是测定试样中微量 Fe 的通用方法。在 pH 2~9 的溶液中，邻二氮菲与 Fe^{2+} 生成稳定的橘红色配合物。

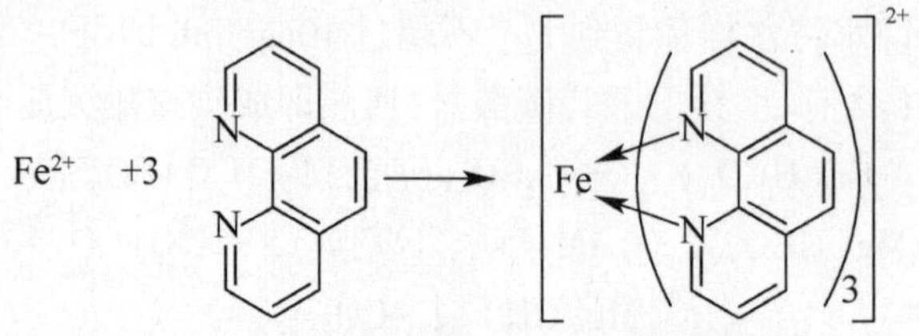

$$Fe^{2+} + 3\,(\text{phen}) \longrightarrow [Fe(\text{phen})_3]^{2+}$$

橘红色

该配合物的 $\log K = 21.3$（20℃），$\varepsilon_{508} = 1.1\times10^4$。邻二氮菲与 Fe^{3+} 也能生成 3∶1 的配合物，呈淡蓝色，其 $\log K = 14.10$。因此，在显色之前，需用盐酸羟胺或维生素 C 将 Fe^{3+} 还原成 Fe^{2+}。

$$2Fe^{3+} + 2NH_2OH \cdot HCl = 2Fe^{2+} + N_2\uparrow + 2H_2O + 4H^+ + 2Cl^-$$

本法的选择性很高，相当于 40 倍 Fe^{2+} 量的 Sn^{2+}，Al^{3+}，Ca^{2+} 和 Si_3^{2-}，20 倍的 Cr^{3+}，Mn^{2+}，V(v)，PO_4^{3-}，5 倍的 Co^{2+}，Cu^{2+} 等均不干扰测定，测定时控制溶液的酸度为 pH≈5 较为适宜。

分光光度法测定物质的含量时，工作波长，显色剂的用量，显色反应温度，显色时间，有色溶液的稳定性，溶液的酸度，反应进行的完全程度，溶剂以及共存离子的干扰等直接影响测定的灵敏度和准确度。因此，必须通过实验选择确定最佳条件。例如，在选择最佳工作波长时，在其他条件不变的条件下，只改变波长测定吸光度，并绘制吸光度-波长关系曲线（图 5-1）。此曲线叫吸收曲线，曲线上吸光度最大值所对应的波长称为最大吸收波长，用 λ_{max} 表示。为得到高灵敏度，通常以 λ_{max} 为工作波长；若在此波长下有干扰，则按“吸收最大，干扰最小”的原则选择适宜的波长作为工作波长。同样，可选择确定其他条件。

本实验通过对邻二氮菲-铁(Ⅱ)显色反应的几个基本条件实验，学习确定分光光度法测定条件的方法，并在所选条件下测定试样中铁的含量。

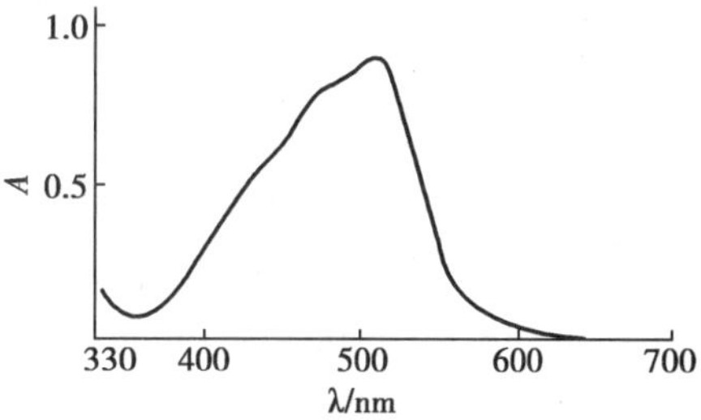

图 5-1　吸收曲线

三、试剂和仪器

1. 试剂　$Fe(NH_4)_2(SO_4)_2 \cdot 6H_2O$；浓 H_2SO_4；盐酸羟胺水溶液(10%)，2 周内有效；邻二氮菲水溶液(0.15%)，温水溶解，避光保存，2 周内有效；NaAc，1mol/L；NaOH，1mol/L。

其他用品：精密 pH 试纸；镜头纸等。

2. 仪器　722 型分光光度计；烧杯，50mL；容量瓶，500mL，50mL；量筒，10mL；吸量管，5mL，1mL。

四、实验内容

1. 0.100mg/mL Fe^{2+}标准溶液的配制　先把 5mL 浓 H_2SO_4 慢慢加到 25mL 水中，然后准确称取 0.351 0g $Fe(NH_4)_2(SO_4)_2 \cdot 6H_2O$ 溶于已准备好的 H_2SO_4 溶液中，定量转移到 500mL 容量瓶并用水稀释至刻度，摇匀。

2. 邻二氮菲分光光度法测定 Fe 的条件的研究

(1)吸收曲线的制作：用吸量管吸取 1.00mL 0.100mg/mL Fe^{2+}标准溶液置于 50mL 容量瓶中，加入 1mL 10%盐酸羟胺溶液，摇匀，放置 2min。再加入 1.00mL 0.15%邻二氮菲溶液和 3mL 1mol/L NaAc 溶液，加水至刻度，摇匀。用 1cm 比色皿，以水为参比，在 440~560nm，每隔 10nm 测定一次吸光度。以波长为横坐标，吸光度为纵坐标，绘制吸收曲线并确定适宜的工作波长。

(2)显色剂用量的选择：用 7 个 50mL 容量瓶，各加入 1.00mL 0.100mg/mL Fe^{2+}标准溶液和 1mL 10%盐酸羟胺溶液，摇匀，放置 2min。分别加入 0.10mL，0.30mL，0.50mL，0.80mL，1.0mL，2.0mL 和 4.0mL 0.15%邻二氮菲溶液，再各加入 3mL 1mol/L NaAc 溶液，用水稀释至刻度，摇匀。用 1cm 比色皿，以水为参比，在选定的工作波长下分别测其吸光度。以邻二氮菲的体积为横坐标，吸光度为纵坐标，绘制吸光度-显色剂用量关系曲线，并根据曲线确定邻二氮菲的最佳用量。

(3)有色溶液的稳定性：在 50mL 容量瓶中，加入 1.00mL 0.100mg/mL Fe^{2+}标准溶液和 1mL 10%盐酸羟胺溶液，摇匀，放置 2min。再加入 1.0mL 0.15%邻二氮菲溶液和 3mL 1mol/L NaAc 溶液，用水稀释至刻度，摇匀。用 1cm 比色皿，以水为参比，在选定的工作波长下分别测其吸光度，然后每隔一段时间 (5min，10min，30min，1h，1.5h，2h)测 1 次吸光度。以放置时间为横坐标，吸光度为纵坐标绘制曲线，判断显色时间及显色后邻二氮菲-铁(Ⅱ)配合物的稳定性。在放置时，可进行其他实验。

(4)溶液酸度的影响：取 7 个 50mL 容量瓶，各加入 1.00mL 0.100mg/mL Fe^{2+}标准溶液和 1mL 10%盐酸羟胺溶液，摇匀，放置 2min。各加入 1.0mL 0.15%邻二氮菲溶液，摇匀。用吸量管分别加入 1mol/L NaOH 溶液 0.2mL，0.5mL、1.0mL、1.5mL、2.0mL、2.5mL、3.0mL，用水稀

释至刻度,摇匀。用1cm比色皿,以水为参比,在选定的工作波长下分别测其吸光度,再用精密pH试纸(最好用pH计)测定各溶液的pH。以溶液的pH为横坐标,吸光度为纵坐标绘制曲线。并根据曲线确定适宜的pH范围。

3. 邻二氮菲分光光度法测定Fe

(1)工作曲线的制作:取6个50mL容量瓶,用吸量管分别加入0.100mg/mL Fe^{2+}标准溶液0.00mL、0.20mL、0.40mL、0.60mL、0.80mL、1.0mL,各加入1mL 10%盐酸羟胺溶液,摇匀,放置2min。再各加入1.00mL 0.15%邻二氮菲溶液和3mL 1mol/L NaAc溶液,用水稀释至刻度,摇匀。用1cm比色皿,以试剂空白为参比,在选定的工作波长下分别测其吸光度。以Fe^{2+}标准溶液的体积(mL)为横坐标,吸光度为纵坐标,绘制工作曲线。

(2)Fe含量的测定:吸取5.00mL待测试样溶液2份,分别置于50mL容量瓶中,然后与制作工作曲线相同的方法显色,定容,测定吸光度并取平均值。在工作曲线上查出相应的体积V_x,计算试液中Fe的含量。

$$Fe_{含量}=\frac{V_1\times 0.100}{5.00}(mg/mL)$$

【注意事项】

1. 不能颠倒不同试剂的加入顺序。
2. 每改变一次波长,必须重新调零。
3. 最佳波长选择好就不要再改变。

五、思考题

1. 本实验中加入盐酸羟胺的目的是什么?写出反应方程式。
2. 根据自己的实验结果,计算工作波长下的摩尔吸光系数。
3. 本实验中,若随意改变加入试剂的顺序,是否影响测定结果?
4. 配制$NH_4Fe(SO_4)_2\cdot 12H_2O$溶液时,能否直接用水溶解?为什么?

第六章

物理化学实验

实验一　燃烧热的测定

一、实验目的

1. 掌握燃烧热的定义，了解恒压燃烧热和恒容燃烧热的区别。
2. 学会使用弹式量热计测定有机物的燃烧热。
3. 了解量热计的原理和构造，并掌握其使用方法。

二、实验原理

1mol 物质完全氧化时的反应热称为燃烧热。所谓完全氧化，在热力学上有明确的规定，如碳完全氧化的产物是二氧化碳而不是一氧化碳。

本实验采用量热法测定燃烧热，在恒容或恒压条件下，可以测定恒压燃烧热 Q_p 和恒容燃烧热 Q_v。根据热力学第一定律，恒压燃烧热 Q_p 等于焓的增量（ΔH），而恒容燃烧热 Q_v 等于内能的增量（ΔU）。如果参加反应的气体和生成的气体都看成是理想气体的话，则有下面关系式：

$$\Delta H = \Delta U + \Delta(pV)$$

$$Q_p = Q_v + \Delta nRT$$

式中，Δn—燃烧前后反应物和生成物中气体的物质的量的变化；

R—摩尔气体常数；T—反应时热力学温度。

氧弹式量热计测量装置及氧弹剖面图，见图 6-1：

根据能量守恒定律，样品完全燃烧所释放的热量使得周围介质的温度升高。因此，只要测定燃烧前后温度的变化 ΔT，就可以求得恒容燃烧热，关系式如下所示：

$$-\frac{m_{样}}{M}Q_V - lQ_1 = (m_{水}C_{水} + C_{计})\Delta T$$

式中，$m_{样}$ 和 M 分别为样品的质量和摩尔质量；Q_v 为样品的恒容燃烧热；l 和 Q_1 为引燃丝的长度和单位长度燃烧热；$m_{水}$ 和 $C_{水}$ 为水的质量和比热容；$C_{计}$ 为量热计除水之外，量热计升高 1℃所需要的热量；ΔT 为燃烧前后水温的变化值。

实际上，氧弹式量热计不是严格的绝热系统，加之由于传热速度的限制，燃烧后由最低温度达最高温度须一定的时间，在这段时间里系统与环境难免发生热交换，因此，从温度计上读得的温度就不是真实的温差 ΔT。为此，必须对温差进行校正，通常用雷诺温度校正图进行校正。将燃烧前后温度随时间的变化作图,可得下列曲线(图6-2)。

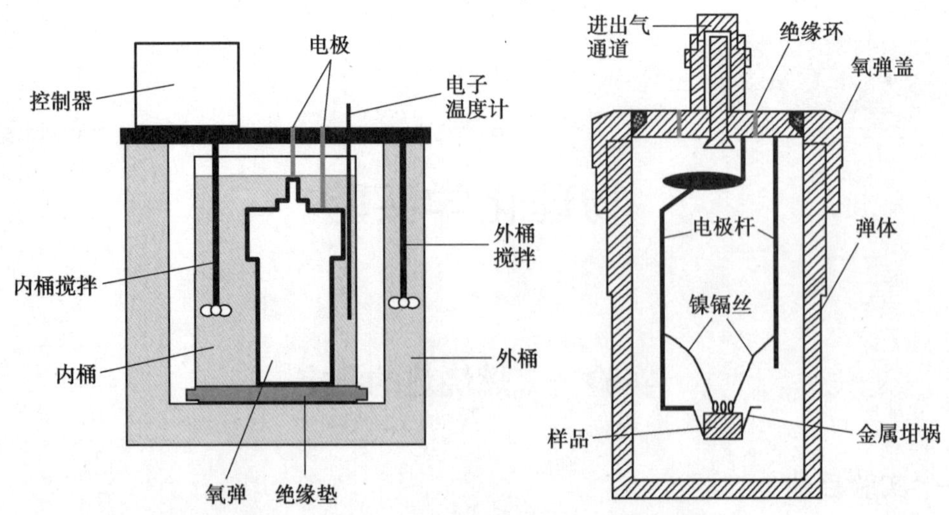

图6-1　氧弹式量热计测量装置及氧弹剖面图

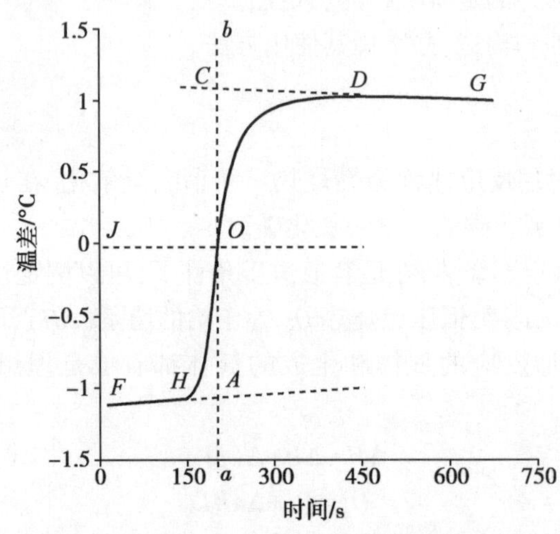

图6-2　雷诺校正曲线图

图中 H 点表示燃烧开始;D 点为读得的最高温度;从 D 和 H 点对应温度的平均温度 J 作水平线交曲线于 O 点,过 O 点做垂线 ab,再将 FH、GD 反向延长交 ab 于 A、C 两点,A、C 两点的温度差即为校正后的温度差值(H 点和 D 点对应温度的平均值 J 应接近室温,否则会产生一定误差,所以实验时的起始温度要控制好)。不用 H 点和 D 点温度计算燃烧的温度变化,其原因是:H 点和 A 点对应温度不相等,其差值是由吸收环境热量和搅拌产生的热量导致,所以应该扣除差值;C 点和 D 点对应温度不相等,其差值是由于搅拌产生的热量以及热量计向环境散热使温度改变,所以应该补上该差值。AC 之间的差值较客观地表示了样品燃烧所引起的温度变化。

H 点和 A 点差值一般较大,对实验结果影响较大;而 C 点和 D 点温度差别较小,影响较小。所以实验开始阶段一定要注意操作要求。

因为实验时的环境温度并不是298K,所以应该利用基尔霍夫定律将所需的数据转换成实验环境温度,最终结果也应用该定律换算成 298K 时的燃烧热,才可与文献数据比较。

三、主要试剂和仪器

1. 试剂　苯甲酸;萘(或蔗糖、硬脂酸)。

2. 仪器　SHR-15 燃烧热实验装置;SWC-$Ⅱ_D$精密数字温度温差仪;YCY-4 充氧器;氧弹式量热计;托盘天平;压片机;电子分析天平;万用表;直尺;剪刀;镊子;扳手;量筒,5 000mL;电子秤,5 000g/0.01g。

四、实验内容

1. 用苯甲酸标定热量计的校正热容 $C_{计}$,先用托盘天平粗称 1g 苯甲酸,用压片机压片(也可直接使用市售的量热仪专用苯甲酸片)后,再准确称量其质量。

2. 用手拧开氧弹盖,将盖放在专用架上,将氧弹内壁擦干净。

3. 取 10cm 左右的引火丝,测量其长度(可以忽略),在引火丝中间盘出 2~3 个直径 2~3mm 的螺旋圈,将引火丝的两端在引火电极上夹紧,然后调整引火丝的形状,使螺旋圈紧贴在样品片上。

4. 用万用表检查电极间的电阻,一般电阻不大于 20Ω(极限 100Ω)。如电阻过大,则要检查引火丝和引火电极的连接。确认无问题后,拧紧氧弹盖。

5. 打开氧气瓶总阀,调整出口压力为 2MPa。氧弹上充气口对准充氧器充气头,压下充氧器手柄,缓缓充气,至接近 2MPa 压强,抬起手柄,用放气阀放出大部分气体,注意要让压强稍大于大气压。然后再次充氧气至 2MPa,并保持 15s。

用万用表检查电极是否通路,如电阻过大应放出氧气检查后重新充氧。

6. 打开温度温差仪,先将温度计探头插入外桶中测定实验环境温度,并记录。用 5 000mL 量筒量取约 3 000mL 自来水,用冰或热水调整水温较外桶水温低 1.5~2℃。定容至 3 000mL,倒入燃烧热测量仪内水桶(如有电子秤,也可将内水桶放到电子秤上,去皮,加水至 3 000.00g)。将氧弹放入内水桶规定位置,再将内水桶放入量热器规定位置,关上量热器盖子。打开量热器电源,点火指示灯亮起(禁止按点火键!!!)。取出温度计探头插入量热器中心插孔,开动搅拌器。

7. 待温度变化基本稳定后(约 5min 后),温差显示约为-1.1℃(若温差过低,可以打开盖子稍等片刻,等温差符合要求再进行下一步),开始读最初阶段的温度,每隔 30s 读一个数据,读 15 个数据。读取第 15 个数据同时按点火按键。然后每 15s 读一个数据,至温度开始下降(或连续 3 个数据变化不超过 0.002℃)后,改为 30s 读一个数据,再读取最后阶段的 15 个数据,停止实验。

8. 用放气阀放掉多余的氧气,检查样品是否燃烧完全,如燃烧不完全则实验失败,应重新做;测量没有燃烧的燃烧丝长度(可以忽略);擦干氧弹和水桶。

9. 同上法称取样品(萘约 1g 或蔗糖约 1.7g 或硬脂酸约 0.7g),进行压片后准确称取质量,重复操作 2 至 8。

10. 实验完毕,整理实验台,等待实验老师检查后方可离开。

五、实验结果及处理

1. 将实验数据填入表 6-1 中。

环境温度 1:__________ 苯甲酸片质量:__________

环境温度 2:__________ 样品名称:__________ 样品质量:__________

表 6-1　实验结果

t/min	T/K	
	苯甲酸	样品
……	……	……

2. 苯甲酸的 298K 时恒压燃烧热为-3 226.9kJ/mol,先根据基尔霍夫定律计算实验温度下苯甲酸的恒压燃烧热。已知:

苯甲酸摩尔质量	122.121 4	g/mol
苯甲酸恒压热容	146.31	J/mol·K
氧气恒压热容	29.355	J/mol·K
二氧化碳恒压热容	37.11	J/mol·K
水恒压热容	75.291	J/mol·K

其燃烧方程式如下:

$$C_7H_6O_2(s)+7.5O_2(g)=\!=\!=7CO_2(g)+3H_2O(l)$$

根据该式计算 Δn,算出 Q_v,根据数据作苯甲酸的雷诺校正图,由 ΔT 进一步计算出 $C_{计}$。燃烧丝的燃烧热值可以忽略。

3. 根据数据作样品的雷诺校正图,由 ΔT 计算 Q_v,写出样品完全燃烧的化学方程式。根据该式计算 Δn,进一步计算实验温度下的 Q_p。

4. 再次利用基尔霍夫定律,把实验温度下样品的恒压燃烧热换算成 298K 下的恒压燃烧热。再和文献值进行比较,计算相对误差。所需样品的摩尔质量、恒压热容、恒压燃烧热请在实验前自行检索文献。

【注意事项】

1. 氧弹充气时,严禁钢瓶、扳手、阀门及手上沾有油脂,以防燃烧和爆炸。

2. 开启阀门时,人不要站在钢瓶阀门出气处,头不要在钢瓶阀门上方,确保人身安全。

3. 开启阀门前,氧气减压阀要关闭,以免发生意外。

4. 钢瓶内压力不低于 2MPa,否则不能使用。

5. 为了减少实验装置与环境热量的交换,最佳实验数据的温差范围在-1~+1℃。为保证这一点,所有加样的质量不要太过偏离实验规定;实验开始温差(就是开始记录数据时)最好在-1.0~-1.1℃。

6. 氧弹式量热计是一种较为精确的经典实验仪器,在生产实际中仍广泛用于测定可燃物的热值。氮气在高温高压下,部分氮气会和过量氧气反应生成 NO_2,同时也有热量放出。有些精密的测定,需对氧弹中所含氮气的燃烧值做校正。为此,可预先在氧弹中加入 10mL 蒸馏水。燃烧以后,将所生成的稀 HNO_3 溶液倒出,再用少量蒸馏水洗涤氧弹内壁,一并收集到 150mL 锥形瓶中,煮沸片刻,用酚酞作指示剂,以 0.100 0mol/L 的 NaOH 溶液标定。每毫升碱液相当于 5.98J 的热值，这部分热能应从总的燃烧热中扣除。

7. 本实验装置也可用于测定可燃液体样品的燃烧热。以药用胶囊作为样品管，并用内径比胶囊外径大 0.5~1.0mm 的薄壁玻璃管套住，胶囊的平均燃烧热值应预先标定以便扣除。

六、思考题

1. 请分析该实验误差产生的原因。
2. 使用氧气钢瓶时应该注意什么？
3. 写出萘燃烧的反应方程式，如何根据实验测定燃烧热？
4. 为什么充氧时要充满，放气，再充满？

实验二　溶解热的测定

一、实验目的

1. 掌握采用电热补偿法测定热效应的基本原理。
2. 用电热补偿法测定硝酸钾在水中的积分溶解热，并用计算机作图法求出硝酸钾在水中的微分溶解热、积分稀释热和微分稀释热。
3. 掌握溶解热测定仪器的使用。

二、实验原理

物质溶解过程所产生的热效应称为溶解热，可分为积分溶解热和微分溶解热两种。积分溶解热是指恒温恒压下把 1mol 物质溶解在 $n_0$mol 溶剂中时所产生的热效应。由于在溶解过程中溶液浓度不断改变，因此又称为变浓溶解热，以 Q_s（或 $\Delta_{sol}H$）表示。微分溶解热是指在定温定压下把 1mol 物质溶解在无限量的确定浓度的溶液中所产生的热效应，在溶解过程中浓度可视为不变，因此又称为定浓度溶解热，以 $\left(\frac{\partial Q_s}{\partial n_B}\right)_{T,p,n_0}$ 表示，即定温、定压、定溶剂状态下，由微小的溶质增量所引起的热量变化。

稀释热是指溶剂添加到溶液中，使溶液稀释过程中的热效应，又称为冲淡热。它也有积分（变浓）稀释热和微分（定浓）稀释热两种。积分稀释热是指在定温定压下把原为含 1mol 溶质和 n_{01}mol 溶剂的溶液冲淡到含 n_{02}mol 溶剂时的热效应，它为两浓度的积分溶解热之差。微分冲淡热是指将 1mol 溶剂加到某一浓度的无限量溶液中所产生的热效应，以 $\left(\frac{\partial Q_s}{\partial n_0}\right)_{T,p,n_B}$ 表示，即恒温、恒压、恒溶质状态下，由微小的溶剂增量所引起的热量变化。

积分溶解热的大小与浓度有关，但不具有线性关系。通过实验测定，可绘制出一条积分溶解热 Q_s 与相对于 1mol 溶质的溶剂量 n_0 之间的关系曲线（图 6-3），其他 3 种热效应由 $Q_s \sim n_0$ 曲线求得。

设纯溶剂、纯溶质的摩尔焓分别为 H_{m1} 和 H_{m2}，溶液中溶剂和溶质的偏摩尔焓分别为 H_1 和

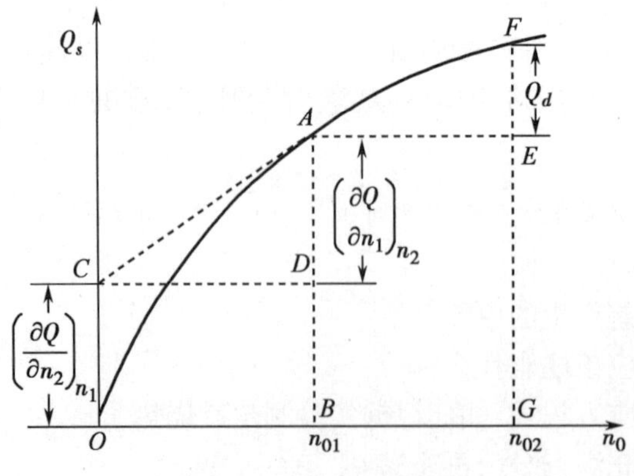

图 6-3　Qs 与 n_0 关系图

H_2，对于由 $n_1$mol 溶剂和 $n_2$mol 溶质组成的体系，在溶质和溶剂未混合前，体系总焓为：

$$H=n_1H_{m1}+n_2H_{m2} \tag{6-1}$$

将溶剂和溶质混合后，体系的总焓为：

$$H'=n_1H_1+n_2H_2 \tag{6-2}$$

因此，溶解过程的热效应为：

$$\Delta H=n_1(H_1-H_{m1})+n_2(H_2-H_{m2})=n_1\Delta H_1+n_2\Delta H_2 \tag{6-3}$$

在无限量溶液中加入 1mol 溶质，式(6-3)中第一项可以认为不变，在此条件下所产生的热效应为式(6-3)中第二项中的 ΔH_2，即微分溶解热。同理，在无限量溶液中加入 1mol 溶剂，式(6-3)中第二项可以认为不变，在此条件下所产生的热效应为式(6-3)中第一项中的 ΔH_1，即微分稀释热。

根据积分溶解热的定义，有：

$$Q_s=\Delta_{sol}H=\frac{\Delta H}{n_2} \tag{6-4}$$

将式(6-3)代入，可得：

$$Q_s=\Delta_{sol}H=\frac{n_1}{n_2}\Delta H_1+\Delta H_2=n_{01}\Delta H_1+\Delta H_2 \tag{6-5}$$

此式表明，在 $Q_s \sim n_0$ 曲线上，对一个指定的 n_{01}，其微分稀释热 ΔH_1 为曲线在该点的切线斜率，即图中的 AD/CD。n_{01}处的微分溶解热 ΔH_2 为该切线在纵坐标上的截距，即图中的 OC。

在含有 1mol 溶质的溶液中加入溶剂，使溶液量由 n_{01}mol 增加到 n_{02}mol，所产生的积分溶解热即为曲线上 n_{01}和 n_{02}两点处 Q_s 的差值。

本实验测硝酸钾溶解在水中的溶解热，是一个溶解过程中温度随反应的进行而降低的吸热反应，故采用电热补偿法测定。实验时先测定体系的起始温度，溶解进行后温度不断降低，由电加热法使体系复原至起始温度，根据所耗电能求出溶解过程中的热效应 Q。

$$Q=I^2Rt=IUt(\mathrm{J}) \tag{6-6}$$

式中，I 为通过加热器电阻丝(电阻为 R)的电流强度(A)，U 为电阻丝两端所加的电压(V)，t 为通电时间(s)。

三、主要试剂和仪器

1. 试剂　硝酸钾固体(AR，已经磨细并烘干)；纯净水。

2. 仪器　SWC-RJ 溶解热测量装置(图 6-4);SWC-$Ⅱ_D$精密数字温度温差仪;直流稳压电源;称量瓶,8 个;毛刷,1 个;电子分析天平;电子秤;电吹风。

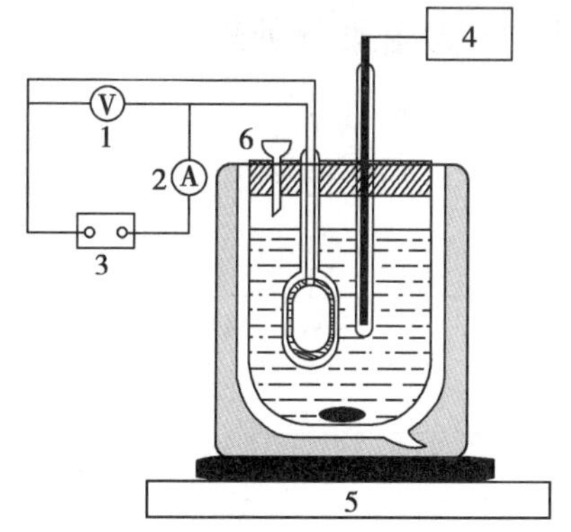

1—直流伏特计;2—直流毫安表;
3—数字恒流电源;4—精密数字温度温差仪;
5—磁力搅拌器;6—加样漏斗。

图 6-4　电热补偿法测溶解热实验装置示意图

四、实验内容

1. 准备工作　取 8 个称量瓶,洗净烘干,并编好号。注意瓶盖和瓶身都要标记好。杜瓦瓶内壁洗净并用电吹风吹干。备用。加热管、磁力搅拌子、精密数字温度温差仪探头尖端都需清洗并用滤纸擦干(温度温差仪探头不可用电吹风吹干)。放到干净的滤纸上备用。

2. 称量　在普通电子秤(精度 0.01g)上称取约 2.5g 硝酸钾,加入 1 号称量瓶,盖好瓶盖,放入便携式塑料干燥器中。然后同样的方法在 2~8 号称量瓶中加入 1.5g、2.5g、3.0g、3.5g、4.0g、4.0g、4.5g 的硝酸钾。注意:称量时要迅速,不要把试剂和称完的样品长时间暴露在开放的空间中。因为硝酸钾容易吸收空气中的水分,从而导致实验数据出现误差。

在分析天平上准确称量 8 个瓶子(含样品)的总重,并记录。称完后置于便携式塑料干燥器中。在杜瓦瓶内放入搅拌子,放到普通电子秤上,加入 216.2g 左右的蒸馏水,并记录加入水的质量。

3. 连接装置

连接所有电源线。将杜瓦瓶置于测量装置中(图 6-4),打开搅拌器,调节合适的搅拌速度;打开数字温度温差仪,记下当前室温。注意:不要打开数字恒流电源开关。

杜瓦瓶中插入数字温度温差仪探头,注意探头的插入深度,不可碰到搅拌子。待温度稳定后,“采零”并“锁定”。

打开数字恒流电源开关,调节电流、电压使加热功率为 2.3~2.5W,记下电压、电流值。同时观察温差仪测温值,当温差显示 0.500℃时。计时并同时加入第一份样品。

4. 测量　将第一份样品从杜瓦瓶盖上的加料口用加样漏斗倒入杜瓦瓶中,并用毛刷把加样漏斗上残留的样品扫进瓶中。此时,温差仪显示的温差应小于 0.500℃。监视温差仪,当温差数据到达 0.500℃时记下时间读数。同时将第二份试样倒入杜瓦瓶中,同样再到温差数据到达 0.500℃时读取时间值,加样。如此反复,直到所有的样品全部加完,温差最后一次到达 0.500℃记录最后一次时间。

温差数据到达 0.500℃时要迅速开始加入样品,否则升温过快可能温度回不到规定值。加热功率不能太小,要保证温差仪的示数在-0.5℃以上;加热功率也不能太大,要保证足够的升温时间,避免误差太大。所以一般选择加热功率为 2.3~2.5W,也可根据仪器本身的特性进行调整。

5. 称空瓶质量　在分析天平上称取 8 个空称量瓶的质量(含盖子),根据两次质量之差计算加入的硝酸钾质量。实验结束后,打开杜瓦瓶盖,检查硝酸钾是否完全溶解。如未完全溶解,要重做实验。倒去杜瓦瓶中的溶液(注意别丢弃搅拌子),洗净杜瓦瓶。用蒸馏水洗涤加热器和测温探头。关闭仪器电源,整理实验桌面。

五、实验结果及处理

1. 数据记录(表 6-2)

室温______℃ 大气压力:________kPa $m_{水}$:________g

表 6-2 数据记录结果

称量瓶号	KNO_3+瓶/g	剩余瓶重/g	电流/A	电压/V	时间/s
1					
2					
3					
4					
5					
6					
7					
8					

2. 数据处理第一步——计算每一个点的坐标 计算 $n_{水}$ 和各次加入的 KNO_3 质量、各次累积加入的 KNO_3 的物质的量,如表 6-3 所示。根据功率和时间值计算向杜瓦瓶中累积加入的电能 Q($M_{KNO_3}=101.10\text{g/mol}$;$M_{H_2O}=18.016\text{g/mol}$)

表 6-3 数据记录

称量瓶号	加入 KNO_3/g	累积 m_{KNO_3}/g	累积 n_{KNO_3}/mol	加热功率/W	累积电能 Q/J
1					
2					
3					
4					
5					
6					
7					
8					

$n_{水}=m_{水}/18.016=$________mol

用以下计算式计算各点的 Q_s 和 n_0,结果填入表 6-4:

$$Q_s=\frac{Q}{n_{KNO_3}} \tag{6-7}$$

$$n_0=\frac{n_{水}}{n_{KNO_3}} \tag{6-8}$$

表 6-4　结果记录

瓶号	1	2	3	4	5	6	7	8
n_0/mol								
Q_s/(J·mol^{-1})								

3. 数据处理第二步——数据拟合　在 Origin 软件中绘制 $Q_s \sim n_0$ 关系曲线(n_0 为横坐标),并对曲线拟合得曲线方程。

根据文献曲线拟合方程应为:$y=y_0+A_1e^{-x/t_1}+A_2e^{-x/t_2}$

将所得曲线方程对 n_0 求导,得到一阶导数方程(自行求导)。

一阶导数方程为:

4. 数据处理第三步——求解积分溶解热,积分稀释热,微分溶解热,微分稀释热　将 n_0= 80、100、200、300、400 代入 3 中的曲线方程,求出溶液在这几点处的积分溶解热。

将上述几个 n_0 值代入 3 中的一阶导数方程,求出这几个点上的切线斜率,即为溶液 n_0 在这几点处的微分稀释热。

根据上述的切线斜率和曲线对应点可求出切线的截距,从而得出溶液在这几点处的微分溶解热,如表 6-5 所示。

表 6-5　积分溶解热、微分稀释热、微分溶解热数值表

n_0	80	100	200	300	400
积分溶解热 Q_s/(kJ·mol^{-1})					
微分稀释热/(kJ·mol^{-1})					
微分溶解热/(kJ·mol^{-1})					

最后,计算溶液 n_0 为 80→100,100→200,200→300,300→400 时的积分稀释热,如表 6-6 所示。

表 6-6　积分稀释热值表

n_0	80→100	100→200	200→300	300→400
积分稀释热/(kJ·mol^{-1})				

【注意事项】

1. 实验开始前,插入测温探头时,要注意探头插入的深度,防止搅拌子和测温探头相碰,影响搅拌。另外,实验前要测试转子的转速,以便在实验室选择适当的转速控制档位。

2. 进行硝酸钾样品的称量时,称量瓶要编号并按顺序放置,以免次序错乱而导致数据错误。另外,固体 KNO_3 易吸水,称量和加样动作应迅速。

3. 本实验应确保样品完全溶解,因此在进行硝酸钾固体的称量时,应选择粉末状硝酸钾。

4. 实验过程中要控制好加入样品的速度,若速度过快,将导致转子陷住而不能正常搅拌,影响硝酸钾的溶解;若速度过慢,一方面会导致加热过快,温差始终在设定点以上,无法读到温差过设定点的时刻,另一方面可能会造成环境和体系有过多的热量交换。

5. 实验是连续进行的，一旦开始加热就必须把所有的测量步骤做完，测量过程中不能关掉各仪器点的电源，也不能停止计时，以免温差零点变动及计时错误。

6. 实验结束后应观察杜瓦瓶中是否有硝酸钾固体残余，若硝酸钾未全部溶解，则要重做实验。

六、思考题

1. 如何用本装置测定液体的比热?

2. 如果反应是放热反应，如何进行实验?

3. 温度和浓度对溶解热有无影响? 如何从实验温度下的溶解热计算其他温度下的溶解热?

实验三 纯液体饱和蒸气压的测定

一、实验目的

1. 明确纯液体饱和蒸气压的定义和气液平衡的概念，深入了解利用纯液体饱和蒸气压和温度的关系测定的实验原理。

2. 用等压管法测定不同温度下纯水的饱和蒸气压，初步掌握真空实验技术。

3. 学会用图解法求被测液体在所测温度范围内的平均摩尔汽化焓及正常沸点。

二、实验原理

通常温度下(距离临界温度较远时)，纯液体与其蒸气达平衡时的蒸气压称为该温度下液体的饱和蒸气压，简称为蒸气压。蒸发 1mol 液体所吸收的热量称为该温度下液体的摩尔汽化热。液体的蒸气压随温度而变化，温度升高时，蒸气压增大；温度降低时，蒸气压降低，这主要与分子的动能有关。当蒸气压等于外界压力时，液体便沸腾，此时的温度称为沸点，外压不同时，液体沸点将相应改变，当外压为 101. 325kPa 时，液体的沸点称为该液体的正常沸点。

液体的饱和蒸气压与温度的关系用克劳修斯-克拉贝龙方程式表示：

$$\frac{\mathrm{d}\ln p}{\mathrm{d}T}=\frac{\Delta_{\mathrm{vap}}H_{\mathrm{m}}}{RT^2} \tag{6-9}$$

式(6-9)中，R 为摩尔气体常数；T 为热力学温度；$\Delta_{\mathrm{vap}}H_{\mathrm{m}}$ 为在温度 T 时纯液体的摩尔汽化热。

假定 $\Delta_{\mathrm{vap}}H_{\mathrm{m}}$ 与温度无关，或因温度范围较小，$\Delta_{\mathrm{vap}}H_{\mathrm{m}}$ 可以近似作为常数，积分式(6-9)，得：

$$\ln p=\frac{-\Delta_{\mathrm{vap}}H_{\mathrm{m}}}{R}\cdot\frac{1}{T}+C \tag{6-10}$$

其中 c 为积分常数。由式(6-10)可以看出，以 $\ln p$ 对 $1/T$ 作图，应为一直线，直线的斜率为 $-\frac{\Delta_{\mathrm{vap}}H_{\mathrm{m}}}{R}$，由斜率可求算液体的 $\Delta_{\mathrm{vap}}H_{\mathrm{m}}$。

静态法测定液体饱和蒸气压，是指在某一温度下直接测量饱和蒸气压，此法一般适用于蒸气压比较大的液体。静态法测量不同温度下纯液体饱和蒸气压，有升温法和降温法两种。本次实验采用升温法测定不同温度下纯液体的饱和蒸气压，所用仪器是纯液体饱和蒸气压测定装置(图 6-5)。

平衡管由 A 球和 U 形管 B、C 组成。平衡管上接一冷凝管，以橡皮管与压力计相连。A 内装待测液体，当 A 球的液面上纯粹是待测液体的蒸气，而 B 管与 C 管的液面处于同一水平时，则表示 B 管液面上的(即 A 球液面上的蒸气压)压力与加在 C 管液面上的外压相等。此时，体系气液两相平衡的温度称为液体在此外压下的沸点。

三、主要试剂和仪器

1. 试剂　纯水。
2. 仪器　恒温水浴，1 套；平衡管，1 套；压力计，1 台；真空泵及附件等。

四、实验内容

1. 装置仪器　将待测液体装入平衡管，A 球约 2/3 体积，B 和 C 管适量，然后装妥各部分。关闭进气阀，打开平衡阀 1，2。打开精密数字压力表并采零(注意实验过程中不能断电，不能再次采零)。

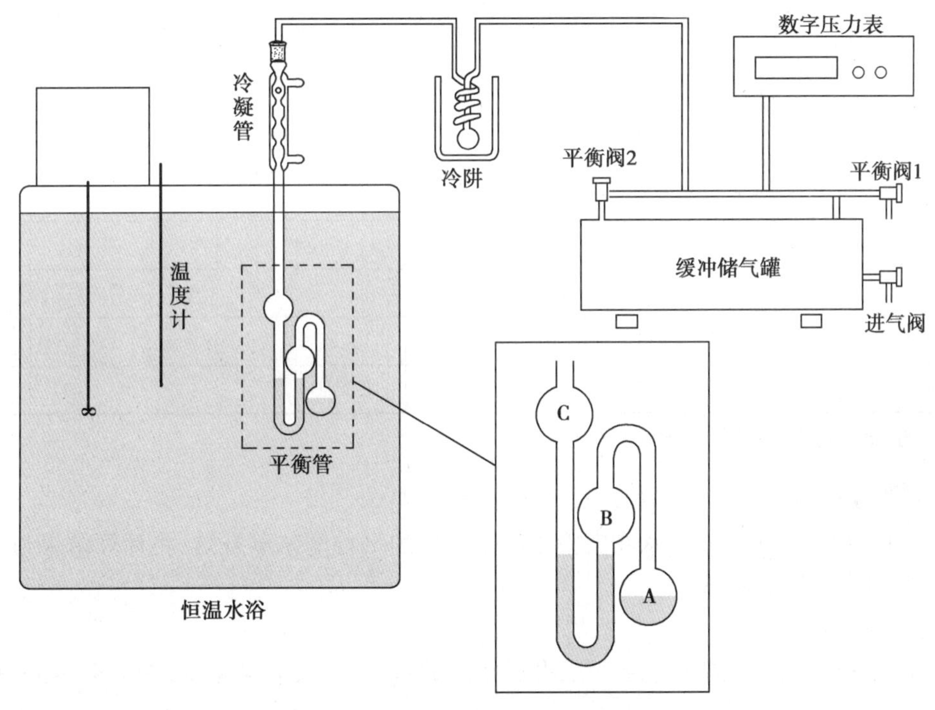

图 6-5　液体饱和蒸气压测定装置图

2. 系统气密性检查　关闭平衡阀 1，打开进气阀使系统与真空泵连通，开动真空泵，抽气减压至压力计显示压差为-53kPa(400mmHg)时，旋转平衡阀 2 停止系统抽气(真空泵不关)。

观察压力计的示数，如果压力计的示数能在 3～5min 内维持不变，则表明系统不漏气。否则应逐段检查，消除漏气原因。

3. 排除 AB 弯管空间内的空气　将恒温水浴温度调至 30℃，接通冷凝水，打开平衡阀 2 抽气降压至液体轻微沸腾，此时 AB 弯管内的空气不断随蒸气经 C 管逸出，如此沸腾 3～5min，可认为空气被排除干净。关闭平衡阀 2，进气阀。真空泵通大气后关闭。

4. 饱和蒸气压的测定　当空气被排除干净且体系温度恒定后，打开平衡阀 1 缓缓放入空气(一定要慢)，直至 B、C 管中液面平齐且稳定(如果稍微调整过头，可用平衡阀 2 调回。但若

C 管液面达到 U 形管最低点,必须从第 3 步开始重新做),关闭平衡阀 1,记录温度与压力。

然后打开平衡阀 2,让体系内液体再次沸腾 1min,关闭平衡阀 2。重复上段操作,记录温度与压力。两次压力一致,即可继续。否则重复上述步骤,直到连续两次测量数值不变为止(中间若液体不沸腾,还需打开真空泵和进气阀抽气)。

5. 然后,将恒温水浴温度升高 3℃,当待测液体再次沸腾,体系温度恒定后,放入空气使 B、C 管液面再次平齐,记录温度和压力。依次测定,共测 8 个值。

五、实验结果及处理

1. 将测得数据及计算结果列填入表 6-7。

表 6-7　纯水饱和蒸气压的测定

环境温度________℃　环境大气压________Pa

实验序号	温度 T/K	气压计读数 $p_{测}$/Pa	$p=p_0+p_{测}$/Pa	$1/T$/K^{-1}	$\ln p$
1					
2					
3					
4					
5					
6					
7					
8					

注:p_0 为环境大气压,$p_{测}$ 为压力测量仪上读数。

2. 根据实验数据作出 $\ln p$-$1/T$ 图(横坐标为 $1/T$)。

3. 从直线 $\ln p$-$1/T$ 上求出水在实验温度范围内的平均摩尔蒸发焓,将计算结果与文献值进行比较,讨论其误差来源。

【注意事项】

1. 抽气完毕,应先拔掉真空泵与压力罐相连的真空皮管,后关电源,否则会造成倒吸,损坏真空泵。

2. 注意避免抽气时产生暴沸,使液体进入装置。

3. 调节阀不宜开得太大,否则易漏气。

4. 阀门关闭时不要太用力。

六、思考题

1. 为什么 AB 弯管中的空气要排除净,怎样操作,怎样防止空气倒灌?如果空气未被抽净,所测定的蒸气压与标准值相比,是偏大还偏是小?(如果空气未抽净,等压计内存有一定量的空气,所测量的蒸气压值偏高)。

2. 压力计所读数值是否是纯水的饱和蒸气压?

3. 如果测定乙醇水溶液的蒸气压,本实验的方法是否适用?

实验四　二组分体系的气-液平衡相图的测绘

一、实验目的

1. 了解绘制双液系相图的基本原理和方法。

2. 采用回流冷凝法测定不同浓度的异丙醇-环己烷体系的沸点和气液两相平衡成分，绘制常压下环己烷-异丙醇双液系的 T-x 图，并找出恒沸点混合物的组成和最低恒沸点。

3. 学会使用阿贝折射仪。

二、实验原理

在常温条件下，任意两种液体混合组成的体系称为双液体系。若两种液体能按任意比例相互溶解，则称完全互溶双液体系；若只能部分互溶，则称部分互溶双液体系。

液体的沸点是指液体的蒸气压与外界大气压相等时的温度。在一定的外压下，纯液体有确定的沸点。而双液体系的沸点不仅与外压有关，还与双液体系的组成有关。最简单的完全互溶双液系的 T-x 图（图 6-6a），如苯与甲苯。图中纵轴是温度（沸点）T，横轴是液体 A 的摩尔分数 x_A（或质量百分组成），上面一条是气相线，下面一条是液相线，对应于同一沸点温度的二曲线上的两个点，就是互相成平衡的气相点和液相点，其相应的组成可从横轴上获得。因此如果在恒压下将溶液蒸馏，测定气相馏出液和液相蒸馏液的组成就能绘出 T-x 图。

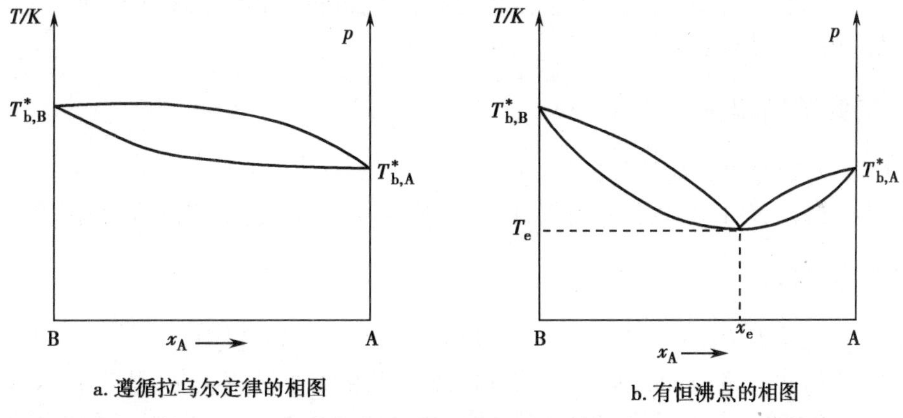

a. 遵循拉乌尔定律的相图　　b. 有恒沸点的相图

图 6-6　完全互溶双液体系相图

某些完全互溶的双液体系近似遵循拉乌尔定律，其正（或负）偏差不大，在 T-x 图上溶液的沸点介于 A、B 二纯液体的沸点之间，如甲醇与水、二硫化碳与四氯化碳等。大多数实际溶液由于 A、B 二组分的相互影响，常会与拉乌尔定律有较大偏差，在 T-x 图上会有最高或最低点出现。这些点称为恒沸点，其相应的溶液称为恒沸点混合物。当系统组成为 x_e 时，沸腾温度为 T_e，平衡的气相组成与液相组成相同（图 6-6 b）。因为 T_e 是所有组成中的沸点最低者，所以这类相图称为具有最低恒沸点的气液平衡相图。恒沸点混合物蒸馏时，所得的气相与液相组成不变，靠蒸馏无法改变其组成。如 HCl 与水、丙酮与三氯甲烷、硝酸与水等的体系具有最高恒沸点，苯与乙醇、异丙醇与环己烷、水与乙醇等的体系则具有最低恒沸点。

具有恒沸点的双液系与理想溶液或偏差很小的近似理想溶液的双液系的根本区别在于，

体系处于恒沸点时气液两相的组成相同，因而也就不能像前者那样通过反复蒸馏而使双液系的两个组分完全分离，因为对这样的溶液进行简单的反复蒸馏只能获得某一纯组分和组成为恒沸点的混合物。

绘制沸点-成分图的简单原理如下（图 6-7）：当总成分为 x_0 的溶液开始蒸馏时，体系的温度沿虚线上升，开始沸腾时成分为 y 的气相开始生成，若气相量很少，x、y 二点即代表互成平衡的液、气二相成分。继续蒸馏，气相量逐渐增多，沸点沿虚线继续上升，气、液二相成分分别沿气相线和液相线变化。当二相成分达到某一对数值 x_1 和 y_1 维持二相的量不变，则体系气、液二相又在此成分达成平衡，而二相的物质数量按杠杆原理分配。

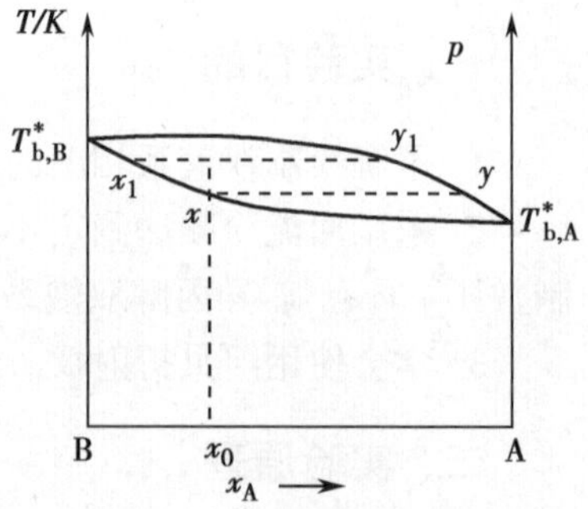

图 6-7　相图绘制原理

从相律来看，对二组分体系，当压力恒定时，在气、液二相共存区域中，自由度数等于 1，若温度一定，气、液二相成分也就确定。当总成分一定时，由杠杆原理可知二相的相对量也一定。反之，在一定的实验装置中，利用回流的方法保持气、液二相相对量一定，则体系温度也恒定。待二相平衡后，取出二相的样品并用物理方法或化学方法分析二相的成分。给出在该温度下气、液二相平衡成分的坐标点；改变体系的总成分，再如上法找出另一对坐标点。这样测得若干对坐标点后，分别按气相点和液相点连成气相线和液相线，即得 T-x 平衡图。成分的分析均采用折光率法。

本实验是用回流冷凝法测定异丙醇-环己烷体系的沸点-组成图。其方法是用阿贝折射仪测定不同组成的体系，在沸点温度时气、液相的折射率，再从折射率-组成工作曲线上查得相应的组成，然后绘制沸点-组成图。

三、主要试剂和仪器

1. 试剂　环己烷；异丙醇（分析纯）。

2. 仪器　沸点仪，1 套；阿贝折射仪，1 台；移液管，1mL，2 支；量筒，3 只；小试管，9 支。

四、实验内容

1. 调节恒温槽温度比室温高 5℃左右，通恒温水于阿贝折射仪中。

2. 测定折射率与组成的关系，绘制工作曲线：将 9 支小试管编号，依次移入 0.100mL、0.200mL、……、0.900mL 的环己烷，再依次移入 0.900mL、0.800mL、……、0.100mL 的异丙醇，轻轻摇动，混合均匀，配成 9 份已知浓度的溶液（按纯样品的密度，换算成质量百分浓度）。用阿贝折射仪测定每份溶液的折射率及纯环己烷和异丙醇的折射率。以折射率对浓度作图，即可绘制工作曲线。

3. 测定沸点与组成的关系

（1）连续测定法：安装沸点仪（图 6-8）。给电热丝通电加热，使沸点仪中溶液沸腾，待溶液沸腾且回流正常后 2～3min，用长毛细滴管从气相冷凝液储液球吸取少许样品（即为气相样品）。把所取的样品迅速滴入折射仪中，测其折射率 n_g。再用另一支滴管吸取沸点仪中的液相部分溶液，测其折射率 n_l。在每次取气相和液相样品分析前，要记下沸点仪中温度计温度 t。

（2）对于相图的两个纯组分的沸点测定：环己烷的沸点可以在实验开始测定，异丙醇的沸点可以在实验后测定（此时的沸点仪要烘干或者吹干）。

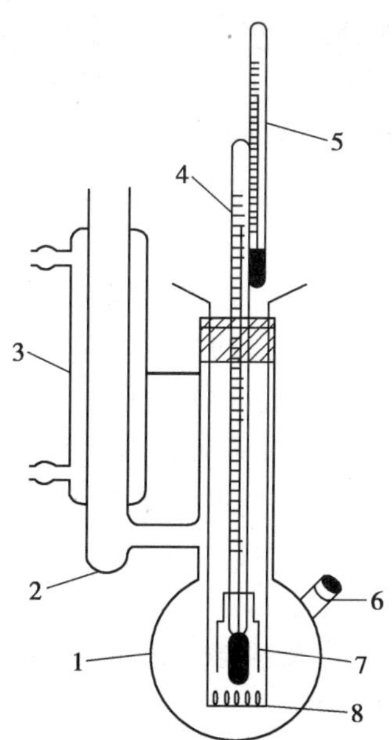

1—盛液容器；2—气相冷凝液储液球；
3—冷凝管；4—测量温度计；5—校准温度计
6—小玻塞；7—温度计保护套；8—电热丝。

图 6-8　沸点仪示意图

五、实验结果及处理(表 6-8)

表 6-8　数据记录表

组分	沸点	n_g	n_l
环己烷		—	—
①			
②			
③			
④			
⑤			
⑥			
⑦			
⑧			
异丙醇		—	—

数据处理：

1. 将实验中测得的折射率-组成数据列表，并绘制成工作曲线。

2. 将实验中测得的沸点-折射率数据列表，并从工作曲线上查得相应的组成，从而获得沸点与组成的关系。

3. 绘制沸点-组成图，并标明最低恒沸点和组成。

4. 在精确的测定中，还要对温度计的外露水银柱进行露茎校正（本实验省略，因为沸点仪的管颈较长，大部分的水银柱在体系内部）。

【注意事项】

1. 由于整个体系并非绝对恒温，气、液两相的温度会有少许差别，因此沸点仪中温度计水银球的位置应一半浸在溶液中，一半露在蒸气中。并随着溶液量的增加要不断调节水银球的位置。

2. 实验中尽可能避免过热现象，为此每加两次样品后，可加入一小块沸石，同时要控制好液体的回流速度，不宜过快或过慢（回流速度的快慢可调节加热温度来控制）。

3. 在每一份样品的蒸馏过程中，由于整个体系的成分不可能保持恒定，因此平衡温度会略有变化，特别是当溶液中两种组成的量相差较大时，变化更为明显。为此每加入一次样品后，只要待溶液沸腾，正常回流 2~3min 后，即可取样测定，不宜等待时间过长。

4. 每次取样量不宜过多，取样时毛细滴管一定要干燥，不能留有上次的残液，气相取样口的残液亦要擦干净。

5. 整个实验过程中，通过折射仪的水温要恒定，使用折射仪时，棱镜不能触及硬物（如滴管），擦拭棱镜用擦镜纸。

6. 实验连续测定中的沸点仪不需要干燥（除过最后的纯组分异丙醇沸点的测定）。

六、思考题

1. 在该实验中，测定工作曲线时折射仪的恒温温度与测定样品时折射仪的恒温温度是否需要保持一致？为什么？

2. 过热现象对实验产生什么影响？如何在实验中尽可能避免？

3. 在连续测定法实验中，样品的加入量应十分精确吗？为什么？

4. 试估计哪些因素是本实验的误差主要来源？

实验五　二组分简单低共熔金属相图的绘制

一、实验目的

1. 用热分析法（步冷曲线法）测绘 Bi-Sn 二组分金属相图。

2. 了解固液相图的特点，进一步学习和巩固相律等有关知识。

3. 掌握热电偶测量温度的基本原理。

二、实验原理

热分析法（步冷曲线法）是绘制相图的基本方法之一。它是利用金属及合金在加热和冷却过程中发生相变时，潜热的释出或吸收及热容的突变，来得到金属或合金中相转变温度的方法。

通常的做法是先将金属或合金全部熔化，然后让其在一定的环境中自行冷却，画出冷却温度随时间变化的步冷曲线（图 6-9）。

当熔融的系统均匀冷却时，如果系统不发生相变，则系统的冷却温度随时间的变化是均匀的，冷却速率较快（图 6-9 中 ab 线段）；如果在冷却过程中发生了相变，由于在相变过程中伴随着放热效应，所以系统的温度随时间变化的速率发生改变，系统的冷却速

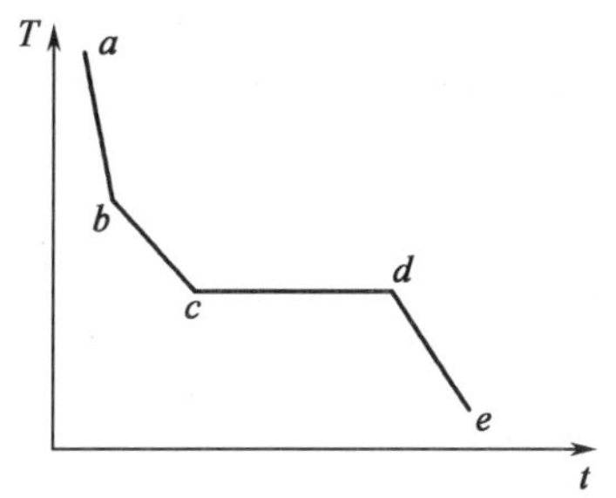

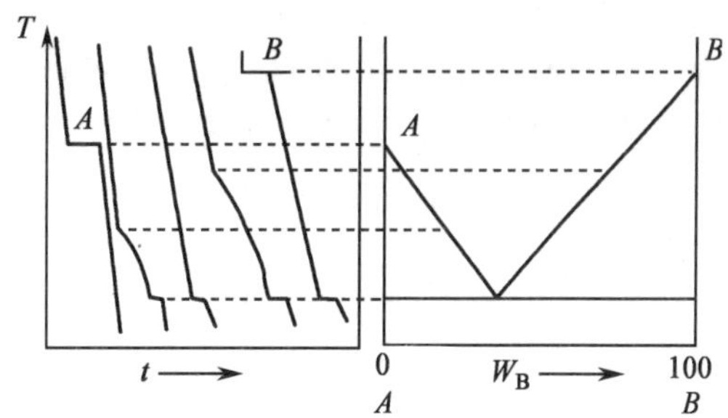

图 6-9　步冷曲线与相图

率减慢，步冷曲线上出现转折（图 6-9 中 b 点）。当熔液继续冷却到某一点时（图 6-9 中 c 点），此时熔液系统以低共熔混合物的固体析出。在低共熔混合物全部凝固以前，系统温度保持不变．因此步冷曲线上出现水平线段（图中 cd 线段）；当熔液完全凝固后，温度才迅速下降（图 6-9 中 de 线段）。由此可知，对组成一定的二组分低共熔混合物系统，可以根据它的步冷曲线得出有固体析出的温度和低共熔点温度。根据一系列组成不同系统的步冷曲线的各转折点，即可画出二组分系统的相图（温度-组成图）。用热分析法（步冷曲线法）绘制相图时，被测系统必须时时处于或接近相平衡状态，因此冷却速率要足够慢才能得到较好的结果。

三、主要试剂和仪器

1. 试剂　①0%Sn（100%Bi）；②12.5%Sn（87.5%Bi）；③25%Sn（75%Bi）；④35%Sn（65%Bi）；⑤45%Sn（55%Bi）；⑥55%Sn（45%Bi）；⑦65%Sn（35%Bi）；⑧75%Sn（25%Bi）；⑨87.5%Sn（12.5%Bi）；⑩100%Sn（0%Bi）。

2. 仪器　金属相图实验装置（温控仪 1 个、加热炉 1 个、热电偶 1 支）；样品管，10 支（为防止金属氧化，样品用不锈钢管包裹）。

四、实验内容

1. 按实验装置连接示意图，将 SWKY 数字控温仪与 KWL-08 可控升降温电炉连接好。注意：KWL-08 可控升降温电炉加热控制必须置于外控档！最后再接通电源。

2. 先将不锈钢试管放进炉膛内，然后把传感器插入炉膛内。SWKY 数字控温仪置于“置数”状态，设定温度为 320℃，再将控温仪置于“工作”状态，使样品熔化。

3. 待温度达到设定温度后，保持 2~3min，将传感器取出并插入试管中。

4. 将控温仪置于“置数”状态停止加热。刚开始 30℃内的冷却速度应保持在4~6℃/min。降温太快应采用保温套包裹，太慢可打开“冷风量调节”旋钮。

设置控温仪的定时间隔，30s 记录温度一次，直到步冷曲线平台以下（至少 120℃），结束一组实验，得出该配比样品的步冷曲线数据。

5. 重复步骤 3，依次测出所配各样品管步冷曲线数据。

6. 根据所测数据，绘出相应的步冷曲线图。在进行 Bi、Sn 二组分体系相图的绘制。注出相图中各区域的相平衡。

【注意事项】

1. 加热时，将传感器置于炉膛内；冷却时，再将传感器放入不锈钢试管中，以防止温度过冲。

2. 设定温度不能过高，一般不超过金属熔点的 30~50℃，以防金属氧化。
3. 冷却速度不宜过快，避免曲线折点不明显。
4. 不要用手触摸被加热的样品管底部，更换热电偶时不要碰到手臂，以免烫伤。

五、实验结果及处理

①步冷数据、步冷曲线图、拐点温度
②步冷数据、步冷曲线图、拐点温度
③步冷数据、步冷曲线图、拐点温度
④步冷数据、步冷曲线图、拐点温度
⑤步冷数据、步冷曲线图、拐点温度
⑥步冷数据、步冷曲线图、拐点温度
⑦步冷数据、步冷曲线图、拐点温度
⑧步冷数据、步冷曲线图、拐点温度
⑨步冷数据、步冷曲线图、拐点温度
⑩步冷数据、步冷曲线图、拐点温度
Bi-Sn 二组分低共熔相图（标出各区域状态、自由度等）
低共熔组成：
低共熔温度：

六、思考题

1. 步冷曲线法测相变点的特点及适应范围？
2. 冷却速度与哪些因素有关？

实验六　三组分体系等温相图的绘制

一、实验目的

1. 绘制苯-乙酸-水三组分体系的相图。
2. 学会用韦氏天平测密度的方法。

二、实验原理

对于三组分体系的自由度 $f=k-\phi+2=3-\phi+2=5-\phi$，体系中相数最小是 1，则最大自由度 $f=4$，即温度，压力和两个浓度。对于凝聚体系，压力对平衡的影响不大，可视压力恒定不变。若固定温度，则此时自由度 $f=2$，用平面图即可表示。通常所用的平面图是一个等边三角形（图 6-10）。

三角形的三个顶点 A，B，C 分别表示三个纯组分。三条边 AB，BC，CA 分别表示 A 和 B，B 和 C，C 和 A 所组成的二组分体系，在每条边的任一点表示相应的二组分体系的组成。在三角形内任意一点表示三组分体系的组成。如图中的 P 点的组成可以通过 P 点作平行于三条边的直线，分别交三条边于 a，b，c 三点，Ac 的长度代表 P 点的 B 组分含量，Ba 的长度代表 P 点 C

组分的含量，Cb 的长度代表 P 点 A 组分的含量。P 点各组分的百分含量分别为 $W_A\%=Cb$，$W_B\%=Ac$，$W_C\%=Ba$。

对于部分互溶的三种液体所组成的体系，三种液体之间互溶的情况可分为三类：①一对液体部分互溶；②两对液体部分互溶；③三对液体部分互溶。

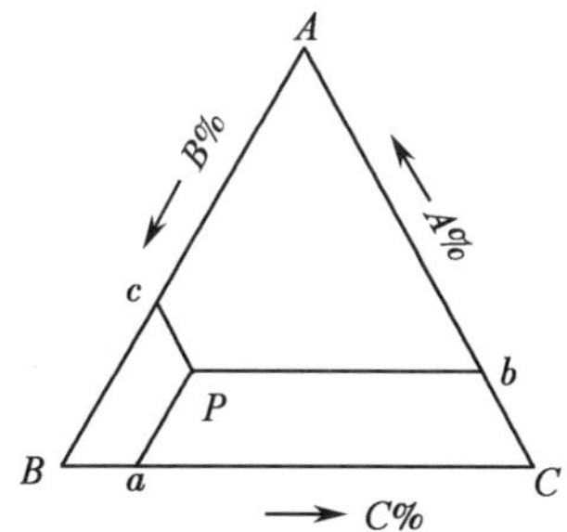

图 6-10　用等边三角形表示三元相图

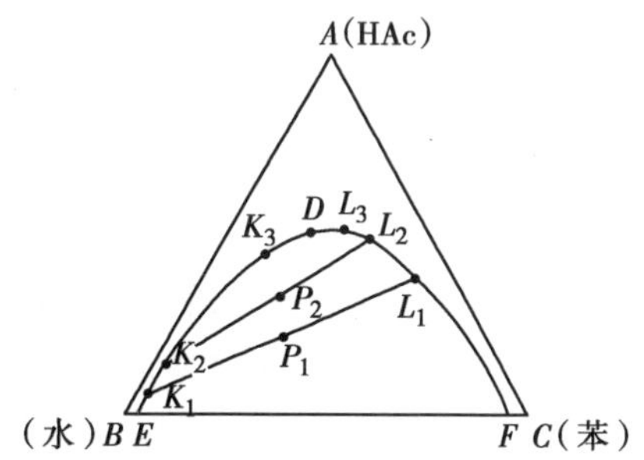

图 6-11　共轭溶液的三元相图

苯-乙酸-水为一对液体部分互溶体系(图 6-11)。即 A，B，C 三个组分中 B 和 C 部分互溶，而 A 和 B 及 A 和 C 则是完全互溶。若 B 和 C 所组成溶液的浓度在 BE 和 FC 之间时，这两个组分是可以完全互溶的。组成在 E、F 之间时溶液分为两层，一层是苯在水中的饱和溶液(E 点)，另一层是水在苯中的饱和溶液(F 点)，这对溶液称为共轭溶液。如果在 E、F 之间取任意一组成(注意此时体系分为二层)，然后往此体系中逐渐滴加 HAc，由于 HAc 在两层中分配的量不等，因此代表两层浓度的点的连线不一定和底边平行，如 K_1L_1，K_2L_2 等；将这些连线称为连结线。如果向此体系中继续加入 HAc，使得水和苯的互溶度增加，达到 D 点时体系完全互溶变为一相。将 EK_2DL_1F 线称为溶解度曲线，曲线内为两相区，曲线外为单相区。这种具有一对液体部分互溶体系的相图对化工中多组分的分离极为重要。

三、主要试剂和仪器

1. 试剂　苯；乙酸；NaOH，0.5mol/L；酚酞指示剂。

2. 仪器　磨口锥形瓶，100mL，250mL；酸式滴定管；移液管，1mL，2mL，10mL；韦氏天平；分液漏斗，125mL。

四、实验内容

1. 溶解度曲线的测定　在三个烘干的 100mL 锥形瓶内按下列成分配制混合液。

第一瓶：0.2mL 苯+15mL 水；

第二瓶：0.5mL 苯+11mL 水；

第三瓶：1.5mL 苯+7mL 水。

其中苯可用移液管加入，水由滴定管加入。正确记下用量。

为防止苯挥发，切勿三瓶一起配好。每瓶按上列成分配好后，用滴定管滴入乙酸并适时摇动，至混合液刚一澄清，此时液面上已无油珠状，正确记下乙酸用量。

在另外三个已烘干的锥形瓶内，按下列成分配制混合溶液：

第一瓶：15mL 苯+5mL 乙酸；

第二瓶：12mL 苯+10mL 乙酸；

第三瓶：8mL 苯+14mL 乙酸。

两种液体皆可用滴定管加入，并记下用量。配好后，用滴定管依次向各瓶内滴入蒸馏水，并不断摇动，至混合液刚呈现混浊为止，正确记下所用水量。

用韦氏天平测定纯水、苯、乙酸的密度。

2. 连结线的测定　于已烘干的250mL磨口锥形瓶内用滴定管按下列比例配制混合液：

第一瓶：10mL乙酸+45mL苯+45mL水；

第二瓶：20mL乙酸+45mL苯+35mL水。

将两瓶的瓶塞塞紧，用力摇动，但勿使液体流失。然后每隔10min摇动一次，约30min后分别倒入两个已烘干的分液漏斗内。待两种液体分层后，分别将各层液体盛于有标号的4个锥形瓶内。由分液漏斗将液体放出时，应注意放出下层液体时不要全部放完，要剩下很少部分，然后用10mL移液管吸取上层液体放入锥形瓶内，加2~3滴酚酞，用标准NaOH滴定。同样用移液管吸取下层液体2mL，用标准的NaOH滴定。

对四瓶内剩下的液体用韦氏天平测其密度。

五、实验结果及处理

1. 确定溶解度曲线　在每一瓶液体中，由各纯液体的密度和体积算出各纯液体的质量，然后求得总质量，并计算出各纯液体所占的质量百分数。把这些物系点的质量百分数标在三角形坐标上，然后用曲线尺将这些点连接成一光滑的曲线。

2. 画出连结线　由每一瓶中液体的质量百分数，可求得三角形坐标内相应的物系点 P_1 或 P_2。

再由各层溶液的滴定数据算出乙酸的浓度，而由所取滴定溶液的体积和密度求得质量。并由此计算出乙酸的质量百分数，分别标在溶解度曲线的两边，即 K_1，L_1 二点，水层内乙酸含量画在含水分多的一边。苯层内的乙酸含量画于含苯成分多的一边。

分别连接各点 K_1，P_1，L_1 及 K_2，P_2，L_2，即得二条连接线。

六、思考题

1. 为什么根据体系由清变浑的现象即可测定相界？
2. 根据什么原理求出苯-乙酸-水的连结线？
3. 连结线上的物系点与相点是否都落在一条直线上？若有偏离，试讨论其原因。

实验七　氨基甲酸铵分解反应平衡常数的测定

一、实验目的

1. 掌握测定平衡常数的一种方法。
2. 用等压法测定氨基甲酸铵的分解压力，并计算反应的标准平衡常数和有关热力学函数。

二、实验原理

氨基甲酸铵是白色固体，是合成尿素的中间体，研究其分解反应是具有实际意义的。

氨基甲酸铵很不稳定，易于分解，可用下式表示：

$$NH_2COONH_4(固) \rightleftharpoons 2NH_3(气)+CO_2(气)$$

此复相反应正逆向都很容易进行，若不将产物移去，则很容易达到平衡。在实验条件下，把反应中的气体均看作理想气体，压力对固体的影响忽略不计，其标准平衡常数可表示为：

$$K_p^\ominus=\left(\frac{p_{NH_3}}{p^\ominus}\right)^2\left(\frac{p_{CO_2}}{p^\ominus}\right) \tag{6-11}$$

式中，p_{NH_3}和p_{CO_2}分别表示反应温度下 NH_3 和 CO_2 的平衡分压，$p^\ominus$为100kPa。平衡体系的总压 p 为 p_{NH_3}和 p_{CO_2}之和，从上述反应可知：

$$p_{NH_3}=\frac{2}{3}p,\quad p_{CO_2}=\frac{1}{3}p$$

代入式(6-11)得到：

$$K_p^\ominus=\left(\frac{2}{3}\frac{p}{p^\ominus}\right)^2\left(\frac{1}{3}\frac{p}{p^\ominus}\right)=\frac{4}{27}\left(\frac{p}{p^\ominus}\right)^3 \tag{6-12}$$

因此，当体系达到平衡后，测定其总压 p 即可算出标准平衡常数 $K_p^\ominus$。氨基甲酸铵分解是一个热效应很大的吸热反应，温度对平衡常数的影响比较灵敏。但当温度变化范围不大时，按平衡常数与温度的关系式，可得：

$$\ln K_p^\ominus=-\frac{\Delta_r H_m^\ominus}{RT}+C \tag{6-13}$$

式(6-13)中，$\Delta_r H_m^\ominus$为该反应的标准摩尔反应热，R 为摩尔气体常数，C 为积分常数。根据式(6-13)，只要测出几个不同温度下的总压 p，以 $\ln K_p^\ominus$对 $1/T$ 作图，由所得直线的斜率即可求得实验温度范围内的 $\Delta_r H_m^\ominus$。

利用如下热力学关系式还可以计算反应的标准摩尔吉氏函数变化 $\Delta_r G_m^\ominus$和标准摩尔熵变 $\Delta_r S_m^\ominus$：

$$\Delta_r G_m^\ominus=-RT\ln K_p^\ominus \tag{6-14}$$

$$\Delta_r G_m^\ominus=\Delta_r H_m^\ominus-T\Delta_r S_m^\ominus \tag{6-15}$$

本实验用静态法测定氨基甲酸铵的分解压力(图 6-12)。样品瓶 A 和零压计 B 均装在空气恒温箱(水浴)D 中。实验时先将系统抽空(零压计两液面相平)，然后关闭活塞 1，让样品在恒温 t 时分解，此时零压计右管上方为样品分解得到的气体，通过活塞 2 和 3 不断放入适量空气于零压计左管上方，使零压计中的液面始终保持相平。待分解反应达到平衡后，从外接的数字压力计测出零压计上方的气体压力，即为温度 t 下氨基甲酸铵分解的平衡压力。

三、主要试剂和仪器

1. 试剂　氨基甲酸铵(固体粉末)。
2. 仪器　空气恒温箱(或水浴)；样品瓶；数字压力计；硅油零压计；机械真空泵；活塞等。

四、实验内容

1. 按装置图(图 6-12)接好管路，并在样品瓶 A 中装入少量氨基甲酸铵粉末。

2. 将缓冲罐平衡阀 1(图中 3 号活塞)和缓冲罐进气阀(图中 4 号活塞)打开，使体系与大气相通，按下压力计的采零键，使示数显示为 0。然后将缓冲罐平衡阀 1 关闭，打开活塞 1，开

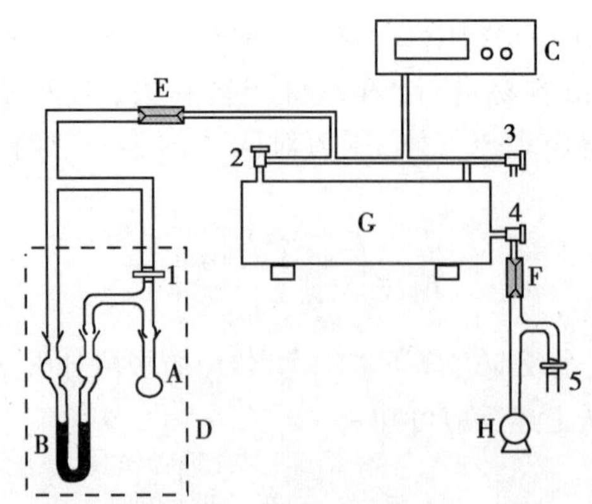

A—样品瓶；B—零压计；C—数字压力计；D—空气恒温箱；
E，F—毛细管；G—缓冲罐；H—真空泵；1～5—真空活塞。

图 6-12　等压法测定平衡常数装置图

动机械真空泵，使体系逐步抽真空。约 3min 后，压力计读数达-93.5kPa 时，依次关闭活塞 1、平衡阀 2（图中 2 号活塞）和进气阀（图中 4 号活塞）。打开真空泵外 5 号活塞，关闭真空泵。

3. 调节空气恒温箱（或水浴）D 温度为（25.0±0.2）℃。

4. 随着氨基甲酸铵分解，零压计中右管液面降低，左管液面升高，出现了压差。为了消除零压计 B 中的压差，维持零压，需打开平衡阀 1，向右管添加空气，关闭平衡阀 1，如此反复操作，待零压计中液面左右相平且不随时间而变，则从数字压力计上测得平衡压差 Δp_t。

注意：若空气放入过多，造成零压计左管液面低于右管液面，此时可打开平衡阀 2（图中 2 号活塞），通过储气罐内的负压将多余的空气抽走，随后再关闭平衡阀 2（图中 2 号活塞）。这样可以降低零压计左管上方的压力，直至两边液面相平。

5. 将空气恒温箱（水浴）分别调到 27.5℃、30℃、32.5℃、35℃，同上述实验步骤操作，从数字压力计测得各温度下体系达平衡后的压差。

6. 实验结束，必须先把胶管与真空泵断开，再关闭真空泵（为什么？），然后打开平衡阀 2 和进气阀，使体系通大气。

五、实验结果及处理（表 6-9）

表 6-9　数据记录和结果

环境温度________℃　环境大气压________Pa

温度/℃	压力表读数/kPa	分解压力/kPa	$K_p^{\ominus}$	$\ln Kp^{\ominus}$	$1/T/K^{-1}$

1. 求不同温度下体系的平衡总压 p：$p = p_{大气压} + \Delta p_t$。

2. 计算各分解温度下 $K_p^{\ominus}$ 和 $\Delta_r G_m^{\ominus}$。

3. 以 $\ln K_p^{\ominus}$ 对 $1/T$ 作图，由斜率求得 $\Delta_r H_m^{\ominus}$。

4. 计算该反应的 $\Delta_r S_m^{\ominus}$。

【注意事项】

1. 由于 NH_2COONH_4 易吸水,故在制备及保存时使用的容器都应保持干燥。若 NH_2COONH_4 吸水,则生成$(NH_4)_2CO_3$ 和 NH_4HCO_3,就会给实验结果带来误差。

2. 本实验的装置与测定液体饱和蒸气压和蒸气压的装置相似,故本装置也可用来测定液体的饱和蒸气压。

3. 氨基甲酸铵极易分解,所以商品销售极少。如购买不到,需要在实验前制备。方法如下:在通风柜内将钢瓶的氨与二氧化碳在常温下同时通入一塑料袋中,一定时间后在塑料袋内壁上即附着氨基甲酸铵的白色结晶。

六、思考题

1. 在本实验中,氨基甲酸铵的分解压是如何测定的?
2. 当空气通入体系时,若通得过多有何现象出现?怎么办?

实验八 分光光度法测配合物组成和稳定常数

一、实验目的

1. 掌握连续法测定配合物组成及稳定常数的方法。
2. 掌握分光光度计的使用方法。
3. 用分光光度法中的连续变化法测得的 Fe^{3+} 与钛铁试剂形成配合物的组成及稳定常数。

二、实验原理

溶液中金属离子 M 和配位体 L 形成配合物,其反应式为:

$$M+nL \rightleftharpoons ML_n$$

当达到配位平衡时:

$$K=\frac{c_{ML_n}}{c_M c_L^n} \tag{6-16}$$

式中:K 为配合物稳定常数;c_M 为配位平衡时金属离子的浓度(严格应为活度);c_L 为配位平衡时的配位体浓度;c_{ML_n} 为配位平衡时的配合物浓度;n 为配合物的配体数目。

配合物稳定常数不仅反映了它在溶液中的热力学稳定性,而且对配合物的实际应用,特别是在分析化学方法中具有重要的参考价值。

显然,如能通过实验测得式(6-16)中右边各项浓度及 n 值,则就能算得 K 值。本实验采用分光光度来测定上列这些参数。

1. 分光光度法的实验原理 让可见光中各种波长单色光分别、依次透过有机物或无机物的溶液,其中某些波长的光即被吸收,使得透过的光形成吸收谱带。这种吸收谱带对于结构不同的物质具有不同的特性(图 6-13),因而就可以对不同产物进行鉴定分析。

根据比尔定律,一定波长的入射光强 I_0 与透射光强 I 之间的关系:

$$I=I_0e^{-kcl} \tag{6-17}$$

式中:k 为吸收系数,对于一定溶质、溶剂及一定波长的入射光,k 为常数,c 为溶液浓度,l 为盛样溶液的液槽的透光厚度。

由式(6-17)可得：

$$\ln\frac{I_0}{I}=kcl \tag{6-18}$$

$\frac{I_0}{I}$称透射比，令 $A=\lg\frac{I_0}{I}$，则得：$A=\frac{k}{2.303}cl$。从公式可看出：在固定液槽厚度 l 和入射光波长的条件下，吸光度 A 与溶液浓度 c 成正比，选择入射光的波长，使它对物质既有一定的灵敏度，又使溶液中其他物质的吸收干扰为最小。作吸光度 A 对被测物质 c 的关系曲线，测定未知浓度物质的吸光度，即能从 A-c 关系上求得相应的浓度值，这是光度法的定量分析的基础。

2. 等摩尔数连续递变法测定配合物的组成　连续递变法又称递变法，它实际上是一种物理化学分析方法，可以用于研究当两个组分项混合时，是否发生化合、配位、缔合等作用以及测定两者之间的化学比。其原理是：在保持总的摩尔数不变的前提下，依次改变体系中两个组分的摩尔分数比值，并测定吸光度 A 值，作摩尔分数-吸光度曲线(图 6-14)，从曲线上吸光度的极大值，即能求出 n 值。

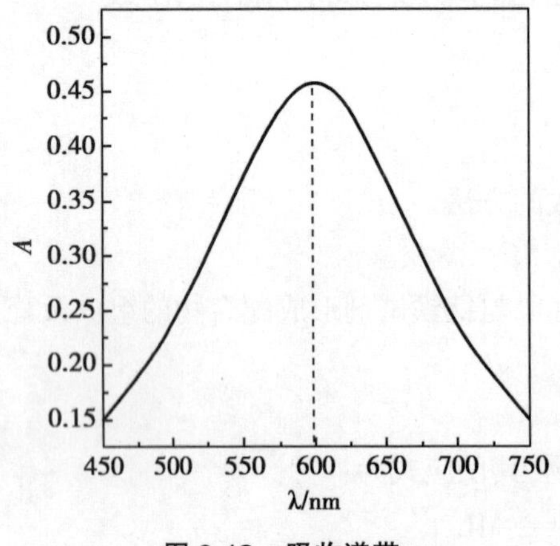

图 6-13　吸收谱带

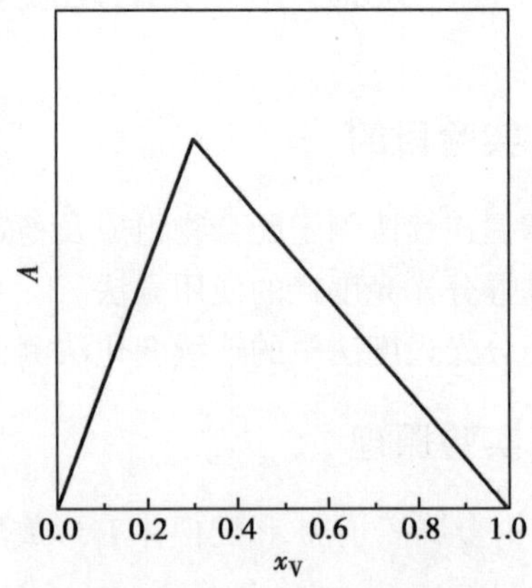

图 6-14　摩尔分数-吸光度曲线

为了配制溶液方便，通常取相同摩尔浓度的金属离子 M 和配位体 L 溶液，在维持总体积不变的条件下，按不同的体积比配成一系列混合溶液，这样，它们的体积比也就是摩尔分数之比。设 x_V 为 $A_{极大}$时吸取 M 溶液的体积分数。即：

$$x_V=\frac{V_M}{V_L+V_M} \tag{6-19}$$

L 液的体积分数为 $1-x_V$ 则配位数：

$$n=\frac{1-x_V}{x_V} \tag{6-20}$$

若溶液中只有配合物具有颜色，则溶液的吸光度 A 和配合物的含量成正比，作 A-x_V 图，从曲线的极大值位置即可直接求出 n。但在配制成的溶液中除配位外，尚有金属离子 M 和配体 L 与配合物在同一波长 $\lambda_{最大}$中也存在着一定程度的吸收。因此所观察到的吸光度 A 并不是完全由配合物 ML_n吸收所引起，必须加以校正，其校正方法如下：

作为实验测得的吸光度 A 对溶液组成(包括金属离子浓度为零和配位体浓度为零两点)的图，联结金属离子浓度为零及配位体浓度为零的两点的直线(图 6-15)，则直线上所表示的不同组成吸光度数值 A_0，可以认为是由于金属离子 M 和配位体 L 吸收所引起，因此把实验所观察到的吸光度 A'减去对应组成上的该直线读得的吸光度数值 A_0所得的差值：

$$\Delta A = A' - A_0,$$

就是该溶液组成下浓度的吸光度数值。作此吸光度 ΔA-x_V曲线（图 6-16）。曲线极大值所对应的溶液组成就是配合物组成。用这个方法测定配合物组成时，必须在所选择的波长范围内只有 ML_n一种配合物有吸收，而金属离子 M 和配位体 L 等都不吸收和极少吸收，只有在这种条件下，A-x_V曲线上的极大点所对应的组成才是所求配合物组成。

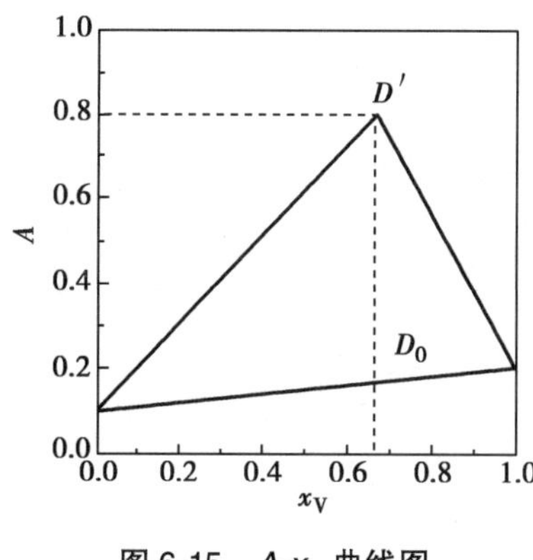

图 6-15 A-x_V 曲线图

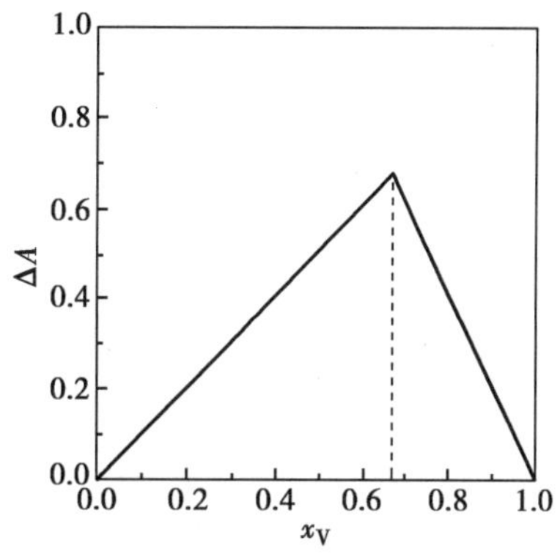

图 6-16 ΔA-x_V 曲线图

3. 切线法测定配合物的稳定常数　实际上 A-x_V 曲线不可能是一个三角形（图 6-16）。由于配合物存在解离平衡，所以 A-x_V 曲线应该是：越接近两端，由于配体（或中心原子）大大过量所以配合物几乎不解离，实际浓度近似等于理论浓度，曲线接近直线（图 6-17）。越接近配位比的点，由于解离平衡的存在，所以配合物的实际浓度要低于理论浓度。

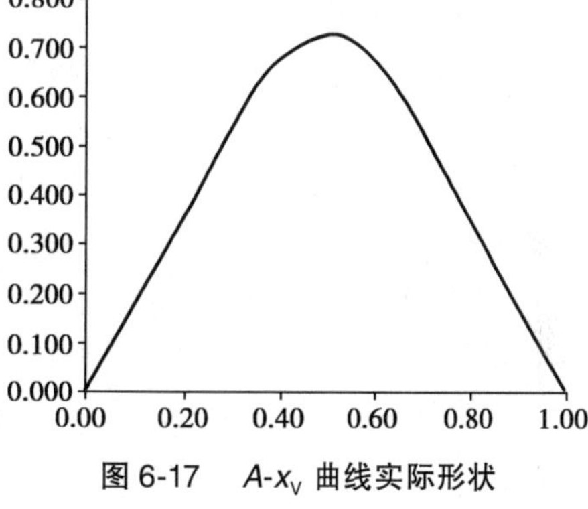

图 6-17 A-x_V 曲线实际形状

从（0,0）和（1,0）分别做 A-x_V 曲线的切线，两条切线交点的横坐标对应配合物的组成，交点的纵坐标等于在正常配位比时，配合物理论上不解离的吸光度。而实际的吸光度在 A-x_V 曲线上。设开始时金属离子 M 和配位体 L 的浓度分别为 a 和 b，配位平衡时配合物浓度为 c，两个吸光度的比值应有以下关系：

$$A_{实际} = \varepsilon \cdot c \cdot l$$

$$A_{理论} = \varepsilon \cdot c_{理论} \cdot l = \varepsilon \cdot a \cdot l$$

l 为盛样溶液的液槽的透光厚度；ε 为光被吸收的比例系数。用同样的比色皿和同一体系的溶液，l 和 ε 是相同的，$c_{理论} = a$（a 为混合溶液中金属离子 M 的初始浓度）。所以：

$$c = (A_{实际}/A_{理论}) \cdot a$$

$$K = \frac{c}{(a-c) \cdot (b-n \cdot c)^n} \tag{6-21}$$

4. 稀释法测定配合物的稳定常数　由于吸光度已经过上述方法进行校正，因此可以认为校正后，溶液吸光度正比于配合物浓度。如果在两个不同的金属离子和配位体总浓度（总摩尔数）条件下，在同一坐标上分别作吸光度对两个不同总摩尔分数的溶液组成曲线，在这二条曲线上找出吸光度相同的二点，则在此二点上对应溶液的配合物浓度应相同（图 6-18）。设对应于二条曲线上的起始金属离子浓度及配位体浓度分别为 a_1,b_1,a_2,b_2。则：

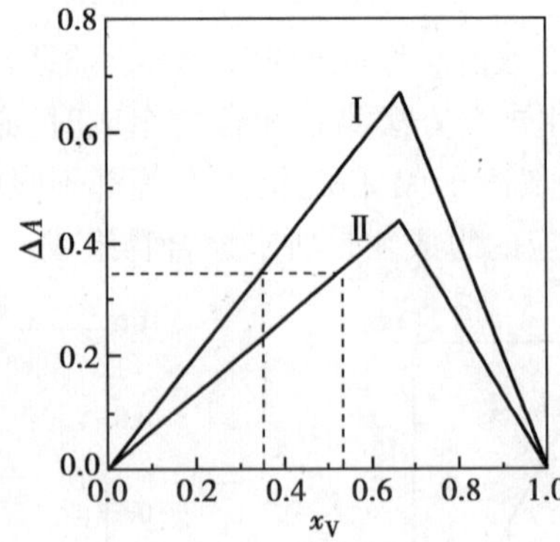

图 6-18　吸光度-溶液组成图

$$K=\frac{c}{(a_1-c)\cdot(b_1-n\cdot c)^n}=\frac{c}{(a_2-c)\cdot(b_2-n\cdot c)^n} \tag{6-22}$$

$$(a_1-c)\cdot(b_1-n\cdot c)^n=(a_2-c)\cdot(b_2-n\cdot c)^n \tag{6-23}$$

$n=1$ 时，该方程是一个一元一次方程。

$n=2$ 时，该方程是一个一元二次方程，有两个解。符合要求的解应大于 0，且小于 $a_1,a_2,b_1/2,b_2/2$ 四个中最小的一个。

$$a_1b_1^2-(4a_1b_1+b_1^2)c+(4a_1+4b_1)c^2-4c^3=a_2b_2^2-(4a_2b_2+b_2^2)c+(4a_2+4b_2)c^2-4c^3$$

移项后得到：

$$4(a_1-a_2+b_1-b_2)c^2+(4a_2b_2-4a_1b_1+b_2^2-b_1^2)c+(a_1b_1^2-a_2b_2^2)=0 \tag{6-24}$$

解上述方程可得 c，然后即可计算配合物稳定常数 K。$n\geqslant3$ 时，可用迭代法求解。

5. 表观稳定常数和配合物稳定常数　测定的数据经过上述处理后得到的稳定常数应该称为表观稳定常数，由于酸效应和水解效应的影响，其数值与配合物实际的稳定常数有很大差异。要得到配合物稳定常数，需要计算酸效应系数和水解效应系数，再用公式 $\lg K_{稳}=\lg K_{表}+\lg\alpha_{R(H)}+\lg\alpha_{水解}$ 计算。

三、主要试剂和仪器

1. 试剂　0.005mol/L 硫酸高铁铵溶液（$M=482.18$g/mol；精密称取 4.821 8g $NH_4Fe(SO_4)_2\cdot12H_2O$，加 pH=2.0 的 H_2SO_4 溶液至 2 000mL）；0.005mol/L 钛铁试剂（1,2-三羟基-3,5-二磺酸钠，无水 $M=314.20$g/mol，一水 $M=332.20$g/mol；精密称取一水钛铁试剂 3.322 0g，加 pH=2.0 的 H_2SO_4 溶液至 2 000mL）；pH=2.0 的 H_2SO_4 溶液（约为 0.007 2mol/L，2.00mL 浓硫酸稀释到 5 000mL）。

2. 仪器　紫外可见分光光度计；pH 计；容量瓶，50mL，14 个。

四、实验内容

1. 在 50mL 容量瓶中按表 6-10 制备 14 个待测溶液样品（0# 是空白溶液），然后每个样品再加 pH=2.0 的 H_2SO_4 溶液至刻度。

表 6-10　待测样品

溶液编号	1	2	3	4	5	6	7	8	9	10	11	12	13	0
Fe^{3+}溶液	0.00	1.00	2.00	2.50	3.00	3.33	4.00	5.00	6.00	7.00	8.00	9.00	10.00	0.00
钛铁试剂溶液	10.00	9.00	8.00	7.50	7.00	6.67	6.00	5.00	4.00	3.00	2.00	1.00	0.00	0.00

2. 测上述溶液的 pH(只选取 8#样品即可)。因为硫酸高铁铵与钛铁试剂生成的配合物组成将随 pH 改变而改变,故所测配合物溶液需维持稳定的 pH。

3. ML_n溶液分光光度曲线——λ_{max}的选择和吸光度测量。

测定 8#溶液的吸收曲线,找出吸收曲线的最大吸收峰所对应的波长 λ_{max}数值,再测定 1#至 13#溶液,λ_{max}下的吸光度数值 A。8#样品重复测量 3 次。

【注意事项】

1. 比色皿每次使用完毕后,应用蒸馏水洗净,倒置晾干,在日常使用中应注意保护比色皿的透光面,使之不受损坏和产生斑痕,影响它的透光率。

2. 若 1#、13#在 λ_{max}有吸收,应对吸收度 A 进行校正后,再作 A′-[M]/[L]曲线。

五、实验结果及处理

1. 作溶液的吸光度 A 对溶液组成的 A-x 曲线。
2. 按上述方法进行校正,求出溶液中配合物的校正吸光度数值($\Delta A=A-A_0$)。
3. 作溶液校正后的吸光度(ΔA)对溶液组成的图(即 $\Delta A-x$)。
4. 找出曲线最大值下相应于$(1-x_V)/x_V=n$ 的数值,由此即可得到配合物组成 ML_n。
5. 从(0,0)和(1,0)分别做 Ax_V 曲线的切线,求出两切线交点纵坐标。
6. 算出配合物表观稳定常数。
7. 测量 8#样品溶液的的 pH,并根据测量的 pH 和钛铁试剂的 pK_1(7.62)和 pK_2(12.97)算出配合物的酸效应系数。
8. pH=2.0 时,Fe^{3+}的水解效应可以忽略不计。可根据酸效应系数和表观稳定常数计算配合物稳定常数。

$$\lg K_{稳}=\lg K_{表}+\lg a_{R(H)}$$

文献值:1∶1 配位时 $\lg K_{稳}=20.5$;1∶2 配位时 $\lg K'_{稳}=15.1$;1∶3 配位时 $\lg K''_{稳}=10.7$。

六、思考题

1. 为什么要控制溶液的 pH?
2. 为什么要在 λ_{max}下测定配合物的吸光度?
3. 为什么所测的吸光度要进行校正?如何校正?
4. 若配合物的 n 不等于 1 时,配合物稳定常数 K 的计算公式应如何推导?

实验九　强电解质极限摩尔电导率的测定

一、实验目的

1. 学会用电导率仪测定 KCl 的摩尔电导率。

2. 掌握用作图法外推求其极限摩尔电导率。

二、实验原理

物体的导电能力可用其电阻 R(单位为欧姆)来表示。实验发现,导体的电阻 R 与导体的长度 l 成正比,与导体的截面积 A 成反比,用公式可表示如下:

$$R=\rho\frac{l}{A} \tag{6-25}$$

其中 ρ 是比例系数,称为电阻率,其定义为长度为 1m,截面积为 $1m^2$ 导体所具有的电阻,单位是 $\Omega\cdot m$。电阻率 ρ 的倒数称为电导率,用 κ 表示,即:

$$\kappa=\frac{1}{\rho} \tag{6-26}$$

κ 定义为长度为 1m,截面积为 $1m^2$ 导体所具有的电导,单位是 $\Omega^{-1}\cdot m^{-1}$。摩尔电导率 Λ_m 是指把含有 1mol 的电解质溶液置于相距为单位距离(SI 单位是 m)的电导池的两个平行电极之间时溶液的电导,其单位为 $S\cdot m^2\cdot mol^{-1}$。摩尔电导率与电导率的关系表示如下:

$$\Lambda_m=\kappa V_m=\frac{\kappa}{c} \tag{6-27}$$

式(6-27)中 V_m 为含有 1mol 电解质的溶液体积(单位为 $m^2\cdot mol^{-1}$),c 为电解质溶液的物质的量的浓度(单位为 $mol\cdot m^{-3}$)。

对于强电解质的稀溶液(浓度<0.01mol/L),摩尔电导率 Λ_m 与溶液的摩尔浓度之间 c 满足科尔劳施(Kohlrausch)经验规律:

$$\Lambda_m=\Lambda_m^{\infty}(1-\beta\sqrt{c}) \tag{6-28}$$

式(6-28)中 Λ_m 为溶液的摩尔电导率;c 为电解质溶液的质量摩尔浓度;Λ_m^{∞} 为溶液的无限稀释时($c\to0$)的电导率,称为电解质无限稀释的摩尔电导率(或称为极限摩尔电导率);β 在一定的温度下,对一定的电解质和溶剂来说是一个常数。极限摩尔电导率数值只与电解质的本性有关,其大小表征了电解质真实的导电能力。因此,对其进行准确测量在化学研究中具有重要意义。

本实验利用 DDS-11A 型电导率仪测定一系列已知浓度的 KCl 溶液的电导率 κ,用式(6-27)求出相应的摩尔电导率 Λ_m,再用式(6-28)作出 Λ_m-$\sqrt{c}$ 图,外推到 $c=0$,由截距求出 KCl 的 Λ_m^{∞}。

三、主要试剂和仪器

1. 试剂　1.000mol/L KCl 标准溶液。

2. 仪器　DDS-11A 型电导率仪,1 台,DJS-1 型铂黑电极 1 支;超级恒温水浴,1 台;容量瓶,100mL,5 个;移液管,50mL 3 支,10mL 3 支。

四、实验内容

1. 调节恒温水浴温度为 25.0±0.1℃。

2. 由浓度为 1.000mol/L KCl 溶液配制浓度为 0.100 0mol/L 和 0.050 0mol/L 的 KCl 溶液,再由这两个溶液梯度稀释得到 0.010 0mol/L,0.005 0mol/L,0.001 0mol/L,0.000 5mol/L 和

0.000 1mol/L 的 KCl 溶液。稀释时必须使用电导水。上述溶液置于水浴中保温。

3. 调试电导率仪(按 DDS-11A 型电导率仪使用说明进行)。

4. 测量一系列 KCl 溶液的电导率　按浓度由低到高的顺序,依次测量不同浓度的 KCl 溶液的电导率,平行测量 3 次,取平均值。

5. 电导水电导率的测定　先把电导电极和电导池用电导水反复冲洗数次,在电导池中加入 15~20mL 电导水,插入电导电极,将电导池放入水浴中恒温 5min,电导率仪选择最小档,然后进行测量。上述操作共重复 3 次,取平均值。

五、实验结果及处理

1. 利用公式 $\Lambda_m=\dfrac{\kappa}{c}$,计算每种溶液的摩尔电导 Λ_m。

2. 以 Λ_m 对 $\sqrt{c}$ 作图,外推到 $c=0$,由截距求出 KCl 的 Λ_m^∞。

3. 将实验数值与标准结果相比较,分析实验误差。

实验十　电导法测醋酸电离平衡常数

一、实验目的

1. 掌握电导、电导率、摩尔电导率的概念以及它们之间的相互关系。

2. 掌握电导法测定弱电解质电离平衡常数的原理。

二、实验原理

1. 电离平衡常数 K_c 的测定原理　在弱电解质溶液中,只有已经电离的部分才能承担传递电量的任务。在无限稀释的溶液中可以认为弱电解质已全部电离,此时溶液的摩尔电导率可以用离子的极限摩尔电导率相加而得。而一定浓度下电解质的摩尔电导率 Λ_m 与无限稀释的溶液的摩尔电导率 Λ_m^∞ 是有区别的,这由两个因素造成,一是电解质的不完全解离,二是离子间存在相互作用力。二者之间有如下近似关系:

$$\alpha=\frac{\Lambda_m}{\Lambda_m^\infty} \tag{6-29}$$

式中 α 为弱电解质的电离度。

对 AB 型弱电解质,如乙酸(即醋酸),在溶液中电离达到平衡时,其电离平衡常数 K_c 与浓度 c 和电离度 α 的关系推导如下:

	$CH_3COOH \longrightarrow$	CH_3COO^-	$+H^+$
起始浓度	c	0	0
平衡浓度	$c(1-\alpha)$	$c\alpha$	$c\alpha$

则

$$K_c=\frac{c\cdot\alpha^2}{1-\alpha} \tag{6-30}$$

以式(6-29)代入式(6-30)得:

$$K_c = \frac{c \cdot \Lambda_m^2}{\Lambda_m^\infty (\Lambda_m^\infty - \Lambda_m)} \tag{6-31}$$

因此，只要知道 Λ_m^∞ 和 Λ_m 就可以算得该浓度下醋酸的电离常数 K_c。

将式(6-30)整理后还可得：

$$c \cdot \Lambda_m = K_c \cdot (\Lambda_m^\infty)^2 \cdot \frac{1}{\Lambda_m} - \Lambda_m^\infty \cdot K_c \quad 或 \quad \frac{1}{\Lambda_m} = \frac{c \cdot \Lambda_m}{K_c \cdot (\Lambda_m^\infty)^2} + \frac{1}{\Lambda_m^\infty} \tag{6-32}$$

由上式可知，测定系列浓度下溶液的摩尔电导率 Λ_m，将 $c \cdot \Lambda_m$ 对 $\frac{1}{\Lambda_m}$ 作图可得一条直线，由直线斜率可测出在一定浓度范围内 K_c 的平均值。

2. 摩尔电导率 Λ_m 的测定原理　电导是电阻的倒数，用 G 表示，单位 S(西门子)。电导率则为电阻率的倒数，用 κ 表示，单位为 $G \cdot m^{-1}$。

摩尔电导率的定义为：含有一摩尔电解质的溶液，全部置于相距为 1m 的两个电极之间，这时所具有的电导称为摩尔电导率。摩尔电导率与电导率之间有如下的关系。

$$\Lambda_m = \frac{\kappa}{c} \tag{6-33}$$

式(6-33)中 c 为溶液中物质的量浓度，单位为 $mol \cdot m^{-3}$。

在电导池中，电导的大小与两极之间的距离 l 成反比，与电极的面积 A 成正比。

$$G = \kappa \cdot \frac{A}{l} \tag{6-34}$$

由式(6-34)可得

$$\kappa = \frac{l}{A} G = K_{cell} G \tag{6-35}$$

对于固定的电导池，l 和 A 是定值，故比值 l/A 为一常数，以 K_{cell} 表示，称为电导池常数，单位为 m^{-1}。为了防止极化，通常将铂电极镀上一层铂黑，因此真实面积 A 无法直接测量，通常将已知电导率 κ 的电解质溶液(一般用的是标准的 0.010 00mol/L KCl 溶液)注入电导池中，然后测定其电导 G，即可由式(6-35)算得电导池常数 K_{cell}。

当电导池常数 K_{cell} 确定后，就可用该电导池测定某一浓度 c 的醋酸溶液的电导，再用式(6-35)算出 κ，将 c、κ 值代入式(6-33)，可算得该浓度下醋酸溶液的摩尔电导率。

在这里的 Λ_m^∞ 求测是一个重要问题，对于强电解质溶液，可测定其在不同浓度下摩尔电导率再外推而求得；但对弱电解质溶液则不能用外推法，通常是将该弱电解质正、负两种离子的无限稀释摩尔电导率加和计算而得，即：

$$\Lambda_m^\infty = \nu_+ \lambda_{m,+}^\infty + \nu_- \lambda_{m,-}^\infty \tag{6-36}$$

不同温度下醋酸 Λ_m^∞ 的值见表 6-11。

表 6-11　不同温度下醋酸的 $\Lambda_m^\infty / (S \cdot m^2 \cdot mol^{-1})$

温度/K	298.2	303.2	308.2	313.2
$\Lambda_m^\infty \times 10^2$	3.908	4.198	4.489	4.779

三、主要试剂和仪器

1. 试剂　醋酸标准溶液，0.250 0mol/L；KCl 电导标准液，0.010 00mol/L；电导水。
2. 仪器　电导率仪；电导池（可用大试管代替，最好是石英试管）；玻璃精密恒温水浴。

四、实验内容

1. 调节恒温水槽水浴温度至 25℃（可根据室温调节，水浴温度至少比室温高 5℃）。将实验中要测定的溶液恒温。

2. 测量醋酸溶液的电导率

（1）电导电极校正：用氯化钾标准电导溶液校正电极常数。设置“电极常数”至下方示数为“1”，按下“确定”键。设置“常数调节”至上方示数为“1.000”，按下“确定”键。取干燥试管加入一定量的 KCl 标准电导溶液恒温 5min，将电导电极用 KCl 标准电导溶液淋洗后，插入其中测定其电导常数 $\kappa_{测}$。查表可知标准 KCl 电导溶液在一定温度下的 $\kappa_{标}$ 值，再根据以下公式计算出电导池常数 $K_{cell待}$，单位 cm^{-1}（$K_{cell初}=1.000cm^{-1}$）。

$$K_{cell待}=\frac{\kappa_{标}}{\kappa_{测}}K_{cell初}$$

再次设置“常数调节”至上方示数为 $K_{cell待}$，按下“确定”键。

（2）醋酸溶液电导率的测定：取一支大试管，清洗后再用电导水冲洗 2~3 次，烘干。试管中加入 15.00mL 电导水，将试管固定到恒温槽中。电导电极先用蒸馏水冲洗，再用电导水冲洗 2~3 次。尽量轻轻甩去水分后插入试管。恒温 5min 后，读取电导率数值。依次分别加入 0.250 0mol/L 醋酸标准溶液 1.00mL，1.00mL，1.00mL，2.00mL，2.00mL，2.00mL，每次混匀后恒温 5min，读取电导率数值。共测定醋酸溶液电导率 6 次。

（3）电导水电导率的测定：先把电导电极和电导池用电导水反复冲洗数次，在电导池中加入 15~20mL 电导水，插入电导电极，将电导池放入水浴中恒温 5min，电导率仪选择最小档，然后进行测量。上述操作共重复 3 次，取平均值。

3. 用蒸馏水清洗电导电极和温度电极，将电极浸泡在盛有蒸馏水的锥形瓶中，以备下一次实验用。

五、实验结果及处理

1. 将原始数据及处理结果填入表 6-12。

表 6-12　数据记录与处理

浓度 $c/(mol\cdot L^{-1})$	$\kappa/(S\cdot m^{-1})$	$\Lambda_m/(S\cdot m^2\cdot mol^{-1})$	α	K_c

2. 用 $c \cdot \Lambda_m$ 对 $\frac{1}{\Lambda_m}$ 作图或进行线性回归，求出相应的斜率，根据文献的极限稀释摩尔电导率（按实验数据直接求算的 Λ_m^∞ 误差太大，故采用文献值），求出平均电离常数 K_c。

六、思考题

1. 计算 Λ_m 和 K_c 时，都会用到浓度 c，所用到的数值一样吗？单位一样吗？
2. 本实验为什么不能用实验数据直接求算极限稀释摩尔电导率？什么情况下才可以？

实验十一　原电池电动势的测定

一、实验目的

1. 测定 Cu-Zn 电池的电动势和 Cu、Zn 电极的电极电势。
2. 学会一些电极的制备和处理方法。
3. 掌握电位差计的测量原理和正确使用方法。

二、实验原理

原电池电动势不能直接用伏特计来测量，因为电池与伏特计接通后有电流通过，在电池两极上会发生极化现象，使电极偏离平衡状态。另外，电池本身有内阻，伏特计所量得的仅是不可逆电池的端电压。

准确测定电池的电动势只能在无电流（或极小电流）通过电池的情况下进行，需用对消法测定原电池电动势（图 6-19）。原理：在待测电池上并联一个大小相等、方向相反的外加电势差，这样待测电池中没有电流通过，外加电势差的大小即等于待测电池的电动势。

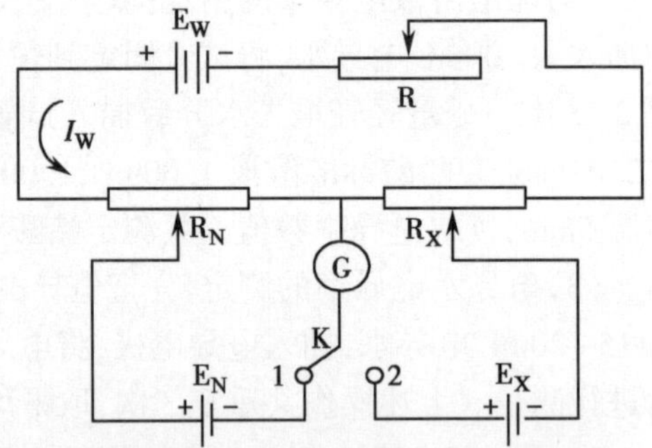

E_W—工作电源；E_N—标准电池；E_X—待测电池；R—调节电阻；R_X—待测电池电动势补偿电阻；R_N—标准电池电动势补偿电阻；K—转换电键；G—检流计。

图 6-19　测量电路示意图

电池由正、负两极组成。电池在放电过程中，正极起还原反应，负极起氧化反应，电池内部还可能发生其他反应。电池反应是电池中所有反应的总和。电池除可用来作为电源外，还可用它来研究构成此电池的化学反应的热力学性质。从化学热力学知道，在恒温、恒压、可逆条件下，电池反应有以下关系：

$$\Delta G = -nFE \tag{6-37}$$

式(6-37)中 ΔG 是电池反应的吉布斯自由能增量；n 为电极反应中得失电子的数目；F 为法拉第常数（其数值为 96 500C · mol^{-1}）；E 为电池的电动势。所以测出该电池的电动势 E 后，便可求得 ΔG，进而又可求出其他热力学函数。但必须注意，首先要求电池反应本身是可逆的，即要求电池电极反应是可逆的，并且不存在任何不可逆的液接界。同时要求电池必须在可逆情况下工作，即放电和充电过程都必须在准平衡状态下进行，此时只允许有无限小的电流通过电池。因此，在用电化学方法研究化学反应的热力学性质时，所设计的电池应尽量避免出现液接界，在精确度要求不高的测量中，出现液接界电势时常用“盐桥”来消除或减小。

在进行电池电动势测量时，为了使电池反应在接近热力学可逆条件下进行，采用电位差计测量。原电池电动势主要是两个电极的电极电势的代数和，如能测定出两个电极的电势，就可计算得到由它们组成的电池的电动势。由式(6-37)可推导出电池的电动势以及电极电势的表达式。下面以铜-锌电池为例进行分析。

电池表示式为：$Zn \mid ZnSO_4(m_1) \parallel CuSO_4(m_2) \mid Cu$

符号“|”代表固相(Zn或Cu)和液相($ZnSO_4$或$CuSO_4$)两相界面；“‖”代表连通两个液相的“盐桥”；m_1 和 m_2 分别为$ZnSO_4$和$CuSO_4$的质量摩尔浓度。

当电池放电时，

负极起氧化反应　　$Zn \rightarrow Zn^{2+}(\alpha_{Zn^{2+}})+2e^-$

正极起还原反应　　$Cu^{2+}(\alpha_{Cu^{2+}})+2e^- \rightarrow Cu$

电池总反应为　　$Zn+Cu^{2+}(\alpha_{Cu^{2+}}) \rightarrow Zn^{2+}(\alpha_{Zn^{2+}})+Cu$

电池反应的吉布斯自由能变化值为

$$\Delta G=\Delta G^{\ominus}+RT\ln\frac{\alpha_{Zn^{2+}}\cdot\alpha_{Cu}}{\alpha_{Cu^{2+}}\cdot\alpha_{Zn}} \tag{6-38}$$

上述式中 $\Delta G^{\ominus}$为标准态时自由能的变化值；α 为物质的活度，纯固体物质的活度等于 1，则有

$$\alpha_{Zn}=\alpha_{Cu}=1 \tag{6-39}$$

在标准态时，$\alpha_{Zn^{2+}}=\alpha_{Cu^{2+}}=1$，则有：

$$\Delta G=\Delta G^{\ominus}=-nFE^{\ominus} \tag{6-40}$$

式中 $E^{\ominus}$为电池的标准电动势。由式(6-37)至式(6-40)可解得：

$$E=E^{\ominus}-\frac{RT}{nF}\ln\frac{\alpha_{Zn^{2+}}}{\alpha_{Cu^{2+}}} \tag{6-41}$$

对于任一电池，其电动势等于两个电极电势之差值，其计算式为：

$$E=\varphi_+(\text{右，还原电势})-\varphi_-(\text{左，还原电势}) \tag{6-42}$$

对铜-锌电池而言

$$\varphi_+=\varphi^{\ominus}_{Cu^{2+},Cu}-\frac{RT}{2F}\ln\frac{1}{\alpha Cu^{2+}} \tag{6-43}$$

$$\varphi_-=\varphi^{\ominus}_{Zn^{2+},Zn}-\frac{RT}{2F}\ln\frac{1}{\alpha Zn^{2+}} \tag{6-44}$$

式中 $\varphi^{\ominus}_{Cu^{2+},Cu}$和 $\varphi^{\ominus}_{Zn^{2+},Zn}$ 是当 $\alpha_{Zn^{2+}}=\alpha_{Cu^{2+}}=1$ 时，铜电极和锌电极的标准电极电势。

对于单个离子，其活度是无法测定的，但强电解质的活度与物质的平均质量摩尔浓度和平均活度系数之间近似有以下关系

$$\alpha_{Zn^{2+}}=\gamma_{\pm}m_1 \tag{6-45}$$

$$\alpha_{Cu^{2+}}=\gamma_{\pm}m_2 \tag{6-46}$$

三、主要试剂和仪器

1. 试剂　镀铜溶液(每升含五水合硫酸铜 150g，硫酸 50mL，乙醇 50mL)；硫酸锌(AR)、五

水合硫酸铜(AR);饱和氯化钾溶液;饱和硝酸亚汞。

2. 仪器　UJ25 型电位差计,1 台;标准电池,1 个;检流计,1 台;直流稳压电源,1 台;电流表,1 台;电压表,1 台;饱和甘汞电极,1 支;铜、锌电极;电极管;金相砂纸。

四、实验内容

1. 电极制备

(1)锌电极:先用稀硫酸(约 $3mo\cdot dm^{-3}$)洗净锌电极表面的氧化物,再用蒸馏水淋洗,然后浸入饱和硝酸亚汞溶液中 3~5s,用镊子夹住一小团清洁的湿棉花轻轻擦拭电极,使锌电极表面上有一层均匀的汞齐,再用蒸馏水冲洗干净(用过的棉花不要随便乱丢,应投入指定的有盖广口瓶内,以便统一处理)。汞齐化的目的是消除金属表面机械应力不同的影响,使它获得重复性较好的电极电势。把处理好的锌电极插入清洁的电极管内并塞紧,将电极管的虹吸管管口插入盛有 $0.100\,0mol\cdot dm^{-3}$ $ZnSO_4$溶液的小烧杯内,用针管或洗耳球自支管抽气,将溶液吸入电极管至高出电极约 1cm,停止抽气,旋紧夹子。电极的虹吸管内(包括管口)不可有气泡,也不能有漏液现象。

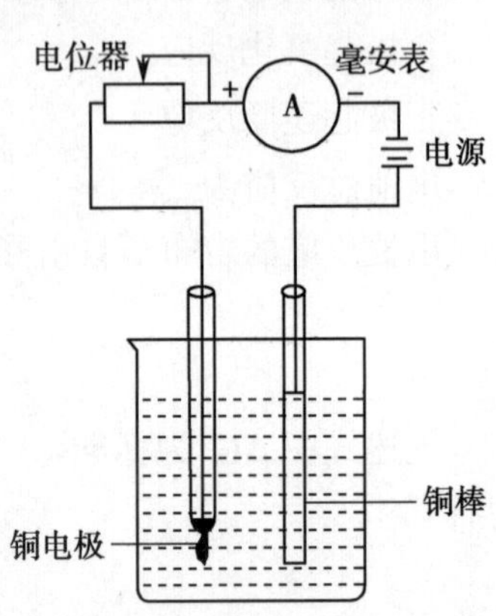

图 6-20　制备铜电极的电镀装置

(2)铜电极:先用稀硫酸($6mol\cdot dm^{-3}$)洗净铜电极表面的氧化物,再用蒸馏水淋洗,然后把它作为阴极,另取一块铜片作为阳极,在硫酸铜溶液内进行电镀(图 6-20)。电镀的条件是:电流密度为 $25mA\cdot cm^{-2}$左右,电镀时间为 20~30min,电镀后应使铜电极表面有一紧密的镀层,取出铜电极,用蒸馏水冲洗干净。由于铜表面极易氧化,故须在测量前进行电镀,且尽量使铜电极在空气中暴露的时间少一些。装配铜电极的方法与锌电极相同。

2. 电池组合　将饱和 KCl 溶液注入 50mL 的小烧杯内作为盐桥,将上面制备的锌电极的虹吸管置于小烧杯内并与 KCl 溶液接触,再放入铜电极,即成下列电池(图 6-21):

$$Zn\,|\,ZnSO_4(0.100\,0mol\cdot dm^{-3})\,\|\,KCl(饱和)\,\|\,CuSO_4(0.100\,0mol\cdot dm^{-3})\,|\,Cu$$

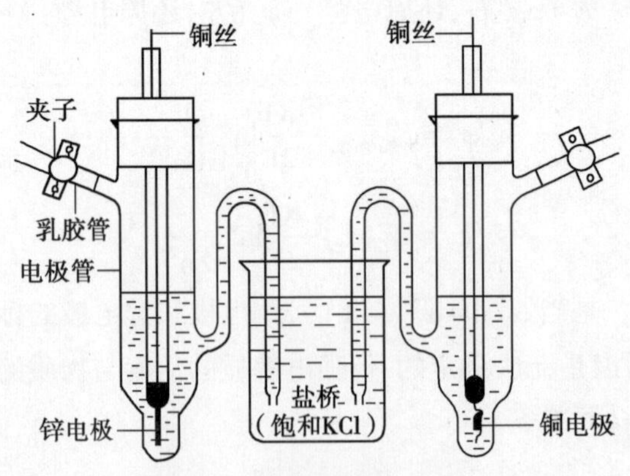

图 6-21　电池装置示意图

同法分别组成下列电池进行测量:

$$Zn\,|\,ZnSO_4(0.100\,0mol\cdot dm^{-3})\,\|\,KCl(饱和)\,\|\,Hg_2Cl_2(s)\,|\,Hg$$

$Hg|Hg_2Cl_2(s)\|KCl$(饱和)$\|CuSO_4(0.1000mol\cdot dm^{-3})|Cu$

$Cu\ |CuSO_4(0.0100mol\cdot dm^{-3})\|KCl$(饱和)$\|CuSO_4(0.1000mol\cdot dm^{-3})|Cu$

3. 电动势测定装置组装和调试　UJ-25 型电位差的操作面板如图 6-22 所示。按着接线柱的标注连接好检流计、标准电池、待测电池和工作电池。工作电池采用精密稳压直流电源，串联精密直流电表，调节输出电压为 3V，负极接电位差计的“-”端，正极接电位差计的“2.9~3.3V”端。

按以下步骤进行测量：

(1)标准电池电动势的温度校正：由于标准电池电动势是温度的函数，所以调节前须首先计算出标准电池电动势的准确值。常用的镉-汞标准电池电动势的温度校正公式为：

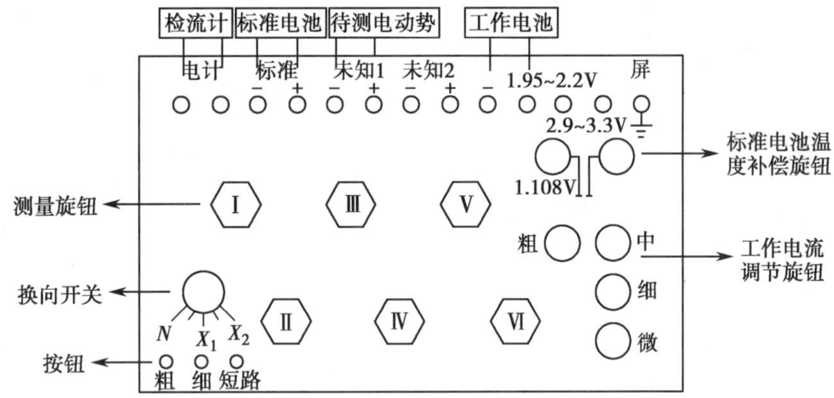

图 6-22　电位差计面板示意图

$$E_t/V=E_{20}/V-[39.94(t/℃-20)+0.929(t/℃-20)^2$$
$$-0.0090(t/℃-20)^3+0.00006(t/℃-20)^4]\times10^{-6}$$
$$E_{20}=1.01862V$$

式中 E_t 为温度为 t 时标准电池的电动势；t 为测量时室内温度；E_{20} 为 20℃时标准电池的电动势。

调节“标准电池温度补偿旋钮”，使其数值与标准电池电动势值一致，其中的两旋钮数值分别对应着 E_t 数值的最后两位。

(2)电位差计的标定：将检流计的电源设置为“220V”，接通电源，检查检流计的光标是否出现。将检流计的波段开关由保护状态“短路”挡拨至“×1”挡，此时光标能够自由移动，用“调零”旋钮将光标置零位。

将“换向开关”扳向“N”(校正)，然后断续地按下“粗”“细”按钮，视检流计光点的偏转情况，依“粗、中、细、微”的顺序旋转“工作电流调节旋钮”，通过可变电阻的调节，使检流计光点指示零位，至此电位差计标定完毕。此步骤即是调节电位差计的工作电流。

(3)未知电动势的测量：将“换向开关”扳向“X_1”或“X_2”(测量)，与上述操作相似，断续地按下“粗”“细”按钮，根据检流计光点的偏转方向，旋转各“测量旋钮”(顺序依次由Ⅰ~Ⅵ)至检流计光点指示零位。此时，6 个测量档所示电压值总和即为被测量电动势 E_x。

(4)测量注意事项

1)由于工作电池电压的不稳定，将导致工作电流的变化，所以在测量过程中要经常对工作电流进行核对，即每次测量操作的前、后都应进行电位差计的标定操作，按照标定-测量-标定的步骤进行。

2)标定与测量的操作中,可能遇到电流过大、检流计受到"冲击"的现象。为此,应迅速按下"短路"按钮,检流计的光点将会迅速恢复到零位置,使灵敏检流计得以保护。实际操作时,常常是先按下"粗"按钮,得知了检流计光点的偏转方向后立即松开,进行调节后再次检测。待粗调状态下光标基本不移动后,再按"细"按钮,依次调节,直至再细调状态下光标也不移动为止。这样不仅保护了检流计免受冲击,而且可以缩短检流计光点的摆动时间,加快了测量的速度。

3)在测量过程中,若发现检流计光点总是偏向一侧,找不到平衡点,这表明没有达到补偿,其原因可能是:被测电动势高于电位差计的限量;工作电池的电压过低;线路接触不良或导线有断路;被测电池、工作电池或标准电池极性接反。认真分析清楚,不难排除这一故障。

4. 分别用电位差计和数字式电位差计测定以上 4 个电池的电动势。

五、实验结果及处理

1. 计算室温 T 下饱和甘汞电极的电极电势

$$\phi_{饱和甘汞}/V=0.2415-7.61\times10^{-4}(T/K-298)$$

2. 根据测定的各电池的电动势,分别计算铜、锌电极的 φ_T,$\varphi_T^{\ominus}$,$\varphi_{298}^{\ominus}$。

3. 根据有关公式计算 Cu-Zn 电池的理论 $E_{理}$并与实验值 $E_{实}$进行比较。

4. 有关文献数据见表 6-13。

表 6-13　Cu、Zn 电极的温度系数及标准电极电位

电极	电极反应式	$\alpha\times10^3/V\cdot K^{-1}$	$\beta\times10^6/V\cdot K^{-2}$	$\varphi_{298}^{\ominus}/V$
Cu^{2+},Cu	$Cu^{2+}+2e^-=Cu$	−0.016	–	0.3419
Zn^{2+},Zn(Hg)	$(Hg)+Zn^{2+}+2e^-=Zn(Hg)$	0.100	0.62	−0.7627

六、思考题

1. 在用电位差计测量电动势过程中,若检流计的光点总是向一个方向偏转,可能是什么原因?

2. 用 Zn(Hg)与 Cu 组成电池时,有人认为锌表面有汞,因而铜应为负极,汞为正极。请分析此结论是否正确?

3. 选择"盐桥"液应注意什么问题?

实验十二　电化学法测定化学反应的热力学函数

一、实验目的

1. 学习电动势的测量方法。

2. 掌握用电动势法测定化学反应热力学函数值的原理和方法。

二、实验原理

在恒温、恒压、可逆条件下,电池反应的 Δ_rG_m 与电动势的关系如下:

$$\Delta_r G_m = -nEF$$

式中 n 为电池反应得失电子数；E 为电池的电动势；F 为法拉第常数。

由吉布斯-亥姆霍兹公式

$$\Delta_r G_m = \Delta_r H_m + T\left(\frac{\partial \Delta_r G_m}{\partial T}\right)_P$$

$$\Delta_r G_m = \Delta_r H_m - T\Delta_r S_m$$

$$\Delta_r S_m = -\left(\frac{\partial \Delta_r G_m}{\partial T}\right)_P$$

$$\Delta_r S_m = -nF\left(\frac{\partial E}{\partial T}\right)_P$$

式中$\left(\frac{\partial E}{\partial T}\right)_P$称为电池电动势的温度系数。

可得：

$$\Delta_r H_m = \Delta_r G_m + T\Delta_r S_m = -nEF + nF\left(\frac{\partial E}{\partial T}\right)_P$$

因此，在恒定压力下，测得不同温度时可逆电池的电动势，以电动势 E 对温度 T 作图，从曲线上可以求任一温度下的$\left(\frac{\partial E}{\partial T}\right)_P$，用公式计算电池反应的热力学函数

本实验测定下面反应的热力学函数：

$$C_6H_4O_2+2HCl+2Hg \xlongequal{} Hg_2Cl_2+C_6H_4(OH)_2$$

用饱和甘汞电极与醌氢醌电极将上述化学反应组成电池：

$$Hg(l)\,|\,Hg_2Cl_2(s)\,|\,KCl(\text{饱和})\,\|\,H^+,C_6H_4O_2,C_6H_4(OH)_2\,|\,Pt$$

电池中电极反应为：

$$2Hg+2Cl^- - 2e^- \xlongequal{} Hg_2Cl_2$$

$$C_6H_4O_2+2H^++2e^- \xlongequal{} C_6H_4(OH)_2$$

测得该电池电动势的温度系数，便可计算电池反应的 $\Delta_r G_m$，$\Delta_r H_m$，$\Delta_r S_m$。

三、主要试剂和仪器

1. 试剂　柠檬酸（AR）；KCl（AR）；$Na_2HPO_4 \cdot 12H_2O$（AR）；醌氢醌（AR）。
2. 仪器　恒温槽；双层三口瓶；铂电极；电子电位差计；温度计（0.1℃）；饱和甘汞电极。

四、实验内容

1. 打开恒温槽，调节温度至 29℃。
2. 组合电池　取 0.003mol 十二水磷酸氢二钠（1.07g），0.003mol 柠檬酸（0.63g）放入 100mL 烧杯中，加 50mL 去离子水溶解，再用少量多次的方式加入醌氢醌至饱和。搅拌均匀后，装入可通恒温水的双层三口瓶中，插入铂电极和饱和甘汞电极，组成电池。
3. 恒温 20~30min，用电位差计测量该电池的电动势，测量几次，各次测量差应<0.000 2V，测量 3 次以上取平均值。
4. 改变实验温度，每次升高 3℃，重复第 3 步。
5. 测 5 个不同温度下的电动势。

五、实验结果及处理(表 6-14)

表 6-14　数据记录与处理

	温度/℃	T/K	电动势 E/mV			电动势平均值 E/mV
1	29					
2	32					
3	35					
4	38					
5	41					

六、思考题

1. 用本实验中的方法测定电池反应热力学函数时,为什么要求电池内进行的化学反应是可逆的?

2. 能用于设计电池的化学反应应具备什么条件?

实验十三　过氧化氢催化分解反应速率常数的测定

一、实验目的

1. 测定一级反应速率常数 k,验证反应速率常数 k 与反应物浓度无关。

2. 通过改变催化剂浓度试验,得出反应速率常数 k 与催化剂浓度有关。

二、实验原理

H_2O_2 在常温的条件下缓慢分解,在有催化剂的条件下分解速率明显加快,其反应的方程式为:

$$H_2O_2 = H_2O + 1/2O_2$$

在有催化剂(如 KI)的条件下,其反应机理为:

$$H_2O_2 + KI \longrightarrow KIO + H_2O \tag{6-47}$$

$$KIO \longrightarrow KI + O_2 \tag{6-48}$$

其中(6-47)的反应速度比(6-48)的反应速度慢,所以 H_2O_2 催化分解反应的速度主要由(6-47)决定,如果假设该反应为一级反应,其反应速度式如下:

$$-dc_{H_2O_2}/dt = k'c_{KI}c_{H_2O_2} \tag{6-49}$$

在反应的过程中,由于 KI 不断再生,故其浓度不变,与 k'合并仍为常数,令其等于 k,上式可简化为:

$$-dc_{H_2O_2}/dt = kc_{H_2O_2} \tag{6-50}$$

积分后为:

$$\ln(c_t/c_0) = -kt \tag{6-51}$$

式中：

c_0——H_2O_2 的初始浓度；

c_t——反应到 t 时刻的 H_2O_2 浓度；

k——KI 作用下，H_2O_2 催化分解反应速率常数。

反应速率的大小可用 k 来表示，也可用半衰期 $t_{1/2}$来表示。半衰期表示反应物浓度减少一半时所需的时间，即 $c=c_0/2$，代入式(6-51)得：

$$t_{1/2}=(\ln 2)/k$$

关于 t 时刻的 H_2O_2 浓度的求法有许多种，本实验采用的是通过测量反应所生成的氧的体积量来表示，因为在分解过程中，在一定时间内所产生的氧的体积与已分解的 H_2O_2 浓度成正比，其比例常数是一定值即

$$H_2O_2 \longrightarrow H_2O+\frac{1}{2}O_2$$

$$\begin{array}{llll} t=0 & c_0 & 0 & 0 \\ t=t & c_t=c_0-x & x & \frac{1}{2}x \end{array}$$

$$c_t=K(V_\infty-V_t)$$

$$c_0=KV_\infty$$

式中：

V_∞——H_2O_2 全部分解所产生的氧气的体积；

V_t——反应到 t 时刻时所产生的氧气的体积；

x——反应到 t 时刻时，H_2O_2 已分解的浓度。

其中 K 为比例常数，将此式代入速率方程式中，可得到：

$$\ln(c_t/c_0)=\ln(V_\infty-V_t)/V_\infty=-kt$$

即：

$$\ln(V_\infty-V_t)=-kt+\ln V_\infty$$

如果以 t 为横坐标，以 $\ln(V_\infty-V_t)$ 为纵坐标，若得到一直线，即可验证 H_2O_2 催化分解反应为一级反应，由直线的斜率即可求出速率常数 k 值。

而 V_∞ 可通过测定 H_2O_2 的初始浓度计算得到。公式如下：

$$V_\infty=\frac{c_{H_2O_2}V_{H_2O_2}RT}{2p} \tag{6-52}$$

式中：

p——氧的分压，由大气压减去该实验温度下水的饱和蒸气压(查表)；

$c_{H_2O_2}$——H_2O_2 的初始浓度；

$V_{H_2O_2}$——实验中所取用的 H_2O_2 的体积；

R——气体常数；

T——实验温度 K。

三、主要试剂和仪器

1. 试剂　1.5mol/L H_2O_2 溶液 50mL(170mL 30% H_2O_2 稀释至 1L)；0.1mol/L KI 溶液

100mL(16.6g KI 溶解并稀释至 1L)。

2. 仪器　氧气的测量装置,1 套;秒表,1 块;量筒,10mL,1 个;移液管,25mL,2 支;10mL,1 支;5mL,1 支;容量瓶,100mL,1 个;锥形瓶,150mL,3 个;250mL,2 个。

四、实验内容

1. 装好仪器(图 6-23)。熟悉量气管及水平管的使用,使锥形瓶与量气管相通,造成液差,检查系统是否漏气。

2. 固定水平管,使量气管内水位固定在“0”处,转动三通活塞使量气管与锥形瓶连通。

3. 用移液管取 25mL 0.1mol/L KI 及 5mL 蒸馏水,注入洗净烘干的锥形瓶中,并加入电磁搅拌子。

4. 用移液管取 5mL H_2O_2 注入瓶中,迅速将橡皮塞塞紧,开动电磁搅拌器,同时开动秒表计时,此后保持量气管与水平管中的水在同一平面上,每放出 5mL 氧气记录一次时间,至放出 50mL 氧气为止。

5. 按照同样方法,改变药品用量做以下实验:

(1)25mL 0.1mol/L KI 加 10mL H_2O_2。

(2)25mL 0.05mol/L KI 加 10mL H_2O_2。

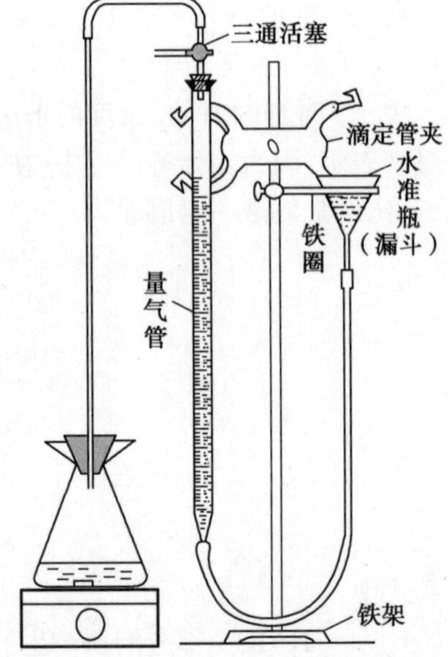

图 6-23　实验反应装置图

五、实验结果及处理

1. 反应物的组成(表 6-15)

表 6-15　反应物的组成

	Ⅰ	Ⅱ	Ⅲ
$c_{KI}/(mol \cdot L^{-1})$			
V_{KI}/mL			
$V_{H_2O_2}/mL$			
V_{H_2O}/mL			

2. 各组反应实验记录(表 6-16)

表 6-16　各组反应实验记录

V_{O_2}/mL	时间 t/min			$\ln[(V_\infty - V_t)/mL]$	
	Ⅰ	Ⅱ	Ⅲ	5mL H_2O_2	10mL H_2O_2
5					
10					
15					

续表

V_{O_2}/mL	时间 t/min			$\ln[(V_\infty - V_t)/mL]$	
	Ⅰ	Ⅱ	Ⅲ	5mL H_2O_2	10mL H_2O_2
20					
25					
30					
35					
40					
45					
50					
k/min^{-1}					
$t_{1/2}$/min					

3. 求 V_∞

方法一：利用公式(6-52)进行计算；

方法二：以 V_t 为纵坐标，时间 $1/t$ 为横坐标作图，将直线外推至 $1/t=0$ 处，其交点即为 V_∞。

4. 将三组结果分别以 $\ln(V_\infty - V_t)$（单位 mL）为纵坐标，t（单位 min）为横坐标作图，由直线斜率 m 求反应速度常数 k 值及半衰期 $t_{1/2}$，并将结果填入表 6-16。

5. 从实验结果回答以下问题：

(1) k 值与所用 H_2O_2 浓度的关系。

(2) $t_{1/2}$（半衰期）与 H_2O_2 浓度的关系。

(3) k 值与所用 KI 浓度的关系。

六、思考题

1. 本实验中，还有什么方法可以求得 t 时刻的 H_2O_2 浓度？

2. 在反应的过程中，搅拌起什么作用，搅拌情况为什么均应相同？

3. H_2O_2 催化分解为什么是一级反应？一级反应的特征是什么？如何由作图法求反应速度常数 k？

4. 分析反应速度常数 k 与哪些因素有关？这些因素与你在实验中所得的 k 值有何关系？

实验十四　蔗糖酸催化水解反应速率常数的测定

一、实验目的

1. 了解旋光仪的简单结构原理和测定旋光物质旋光度的原理，正确掌握旋光仪的使用方法。

2. 利用旋光仪测定蔗糖水解作用的速率常数。

二、实验原理

根据实验确定反应 A+B→C 的速度公式为

$$r_A = -\frac{dc_A}{dt} = kc_Ac_B \tag{6-53}$$

式(6-53)中 c_A,c_B 表示时间 t 时 A,B 的浓度;t 为反应时间;r_A为反应速率;k 为反应速率常数。这是一个二级反应。用 $c_{A,0}$、$c_{B,0}$表示 A、B 的起始浓度,但若起始时两种物质的浓度相差很远,$c_{B,0}>>c_{A,0}$,在反应过程中 B 的浓度减少很小,可视为常数,式(6-53)可写成

$$r_A = -\frac{dc_A}{dt} = k'c_A \tag{6-54}$$

此式为一级反应。把式(6-54)移项积分 $\int_{c_{A,0}}^{c_A} -\frac{dc_A}{c_A} = \int_0^t k'dt$ 得

$$k' = \frac{1}{t}\ln\frac{c_{A,0}}{c_A} \tag{6-55}$$

蔗糖水解反应就是属于此类反应,

$$\underset{\text{蔗糖}}{C_{12}H_{22}O_{11}} + H_2O \xrightarrow{H^+} \underset{\text{葡萄糖}}{C_6H_{12}O_6} + \underset{\text{果糖}}{C_6H_{12}O_6}$$

其反应速率和蔗糖,水以及作为催化剂的氢离子浓度有关。水在这里作为溶剂,其量远大于蔗糖,可看作常数(对 100g20%的蔗糖水溶液而言,含蔗糖为 20/342=0.06mol/L,含 H_2O 为 80/18=4.4mol/L,由上式反应知道,当 0.06mol/L 的蔗糖全部水解后,水的含量仍有 4.34mol/L,所以相对而言水的量可看作不变)。所以此反应看作一级反应。当温度及氢离子浓度为定值时,反应速率常数为定值。蔗糖及其水解后的产物都具有旋光性,且它们的旋光能力不同,所以可以体系反应过程中旋光度的变化来度量反应的进程。

在实验中,把一定浓度的蔗糖溶液与一定浓度的盐酸溶液等体积混合,用旋光仪测定旋光度随时间的变化关系,然后推算蔗糖的水解程度。因为蔗糖具有右旋光性,比旋光度 $[\alpha]_D^{20}$=66.37°,而水解产生的葡萄糖为右旋性物质,其比旋光度$[\alpha]_D^{20}$=52.7°;果糖为左旋光性物质,其比旋光度$[\alpha]_D^{20}$=-92°。由于果糖的左旋光性比较大,故反应进行时,右旋数值逐渐减小,最后变成左旋,因此蔗糖水解作用又称为转化作用。用旋光仪测得旋光度的大小与溶液中被测物质的旋光性,溶剂性质与光源波长,光源所经过的厚度,测定时温度等因素有关,当这些条件固定时,旋光度 α 与被测溶液的浓度呈直线关系,所以

$$\alpha_0 = \beta_{\text{蔗}} \cdot c_0 \quad (t=0,\text{蔗糖尚未水解}) \tag{6-56}$$

$$\alpha_\infty = \beta_{\text{转}} \cdot c_0 \quad (t=\infty,\text{蔗糖已完全水解}) \tag{6-57}$$

$$\alpha_t = \beta_{\text{蔗}} \cdot c + \beta_{\text{转}} \cdot (c_0 - c) \quad (\text{当时间为 } t,\text{蔗糖浓度为 } c \text{ 时}) \tag{6-58}$$

式中 $\beta_{\text{蔗}}$,$\beta_{\text{转}}$ 为反应物蔗糖与生成物转化糖的比例常数,c_0 为反应物起始浓度也是水解结束生成物的浓度,c 为 t 时反应物的浓度。

由式(6-55),式(6-56),式(6-57),式(6-58)得

$$\ln(\alpha_t - \alpha_\infty) = -kt + \ln(\alpha_0 - \alpha_\infty) \tag{6-59}$$

以 $\ln(\alpha_t - \alpha_\infty)$ 对 t 作图,由直线斜率求出速率常数 k。这样只要测出蔗糖水解过程中不同

时间的旋光度 α_t，以及全部水解后的旋光度 α_∞，速率常数 k 就可求得。

如果测出不同温度时的 k 值，利用 Arrhenius 公式求出反应在该温度范围内的平均活化能。

$$\frac{d\ln k}{dT}=\frac{E_a}{RT^2} \tag{6-60}$$

三、主要试剂和仪器

1. 试剂　蔗糖，20%；硫酸，1.5mol/L。

2. 仪器　旋光仪及恒温旋光管，1 套；具塞锥形瓶，100mL，2 只；带外循环的恒温水浴，1 套；秒表，1 只；移液管，25mL，1 只；刻度吸量管，25mL，1 只；洗瓶，1 只；洗耳球，1 个。

四、实验内容

1. 旋光仪的零点校正　蒸馏水为非旋光物质，可以用来校正旋光仪的零点（即 $a=0$ 时仪器对应的刻度）。校正时，先洗净旋光管，将管的一端加上盖子，并由另一端向管内灌满蒸馏水，在上面形成一凸面，然后盖上玻璃片和套盖，玻璃片紧贴于旋光管，此时管内不应有气泡存在。必须注意旋紧套盖时，一只手握住管上的金属鼓轮，另只一手旋套盖，不能用力太猛，以免压碎玻璃片。然后用吸滤纸将管外的水擦干，再用擦镜纸将样品管两端的玻璃片擦净，放入旋光仪的样品槽中。打开光源，先调节目镜的调焦旋钮，使视野清晰，再旋转检偏镜至零度视场。记下检偏镜的旋光度 a，重复测量数次，取其平均值。此平均值即为零点，用来校正仪器系统误差。

2. 反应过程的旋光度测定　洗净、烘干 2 个具塞锥形瓶备用。

将恒温水浴调节到所需的反应温度（如 25℃，30℃或 35℃）。用移液管吸取 20%蔗糖溶液 25mL 放入一个具塞锥形瓶，再用另一支移液管吸取 25mL 1.5mol/L 硫酸溶液放入另一个具塞锥形瓶，将两个具塞锥形瓶置于恒温水浴中恒温；恒温大约 10min 后，将硫酸溶液倒入蔗糖溶液中，同时记下反应开始时间（来回倒三四次，使之均匀），立即用少量反应液荡洗恒温旋光管 2 次，然后将反应液装满旋光管，旋上套盖。把恒温水浴外循环进出水口与恒温旋光管外套管的接口用橡胶管接驳，打开恒温水浴外循环开关。把恒温旋光管放进旋光仪样品槽，测量各时间的旋光度。在反应开始后 10min 测定第一个数据，读数时，左右表盘各读一次求平均值。在以后的 30min 内，每间隔 5min 测量一次。随后由于反应物浓度降低而使反应速率变慢，此时可将每次测量的时间间隔适当放宽，一直测量到反应时间为 90min 为止。在此期间，将剩余的另一半反应液置于 50~60℃的水浴内温热待用。

3. α_∞ 的测量　将已在 50℃水浴内温热 50min 的反应液取出，冷至实验温度下测定旋光度。在 10~15min 内读取 5~7 个数据，如在测量误差范围，则取其平均值，即为 α_∞ 值。

4. 将恒温水浴和恒温箱的温度调高 5℃，按上述步骤 2 和 3 再测量一套数据。

【注意事项】

1. 蔗糖在配制溶液前，需先经 105℃烘干。

2. 在进行蔗糖水解速率常数测定以前，要熟练掌握旋光仪的使用，能正确而迅速地读出其读数。

3. 旋光管管盖只要旋至不漏水即可，过紧地旋钮会造成损坏，或因玻片受力产生应力而致使有一定的假旋光。

4. 荡洗和装样只能用去一半左右的反应液，剩下一半反应液要用来测 α_∞。

5. 每次测定时，如不能在规定时间点±10s 内找到零度视场，则必须使用实际测定时间（精确到秒）。

6. 旋光仪中的钠光灯不宜长时间开启，测量间隔较长时应熄灭，以免损坏。

7. 反应速率与温度有关，故两个溶液需待恒温至实验温度后才能混合。

8. 实验结束时，应将旋光管洗净干燥，防止酸对旋光管的腐蚀。

五、实验结果及处理

将实验数据记录于表 6-17：

实验温度：________　硫酸浓度：________　零点：________　α_∞：________

表 6-17　数据记录

t/min	10	15	20	25	30	35	40	50	60	75	90
α_t											

1. 以时间 t 为横坐标，$\ln(\alpha_t-\alpha_\infty)$ 为纵坐标作图，从斜率求出 k 值。

2. 计算蔗糖水解反应的半衰期 $t_{1/2}$ 值。

六、思考题

1. 为什么可用蒸馏水来校正旋光仪的零点？

2. 在旋光管的测量中为什么要对零点进行校正？它对旋光度的精确测量有什么影响？在本实验中，若不进行校正对结果是否有影响？

3. 工业上一般用盐酸作为蔗糖水解的催化剂，本实验用硫酸，为什么？

实验十五　乙酸乙酯皂化反应速率常数的测定

一、实验目的

1. 测定皂化反应中电导的变化，计算反应速率常数。

2. 了解二级反应的特点，学会用图解法求二级反应的速率常数。

3. 熟悉电导率仪的使用。

二、实验原理

乙酸乙酯的皂化反应为二级反应：

$$CH_3COOC_2H_5+NaOH = CH_3COONa+C_2H_5OH$$

在这个实验中，将 $CH_3COOC_2H_5$ 和 NaOH 采用相同的浓度，设 a 为起始浓度，同时设反应

时间为 t 时,反应所生成的 CH_3COONa 和 C_2H_5OH 的浓度为 x,那么 $CH_3COOC_2H_5$ 和 NaOH 的浓度为 $(a-x)$,即

$$\begin{array}{lcccc} & CH_3COOC_2H_5 & +NaOH = & CH_3COONa & +C_2H_5OH \\ t=0\text{ 时}, & a & a & 0 & 0 \\ t=t\text{ 时}, & a-x & a-x & x & x \\ t\to\infty\text{ 时}, & 0 & 0 & a & a \end{array}$$

其反应速度的表达式为:

$$\frac{dx}{dt}=k(a-x)^2$$

k:反应速率常数,将上式积分,可得

$$\frac{1}{a-x}-\frac{1}{a}=kt \tag{6-61}$$

乙酸乙酯皂化反应的全部过程是在稀溶液中进行的,可以认为生成的 CH_3COONa 是全部电离的,因此对体系电导值有影响的有 Na^+、OH^- 和 CH_3COO^-,而 Na^+ 在反应过程中浓度保持不变,因此其电导值不发生改变,可以不考虑;而 OH^- 的减少量和 CH_3COO^- 的增加量又恰好相等,又因为 OH^- 的导电能力要大于 CH_3COO^- 的导电能力,所以体系的电导值随着反应的进行是减少的,并且减少的量与 CH_3COO^- 的浓度成正比,设 κ_0 为反应开始时体系的电导值,κ_∞ 为反应完全结束时体系的电导值,κ_t 为反应时间为 t 时体系的电导值,则有

$$t=t\text{ 时},\quad x=k'(\kappa_0-\kappa_t) \tag{6-62}$$

$$t\to\infty\text{ 时},\quad a=k'(\kappa_0-\kappa_\infty)$$

$$k'=\frac{a}{(\kappa_0-\kappa_\infty)} \tag{6-63}$$

k'为比例系数。

将式(6-62)、式(6-63)代入式(6-61)得

$$\kappa_t=\frac{1}{a\cdot k}\cdot\frac{\kappa_0-\kappa_t}{t}+\kappa_\infty$$

以 κ_t 对 $\frac{\kappa_0-\kappa_t}{t}$ 作图,得一直线,其斜率为 $\frac{1}{a\cdot k}$,由此求得 k 值。

三、主要试剂和仪器

1. 试剂　0.020mol/L NaOH 溶液,0.020mol/L 乙酸乙酯溶液。

2. 仪器　恒温水浴,1 套;电导率仪,1 台;秒表,1 只;试管(电导池),2 只;橡胶塞,2 只;移液管,10mL,2 支。

四、实验内容

1. 将恒温槽的温度调至 25℃(或 30℃)。

2. κ_0 的测定　用移液管量取 0.020mol/L NaOH 溶液和电导水各 10.00mL 加入试管中,置于恒温槽中恒温,待恒温 10min 测电导率。

3. κ_t 的测定　将 10mL 0.020mol/L NaOH 溶液和 10mL 0.020mol/L 乙酸乙酯溶液分别加入两支电导池中(两种溶液不能混合)。恒温 10min 后将两种溶液混合,同时用秒表记录下反应时间。并在两管中混合 3 次。把电极插入立管中,并在 10min,15min,20min,25min,30min,40min,50min,60min 读取电导率 κ_t。8 组数读完后关闭恒温槽电源,关闭电导率仪。实验结束。

实验完毕后,洗净电导池。用蒸馏水淋洗电导电极,并用蒸馏水浸泡好。

五、实验结果及处理

1. 将 t、κ_t、$\kappa_0-\kappa_t$ 及 $\frac{\kappa_0-\kappa_t}{t}$ 等数据列于表 6-18。

实验温度:________℃　气压:________ kPa　κ_0:________ ms/cm

表 6-18　数据记录与处理

t/min	κ_t/(ms·cm^{-1})	$\kappa_0-\kappa_t$/(ms·cm^{-1})	$\frac{\kappa_0-\kappa_t}{t}$/(ms·cm^{-1}·min^{-1})
10			
15			
20			
25			
30			
40			
50			
60			

2. 以 κ_t 对 $\frac{\kappa_0-\kappa_t}{t}$ 作图,由所得直线斜率求出反应速率常数 k。不同温度下乙酸乙酯皂化反应速率常数文献值见表 6-19。

表 6-19　不同温度下乙酸乙酯皂化反应速率常数文献值

t℃	k/(L·mol^{-1}·min^{-1})	t℃	k/(L·mol^{-1}·min^{-1})	t℃	k/(L·mol^{-1}·min^{-1})
15	3.352 1	24	6.029 3	33	10.573 7
16	3.582 8	25	6.425 4	34	11.238 2
17	3.828 0	26	6.845 4	35	11.941 1
18	4.088 7	27	7.290 6	36	12.684 3
19	4.365 7	28	7.762 4	37	13.470 2

续表

t℃	k/(L·mol^{-1}·min^{-1})	t℃	k/(L·mol^{-1}·min^{-1})	t℃	k/(L·mol^{-1}·min^{-1})
20	4.659 9	29	8.262 2	38	14.300 7
21	4.972 3	30	8.791 6	39	15.178 3
22	5.303 9	31	9.352 2	40	16.105 5
23	5.655 9	32	9.945 7	41	17.084 7

【注意事项】

1. 使用电导水或煮沸过的蒸馏水，以免水中溶解的 CO_2 对 NaOH 有影响。
2. 测量溶液要现配现用，以免 $CH_3COOC_2H_5$ 挥发或水解，NaOH 吸收 CO_2。
3. 恒温过程一定加塞子，防止蒸发而影响浓度。
4. 不能用滤纸擦拭电导电极的铂黑。

六、思考题

1. 本实验需不需要对电导率仪的电导电极进行校正？为什么？
2. 反应的浓度可不可以用高浓度？为什么？

实验十六　丙酮碘化反应速率常数的测定

一、实验目的

1. 掌握利用分光光度法测定酸催化时丙酮碘化反应速度常数及活化能的实验方法。
2. 加深对复杂反应特征的理解。

二、实验原理

酸溶液中丙酮碘化反应是一个复杂反应，反应方程为：

$$H_3C-\overset{\overset{\displaystyle O}{\|}}{C}-CH_3 + I_2 \xrightleftharpoons{H^+} H_3C-\overset{\overset{\displaystyle O}{\|}}{C}-CH_2I + I^- + H^+$$

H^+是反应的催化剂，由于丙酮碘化反应本身生成 H^+，所以这是一个自动催化反应。

实验测定表明，反应速率在酸性溶液中随氢离子浓度的增大而增大。反应式中包含产物，其动力学方程式为：

$$r = -\frac{dc_A}{dt} = -\frac{d}{dt} = kc_A^p \cdot c_{I_2}^q \cdot c_{H^+}^m \qquad (6\text{-}64)$$

式中 r 为反应速率，c_A、c_{I_2}、c_{H^+} 分别为丙酮、碘、盐酸的浓度(mol/L)，k 为反应速率常数，p、q、m 分别为丙酮、碘和氢离子的反应级数。速率、速率常数和反应级数均可由实验测定。

实验证明丙酮碘化反应是一个复杂反应，一般认为可分成两步进行，即：

$$\mathrm{H_3C{-}\underset{\underset{O}{\|}}{C}{-}CH_3} + \mathrm{H^+} \underset{k_2}{\overset{k_1}{\rightleftharpoons}} \mathrm{H_3C{-}\underset{\underset{OH}{|}}{C}{=}CH_2} \tag{6-65}$$

$$\mathrm{H_3C{-}\underset{\underset{OH}{|}}{C}{=}CH_2} + \mathrm{I_2} \xrightarrow{k_3} \mathrm{H_3C{-}\underset{\underset{O}{\|}}{C}{-}CH_2I} + \mathrm{I^-} \tag{6-66}$$

反应式6-65是丙酮的烯醇化反应,反应可逆且进行得很慢。反应式6-66是烯醇的碘化反应,反应快速且能进行到底。因此,丙酮碘化反应的总速度可认为是由反应式6-65所决定的。丙酮碘化反应对碘的反应级数是零级,故碘的浓度对反应速率没有影响,即动力学方程中 q 为零,原来的速率方程可写成:

$$r=-\frac{\mathrm{d}c_{\mathrm{I_2}}}{\mathrm{d}t}=kc_{\mathrm{A}}^{p}\cdot c_{\mathrm{H^+}}^{m} \tag{6-67}$$

由于反应并不停留在一元碘化丙酮上,还会继续反应下去,故采取初始速率法,因此丙酮和酸应大大过量,而用少量的碘来限制反应程度。这样在碘完全消耗之前,丙酮和酸的浓度基本保持不变。由于反应速率与碘浓度无关(除非在酸度很高的情况下),因而直到碘全部消耗前,反应速率是常数。即:

$$r=-\frac{\mathrm{d}c_{\mathrm{I_2}}}{\mathrm{d}t}=kc_{\mathrm{A}}^{p}\cdot c_{\mathrm{H^+}}^{m}=\text{常数} \tag{6-68}$$

因此,将 $c_{\mathrm{I_2}}$ 对时间 t 作图为一直线,直线斜率即为反应速率。

为了测定指数 p,需要进行两次实验。先固定氢离子的浓度不变,改变丙酮的浓度,若分别用Ⅰ、Ⅱ表示这两次实验,使 $c_{\mathrm{A_{II}}}=uc_{\mathrm{A_I}}$,$c_{\mathrm{H^+_{II}}}=c_{\mathrm{H^+_I}}$,由式(6-68)可得:

$$\frac{r_{\mathrm{II}}}{r_{\mathrm{I}}}=\frac{kc_{\mathrm{A_{II}}}^{p}c_{\mathrm{H^+_{II}}}^{m}}{kc_{\mathrm{A_I}}^{p}c_{\mathrm{H^+_I}}^{m}}=\frac{u^{p}c_{\mathrm{A_I}}^{p}}{c_{\mathrm{A_I}}^{p}}=u^{p} \tag{6-69}$$

$$\lg\frac{r_{\mathrm{II}}}{r_{\mathrm{I}}}=p\lg u \tag{6-70}$$

$$p=\lg\frac{r_{\mathrm{II}}}{r_{\mathrm{I}}}/\lg u \tag{6-71}$$

同样方法可以求指数 m。使 $c_{A_{\mathrm{III}}}=c_{\mathrm{A_I}}$,$c_{\mathrm{H^+_{III}}}=wc_{\mathrm{H^+_I}}$,可得出:

$$m=\lg\frac{r_{\mathrm{III}}}{r_{\mathrm{I}}}/\lg w \tag{6-72}$$

根据式(6-67),由指数、反应速率和浓度数据就可以计算出速率常数 k。有两个温度下的速率常数,由Arrhenius公式:

$$E_{\mathrm{a}}=R\frac{T_1T_2}{T_2-T_1}\ln\frac{k_2}{k_1} \tag{6-73}$$

求得化学反应的活化能 E_{a}。

因碘溶液在可见区有宽的吸收带,而在此吸收带中,盐酸、丙酮、碘化丙酮和碘化钾溶液则没有明显的吸收,所以可采用分光光度法直接测量碘浓度的变化,以跟踪反应进程。在本实验中,通过测定溶液510nm光的吸收来确定碘浓度。溶液的吸光度 A 与浓度 c 的关系为:

$$A = KcL \tag{6-74}$$

其中 A 为吸光度，K 为吸光系数，L 为溶液厚度，c 为溶液浓度(mol/L)。在一定的溶质、溶剂、波长以及溶液厚度下，K、L 均为常数，因此式(6-74)可以写为：

$$A = Bc \tag{6-75}$$

式中，常数 B 由已知浓度的碘溶液求出。

三、主要试剂和仪器

1. 试剂　4.000mol/L 丙酮溶液(精确称量配制)；1.000mol/L　HCl 标准溶液(标定)；0.020 0mol/L 碘溶液(标定)。

2. 仪器　7200 型分光光度计(附比色皿)，1 台；超级恒温槽，1 台；秒表，1 块；容量瓶，50mL，4 个；移液管 5mL、10mL，各 4 支；锥形瓶，100mL，4 个。

四、实验内容

1. 实验前的准备

(1)调节恒温槽到 25℃。

(2)打开 7200 型分光光度计，进行预热 20min 后进行 0%和 100%校正。取 10mL 经标定的碘溶液至 50mL 容量瓶并稀释至刻度，而后将稀释的碘溶液装入比色皿中，将分光光度计功能设置为浓度档，调节吸收光波长至 510nm，转动浓度调节钮直至在数字窗中显示出溶液的实际浓度。在本实验中，碘溶液初始浓度为 0.02mol/L，经稀释 5 倍后浓度为 0.004mol/L，可将初始值设置为 400，则实际浓度值为显示值×10^{-6}(详细操作过程见第三章　基础化学实验基本操作，或根据使用的分光光度计说明书进行操作)。

2. 测定 4 组溶液的反应速率　在 50mL 容量瓶中按照表 6-20 中体积配制 4 组溶液：

表 6-20　待测反应速率的 4 组溶液配比

序号	$V_{(碘溶液)}$/mL	$V_{(丙酮溶液)}$/mL	$V_{(盐酸溶液)}$/mL	$V_{(水)}$/mL
1	10.0	3.0	10.0	27.0
2	10.0	1.5	10.0	28.5
3	10.0	3.0	5.0	32.0
4	5.0	3.0	10.0	32.0

反应前，将锥形瓶用气流烘干器烘干，容量瓶洗干净。准确移取上述体积的丙酮和盐酸到锥形瓶中，移取碘溶液和水到容量瓶中，其中加水的体积应少于应加体积约 2mL，以便溶液总体积准确稀释到 50mL。将装有液体的锥形瓶和容量瓶放入恒温水浴中恒温 10~15min 后，将锥形瓶中的液体倒入容量瓶中，用少量水将锥形瓶中剩余的丙酮和盐酸洗入容量瓶，并加水到刻度后混匀。当锥形瓶中溶液一半倒入容量瓶中开始计时，作为反应的起始时间。混合、定容动作要迅速，定容后马上进行测量。

将反应液装入比色皿中，每隔 0.5min 测定一次反应液中的碘浓度。每组反应液测定 10~15 个碘浓度值。

3. 将超级恒温槽调节至 35℃，重复上述实验。

五、实验结果及处理

1. 数据记录(表 6-21)

表 6-21 测不同时刻 t 的碘的浓度值

碘瓶编号		1		2		3		4	
H_2O/mL									
HCl 溶液/mL									
丙酮溶液/mL									
碘溶液/mL									
$c_{H^+}/(mol \cdot L^{-1})$									
$c_A/(mol \cdot L^{-1})$									
$c_{I_2}/(mol \cdot L^{-1})$									
		25℃	35℃	25℃	35℃	25℃	35℃	25℃	35℃
$c_{I_2}/(mol \cdot dm^{-1})$(反应开始后每 0.5min 测定一次)	1								
	2								
	3								
	4								
	5								
	6								
	7								
	8								
	9								
	10								
	11								
	12								
	13								
	14								
	15								

2. 数据处理

(1)将 c_{I_2} 对时间 t 作图,求出反应速率。

(2)用表中第(1)、(2)、(3)号溶液数据,根据式(6-71)、式(6-72)计算丙酮和氢离子的反应级数；用表中第(1)、(4)号溶液数据求出碘的反应级数。

(3)按表6-21中的实验条件，根据式(6-68)求出25℃时丙酮碘化反应的速率常数 k。

(4)求出35℃时丙酮碘化反应的速率常数 k。

(5)由式(6-73)求出丙酮碘化反应的活化能 E_a。

3. 参考文献值　$k(25℃)=2.86\times10^{-5}dm^3\cdot mol^{-1}\cdot s^{-1}$，$k(35℃)=8.80\times10^{-5}dm^3\cdot mol^{-1}\cdot s^{-1}$，活化能 $E_a=86.2kJ\cdot mol^{-1}$

【注意事项】

1. 温度影响反应速率常数，实验时体系始终要恒温。

2. 实验所需溶液均要准确配制。

3. 混合反应溶液时要在恒温槽中进行，操作必须迅速准确。

六、思考题

1. 在本实验中，将丙酮溶液加入含有碘、盐酸的容量瓶时并不立即开始计时，而注入比色皿时才开始计时，这样做是否可以？为什么？

2. 影响本实验结果精确度的主要因素是什么？

3. 为什么要选择碘的最大吸收波长为测试波长？

4. 在实验的过程中，漏测或少测一个数据对实验是否有影响？

实验十七　最大泡压法测定液体表面张力

一、实验目的

1. 掌握最大泡压法测定表面张力的原理，了解影响表面张力测定结果的因素。

2. 了解弯曲液面下产生附加压力的本质，熟悉吉布斯吸附等温式。

3. 测定不同浓度乙醇溶液的表面张力，计算乙醇的饱和吸附量，由表面张力的实验数据求乙醇分子的截面积及吸附层的厚度。

二、实验原理

1. 毛细现象　毛细现象则是上述弯曲液面下具有附加压力的直接结果。假设溶液在毛细管表面完全润湿，且液面为半球形，则由拉普拉斯方程 $p_r=2\sigma/r$ 以及毛细管中升高(或降低)的液柱高度所产生的压力 $\Delta p=\rho gh$，通过测量液柱高度即可求出液体的表面张力。这就是毛细管上升法测定溶液表面张力的原理。此方法要求管壁能被液体完全润湿，且液面呈半球形。

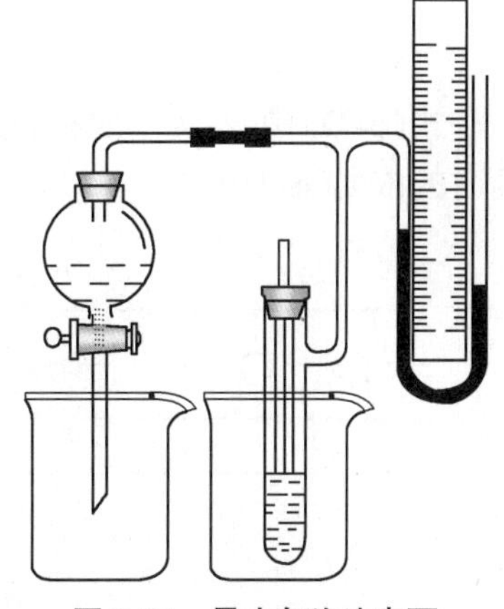

图6-24　最大气泡法表面张力测定装置

2. 最大泡压法测定溶液的表面张力　实际上，最大泡压法测定溶液的表面张力是毛细管上升法的一个逆过程(图6-24)。将待测表面张力的液体装于表面张力仪中，使毛细管的端面与液面相切(这样做是为了数据处理方便，如果做不到相切，每次实验毛细管浸没的深度应保持一致，此时数据处理参见其他文献）。由于毛细现象，液面即沿毛细管上升，打开抽气瓶的活塞缓缓抽气，系统减压，毛细管内液面上受到一个比表面张力仪瓶中液面上（即系统）大的压力，此压力差即附加压力。

（$\Delta P=P_{外}-P_{内}$）在毛细管端面上产生的作用力稍大于毛细管口液体的表面张力时，气泡就从毛细管口脱出，此附加压力与表面张力成正比，与气泡的曲率半径成反比，其关系式为拉普拉斯公式：

$$p_{\mathrm{r}}=\frac{2\sigma}{r} \tag{6-76}$$

式(6-76)中，Δp 为附加压力；σ 为表面张力；r 为气泡的曲率半径。该公式是拉普拉斯方程的特殊式，适用于弯曲表面刚好为半球形的情况。

如果毛细管半径很小，则形成的气泡基本上是球形的。当气泡开始形成时，表面几乎是平的，这时曲率半径最大；随着气泡的形成，曲率半径逐渐变小，直到形成半球形，这时曲率半径 r 和毛细管半径 R 相等，曲率半径达最小值，根据式(6-76)，这时附加压力达最大值。气泡进一步长大，r 变大，附加压力则变小，直到气泡逸出。根据式(6-76)，$R=r$ 时的最大附加压力为：

$$p_{\mathrm{r},最大}=\frac{2\sigma}{R} \quad 或 \quad \sigma=\frac{R}{2}p_{\mathrm{r},最大}=\frac{R}{2}\rho g\Delta h_{最大} \tag{6-77}$$

对于同一套表面张力仪中，压力计中的液体密度，毛细管半径 R、重力加速度都为定值；测压近似看作定值；因此为了数据处理方便，将上述因子放在一起，用仪器常数 K 来表示，式(6-77)可简化为：

$$\sigma=K\Delta h_{最大} \tag{6-78}$$

式中的仪器常数 K 可用已知表面张力的标准物质测得，通常用纯水来标定。

3. 溶液中的表面吸附　当加入某种溶质形成溶液时，表面张力发生变化，其变化的大小决定于溶质的性质和加入量的多少。根据能量最低原理，溶质能降低溶剂的表面张力时，表面层中溶质的浓度比溶液内部大；反之，溶质使溶剂的表面张力升高时，它在表面层中的浓度比在内部的浓度低，这种表面浓度与内部浓度不同的现象叫做溶液的表面吸附。在指定的温度和压力下，溶质的吸附量与溶液的表面张力及溶液浓度之间的关系遵守吉布斯(Gibbs)吸附方程。

$$\Gamma=-\frac{c}{RT}\left(\frac{\mathrm{d}\sigma}{\mathrm{d}c}\right)_T \tag{6-79}$$

式(6-79)中，Γ 为溶质在表层的吸附量（mol/m^2）；σ 为表面张力（N/m）；c 为吸附达到平衡时的浓度（mol/m^3）。

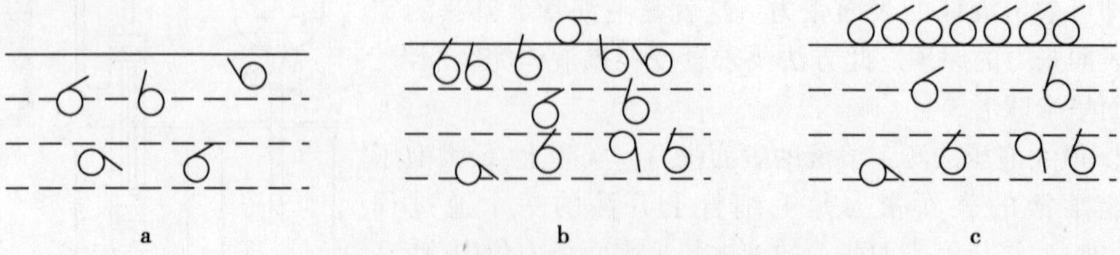

a　　b　　c

图 6-25　被吸附分子在界面上的排列

当$\left(\frac{d\sigma}{dc}\right)_T<0$时，$\Gamma>0$称为正吸附；当$\left(\frac{d\sigma}{dc}\right)_T>0$时，$\Gamma<0$称为负吸附。吉布斯吸附等温式应用范围很广，上述形式仅适用于稀溶液。

引起液体表面张力显著降低的物质叫表面活性物质，被吸附的表面活性物质分子在界面层中的排列，决定于它在液层中的浓度（图 6-25）。图 6-25a 和 b 是界面层不饱和时分子的排列，图 6-25c 是界面层饱和时分子的排列。当界面上被吸附分子的浓度增大时，它的排列方式在改变着，最后当浓度足够大时，被吸附分子盖住了所有界面的位置，形成饱和吸附层，分子排列方式如图 6-25c。这样的吸附层是单分子层，随着表面活性物质的分子在界面上愈益紧密排列，则此界面的表面张力也就逐渐减小。以表面张力对浓度作图，可得到 σ-c 曲线，在开始时 σ 随浓度增加而迅速下降，以后的变化比较缓慢。在 σ-c 曲线上任取一点 a 作切线，得到在该浓度点的斜率$\left(\frac{d\sigma}{dc}\right)_T$，代入吉布斯吸附等温式 $\Gamma=-\frac{c}{RT}\left(\frac{d\sigma}{dc}\right)_T$，得到该浓度时的表面超量（吸附量）；同理，可以得到其他浓度下对应的表面吸附量，以不同的浓度对其相应的 Γ 可做出吸附等温线。

σ-c 曲线有多种数学形式，如：希什科夫斯基经验公式等。本实验采用下列公式：

$$\sigma=\sigma_0\left(1-\frac{ac}{1+bc}\right) \tag{6-80}$$

σ 和 σ_0 为溶液和溶剂的表面张力；c 为溶液的浓度；a、b 为常数。该式对小分子醇、酸、酚有很好的拟合度。将该式做线性转换，可以得到：

$$\frac{\sigma_0 c}{\sigma_0-\sigma}=\frac{b}{a}c+\frac{1}{a} \tag{6-81}$$

用$\frac{\sigma_0 c}{\sigma_0-\sigma}$对 c 做图，求出 a、b。代入原方程并求导，可得不同浓度下的$\left(\frac{d\sigma}{dc}\right)_T$，求出不同浓度下的 Γ。

对于乙醇的吸附等温线，满足随浓度增加，吸附量开始显著增加，到一定浓度时（一般是 CMC），吸附量达到最大值 Γ_m，因此可以从吸附等温线得到乙醇的饱和吸附量 Γ_m。

也可以假定乙醇在水溶液表面满足单分子层吸附。根据联合式（6-79）和式（6-80）的导数函数可得到：

$$\Gamma=-\frac{c}{RT}\left(-\frac{a\sigma_0}{(1+bc)^2}\right) \quad 或 \quad \Gamma=\frac{a\sigma_0 c}{RT(1+bc)^2} \tag{6-82}$$

a、b 为式（6-80）中的常数，σ_0 为溶剂的表面张力。

设 Γ_m 为饱和吸附量，即表面刚被吸附物铺满一层分子的 Γ。Γ_m 应为式（6-82）的极大值，可通过求解（$d\Gamma/dc=0$）得到。其结果是：

$$\Gamma_m=\frac{a\sigma_0}{4bRT} \tag{6-83}$$

由所求得的 Γ_m 代入

$$A=\frac{1}{\Gamma_m L} \tag{6-84}$$

可求得被吸附分子的截面积 A(L 为阿伏伽德罗常数)。

若已知溶质的密度 ρ,分子量 M,就可计算吸附层厚度 d。

$$d=\frac{\Gamma_{m}M}{\rho} \tag{6-85}$$

三、主要试剂和仪器

1. 试剂 无水乙醇(A. R);蒸馏水。

2. 仪器:最大泡压法表面张力仪;洗耳球;移液管,2mL、15mL;烧杯,50mL、100mL、250mL;恒温水浴;容量瓶,50mL,7 个。

四、实验内容

1. 仪器准备与检漏 将表面张力仪容器和毛细管洗净。将一定量蒸馏水注入表面张力仪中,调节毛细管,使毛细管口恰好与液面相切。打开抽气瓶活塞,使体系内的压力降低,当 U 形管测压及两端液面出现一定高度差时,关闭抽气瓶活塞,若 2~3min 内压差计的压差不变,则说明体系不漏气,可以进行实验。

2. 仪器常数的测量 恒温 5min,打开抽气瓶活塞,调节抽气速度,使气泡由毛细管下端呈单泡逸出,且每个气泡形成的时间为 5~10s。当气泡刚脱离管端的一瞬间,压差计显示最大压差时,记录最大压力差,连续读取 3 次,取其平均值。再由手册中查出实验温度时水的表面张力 σ_0,求出仪器常数 K。

3. 表面张力随溶液浓度变化的测定 用移液管分别移取 1. 00mL、2. 00mL、4. 00mL、6. 00mL、9. 00mL、12. 00mL、15. 00mL 乙醇,移入 7 个 50mL 的容量瓶,加蒸馏水至刻度,配制成一定浓度的乙醇溶液。

然后由稀到浓依次取乙醇溶液,先润洗表面张力仪的具支试管,再加入一定量溶液,按照步骤 2 所述,置于表面张力仪中测定某浓度下乙醇溶液的表面张力。随着乙醇浓度的增加,测得的表面张力几乎不再随浓度发生变化。

无水乙醇物理参数(密度:25℃—0. 785 22g/mL,30℃—0. 780 97g/mL;摩尔质量:46. 07g/mol)

纯水表面张力:25℃—7.197×10^{-2} N/m,30℃—7.118×10^{-2} N/m

将各实验数据统计,整理填入表 6-22,表 6-23 和表 6-24 中。

【注意事项】

1. 在测定表面张力时,毛细管的端面与液面相切,这样是为了数据处理方便。

2. 测定溶液的表面张力时,要从浓度低到浓度高的溶液依次进行。每次换溶液需用待测液润洗测量管。

3. 每次安装好仪器,进行测定前注意要先打开抽气瓶上的塞子,连通大气,再塞紧塞子进行实验测定。

4. 注意量纲。

五、实验结果及处理

1. 实验数据记录(表 6-22 和表 6-23)

实验环境温度________℃

表 6-22　溶液的配制

试液编号	1	2	3	4	5	6	7
$V_{乙醇}$/mL	1.00	2.00	4.00	6.00	9.00	12.00	15.00
$V_{总}$/mL	50.00	50.00	50.00	50.00	50.00	50.00	50.00
$c/(\mathrm{mol \cdot dm^{-3}})$							

表 6-23　最大压力差

测试数	水	相同测试温度下，不同浓度的乙醇溶液						
		1	2	3	4	5	6	7
1								
2								
3								
平均值/mm								

2. 数据处理

(1) 计算不同浓度乙醇溶液的表面张力 σ，填入表 6-24。由式(6-81)求解 σ-c 函数形式，求出 a、b。

表 6-24　表面张力的计算

K=________________

试液编号	1	2	3	4	5	6	7
$\sigma/(\mathrm{N \cdot m^{-1}})$							
$c/(\mathrm{mol \cdot dm^{-3}})$							
$\dfrac{\sigma_0 c}{\sigma_0-\sigma}$							

(2) 根据式(6-83)、式(6-84)和式(6-85)求出饱和吸附量 Γ_m、吸附分子的截面积 A、吸附层厚度 d。

文献值：

小分子醇分子截面积参考值：$(2.4 \sim 2.9) \times 10^{-19}\mathrm{m}^2$；

吸附层厚度参考值：$(3.4 \sim 4.1) \times 10^{-10}\mathrm{m}$(25~30℃)；

乙醇分子截面积：$(2.73 \sim 2.89) \times 10^{-19}\mathrm{m}^2$。

六、思考题

1. 系统检漏过程中，U 形管测压计两端液面出现高度差，测量溶液的表面张力时也是在存在此高度差的前提下(即气密性好)测量的，该高度差的大小是否影响测量结果？

2. 毛细管尖端为何必须调节得恰与液面相切？否则对实验有何影响？

3. 最大气泡法测定表面张力时为什么要读最大压力差？如果气泡逸出得很快，或几个气泡一齐逸出，对实验结果有无影响？

实验十八 电导法测定水溶性表面活性剂的临界胶束浓度

一、实验目的

1. 用电导法测定十二烷基硫酸钠的临界胶束浓度。
2. 了解表面活性剂的特性及胶束形成原理。
3. 掌握电导仪的使用方法。

二、实验原理

表面活性物质在水中形成胶束所需的最低浓度称为临界胶束浓度(critical micelle concentration),以 CMC 表示。在 CMC 点上,由于溶液的结构改变导致其物理及化学性质(如表面张力、电导、渗透压、浊度、光学性质等)同浓度的关系曲线出现明显的转折(图 6-26)。这个现象是测定 CMC 的实验依据,也是表面活性剂的一个重要特征。

表面活性剂成为溶液中的稳定分子可能采取的两种途径:①把亲水基留在水中,亲油基伸向油相或空气;②让表面活性剂的亲油基团相互靠在一起,以减少亲油基与水的接触面积。前者就是表面活性剂分子吸附在界面上,其结果是降低界面张力,形成定向排列的单分子膜,后者就形成了胶束。由于胶束的亲水基方向朝外,与水分子相互吸引,使表面活性剂能稳定地溶于水中。

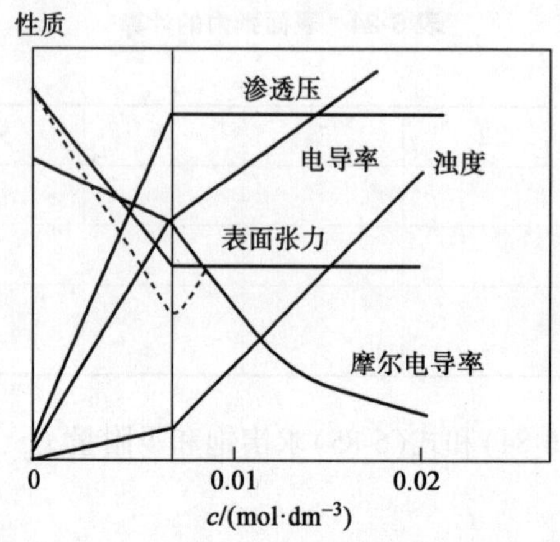

图 6-26 25℃时十二烷基硫酸钠水溶液的物理性质和浓度的关系图

在溶液中对电导有贡献的主要是带长链烷基的表面活性剂离子和相应的反离子,而胶束的贡献则极为微小。从离子贡献大小来考虑,反离子大于表面活性剂离子。当溶液浓度达 CMC 时,由于表面活性剂离子缔合成胶束,反离子固定于胶束的表面,它们对电导的贡献明显下降,同时由于胶束的电荷被反离子部分中和,这种电荷量小、体积大的胶束对电导的贡献非常小,所以电导急剧下降。

对于离子型表面活性剂溶液,当溶液浓度很稀时,电导的变化规律也和强电解质一样;但当溶液浓度达到临界胶束浓度时,随着胶束的生成,电导率发生改变,摩尔电导急剧下降,这就是电导法测定 CMC 的依据。

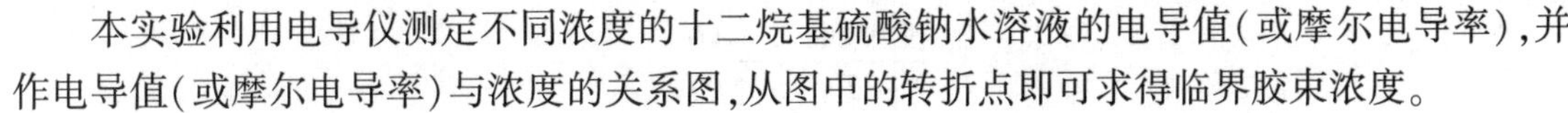

本实验利用电导仪测定不同浓度的十二烷基硫酸钠水溶液的电导值(或摩尔电导率),并作电导值(或摩尔电导率)与浓度的关系图,从图中的转折点即可求得临界胶束浓度。

三、主要试剂和仪器

1. 试剂　十二烷基硫酸钠。
2. 仪器　电导率仪;移液管;电导池;恒温水浴。

四、实验内容

1. 调节恒温水浴温度至 25℃。

2. 吸取 10mL 的 0.02mol/L 十二烷基硫酸钠溶液于电导池中,电导池放置在恒温水浴中。依次移入恒温后的电导水 2mL、3mL、5mL、5mL、5mL、5mL、10mL、10mL、10mL、20mL,搅拌,分别测其电导率。

每个溶液的电导读数 3 次,取平均值。

3. 列表记录各溶液对应的电导,并换算成电导率或摩尔电导率。

五、实验结果及处理(表 6-25 和表 6-26)

表 6-25　环境条件

	温度 T/℃	压强 P/kPa	湿度/%
实验前			
实验后			

表 6-26　实验数据记录

T=25℃

项目	1	2	3	4	5	6	7	8	9	10	11
加电导水量/mL	0	2	3	5	5	5	5	10	10	10	20
$c/(\mathrm{mol \cdot L^{-1}})$											
$K_1/(\mu S \cdot m^{-1})$											
$K_2/(\mu S \cdot m^{-1})$											
$K_3/(\mu S \cdot m^{-1})$											
$K_{平均}/(\mu S \cdot m^{-1})$											

由表 6-26 作出电导值(或摩尔电导率)与浓度的关系图。

六、思考题

1. 溶解的表面活性剂分子与胶束之间的平衡同温度和浓度有关,其关系式可表示为:

$$\frac{\mathrm{d}\ln c_{\mathrm{CMC}}}{\mathrm{d}T}=-\frac{\Delta H}{2RT^2}$$

试问如何测出其热效应值？

2. 非离子型表面活性剂能否用本实验方法测定临界胶束浓度？为什么？若不能，则可用何种方法测定？

第七章

综合性实验

实验一　葡萄糖酸锌的制备和含量测定

一、实验目的

1. 掌握葡萄糖酸锌的制备原理和方法。
2. 掌握蒸发、浓缩、减压过滤、重结晶等操作。
3. 了解葡萄糖酸锌的质量分析方法。

二、实验原理

锌是人体必需的微量元素之一，它具有多种生物作用，可参与核酸和蛋白质的合成，能增强人体免疫力，促进儿童生长发育。人体缺锌会造成生长停滞、自发性味觉减退和创伤愈合不良等严重问题，从而引发多种疾病。葡萄糖酸锌作为补锌药，具有见效快、吸收率高、副作用小、使用方便等优点。另外，葡萄糖酸锌作添加剂，在儿童食品、糖果、乳制品中的应用也日益广泛。葡萄糖酸锌无味，易溶于水，极难溶于乙醇。

1. 合成原理

方法一：葡萄糖酸钙与硫酸锌直接反应。

$$[CH_2OH(CHOH)_4COO]_2Ca+ZnSO_4 \longrightarrow [CH_2OH(CHOH)_4COO]_2Zn+CaSO_4$$

方法二：葡萄糖酸和氧化锌反应。

$$2CH_2OH(CHOH)_4COOH+ZnO \longrightarrow [CH_2OH(CHOH)_4COO]_2Zn+H_2O$$

方法三：葡萄糖酸钙用酸处理，再与氧化锌作用得葡萄糖酸锌。

本实验采取第一种方法，用葡萄糖酸钙与硫酸锌直接反应，过滤除去 $CaSO_4$ 沉淀，溶液加入过量乙醇可得无色或白色的葡萄糖酸锌结晶。

2. 含量测定　采用配位滴定法，在 NH_3-NH_4Cl 缓冲液存在下，用 EDTA 标准溶液滴定葡萄糖酸锌样品，根据消耗的 EDTA 体积可计算葡萄糖酸锌的含量。

《中国药典》(2015 版)规定葡萄糖酸锌含量应在 97.0%~102%。

反应物和产物的相对分子质量：

一水葡萄糖酸钙　448.39　七水硫酸锌　287.55　葡萄糖酸锌　455.69

三、主要试剂和仪器

1. 试剂　EDTA 标准溶液，0.050 00mol/L；铬黑 T 指示剂；NH_3-NH_4Cl 缓冲溶液；$ZnSO_4 \cdot 7H_2O$；

葡萄糖酸钙;95%乙醇。

2. 仪器　电炉;电子天平;抽滤装置;烧杯;蒸发皿;恒温水浴;量筒;酸式滴定管,50mL;锥形瓶,250mL;容量瓶,250mL;分析天平。

四、实验内容

1. 制备

(1)粗品的制备:量取40mL蒸馏水置烧杯中,加热至80~90℃,加入6.7g $ZnSO_4 \cdot 7H_2O$ 使完全溶解,将烧杯放在90℃水浴中,再逐渐加入10g葡萄糖酸钙,并不断搅拌。在90℃水浴中静止保温20min。趁热抽滤(滤渣为 $CaSO_4$,弃去),滤液移至蒸发皿中,并小火加热浓缩至黏稠状(如浓缩过程中产生沉淀,需过滤)。滤液冷却至室温,慢慢滴加95%乙醇,并不断搅拌,先有胶状固体析出,充分搅拌后,半透明胶状沉淀将转成白色晶体状。注意:加入乙醇的速度不要太快,加入太快会形成大块胶状固体,导致转成晶体状会用很长的时间。本步骤需30~40mL 95%乙醇,静置分层,用倾泻法去除乙醇。于晶体上,再加20mL 95%乙醇,充分搅拌后抽滤至干,即得葡萄糖酸锌粗品(母液回收)。

(2)重结晶:将粗品加10mL水,加热(90℃)至溶解,趁热抽滤,滤液冷却至室温,加20mL 95%乙醇,充分搅拌后抽滤至干,即得精品,在50℃真空干燥。

2. 质量分析

含量测定:取本品约0.7g,精密称量,加水100mL,微热使溶解,加 NH_3-NH_4Cl 缓冲液(pH=10.0)5mL与铬黑T指示剂3滴,用EDTA标准溶液(0.05mol/L)滴定至溶液自紫红色转变为纯蓝色,每1mL EDTA标准溶液(0.05mol/L)相当于22.78mg的 $C_{12}H_{22}O_{14}Zn$。平行测定3份。

五、实验结果及处理

1. 产量:________g;产率:________

相关计算过程:

2. 葡萄糖酸锌的含量测定结果如表7-1所示:

表7-1　含量测定结果

测定次数	1	2	3
称量瓶+葡萄糖酸锌/g			
称量瓶+剩余葡萄糖酸锌/g			
$m_{(葡萄糖酸锌)}$/g			
V_{EDTA}(终读数)/mL			
V_{EDTA}(初读数)/mL			
V_{EDTA}/mL			

续表

测定次数	1	2	3
$C_{12}H_{22}O_{14}Zn$ 含量/%			
葡萄糖酸锌平均含量/%			
标准差/*s*			
相对标准偏差/*RSD*			

六、思考题

1. 在沉淀与结晶葡萄糖酸锌时，都加入95%乙醇，其作用是什么？
2. 在葡萄糖酸锌的制备中，为什么必须在热水浴中进行？
3. 葡萄糖酸钙和硫酸锌哪一个过量？为什么要这样设计？
4. 为什么要趁热抽滤？

实验二　碳酸钠的制备和含量测定

一、实验目的

1. 通过实验了解联合制碱法的反应原理。
2. 学会利用各种盐类溶解度的差异并通过复分解反应来制取一种盐的方法。

二、实验原理

碳酸钠又名苏打，工业上叫纯碱。其用途很广，工业上的联合制碱法是将二氧化碳和氨气通入氯化钠溶液中，先生成碳酸氢钠，再在高温下灼烧，使它失去一部分二氧化碳，转化为碳酸钠。反应方程式：

$$NH_3+CO_2+H_2O+NaCl = NaHCO_3\downarrow+NH_4Cl$$

$$NaHCO_3 \xrightarrow{\triangle} Na_2CO_3+H_2O+CO_2\uparrow$$

在第一个反应中，实质上是碳酸氢铵与氯化钠在水溶液中的复分解反应，因此本实验直接用碳酸氢铵与氯化钠作用来制取碳酸氢钠

反应方程式：

$$NH_4HCO_3+NaCl = NH_4Cl+NaHCO_3\downarrow$$

NH_4Cl、$NaCl$、NH_4HCO_3 和 $NaHCO_3$ 同时存在于水溶液中，是一个复杂的四元交互体系。它们在水溶液中的溶解度互相发生影响。不过，根据各纯净盐在不同温度下在水中的溶解度的互相对比，也仍然可以粗略地判断出以上反应体系中分离几种盐的最佳条件和适宜的操作步骤。各种纯净盐在水中溶解度见表7-2。

表 7-2　各种纯净盐在水中溶解度/g·100g^{-1}水

溶质	温度/℃						
	0	10	20	30	40	50	60
NaCl	35.1	35.8	36.0	36.3	36.6	37.0	37.3
NH_4HCO_3	11.9	15.8	21.0	27.0	—	—	—
$NaHCO_3$	6.9	8.2	9.6	11.1	12.7	14.4	16.4
NH_4Cl	29.4	33.3	37.2	41.4	45.8	50.4	55.2

当温度超过35℃时NH_4HCO_3就开始分解。所以反应温度不能超过35℃。但温度太低又影响了NH_4HCO_3的溶解度。故反应温度又不宜低于30℃。另外从外表还可以看出$NaHCO_3$在30~35℃温度范围内的溶解度在4种盐中是最低的，所以当使研细的固体NH_4HCO_3溶于浓的NaCl溶液中，在充分搅拌下就析出$NaHCO_3$晶体。

三、主要试剂和仪器

1. 试剂　碳酸氢铵，工业纯或化学纯；氯化钠，工业纯或食盐；酚酞指示剂，0.5%溶液；甲基橙指示剂，0.1mol/L；HCl，0.100 0mol/L，6mol/L；NaOH，3mol/L；Na_2CO_3，3mol/L。

2. 仪器　恒温水浴锅；烧杯，250mL；布氏漏斗；抽滤瓶；真空泵；温度计。

四、实验内容

1. 化盐与精制　往250mL烧杯中加入100mL 24%~25%的粗盐水溶液。用3mol/L NaOH和3mol/L Na_2CO_3组成1∶1（体积比）的混合溶液调至pH=11左右，得到胶状沉淀[$Mg_2(OH)_2CO_3$，$CaCO_3$]。加热至沸，抽滤，分离沉淀。将滤液用6mol/L HCl调pH至7。

2. 转化　将盛有滤液的烧杯放在水浴上加热，控制溶液温度在30~35℃。在不断搅拌的情况下，分多次把42g研细的碳酸氢铵加入滤液中。加完料后继续保温，搅拌30min，使反应充分进行。静置，抽滤，得到$NaHCO_3$晶体，用少量水洗涤2次（除去黏附的铵盐）。再抽干，称湿重。母液回收，留作制取NH_4Cl之用。

3. 制纯碱　将抽干的$NaHCO_3$放入蒸发皿中，在煤气灯上灼烧2h，即得到纯碱。冷却到室温，称重。

4. 含量测定　在分析天平上准确称取两份纯碱（产品）G克（准确到0.000 1g，G一般为0.25g左右），将其中一份放入锥形瓶中用100mL蒸馏水溶解，加酚酞指示剂2滴，用已知准确浓度为0.100 0mol/L的盐酸溶液滴定至使溶液由红到近无色，记下所用盐酸的体积V_1，再加2滴甲基橙指示剂，这时溶液为黄色，继续用上述盐酸溶液滴定，使溶液由黄至橙，加热煮沸1~2min，冷却后，溶液又为黄色，再用盐酸滴至橙色，30s不褪色为止。记下所用盐酸的总体积V_2（V_2包括V_1）。

五、实验结果及处理

按式（7-1）计算碳酸钠的百分含量。

$$Na_2CO_3\% = \frac{c_{HCl} \times V_1 \times 10^{-3} \times M_{Na_2CO_3}}{G} \times 100 \tag{7-1}$$

式(7-1)中：$M_{Na_2CO_3}$—Na_2CO_3 分子量

提示：

第一步滴定以酚酞为指示剂，其滴定终点反应为：

$$CO_3^{2-} + H^+ \longrightarrow HCO_3^-$$

所以中和样品中全部 Na_2CO_3 所消耗的盐酸体积应为 V_1 的 2 倍（$2V_1$）。而中和样品中 $NaHCO_3$ 所消耗的盐酸体积则为 V_2-2V_1。

碳酸氢钠的百分含量计算如下：

$$NaHCO_3\% = \frac{c_{HCl} \times (V_2 - 2V_1) \times 10^{-3} \times M_{NaHCO_3}}{G} \times 100 \tag{7-2}$$

式(7-2)中：M_{NaHCO_3}—$NaHCO_3$ 的分子量。

纯碱的产率计算：

理论产量，由粗盐（按 90%）计算；

实际产量，由产品重量×Na_2CO_3 的百分含量。

$$产率 = \frac{实际产率}{理论产率} \times 100$$

另一份样品按上述实验步骤及计算方法重复一遍，将数据结果汇总于表 7-3。

表 7-3　纯碱的分析数据及 Na_2CO_3 产率

实验次数	样品重 G	HCl 体积/mL		HCl 浓度/（mol·L^{-1}）	$Na_2CO_3\%$ 含量	$NaHCO_3\%$ 含量	Na_2CO_3 产率
		V_1	V_2				
1							
2							

六、思考题

1. 为什么计算 Na_2CO_3 产率时要根据 NaCl 用量？影响 Na_2CO_3 产率的因素有哪些？
2. 氯化钠不预先提纯将对产品有何影响？为什么氯化钠中的硫酸根离子不要预先除去？

实验三　硫酸亚铁铵的制备和质量分析

一、实验目的

1. 了解复盐的一般特征和制备方法。
2. 掌握水浴加热、蒸发浓缩、结晶、减压过滤等基本操作。

二、实验原理

铁与稀硫酸反应生成硫酸亚铁。

$$Fe+H_2SO_4(稀)=FeSO_4+H_2\uparrow$$

通常,亚铁盐在空气中容易被氧化。若往硫酸亚铁溶液中加入与 $FeSO_4$ 等物质的量的硫酸铵,能生成复盐硫酸亚铁铵。硫酸亚铁铵比较稳定,它的六水合物 $(NH_4)_2Fe(SO_4)_2 \cdot 6H_2O$ 不易被空气氧化。该晶体叫做摩尔(Mohr)盐,在定量分析中常用于配制亚铁离子的标准溶液。像大多数的复盐那样,硫酸亚铁铵在水中的溶解度比组成它的每一组分[$FeSO_4$ 或 $(NH_4)_2SO_4$]的溶解度都要小(表 7-4)。蒸发浓缩所得溶液,可析出浅绿色硫酸亚铁铵(六水合物)晶体。

$$FeSO_4+(NH_4)_2SO_4+6H_2O=(NH_4)_2Fe(SO_4)_2 \cdot 6H_2O$$

表 7-4　硫酸铵、硫酸亚铁、硫酸亚铁铵在水中的溶解度/$g \cdot 100g^{-1}\ H_2O$

物质	温度/℃				
	10	20	30	40	60
$(NH_4)_2SO_4$	73.0	75.4	78.0	81.0	88
$FeSO_4 \cdot 7H_2O$	40.0	48.0	60.0	73.3	100
$(NH_4)_2Fe(SO_4)_2 \cdot 6H_2O$	17.23	36.47	45.0	—	—

三、主要试剂和仪器

1. 试剂　铁粉;硫酸铵(AR);H_2SO_4,3mol/L;NH_4SCN,1mol/L;标准 Fe^{3+}溶液;$KMnO_4$ 标准溶液;NaOH,6mol/L;$K_3[Fe(CN)_6]$,0.5mol/L;$BaCl_2$,0.1mol/L;HCl,6mol/L;C_2H_5OH,95%;红色石蕊试纸;磷酸,85%。

2. 仪器　电子秤;水循环真空泵;抽滤装置;结晶皿;水浴锅。

四、实验内容

1. 硫酸亚铁的制备　称取 1.5~2.0g 铁粉加入锥形瓶,再加入 15mL 3mol/L H_2SO_4,立即在通风橱中用沸水浴加热。每隔 5min 在锥形瓶中加入 2~3mL 蒸馏水,直至反应液无气泡冒出(不超过 30min)。抽滤,用约 80℃蒸馏水冲洗锥形瓶和滤渣 2 次,每次 5mL。滤液倒入小结晶皿或 100mL 烧杯。收集锥形瓶里和滤纸上的铁粉,并称重。计算参与反应的铁,算出 $FeSO_4$ 的理论产量(质量)。

2. 硫酸亚铁铵的制备　根据 $FeSO_4$ 的理论产量,计算并称取所需固体 $(NH_4)_2SO_4$ 的用量(一般取 $FeSO_4$ 理论产量的 75%)。在室温条件下将称出的 $(NH_4)_2SO_4$ 倒入上面所制得的 $FeSO_4$溶液中,水浴加热使其溶解,用 3mol/L H_2SO_4 溶液调节 pH 为 1~2,用沸水浴或水蒸气加热蒸发浓缩至溶液表面刚出现结晶薄层时为止(①是溶液中间出现结晶薄层而不是边沿;②蒸发过程中不宜搅动)。放置,让其慢慢冷却,即有硫酸亚铁铵晶体析出。待冷却至室温后,用布氏漏斗抽气过滤。用 10mL 95%乙醇洗涤结晶 2 次。最后将晶体取出,称重。计算理论产量和产率。

3. 产品检验

(1) Fe^{3+}分析

标准溶液的配制:往 3 支 25mL 的比色管中各加入 1mL 1mol/L NH_4SCN,2mL 3mol/L

H_2SO_4 溶液。再用移液管分别加入不同体积的标准 Fe^{3+} 溶液 5mL、10mL、20mL，最后用去离子水稀释到刻度，制成 Fe^{3+} 含量不同的标准溶液。

它们所对应的各级硫酸亚铁铵药品的规格分别为：含 Fe^{3+} 0.05mg，符合一级标准；含 Fe^{3+} 0.10mg，符合二级标准；含 Fe^{3+} 0.20mg，符合三级标准。

称取 1.0g 产品，置于 25mL 比色管中，加入 15mL 不含氧气的去离子水，使产品溶解。然后按上述操作加入 H_2SO_4 溶液和 NH_4SCN 溶液，再用不含氧气的去离子水稀释至 25mL。搅拌均匀。将它与配制好的上述标准溶液进行目测比色，确定产品的等级。在进行比色操作时，可在比色管下衬以白瓷板；为了消除周围光线的影响，可用白纸条包住装盛溶液那部分比色管的四周。从上往下观察，对比溶液颜色的深浅程度来确定产品的等级。

(2) 定性鉴定产品中的 NH_4^+，Fe^{2+} 和 SO_4^{2-}：取 0.5g 产品配成 10mL 溶液，备用。

1) NH_4^+ 检验方法（气室法）：将 5 滴被检液置于一表面皿的中心，再加 3 滴 6mol/L NaOH，混匀，在另一个较小的表面皿中心黏附一小块湿润的红色石蕊试纸，把它盖在大表面皿上做成气室。放置 10min，红色石蕊试纸应变蓝。

2) Fe^{2+} 检验方法：5 滴被检液+5 滴 0.5mol/L $K_3[Fe(CN)_6]$ 应呈蓝色（滕氏蓝）。

3) SO_4^{2-} 检验方法：5 滴被检液+1 滴 6mol/L HCl+2 滴 0.1mol/L $BaCl_2$，应有白色沉淀生成。

(3) $(NH_4)_2Fe(SO_4)_2 \cdot 6H_2O$ 质量分数的测定：称取 0.8~0.9g（准确至 0.000 1g）产品于 250mL 锥形瓶中，加 50mL 不含氧气的去离子水，15mL 3mol/L H_2SO_4，2mL 浓 H_3PO_4，使试样溶解。从滴定管中放出约 10mL $KMnO_4$ 标准溶液入锥形瓶中，加热至 70~80℃，再继续用 $KMnO_4$ 标准溶液滴定至溶液刚出现微红色（30s 内不消失）为终点。

五、实验结果及处理

1. 产量：

检测级别：

2. 实验现象及方程式：

3. 根据 $KMnO_4$ 标准溶液的用量（mL），按照下式计算产品中 $(NH_4)_2Fe(SO_4)_2 \cdot 6H_2O$ 的质量分数：

$$w = \frac{5c_{KMnO_4} \cdot V_{KMnO_4} \cdot M \times 10^{-3}}{m}$$

式中：w ——产品中 $(NH_4)_2Fe(SO_4)_2 \cdot 6H_2O$ 的质量分数；

M——$(NH_4)_2Fe(SO_4)_2 \cdot 6H_2O$ 的摩尔质量；

m——所取的产品质量。

【注意事项】

1. 由于铁的各种制品（包括铁粉、铁屑）一般含有杂质砷和硫，所以反应中可能会有剧毒气体 AsH_3 和 H_2S 放出，故本实验在操作过程中，应在通风橱中进行。

砷化氢（化学式：AsH_3）为无色、剧毒、可燃体。但空气中有大约 0.5ppm 的砷化氢存在时，它便可被空气氧化产生轻微类似大蒜的气味。但其致命浓度远低于能闻到大蒜气味的浓度。本品为强烈溶血性毒物，红细胞溶解后的产物可堵塞肾小管，引起急性肾衰竭。

2. 加热浓缩时，有可能不出现晶体薄层。但不可因此浓缩过甚，体积小于原体积 1/4 应立即停止加热。放置后，即可析出结晶。

3. 硫酸铵理论质量应为 $FeSO_4$ 质量的约 86%。但实际一般会少加一些。原因有二：一在计量未反应的铁时容易偏小，所以计算的理论 $FeSO_4$ 的质量偏大，所以硫酸铵要少一些；二为减少一些三价铁化合物的析出。

六、思考题

1. 为什么制备硫酸亚铁铵晶体时，溶液必须呈酸性？
2. 硫酸亚铁和硫酸铵按摩尔比 1∶1 反应时，质量比应该为多少，怎么计算？
3. 检验产品中 Fe^{3+} 的质量分数时，为什么要用沸腾后放凉的去离子水？

实验四　药用级氯化钠的制备和质量检查

一、实验目的

1. 掌握提纯氯化钠的方法。
2. 练习和巩固称量、溶解、沉淀、过滤、蒸发浓缩等基本操作。
3. 了解药用级氯化钠的鉴别和质量检查方法。

二、实验原理

1. 提纯　粗食盐中的有机杂质一般通过加强热，使有机物分解碳化等使其转化为不溶物过滤除去。

粗食盐中含有不溶性杂质（如泥沙等）和可溶性杂质（主要是 Ca^{2+}、Mg^{2+}、K^+ 和 SO_4^{2-}）。不溶性杂质，可用溶解和过滤的方法除去。可溶性杂质，可用下列方法除去，在粗食盐中加入稍微过量的 $BaCl_2$ 溶液时，即可将 SO_4^{2-} 转化为难溶解的 $BaSO_4$ 沉淀而除去。

$$Ba^{2+}+SO_4^{2-} = BaSO_4\downarrow$$

将溶液过滤，除去 $BaSO_4$ 沉淀，再加入 Na_2CO_3 和 NaOH 溶液，由于发生下列反应：

$$Ca^{2+}+CO_3^{2-} = CaCO_3\downarrow$$

$$Ba^{2+}+CO_3^{2-} = BaCO_3\downarrow$$

$$Mg^{2+}+2OH^- = Mg(OH)_2\downarrow$$

食盐溶液中杂质 Mg^{2+}、Ca^{2+}、重金属离子以及沉淀 SO_4^{2-} 时加入的过量 Ba^{2+} 便相应转化为难溶的 $Mg(OH)_2$、$CaCO_3$、$BaCO_3$ 等沉淀而通过过滤的方法除去。NH_4^+ 则在加碱煮沸情况下除去。

过量的 NaOH 和 Na_2CO_3 可以用过量的盐酸中和除去。过量的盐酸在蒸发浓缩、结晶、烘干过程挥发去除。

少量可溶性杂质（如 K^+，I^-，Br^-）由于含量很少，在蒸发浓缩和结晶过程中仍留在溶液中，不会和 NaCl 同时结晶出来。

2. 鉴别　利用 Na^+ 和 Cl^- 的化学特性进行定性鉴别。反应方程如下：

（1）钠离子鉴别：

$$2K_2H_2Sb_2O_7+4Na^++4OH^- \longrightarrow K_4Sb_2O_7+Na_4Sb_2O_7\downarrow+4H_2O$$

(2)氯离子鉴别:

$$Cl^- + Ag^+ \longrightarrow AgCl\downarrow \text{白色}$$
$$AgCl\downarrow + 2NH_3 \longrightarrow Ag(NH_3)_2^+ + Cl^-$$
$$Ag(NH_3)_2^+ + Cl^- + 2H^+ \longrightarrow AgCl\downarrow + 2NH_4^+$$

3. 根据 2005 年版《中国药典》,钡盐、硫酸盐、钾盐、镁盐、溴化物、重金属、铁盐的限度检查,是利用合适的沉淀或显色反应,在规定条件下将样品溶液和标准溶液进行沉淀或显色反应后进行对比,按要求样品溶液的显色不得超过标准对照溶液。

SO_4^{2-} 检查反应式为:$Ba^{2+} + SO_4^{2-} = BaSO_4\downarrow$ 白色

K^+检查反应式为:$K^+ + B(C_6H_5)_4^- \longrightarrow KB(C_6H_5)_4\downarrow$ 白色

Fe^{3+}检查反应式为:$Fe^{3+} + 3\ SCN^- \longrightarrow Fe(SCN)_3$血红色

重金属检查反应式为:$Pb^{2+} + S^{2-} \longrightarrow PbS\downarrow$ 黑色

4. 酸碱度要求 氯化钠在水溶液中应呈中性。但在提纯时,由于操作失误或试剂不合格导致酸性或碱性物质残留,所以必须进行检查。利用溴麝香草酚蓝指示液的变色进行检查,其变色范围是 pH 6.6~7.6,由黄色→蓝色。

5. 钙离子、碘离子检测 采用定性检测方法。

$$Ca^{2+} + C_2O_4^{2-} \longrightarrow CaC_2O_4\downarrow \text{白色}$$
$$2NO_2^- + 2I^- + 4H^+ \longrightarrow I_2 + 2NO\uparrow + 2H_2O$$
$$I_2 + \text{淀粉} \longrightarrow \text{蓝色}$$

三、主要试剂和仪器

1. 试剂 NaCl(粗盐);HCl,6mol/L,1mol/L,0.02mol/L;H_2SO_4,3mol/L;HNO_3,6mol/L;醋酸,1mol/L;NaOH,1mol/L,0.02mol/L;氨试液;$BaCl_2$,25%;$AgNO_3$,0.1mol/L;Na_2CO_3 饱和溶液;Na_2S,0.1mol/L;四苯硼酸钠,0.1mol/L;$(NH_4)_2S_2O_8$,0.1mol/L;草酸铵试液;硫氰酸铵试液;醋酸盐缓冲液,pH3.5;溴麝香草酚蓝试液;淀粉混合液(含淀粉、硫酸、亚硝酸钠);标准硫酸钾溶液(0.181g/L K_2SO_4 溶液,含 SO_4^{2-} 100μg/mL;K^+ 81μg/mL);标准铁溶液(0.086 3g/L 硫酸铁铵溶液,含 Fe^{3+} 10μg/mL);标准铅溶液(0.016 0g/L 硝酸铅溶液,含 Pb^{2+} 10μg/mL)。

2. 仪器 酒精灯;封闭电炉;蒸发皿,250mL;结晶皿,125mm;烧杯,500mL;抽滤装置;烧杯;电子秤;纳氏比色管。

四、实验内容

1. 提纯 在托盘天平或电子秤上称取 50g 粗食盐(海盐、井盐、岩盐、湖盐均可,但必须是未经处理的)。加入 250mL 蒸发皿中,用酒精灯加热,并用玻璃棒翻炒至颜色加深。

稍凉,转移到 500mL 烧杯中,加入 200~250mL 水,搅拌并加热至微沸。冷却后抽滤,滤渣为有机物碳化颗粒和泥沙,滤液倒入 500mL 烧杯中。

在加热、搅拌下加入 25%$BaCl_2$ 试液 5mL,并检查沉淀是否完全,若不完全补加 25%$BaCl_2$ 试液 1mL,加热搅拌 2min 再次检查。判定沉淀完全,加热至沸,冷却后抽滤,滤渣为 $BaSO_4$,滤液倒入 500mL 烧杯中。

加 5mL 饱和 Na_2CO_3，搅拌均匀，用 pH 试纸测 pH，若 pH<10，补加饱和 Na_2CO_3 直至 pH>10，滴加 1mol/L NaOH 溶液 1mL，搅拌均匀。加活性炭约 2g，加热至沸，保持沸腾 5min，冷却后抽滤，滤渣为 $BaCO_3$，$CaCO_3$，$Mg(OH)_2$ 和重金属的碳酸盐或重金属氢氧化物等，滤液倒入 125mm 结晶皿。

以上每次过滤后的滤液应澄清无色，否则必须重新过滤。

滤液中滴加 6mol/L HCl，并不断搅拌和用 pH 试纸测 pH，直至 pH 为 2~3 为止。加热浓缩至总体积剩 75~85mL，此时应有大量固体析出。冷却后抽滤，滤液弃去（含 Br^-，I^-，K^+ 等离子）。固体转移到蒸发皿中，用酒精灯加热烘干。得到成品 NaCl。

2. 鉴别

（1）钠盐

1）焰色反应：取铂丝，用盐酸湿润后，蘸取供试品，在无色火焰中燃烧，火焰应显鲜黄色（2015 年版《中国药典》）。

2）沉淀反应：取供试品约 100mg，置 10mL 试管中，加水 2mL 溶解，加 15%碳酸钾溶液 2mL，加热至沸，应不得有沉淀生出；加焦锑酸钾试液 4mL，加热至沸；置冰水中冷却，必要时，用玻璃棒摩擦试管内壁，应有致密的沉淀生成（2015 年版《中国药典》）。

（2）氯化物

1）取氯化钠成品少许，置试管中，加水溶解。加 6mol/L 硝酸使成酸性后，滴加 0.1mol/L 硝酸银溶液，即生成白色凝乳状沉淀；分离。沉淀加氨试液即溶解。再加 6mol/L 硝酸酸化后，沉淀复生成（2015 年版《中国药典》）。

2）取氯化钠成品少许，置试管中，加等量二氧化锰，混匀，加硫酸润湿，缓缓加热，即发生氯气，能使用水润湿的碘化钾淀粉试纸显蓝色（2015 年版《中国药典》）。

3. 检查　本实验制备的成品氯化钠按目的要求为药用，故根据 2005 年版《中国药典》进行以下各项质量检查试验。考虑到节约和试样总量的限制，除（1）（2）项外，其余检查采用半量检测。

（1）溶液的澄清度：用 50mL 比色管，取本品 5.0g，加水 25mL 溶解后，溶液应澄清。

（2）酸碱度：取本品 5.0g，加水 50mL 溶解后，加溴麝香草酚蓝指示液 2 滴，如显黄色，加氢氧化钠滴定液（0.020 0mol/L）0.10mL，应变为蓝色；如显蓝色或绿色，加入盐酸滴定液（0.020 0mol/L）0.20mL，应变为黄色。

（3）碘化物：取本品的细粉 2.5g，置瓷蒸发皿内，滴加新配制的淀粉混合液适量使晶粉湿润，置日光下（或日光灯下）观察，5min 内晶粉不得显蓝色痕迹。

（4）钙盐：取本品 1.0g，加水 5mL 使溶解，加氨试液 0.5mL，摇匀。加草酸铵试液 0.5mL。5min 内不得发生浑浊。

（5）钡盐：用 10mL 纳氏比色管，取本品 1.0g，用蒸馏水 5mL 溶解，加 3mol/L 硫酸 0.5mL，加蒸馏水至刻度。另用一只 10mL 纳氏比色管中，取本品 1.0g，用蒸馏水溶解，加蒸馏水至刻度。两管均静置 15~30min。在黑色背景下，在光线明亮处自上而下透视，两管溶液应同样澄明。

（6）硫酸盐：用 25mL 纳氏比色管，取本品 2.5g，加水溶解使成约 20mL（溶液如显碱性，可滴加盐酸使成中性），溶液如不澄清，应过滤；加 1mol/L 盐酸 3mL，摇匀，即得供试溶液。另取 0.5mL 标准硫酸钾溶液，置 25mL 纳氏比色管中，加水使成约 20mL，加 1mol/L 盐酸 3mL，摇匀，即得对照溶液。于供试溶液与对照溶液中，分别加入 25%氯化钡溶液 2.5mL，用水稀释至

25mL，充分摇匀。放置10min，同置黑色背景上，从比色管上方向下观察、比较。供试溶液与对照溶液比较，不得更浓（0.002%）。

（7）铁盐：用25mL纳氏比色管，取本品2.5g，加水溶解使成12.5mL，加1mol/L盐酸5.5mL与过硫酸铵25mg，用水稀释使成17.5mL后，加1mol/L硫氰酸铵溶液5.5mL，再加水适量稀释成25mL，摇匀；如显色，立即与标准铁溶液制成的对照溶液（取0.75mL标准铁溶液，置25mL纳氏比色管中，加水使成12.5mL，加1mol/L盐酸5.5mL与过硫酸铵25mg，用水稀释使成17.5mL后，加1mol/L硫氰酸铵溶液5.5mL，再加水适量稀释成25mL，摇匀）比较，不得更深（0.000 3%）。

（8）钾盐：用25mL纳氏比色管，取本品2.5g。加蒸馏水至10mL溶解后，加1mol/L醋酸1滴，加四苯硼酸钠溶液1mL，加水使成25mL，如显混浊，与标准硫酸钾溶液6.2mL用同一方法制成的对照液比较不得更浓（0.02%）。

（9）重金属：用25mL纳氏比色管，取本品2.5g。加水10mL溶解后，加醋酸盐缓冲溶液（pH 3.5）1mL与水适量使成25mL。另取25mL纳氏比色管，加标准铅溶液0.5mL与醋酸盐缓冲溶液（pH 3.5）1mL，加水稀释成25mL。再在两管中分别加硫代乙酰胺试液各1mL，摇匀放置2min，同置白纸上，自上向下透视，供试品溶液显示的颜色与标准溶液比较不得更深（含重金属不得过百万分之二）。

注意：上述检验并没有包含药用NaCl所有的检测项目。即使上述检测结果全部合格，也不能说明产品可以使用。产品不得带出实验室，更不可食用！！

五、实验结果及处理

产量：________ g

【鉴别实验】

Na^+

Cl^-

【质量检查】

澄清度：

酸碱度：

钙盐：

碘化物：

钡盐：

硫酸盐：

铁盐：

钾盐：

重金属：

【注意事项】

1. 检查沉淀是否完全，可用滴管吸取少量悬浊液到离心管中，离心后，在上层清液中加沉淀剂。

2. 冷却，不需要冷却至室温，不烫手（40~50℃）即可。

3. 加热浓缩，因结晶皿没有刻度，可事先在结晶皿上标记出80mL体积的位置。

4. 用纳氏比色管比色时注意平行条件。

六、思考题

1. 实验操作中如何提高 NaCl 成品的产率？影响质量的因素有哪些？
2. 比色管为什么自上而下透视？
3. 比色管对比时的背景都一样吗？为什么？
4. 写出碘离子与淀粉混合液的反应方程式。

实验五　过氧化钙的制备及含量分析

一、实验目的

1. 掌握制备过氧化钙的原理及方法。
2. 掌握过氧化钙含量的分析方法。
3. 巩固无机制备及化学分析的基本操作。

二、实验原理

过氧化钙有较强的漂白、杀菌、消毒和增氧等作用，广泛应用于环保、医疗、农业、水产养殖、食品、冶金、化工等领域。由于它在生产和使用过程中均对环境无污染，被誉为环境友好型产品。

过氧化钙为白色或淡黄色结晶粉末，在室温干燥条件下很稳定，加热到 300℃才分解为氧化钙及氧。它难溶于水，可溶于稀酸生成过氧化氢。

过氧化钙可用氯化钙与过氧化氢及碱反应，或氢氧化钙、氯化铵与过氧化氢反应来制取。在水溶液中析出的为 $CaO_2 \cdot 8H_2O$，再于 150℃左右脱水干燥，即得产品。

过氧化钙含量分析可利用在酸性条件下，过氧化钙与酸反应生成过氧化氢，用标准 $KMnO_4$ 溶液滴定，而测得其含量。

$$CaCl_2+H_2O_2+2NH_3 \cdot H_2O+6H_2O = CaO_2 \cdot 8H_2O+2NH_4Cl$$

$$5CaO_2+2MnO_4^-+16H^+ = 5Ca^{2+}+2Mn^{2+}+5O_2(g)+8H_2O$$

$$w_{(CaO_2)}=\frac{\frac{5}{2}c_{(KMnO_4)} \cdot V_{(KMnO_4)} \cdot 72.08g \cdot mol^{-1}}{m_s}$$

三、主要试剂和仪器

1. 试剂　$CaCl_2 \cdot 2H_2O$(AR)；H_2O_2 溶液，$w=0.30$；浓氨水；HCl 溶液，2mol/L；$MnSO_4$ 溶液，0.05mol/L；$KMnO_4$ 标准溶液，0.020 00mol/L；冰。

2. 仪器　电子天平；酸式滴定管。

四、实验内容

1. 过氧化钙制备　称取 $CaCl_2 \cdot 2H_2O$ 7.5g，用 5mL 水溶解，加入 25mL 质量分数 $w=0.30$ 的 H_2O_2 溶液，边搅拌边滴入由 5mL 浓氨水和 20mL 冷水配成的溶液，置冰水中冷却 0.5h。过滤,用少量冷水洗涤晶体2~3次,晶体抽干后,取出置于烘箱内在150℃条件下烘45~60min。冷却后称量,计算产率。

2. 过氧化钙含量分析　准确称取约0.15g产物3份,分别置于250mL锥形瓶中,各加入50mL蒸馏水和15mL 2mol/L HCl溶液使其溶解,再加入1mL 0.05mol/L $MnSO_4$溶液,用0.020 00mol/L $KMnO_4$标准溶液滴定至溶液呈微红色,30s内不褪色即为终点。计算CaO_2的质量分数。若测定值相对平均偏差大于0.2%,则需再测一份。

五、实验结果及处理

实验结果处理如表7-5,表7-6所示。

表7-5　过氧化钙的制备

二水氯化钙质量/g	
过氧化钙理论产量/g	
粗产品质量/g	
产率/%	

表7-6　过氧化钙纯度分析

	1	2	3
过氧化钙质量/g			
高锰酸钾溶液用量/mL			
产品纯度/%			

高锰酸钾溶液 c=________

六、思考题

1. 所得产物中的主要杂质是什么?如何提高产品的产率与纯度?

2. $KMnO_4$是氧化还原滴定中最常用的氧化剂之一,该滴定通常在酸性溶液中进行,一般常用稀H_2SO_4溶液。本实验为何不用稀H_2SO_4溶液?用稀HCl溶液代替稀H_2SO_4溶液对测定结果有无影响?

实验六　三氯化六氨合钴(Ⅲ)的制备及其组成测定

一、实验目的

1. 综合练习实验操作技术。
2. 了解配合物形成对三价钴稳定性的影响。
3. 学习电导法测定配合物电离类型。

二、实验原理

1. 制备 在一般情况下，虽然二价钴盐比三价钴盐要稳定，但是在配合状态下，三价钴却比二价钴稳定。所以通常可用 H_2O_2 或空气中的氧将二价钴配合物氧化制成三价钴的配合物。

氯化钴(Ⅲ)的氨合物由于内界的差异而有多种，如紫红色的$[Co(NH_3)_5Cl]Cl_2$ 晶体；橙黄色的$[Co(NH_3)_6]Cl_3$ 晶体；砖红色的$[Co(NH_3)_5H_2O]Cl_3$ 晶体等。它们的制备条件也是不同的，如在有活性炭为催化剂时，主要生成$[Co(NH_3)_6]Cl_3$；而无活性炭存在时，又主要生成$[Co(NH_3)_5Cl]Cl_2$。

本实验是在有活性炭存在下，将氯化钴(Ⅱ)与浓氨水混合，用 H_2O_2 将二价钴配合物氧化成三价钴氨配合物，并根据其溶解度及平衡移动原理，将其在浓盐酸中结晶析出，而制得$[Co(NH_3)_6]Cl_3$ 晶体。主要反应式如下：

$$2[Co(NH_3)_6]^+_2+H_2O_2 = 2[Co(NH_3)_6]^{3+}+2OH^-$$

$$[Co(NH_3)_6]^{3+}+3Cl^- = [Co(NH_3)_6]Cl_3$$

2. 组成测定

(1)配位数的确定：虽然该配离子很稳定，但在强碱性介质中煮沸时可分解为氨气和 $Co(OH)_3$ 沉淀。

$$[Co(NH_3)_6]Cl_3+3NaOH = Co(OH)_3\downarrow+6NH_3\uparrow+3NaCl$$

用标准酸溶液吸收所挥发出来的氨，即可测得该配离子的配位数。

(2)外界的确定：通过测定配合物的电导率可确定其电离类型及外界 Cl^- 的个数，即可确定配合物的组成。

三、主要试剂和仪器

1. 试剂 HCl(浓，2mol/L，0.5mol/L 标准溶液)；浓氨水；NaOH(10%，0.5mol/L 标准溶液)；$CoCl_2\cdot6H_2O$；NH_4Cl；H_2O_2(5%)；20%KI 溶液；$Na_2S_2O_3$ 标准溶液(0.1mol/L)；0.5%淀粉溶液；$AgNO_3$ 标准溶液(0.1mol/L)；5%K_2CrO_4 溶液；乙醇；活性炭。

2. 仪器 分析天平；蒸馏装置；电导率仪；锥形瓶；碘量瓶；滴定管。

四、实验内容

1. 三氯化六氨合钴的制备 取 6g NH_4Cl 溶于 12.5mL 水中，加热至沸，加入 9g 研细的 $CoCl_2\cdot6H_2O$ 晶体，溶解后，趁热倾入事先放有 0.5g 活性炭的锥形瓶中。用流水冷却后，加入 20mL 浓氨水，再冷至 10℃以下，用滴管逐滴加 20mL 5% H_2O_2 溶液。水浴加热至 50~60℃，保持 20min，并不断搅拌。然后用冰浴冷却至 0℃左右，抽滤(沉淀不需洗涤)，直接把沉淀溶于 75mL 沸水中(水中含有 2.5mL 浓 HCl)。趁热抽滤，慢慢加入 10mL 浓 HCl 于滤液中，即有大量橘黄色晶体析出，用水浴冷却后过滤。晶体以冷的 2mol/L HCl 洗涤，再用少许乙醇洗涤，吸干，在水浴上干燥，或在烘箱中于 105℃烘 20min。称量，计算百分产率。

2. 三氯化六氨合钴(Ⅲ)组成的测定

(1)配体氨的测定：准确称取约 0.1g 产品于 100mL 圆底烧瓶中，加约 25mL 水和 5mL 10% NaOH 溶液溶解，小心加入磁搅拌子。准确移取 25.00mL 0.5mol/L HCl 标准溶液于 250mL 的锥形瓶中，吸收蒸馏出的氨(需冰水浴冷却)。接好蒸馏装置(图 7-1)。冷凝管通入冷水，打开电磁搅拌，加热，保持沸腾状态。蒸馏至黏稠（约 20min），断开冷凝管和锥形瓶的连接处，然后去掉火源。用少量水冲洗冷凝管和下端的玻璃管，将冲洗液一并转入接收锥形瓶中。以甲基红为指示剂，用 0.5mol/L 标准 NaOH 溶液滴定吸收瓶中的 HCl 溶液，溶液变浅黄色即为终点。计算氨的含量，确定配体 NH_3 的个数。

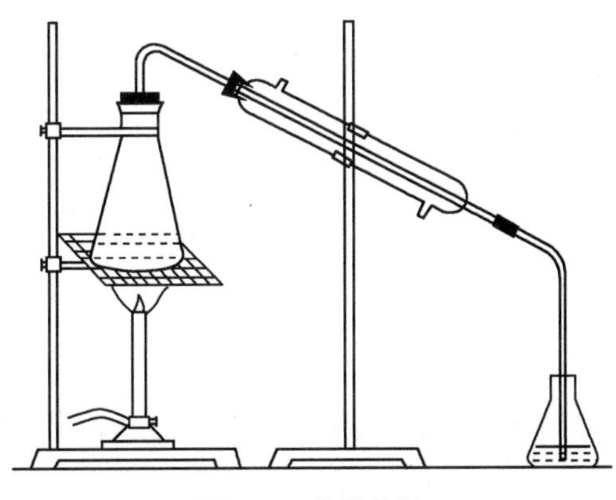

图 7-1　蒸馏装置

（2）钴的测定：准确称取约 0.5g 样品于碘量瓶中，加 40mL 水溶解，再加入 40mL 10% NaOH，加热煮沸（加一个玻璃珠作沸石），至产生黑色沉淀，赶尽氨气。冷却，加入 5mL 20%KI 溶液，立即盖上瓶盖，振荡 1min，再加入 15mL 浓 HCl，在暗处放置 15min。然后加入 100mL 蒸馏水，用 0.1mol/L $Na_2S_2O_3$ 标准溶液滴定至溶液呈橙黄色时，加入 8 滴 0.5%淀粉溶液，继续滴定至蓝色褪去为终点。平行测定 3 次，计算钴的含量。

（3）氯的测定：准确称取 0.18～0.19g 样品于锥形瓶中，加 20mL 水溶解，加入 1mL 5% K_2CrO_4 溶液为指示剂，用 0.1mol/L $AgNO_3$ 标准溶液滴定至出现淡红棕色沉淀不再消失为终点。平行测定 3 次，计算氯的含量。

3. 三氯化六氨合钴电离类型的测定

准确称取 0.2g，0.1g，0.05g，0.025g 样品，分别用 100mL 容量瓶配得稀度为 128、256、512、1024 的溶液（表 7-7）（所谓稀度即溶液的稀释程度，为摩尔浓度的倒数，如稀度为 128，表示 128L 中含有 1mol 溶液），用电导率仪测定溶液的电导率 κ，按 $\Lambda_m = \kappa \cdot (1\,000/c)$ 计算摩尔电导（单位：$S \cdot cm^2 \cdot mol^{-1}$），确定 $[Co(NH_3)_6]Cl_3$ 的电离类型。

五、实验结果及处理

1. 由以上分析氨、钴、氯的结果，结合表 7-8，写出配合物的实验式。
2. 三氯化六氨合钴（Ⅲ）电离类型的测定结果。

表 7-7　摩尔电导测定的数据记录　$M_{([Co(NH_3)_6]Cl_3)} = 267.28$

稀度	样品质量/g	$\kappa/(mS \cdot cm^{-1})$	$\Lambda_m/(S \cdot cm^2 \cdot mol^{-1})$	离子数
128				
256				
512				
1 024				

表 7-8　配合物类型和摩尔电导的关系

电解质	类型(离子数)	摩尔电导 $\Lambda_m/(S \cdot cm^2 \cdot mol^{-1})$			
		稀度 128	稀度 256	稀度 512	稀度 1 024
NaCl	1-1 型(2)	113	115	117	118
$BaCl_2$	1-2 型(3)	224	237	248	260
$AlCl_3$	1-3 型(4)	342	371	393	413
$Co(NH_3)_6]Cl_3$	1-3 型(4)	346	383	412	432

六、思考题

1. 在$[Co(NH_3)_6]Cl_3$ 的制备过程中，氯化铵、活性炭、过氧化氢各起什么作用？影响产品质量的关键在哪里？

2. $[Co(NH_3)_6]^{3+}$与$[Co(NH_3)_6]^{2+}$比较，哪个稳定？为什么？

3. 氨的测定原理是什么？用反应方程式表示。氨测定装置中，漏斗下端插入氢氧化钠液面下的作用是什么？

4. 测定钴含量时，样品液加入 10%NaOH，加热产生的黑色沉淀是什么化合物？写出相关反应方程式。

5. 碘量法测定钴含量的原理是什么？写出相关反应方程式。

6. 氯的测定原理是什么？写出相关反应方程式。

实验七　三草酸合铁(Ⅲ)酸钾的制备、组成测定及表征

一、实验目的

1. 初步了解配合物制备的一般方法。

2. 掌握用 $KMnO_4$ 法测定 $C_2O_4^{2-}$ 与 Fe^{3+}的原理和方法。

3. 培养综合应用基础知识的能力。

4. 了解表征配合物结构的方法。

二、实验原理

1. 三草酸合铁(Ⅲ)酸钾的性质　三草酸合铁(Ⅲ)酸钾 $K_3[Fe(C_2O_4)_3] \cdot 3H_2O$ 为翠绿色单斜晶体，溶于水[溶解度:4.7g/100g(0℃)，117.7g/100g(100℃)]，难溶于乙醇。110℃下失去结晶水，230℃分解。该配合物对光敏感，遇光照射发生分解：

$$2K_3[Fe(C_2O_4)_3] \longrightarrow 3K_2C_2O_4 + Fe_2(C_2O_4)_3 + 2CO_2$$

三草酸合铁(Ⅲ)酸钾是制备负载型活性铁催化剂的主要原料，也是一些有机反应的良好催化剂，在工业上具有一定的应用价值。

2. 制备　其合成工艺路线有多种。例如，可用三氯化铁或硫酸铁与草酸钾直接合成三草酸合铁(Ⅲ)酸钾，也可以铁为原料制得三草酸合铁(Ⅲ)酸钾。

本实验以铁为原料制得三草酸合铁(Ⅲ)酸钾。其反应方程式如下:

(1) $Fe+H_2SO_4$(稀)$=FeSO_4+H_2\uparrow$

(2) $FeSO_4+(NH_4)_2SO_4+6H_2O=(NH_4)_2Fe(SO_4)_2\cdot 6H_2O$(浅绿色晶体)

前两步实验,可直接用前面实验合成的硫酸亚铁铵来代替。

(3)用 $(NH_4)_2Fe(SO_4)_2\cdot 6H_2O$ 与 $H_2C_2O_4$ 作用生成 FeC_2O_4,再用 H_2O_2 氧化后制备三草酸合铁(Ⅲ)酸钾晶体。

1)反应方程式

$$(NH_4)_2Fe(SO_4)_2\cdot 6H_2O+H_2C_2O_4=FeC_2O_4\cdot 2H_2O(\text{黄色}\downarrow)+(NH_4)_2SO_4+H_2SO_4+4H_2O$$

$$6FeC_2O_4\cdot 2H_2O+3H_2O_2+6K_2C_2O_4=4K_3[Fe(C_2O_4)_3]+2Fe(OH)_3+12H_2O$$

$$2Fe(OH)_3+3H_2C_2O_4+3K_2C_2O_4=2K_3[Fe(C_2O_4)_3]+6H_2O$$

2)物质性质

硫酸亚铁铵 $(NH_4)_2Fe(SO_4)_2\cdot 6H_2O$:俗名为莫尔盐、摩尔盐,简称 FAS,相对分子质量 392.14,蓝绿色结晶或粉末。对光敏感。在空气中逐渐风化及氧化。溶于水,几乎不溶于乙醇。低毒,有刺激性。

草酸亚铁 $FeC_2O_4\cdot H_2O$:是一种浅黄色固体,难溶于水,受热易分解。

三草酸合铁(Ⅲ)酸钾 $K_3[Fe(C_2O_4)_3]\cdot 3H_2O$:为翠绿色单斜晶体,溶于水(0℃时,4.7g/100g 水;100℃时 117.7g/100g 水),难溶于乙醇。110℃下失去 3 分子结晶水而成为 $K_3[Fe(C_2O_4)_3]$,230℃时分解。该配合物对光敏感,光照下即发生分解。

3)产物的定量分析:采用重量分析法分析试样中结晶水的含量;用 $KMnO_4$ 作氧化剂,采用氧化还原滴定法测定试样中 $C_2O_4^{2-}$ 和 Fe^{3+} 的含量。

采用电导率法测定三草酸合铁(Ⅲ)酸钾的解离类型。

三、主要试剂和仪器

1. 试剂 H_2SO_4,3mol/L;$H_2C_2O_4$(s);H_2O_2,6%;$(NH_4)_2Fe(SO_4)_2\cdot 6H_2O$(s);$K_2C_2O_4$(饱和);KSCN,0.1mol/L;$CaCl_2$,0.5mol/L;$FeCl_3$,0.1mol/L;$Na_3[Co(NO_2)_6]$;$KMnO_4$ 标准溶液,0.02mol/L,自行标定;乙醇,95%;丙酮。

2. 仪器 托盘天平;电子分析天平;烧杯,100mL,250mL;量筒,10mL,100mL;玻璃棒;布氏漏斗;吸滤瓶;真空泵;表面皿;称量瓶;干燥器;烘箱;锥形瓶,250mL;酸式滴定管,50mL。

四、实验内容

1. 三草酸合铁(Ⅲ)酸钾的制备

(1)制取 $FeC_2O_4\cdot 2H_2O$:称取 10.0g 自制的 $(NH_4)_2Fe(SO_4)_2\cdot 6H_2O$ 固体于广口瓶中,放入 250mL 烧杯中,加入 30mL 去离子水和 1.5mL 3mol/L H_2SO_4,加热使之溶解。然后加入 3.3g$H_2C_2O_4$ 和 33mL 水,加热至沸腾,并不断搅拌、静置,便得到黄色 $FeC_2O_4\cdot 2H_2O$ 沉淀。沉降后,用倾析分离法将沉淀分离,用 20mL 去离子水洗涤 1 次,待用。

(2)制备 $K_3[Fe(C_2O_4)_3]\cdot 3H_2O$:将上述沉淀转移到 22.0mL 水和 8g$K_2C_2O_4$配制的溶液中(加热溶解),用滴管慢慢加入 20mL 6% H_2O_2 溶液,不断搅拌并保持温度在 40℃左右。充分反应后,沉淀转化为氢氧化铁。加热至沸腾,再滴加 16~17mL 1mol/L 的草酸溶液至沉淀溶解。用草酸或草酸钾调节溶液 pH 为 4~5。加热浓缩,冷却结晶,抽滤,即得到翠绿色三草酸合铁(Ⅲ)酸钾晶体。

2. 产物组成的定量分析

(1)结晶水质量分数的测定:洗净两个称量瓶,在110℃电烘箱中干燥1h,置于干燥器中冷却,至室温时在电子分析天平上称量。然后再放到110℃电烘箱中干燥0.5h,即重复上述干燥-冷却-称量操作,直至质量恒定(两次称量相差不超过0.3mg)为止。

在电子分析天平上准确称取两份产品各0.5~0.6g,分别放入上述已质量恒定的两个称量瓶中。在110℃电烘箱中干燥1h,然后置于干燥器中冷却,至室温后,称量。重复上述干燥(改为0.5h)-冷却-称量操作,直至质量恒定。根据称量结果计算产品结晶水的质量分数。

(2)草酸根质量分数的测量:在电子分析天平上准确称取两份产物(0.15~0.20g)分别放入两个锥形瓶中,均加入15mL 2mol/L H_2SO_4 和15mL去离子水,微热溶解,加热至75~85℃(即液面冒水蒸气),趁热用0.020 0mol/L $KMnO_4$ 标准溶液滴定至粉红色为终点(保留溶液待下一步分析使用)。根据消耗 $KMnO_4$ 溶液的体积,计算产物中 $C_2O_4^{2-}$ 的质量分数。

(3)铁质量分数的测量:在上述保留的溶液中加入一小匙锌粉,加热近沸,直到黄色消失,将 Fe^{3+} 还原为 Fe^{2+} 即可。趁热过滤除去多余的锌粉,滤液收集到另一锥形瓶中。继续用0.020 0mol/L $KMnO_4$ 标准溶液进行滴定,至溶液呈粉红色。根据消耗 $KMnO_4$ 溶液的体积,计算 Fe^{3+} 的质量分数。

根据(1)(2)(3)的实验结果,计算 K^+ 的质量分数,结合实验内容2的结果,推断出配合物的化学式。

五、实验结果及处理(表7-9)

1. 产物重量: 产率:

计算过程:

2. 产物定量分析

(1)样品干燥前重量: 干燥后重量:

结晶水质量分数:

(2)测定结果

表7-9 滴定数据记录

编号	产物克数	$KMnO_4$			$KMnO_4$		
		初读数 V_0	末读数 V_1	体积/mL	初读数 V_0	末读数 V_1	体积/mL
1							
2							

(3)草酸根质量分数计算过程:

铁质量分数计算过程:

配合物的化学式:

六、思考题

1. 氧化 $FeC_2O_4 \cdot 2H_2O$ 时,氧化温度控制在40℃,不能太高。为什么?

2. $KMnO_4$ 滴定 $C_2O_4^{2-}$ 时要加热，又不能使温度太高（75~85℃），为什么？

实验八　一氯五氨合钴(Ⅲ)氯化物的合成与表征

一、实验目的

1. 通过一氯五氨合钴(Ⅲ)氯化物的合成与表征，了解络合物合成的最基本方法。

2. 用酸碱滴定、沉淀滴定、氧化还原滴定、电导法等分析测试技术，确定络合物的组成和结构。

二、实验原理

配合物及配位化学研究因在离子鉴定、电镀、冶金工业和生物、医学方面的广泛应用，一直受到人们的关注；配合物的制备及组成测定是研究配合物的重要内容之一，也是人们认识和掌握配合物的基本方法。顺磁性外层电子构型的 $3S^2 3P^6 3d^6$ 的 Co(Ⅲ)能与多种配体形成一系列配合物，其中 Co(Ⅱ)与氨水、氯化铵在一定条件下生成紫红色的配合物。

1. 合成　通常二价的钴盐较稳定，而三价钴则以络合状态较稳定，要制备三价钴的络合物，一般都以二价钴盐为原料，用空气或 H_2O_2 氧化之。

一氯五氨合钴氯化物为紫红色晶体，可用不同方法制得：如将 $[Co(NH_3)_5(H_2O)](NO_3)_3$ 与浓 HCl 共热；或将 $[Co(NH_3)_4(H_2O)_2](NO_3)_2$，$[Co(NH_3)_4Cl_2]NO_3$ 等与过量氨水及 HCl 处理。本实验在 NH_4Cl 存在条件下，以 H_2O_2 氧化 $CoCl_2$ 的氨性溶液，随后与浓 HCl 反应而得：

$$2CoCl_2+2NH_4Cl+8NH_3+H_2O_2 \longrightarrow 2[Co(NH_3)_5(H_2O)]Cl_3$$

$$[Co(NH_3)_5(H_2O)]Cl_3 \xrightarrow{\text{HCl/加热}} [Co(NH_3)_5Cl]Cl_2+H_2O$$

$[Co(NH_3)_5Cl]Cl_2$ 产物的化学性质：200℃开始分解，逐步失氨，315℃时得 $CoCl_2 \cdot NH_4Cl$；460℃时得 $CoCl_2 \cdot NH_3$；500℃时得 $CoCl_2$。水介质中溶解度25℃时为0.4g/100g水，热水中易水化，即内界氯为水分子所取代。

2. 组成分析

(1)钴：$[Co(NH_3)_5Cl]Cl_2$ 被强碱加热分解后生成褐黑色固体 Co_2O_3。反应式如下：

$$2[Co(NH_3)_5Cl]Cl_2+6NaOH \longrightarrow Co_2O_3+10NH_3+10NaCl+3H_2O$$

在酸性溶液中，Co_2O_3 可与等当量的 KI 作用，析出的碘(I_2)可用 $Na_2S_2O_3$ 标准溶液滴定。反应式为：

$$Co_2O_3+2KI+6HCl \longrightarrow 2CoCl_2+2KCl+3H_2O+I_2$$

$$I_2+2Na_2S_2O_3 \longrightarrow 2NaI+Na_2S_4O_6$$

(2)氯总量：本方法采用莫尔法测定氯离子。该络合物经强碱加热分解，冷却后在溶液中加入 $AgNO_3$ 析出 AgCl 沉淀，以 K_2CrO_4 为指示剂，当化合物中的氯完全沉淀为 AgCl 后，即产生砖红色的 Ag_2CrO_4 沉淀，借以指示滴定终点。

(3)"外界"氯含量(电导滴定法)：$[Co(NH_3)_5Cl]Cl_2$ 络合物中"外界"氯可借冷溶液与 $AgNO_3$ 作用生成的 AgCl 沉淀的量来确定。本实验用电导滴定法测定"外界"氯的含量。

溶液的电导与离子浓度有关，若在某一离子反应过程中，离子浓度发生显著变化，因而

使电导随之显著改变,即可利用测定电导的改变来确定反应终点。例如在下列沉淀反应中:

$$Na^{+}+Cl^{-}+Ag^{+}+NO_3^{-} \longrightarrow AgCl\downarrow +Na^{+}+NO_3^{-}$$

由于 AgCl 沉淀生成,起初溶液中 Cl^- 被 NO_3^- 所替代,溶液的电导略有下降(25℃时 Cl^- 的离子迁移速度略大于 NO_3^-)。但在超过等当点以后,随着 $AgNO_3$ 的加入,过剩的 Ag^+ 和 NO_3^- 引起电导的急剧上升。由此可知,在等当量时,溶液中 Ag^+ 和 Cl^- 均没有过剩,故电导最小。如果以横坐标表示加入的 $AgNO_3$ 毫升数,以纵坐标表示测定溶液的电导,则得两条相交的直线,交点即为等当点的位置。

已知等当点和 $AgNO_3$ 溶液的浓度,即可确定被滴定溶液中氯的含量。

(4) NH_3:用酸碱滴定法间接测定。可在一定量的络合物试样中加入 NaOH,加热蒸馏,游离的 NH_3 收集于一定量的标准 HCl 溶液中,再用标准 NaOH 溶液返滴定该溶液,计算 NH_3 的含量。滴定可用甲基橙和溴甲酚绿作指示剂。

三、主要试剂和仪器

1. 试剂 $CoCl_2 \cdot 6H_2O$;浓氨水;浓盐酸;NH_4Cl;30%过氧化氢;95%乙醇;NaOH;HNO_3,0.1mol/L;NaOH 溶液,1mol/L,0.05mol/L;15% KI 溶液;0.5%淀粉溶液;$Na_2S_2O_3$ 标准溶液,0.1mol/L;0.1%酚酞溶液;溴甲酚绿溶液;$AgNO_3$ 标准溶液,0.1mol/L;5%铬酸钾溶液;甲基橙溶液;$K_2Cr_2O_7$;石蕊试纸;滤纸。

2. 仪器 锥形瓶,250mL;表面皿,3 块;水浴锅;吸滤瓶;玻璃漏斗;烧杯,150mL,250mL;玻璃漏斗;酸式滴定管,50mL;移液管,25mL,50mL;容量瓶,250mL;量筒,50mL,10mL;电导测定仪;磁力搅拌器;磨口蒸馏装置。

四、实验内容

1. 一氯五氨合钴氯化物的制备 在 250mL 锥形瓶中,溶解 2.5g NH_4Cl 于 15mL 浓氨水中,盖上表面皿,在不断摇动下,分批加入 5g 研细的 $CoCl_2 \cdot 6H_2O$ 粉末,每次加入后充分摇动,使形成棕色浆状物,同时生成橙红色的$[Co(NH_3)_6]Cl_2$ 沉淀。

用滴管逐滴加入 30%过氧化氢约 4mL,溶液中会产生大量气泡(若过氧化氢变质分解则无明显气泡产生),不断摇动直至气泡终止,溶液中生成深红色的$[Co(NH_3)_5 \cdot H_2O]Cl_3$。再分批加入浓盐酸 15mL(氨水与浓盐酸反应产生大量白烟,应使用表面皿遮盖锥形瓶)。将锥形瓶置于沸水浴上(锥形瓶用铁夹固定)加热约 20min,并不时摇动混合液。冷至室温,即有大量紫红色$[Co(NH_3)_5Cl]Cl_2$ 沉淀。抽气过滤。沉淀依次用配好冷却的 1∶1 盐酸,冷水(蒸馏水)和 95%乙醇洗涤,抽干。产品于红外灯下烘干 1h,称重,计算产率。

2. 钴含量的滴定分析

(1) 0.100 0mol/L 硫代硫酸钠溶液的标定:准确称取 $K_2Cr_2O_7$ 基准试剂 0.13~0.15g 于 250mL 锥形瓶中,加入 25mL 水使固体全部溶解。依次加入 6mL 15%KI 溶液和 5mL 1∶1 盐酸,盖上表面皿后在暗处静置 3~5min。取出后加入 50mL 水稀释溶液,立刻用硫代硫酸钠溶液滴定至黄绿色,接近终点时加入 5mL 0.5%淀粉溶液,继续滴定至深蓝紫色消失即为终点(透明的蓝绿色)。平行测定 3 次,从加入 KI 溶液开始,做一份加一份试剂。

(2) 钴含量测定:准确称取 0.5~0.6g 络合物于 150mL 小烧杯中,加入 1mol/L NaOH 溶液

20~25mL，加热至微沸，驱除 NH_3（20~30min，用湿润的石蕊试纸在溶液液面上方检验，微沸过程中注意补充蒸馏水保持体积，避免蒸干）。溶液中析出 Co_2O_3，冷却后过滤（用 250mL 容量瓶收集滤液），用热的 0.05mol/L NaOH 溶液洗涤沉淀（每次约 10mL 洗涤液），至无 Cl^- 为止（取 1 滴滤液，加硝酸酸化后用 $AgNO_3$ 溶液检验，洗涤 6 次以后开始检验）。

盛放滤液的容量瓶保存（不要定容），用于测含氯总量。将沉淀及滤纸放入原来破坏络合物用的 150mL 小烧杯中，加入 10mL 水，8mL 浓盐酸，搅拌使沉淀与溶液充分接触。再加入 15mL 15%KI，盖上表面皿，在暗处静置数分钟，然后用标定过的硫代硫酸钠溶液滴定。溶液呈灰黄色时加入 5mL 0.5%淀粉溶液，继续滴定至深蓝紫色消失，终点为 Co^{2+} 透明的淡粉红色。记录硫代硫酸钠溶液消耗体积，计算钴的百分含量。

3. “外界”氯含量分析　准确称取 0.14g 左右 $[Co(NH_3)_5Cl]Cl_2$ 产物置于 250mL 烧杯中，加入约 100mL 水，产物完全溶解后放入电极进行电导测定（电导测定仪量程置于 2mS/cm 档）。用滴定管每加入 2mL 左右 $AgNO_3$ 溶液即准确记录体积读数和对应的溶液电导，到达等当点（溶液电导开始上升）后每滴入 1mL 左右 $AgNO_3$ 记录一次，记录电导上升后的数据点 5 个以上即可结束测定。以溶液电导对消耗的 $AgNO_3$ 溶液体积作图，求出两条数据拟合直线的交点即为等当点位置。根据等当点消耗的 $AgNO_3$ 溶液体积计算“外界”氯含量。

4. 氨含量的测定　准确称取干燥过的样品 0.5g 左右，移入氨分析器蒸馏烧瓶中，加入 20mL 1mol/L NaOH 溶液，加热蒸馏约 40min（或溶液减少一半），游离的氨收集于含有 50mL 0.5mol/L 标准盐酸溶液中。以甲基橙（2 滴）和溴甲酚绿（5 滴）作为混合指示剂，用 0.5mol/L 标准 NaOH 溶液滴定至溶液颜色由红色变为绿色即为终点。计算配合物中的氨含量。

5. 含氯总量的滴定分析　经强碱分解 $[Co(NH_3)_5Cl]Cl_2$ 后的滤液和洗涤液合并溶液，加 6~7 滴酚酞作为指示剂，加稀硝酸溶液中和至酚酞褪色，再用 0.05mol/L NaOH 调至略带粉红色（若硝酸过量太多，可先用 1mol/L NaOH 调至近中性），定容至 250mL。准确移取 50mL 溶液于锥形瓶中，加入 5 滴 $5\%K_2CrO_4$ 指示剂，在不断摇动下滴入 $AgNO_3$ 标准溶液，溶液颜色略变深（橙红）即为终点。

五、实验结果及处理

1. 产物重量：　　　　　　产率：
   计算过程：
2. 产物化学式分析
(1) 钴含量：
(2) “外界”氯含量：
(3) 氨含量：
(4) 含氯总量：
3. 根据上述测定结果得出产品的化学式

六、思考题

1. 在 $[Co(NH_3)_5Cl]Cl_2$ 的制备过程中，氯化铵、活性炭、过氧化氢各起什么作用？影响产品质量的关键在哪里？

2. $[Co(NH_3)_6]^{3+}$与$[Co(NH_3)_6]^{2+}$比较，哪个稳定？为什么？

3. 氨的测定原理是什么？用反应方程式表示。氨测定装置中，漏斗下端插入氢氧化钠液面下的作用是什么？

4. 测定钴含量时，样品液加入10%NaOH，加热产生的黑色沉淀是什么化合物？写出相关反应方程式。

5. 碘量法测定钴含量的原理是什么？写出相关反应方程式。

6. 氯的测定原理是什么？写出相关反应方程式。

附 录

附录1 国际标准单位和常用单位

附表 1-1 国际单位制基本单位

量	单位名称	单位符号	备注
长度	米	m	1 米是光在真空中在$(299\,792\,458)^{-1}$s 内的行程
质量	千克(公斤)	kg	1 千克是普朗克常量为 $6.626\,070\,15\times10^{-34}$J·s($6.626\,070\,15\times10^{-34}$kg·$m^2$·$s^{-1}$)时的质量
时间	秒	s	1 秒是铯-133 原子在基态下的两个超精细能级之间跃迁所对应的辐射的 9 192 631 770 个周期的时间
电流	安[培]	A	1 安培是 1s 内通过$(1.602\,176\,634)^{-1}\times10^{19}$个元电荷所对应的电流,即 1 安培是某点处 1s 内通过 1 库伦电荷的电流,1A=1C/s
热力学温度	开[尔文]	K	1 开尔文是玻尔兹曼常数为 $1.380\,649\times10^{-23}$ J·K^{-1}($1.380\,649\times10^{-23}$kg·m^2·s^{-2}·K^{-1})时的热力学温度
物质的量	摩[尔]	mol	1 摩尔是精确包含 $6.022\,140\,76\times10^{23}$个原子或分子等基本单元的系统的物质的量
发光强度	坎[德拉]	cd	1 坎德拉是一光源在给定方向上发出频率为 540×10^{12}Hz 的单色辐射,且在此方向上的辐射强度为$(683)^{-1}$kg·m^2·s^{-3}时的发光强度

附表 1-2 国际单位制辅助单位

平面角	弧度	rad	一个圆内两条半径之间的平面角。这两条半径在圆周上截取的弧长与半径相等
立体角	球面度	sr	一个立体角,其顶点位于球心,而它在球面上所截取的面积等于以球半径为边长的正方形的面积

附表 1-3 可与国际单位制单位并用的我国法定计量单位(GB3100—1993)

时间	分	min	1min = 60s
	小时	h	1h = 60min = 3 600s
	天(日)	d	1d = 24h = 86 400s
平面角	[角]秒	(")	1" = (π/648 000) rad(π 为圆周率)
	[角]分	(′)	1′ = 60" = (π/10 800) rad
	度	(°)	1° = 60′ = (π/180) rad
旋转速度	转每分	r/min	1r/min = (1/60) s^{-1}
质量	吨	t	1t = 10^3kg
体积	升	L,(l)	1L = 1dm^3 = $10^{-3}m^3$
能	电子伏	eV	1eV ≈ 1. 602 189 2×10^{-19}J
级差	分贝	dB	

附表 1-4 国际单位制具有专门名称的导出单位

量	单位名称	单位符号	用其他单位表示的表示式	用基本单位表示的表示式
频率	赫[兹]	Hz		s^{-1}
力	牛[顿]	N		m · kg · s^{-2}
压强,(压力),应力	帕[斯卡]	Pa	N/m^2	m^{-1} · kg · s^{-2}
能,功,热量	焦[耳]	J	N · m	m^2 · kg · s^{-2}
功率,辐[射]通量	瓦[特]	W	J/s	m^2 · kg · s^{-3}
电量,电荷	库[仑]	C		s · A
电位(电势),电压,电动势	伏[特]	V	W/A	m^2 · kg · s^{-3} · A^{-1}
电容	法[拉]	F	C/V	m^{-2} · kg^{-1} · s^4 · A^2
电阻	欧[姆]	Ω	V/A	m^2 · kg · s^{-3} · A^{-2}
电导	西[门子]	S	A/V	m^{-2} · kg^{-1} · s^3 · A^2
磁通[量]	韦[伯]	Wb	V · s	m^2 · kg · s^{-2} · A^{-1}
磁感应[强度],磁通密度	特[斯拉]	T	Wb/m^2	kg · s^{-2} · A^{-1}
电感	亨[利]	H	Wb/A	m^2 · kg · s^{-2} · A^{-2}
摄氏温度	摄氏度	℃		K
光通[量]	流[明]	lm		cd · sr

续表

量	单位名称	单位符号	用其他单位表示的表示式	用基本单位表示的表示式
[光]照度	勒[克斯]	lx	lm/m^2	$m^{-2}\cdot cd\cdot sr$
[放射性]活度,(放射性强度)	贝可[勒尔]	Bq		s^{-1}

附表 1-5 用于构成十进倍数和分数单位词头

所表示的因数	词头名称	词头符号	所表示的因数	词头名称	词头符号
10^{18}	艾[克萨]	E	10^{-1}	分	d
10^{15}	拍[它]	P	10^{-2}	厘	c
10^{12}	太[拉]	T	10^{-3}	毫	m
10^{9}	吉[咖]	G	10^{-6}	微	μ
10^{6}	兆	M	10^{-9}	纳[诺]	n
10^{3}	千	k	10^{-12}	皮[可]	p
10^{2}	百	h	10^{-15}	飞[母托]	f
10^{1}	十	da	10^{-18}	阿[托]	a

附录 2 元素的相对原子质量表

元素		原子序数	相对原子质量	元素		原子序数	相对原子质量
符号	名称			符号	名称		
Ac	锕	89	227.027 8	N	氮	7	14.006 74(7)
Ag	银	47	107.863 2(2)	Na	钠	11	22.989 768(6)
Al	铝	13	26.981 539(5)	Nb	铌	41	92.906 38(2)
Ar	氩	18	39.948(1)	Nd	钕	60	144.24(3)
As	砷	33	74.921 59(2)	Ne	氖	10	20.179 7(6)
Au	金	79	196.966 54(3)	Ni	镍	28	58.693 4(2)
B	硼	5	10.811(5)	Np	镎	93	237.048 2
Ba	钡	56	137.327(7)	O	氧	8	15.999 4(3)
Be	铍	4	9.012 182(3)	Os	锇	76	190.2(1)

续表

元素		原子序数	相对原子质量	元素		原子序数	相对原子质量
符号	名称			符号	名称		
Bi	铋	83	208.980 37(3)	P	磷	15	30.973 762(4)
Br	溴	35	79.904(1)	Pa	镤	91	231.058 8(2)
C	碳	6	12.011(1)	Pb	铅	82	207.2(1)
Ca	钙	20	40.078(4)	Pd	钯	46	106.42(1)
Cd	镉	48	112.411(8)	Pr	镨	59	140.907 65(3)
Ce	铈	58	140.115(4)	Pt	铂	78	195.08(3)
Cl	氯	17	35.452 7(9)	Ra	镭	88	226.025 4
Co	钴	27	58.933 20(1)	Rb	铷	37	85.467 8(3)
Cr	铬	24	51.996 1(6)	Re	铼	75	186.207(1)
Cs	铯	55	132.905 43(5)	Rh	铑	45	102.905 50(3)
Cu	铜	29	63.546(3)	Ru	钌	44	101.07(2)
Dy	镝	66	162.50(3)	S	硫	16	32.066(6)
Er	铒	68	167.26(3)	Sb	锑	51	121.757(3)
Eu	铕	63	151.965(9)	Sc	钪	21	44.955 910(9)
F	氟	9	18.998 403 2(9)	Se	硒	34	78.96(3)
Fe	铁	26	55.847(3)	Si	硅	14	28.085 5(3)
Ga	稼	31	69.723(1)	Sm	钐	62	150.36(3)
Gd	钆	64	157.25(3)	Sn	锡	50	118.710(7)
Ge	锗	32	72.61(2)	Sr	锶	38	87.62(7)
H	氢	1	1.007 94(7)	Ta	钽	73	180.947 9(1)
He	氦	2	4.002 602(2)	Tb	铽	65	158.925 34(3)
Hf	铪	72	178.49(2)	Te	碲	52	127.60(3)
Hg	汞	80	200.59(2)	Th	钍	90	232.038 1(1)
Ho	钬	67	164.930 32(3)	Ti	钛	22	47.88(3)
I	碘	58	126.904 47(3)	Tl	铊	81	204.383 3(2)

续表

元素		原子序数	相对原子质量	元素		原子序数	相对原子质量
符号	名称			符号	名称		
In	铟	49	114.82(1)	Tm	铥	69	168.934 2(3)
Ir	铱	77	192.22(3)	U	铀	92	238.028 9(1)
K	钾	19	39.098 3(1)	V	钒	23	50.941 5(1)
Kr	氪	36	83.80(1)	W	钨	74	183.85(3)
La	镧	57	138.905 5(2)	Xe	氙	54	131.29(2)
Li	锂	3	6.941(2)	Y	钇	39	88.905 85(2)
Lu	镥	71	174.967(1)	Yb	镱	70	173.04(3)
Mg	镁	12	24.305 0(6)	Zn	锌	30	65.39(2)
Mn	锰	25	54.938 05(1)	Zr	锆	40	91.224(2)
Mo	钼	42	95.94(1)				

注：此表择选自 Pureand Applied Chemistry.1991,63(7):978.

附录 3　常见化合物热力学参数

物质的标准摩尔生成焓、标准摩尔生成吉布斯函数、标准摩尔熵和摩尔热容(100kPa)

附表 3-1　单质和无机物

物质	$\Delta_f H_m$(298.15K)	$\Delta_f G_m$(298.15K)	S_m(298.15K)	$C_{p,m}$(298.15K)
	($kJ \cdot mol^{-1}$)	($kJ \cdot mol^{-1}$)	($J \cdot K^{-1} \cdot mol^{-1}$)	($J \cdot K^{-1} \cdot mol^{-1}$)
Ag(s)	0	0	42.712	25.48
Ag_2CO_3(s)	-506.14	-437.09	167.36	
Ag_2O(s)	-30.56	-10.82	121.71	65.57
Al(s)	0	0	28.315	24.35
Al(g)	313.80	273.2	164.553	
Al_2O_3-α	-1 669.8	-2 213.16	0.986	79.0
$Al_2(SO_4)_3$(s)	-3 434.98	-3 728.53	239.3	259.4
Br_2(g)	30.71	3.109	245.455	35.99
Br_2(l)	0	0	152.3	35.6

续表

物质	$\Delta_f H_m$(298.15K) (kJ·mol^{-1})	$\Delta_f G_m$(298.15K) (kJ·mol^{-1})	S_m(298.15K) (J·K^{-1}·mol^{-1})	$C_{p,m}$(298.15K) (J·K^{-1}·mol^{-1})
C(g)	718.384	672.942	158.101	
C(金刚石)	1.896	2.866	2.439	6.07
C(石墨)	0	0	5.694	8.66
CO(g)	-110.525	-137.285	198.016	29.142
CO_2(g)	-393.511	-394.38	213.76	37.120
Ca(s)	0	0	41.63	26.27
CaC_2(s)	-62.8	-67.8	70.2	62.34
$CaCO_3$(方解石)	-1 206.87	-1 128.70	92.8	81.83
$CaCl_2$(s)	-795.0	-750.2	113.8	72.63
CaO(s)	-635.6	-604.2	39.7	48.53
$Ca(OH)_2$(s)	-986.5	-896.89	76.1	84.5
$CaSO_4$(硬石膏)	-1 432.68	-1 320.24	106.7	97.65
Cl^-(aq)	-167.456	-131.168	55.10	
Cl_2(g)	0	0	222.948	33.9
Cu(s)	0	0	33.32	24.47
CuO(s)	-155.2	-127.1	43.51	44.4
Cu_2O-α	-166.69	-146.33	100.8	69.8
F_2(g)	0	0	203.5	31.46
Fe-α	0	0	27.15	25.23
$FeCO_3$(s)	-747.68	-673.84	92.8	82.13
FeO(s)	-266.52	-244.3	54.0	51.1
Fe_2O_3(s)	-822.1	-741.0	90.0	104.6
Fe_3O_4(s)	-117.1	-1 014.1	146.4	143.42
H(g)	217.94	203.122	114.724	20.80
H_2(g)	0	0	130.695	28.83
D_2(g)	0	0	144.884	29.20
HBr(g)	-36.24	-53.22	198.60	29.12

续表

物质	$\Delta_f H_m$(298.15K) (kJ·mol^{-1})	$\Delta_f G_m$(298.15K) (kJ·mol^{-1})	S_m(298.15K) (J·K^{-1}·mol^{-1})	$C_{p,m}$(298.15K) (J·K^{-1}·mol^{-1})
HBr(aq)	-120.92	-102.80	80.71	
HCl(g)	-92.311	-95.265	186.786	29.12
HCl(aq)	-167.44	-131.17	55.10	
H_2CO_3(aq)	-698.7	-623.37	191.2	
HI(g)	-25.94	-1.32	206.42	29.12
H_2O(g)	-241.825	-228.577	188.823	33.571
H_2O(l)	-285.838	-237.142	69.940	75.296
H_2O(s)	-291.850	(-234.03)	(39.4)	
H_2O_2(l)	-187.61	-118.04	102.26	82.29
H_2S(g)	-20.146	-33.040	205.75	33.97
H_2SO_4(l)	-811.35	(-866.4)	156.85	137.57
H_2SO_4(aq)	-811.32			
HSO_4^-(aq)	-885.75	-752.99	126.86	
I_2(s)	0	0	116.7	55.97
I_2(g)	62.242	19.34	260.60	36.87
N_2(g)	0	0	191.598	29.12
NH_3(g)	-46.19	-16.603	192.61	35.65
NO(g)	89.860	90.37	210.309	29.861
NO_2(g)	33.85	51.86	240.57	37.90
N_2O(g)	81.55	103.62	220.10	38.70
N_2O_4(g)	9.660	98.39	304.42	79.0
N_2O_5(g)	2.51	110.5	342.4	108.0
O(g)	247.521	230.095	161.063	21.93
O_2(g)	0	0	205.138	29.37
O_3(g)	142.3	163.45	237.7	38.15
OH^-(aq)	-229.940	-157.297	-10.539	
S(单斜)	0.29	0.096	32.55	23.64

续表

物质	$\Delta_f H_m$(298.15K) (kJ · mol^{-1})	$\Delta_f G_m$(298.15K) (kJ · mol^{-1})	S_m(298.15K) (J · K^{-1} · mol^{-1})	$C_{p,m}$(298.15K) (J · K^{-1} · mol^{-1})
S(斜方)	0	0	31.9	22.60
(g)	124.94	76.08	227.76	32.55
S(g)	222.80	182.27	167.825	
SO_2(g)	-296.90	-300.37	248.64	39.79
SO_3(g)	-395.18	-370.40	256.34	50.70
SO_4^{2-}(aq)	-907.51	-741.90	17.2	

附表 3-2　有机化合物

物质	$\Delta_f H_m$(298.15K) (kJ · mol^{-1})	$\Delta_f G_m$(298.15K) (kJ · mol^{-1})	S_m(298.15K) (J · K^{-1} · mol^{-1})	$C_{p,m}$(298.15K) (J · K^{-1} · mol^{-1})
CH_4(g) 甲烷	-74.847	50.827	186.30	35.715
C_2H_2(g) 乙炔	226.748	209.200	200.928	43.928
C_2H_4(g) 乙烯	52.283	68.157	219.56	43.56
C_2H_6(g) 乙烷	-84.667	-32.821	229.60	52.650
C_3H_6(g) 丙烯	20.414	62.783	267.05	63.89
C_3H_6(g) 丙烷	-103.847	-23.391	270.02	73.51
C_4H_6(g) 1,3-丁二烯	110.16	150.74	278.85	79.54
C_4H_8(g) 1-丁烯	-0.13	71.60	305.71	85.65
C_4H_8(g) 顺-2-丁烯	-6.99	65.96	300.94	78.91
C_4H_8(g) 反-2-丁烯	-11.17	63.07	296.59	87.82
C_4H_8(g) 2-甲基丙烯	-16.90	58.17	293.70	89.12
C_4H_{10}(g) 正丁烷	-126.15	-17.02	310.23	97.45
C_4H_{10}(g) 异丁烷	-134.52	-20.79	294.75	96.82

续表

物质	$\Delta_f H_m$(298.15K) (kJ·mol^{-1})	$\Delta_f G_m$(298.15K) (kJ·mol^{-1})	S_m(298.15K) (J·K^{-1}·mol^{-1})	$C_{p,m}$(298.15K) (J·K^{-1}·mol^{-1})
$C_6H_6(g)$ 苯	82.927	129.723	269.31	81.67
$C_6H_6(l)$ 苯	49.028	124.597	172.35	135.77
$C_6H_{12}(g)$ 环已烷	-123.14	31.92	298.51	106.27
$C_6H_{14}(g)$ 正已烷	-167.19	-0.09	388.85	143.09
$C_6H_{14}(l)$ 正已烷	-198.82	-4.08	295.89	194.93
$C_6H_5CH_3(g)$ 甲苯	49.999	122.388	319.86	103.76
$C_6H_5CH_3(l)$ 甲苯	11.995	114.299	219.58	157.11
$C_6H_4(CH_3)_2(g)$ 邻二甲苯	18.995	122.207	352.86	133.26
$C_6H_4(CH_3)_2(l)$ 邻二甲苯	-24.439	110.495	246.48	187.9
$C_6H_4(CH_3)_2(g)$ 间二甲苯	17.238	118.977	357.80	127.57
$C_6H(CH_3)_2(l)$ 间二甲苯	-25.418	107.817	252.17	183.3
$C_6H_4(CH_3)_2(g)$ 对二甲苯	17.949	121.266	352.53	126.86
$C_6H_4(CH_3)_2(l)$ 对二甲苯	-24.426	110.244	247.36	183.7
$HCOH(g)$ 甲醛	-115.90	-110.0	220.2	35.36
$HCOOH(g)$ 甲酸	-362.63	-335.69	251.1	54.4
$HCOOH(l)$ 甲酸	-409.20	-345.9	128.95	99.04
$CH_3OH(g)$ 甲醇	-201.17	-161.83	237.8	49.4
$CH_3OH(l)$ 甲醇	-238.57	-166.15	126.8	81.6
$CH_3COH(g)$ 乙醛	-166.36	-133.67	265.8	62.8

续表

物质	$\Delta_f H_m$(298. 15K) (kJ · mol^{-1})	$\Delta_f G_m$(298. 15K) (kJ · mol^{-1})	S_m(298. 15K) (J · K^{-1} · mol^{-1})	$C_{p,m}$(298. 15K) (J · K^{-1} · mol^{-1})
CH_3COOH(l) 乙酸	-487. 0	-392. 4	159. 8	123. 4
CH_3COOH(g) 乙酸	-436. 4	-381. 5	293. 4	72. 4
C_2H_5OH(l) 乙醇	-277. 63	-174. 36	160. 7	111. 46
C_2H_5OH(g) 乙醇	-235. 31	-168. 54	282. 1	71. 1
CH_3COCH_3(l) 丙酮	-248. 283	-155. 33	200. 0	124. 73
CH_3COCH_3(g) 丙酮	-216. 69	-152. 2	296. 00	75. 3
$C_2H_5OC_2H_5$(l) 乙醚	-273. 2	-116. 47	253. 1	
$CH_3COOC_2H_5$(l) 乙酸乙酯	-463. 2	-315. 3	259	
C_6H_5COOH(s) 苯甲酸	-384. 55	-245. 5	170. 7	155. 2
CH_3Cl(g) 氯甲烷	-82. 0	-58. 6	234. 29	40. 79
CH_2Cl_2(g) 二氯甲烷	-88	-59	270. 62	51. 38
$CHCl_3$(l) 三氯甲烷	-131. 8	-71. 4	202. 9	116. 3
$CHCl_3$(g) 三氯甲烷	-100	-67	296. 48	65. 81
CCl_4(l) 四氯化碳	-139. 3	-68. 5	214. 43	131. 75
CCl_4(g) 四氯化碳	-106. 7	-64. 0	309. 41	85. 51
C_6H_5Cl(l) 氯苯	116. 3	-198. 2	197. 5	145. 6
$NH(CH_3)_2$(g) 二甲胺	-27. 6	59. 1	273. 2	69. 37
C_5H_5N(l) 吡啶	78. 87	159. 9	179. 1	
$C_6H_5NH_2$(l) 苯胺	35. 31	153. 35	191. 6	199. 6
$C_6H_5NO_2$(l) 硝基苯	15. 90	146. 36	244. 3	

数据来自 Handbook of Chemistry and Physics. 70th ed. , 1990; John A Dean, Lange's Handbook of Chemistry, 1967。

附录4 部分有机化合物燃烧焓

化学式	英文名称	中文名称	状态	燃烧焓 $\Delta_c H^\ominus/(kJ \cdot mol^{-1})$
C	Carbon(graphite)	碳(石墨)	(s)	393.5
CO	Carbon monoxide	一氧化碳	(g)	283.0
H_2	Hydrogen	氢	(g)	285.8
H_3N	Ammonia	氨	(g)	382.8
H_4N_2	Hydrazine	肼	(g)	667.1
N_2O	Nitrous oxide	一氧化二氮	(g)	82.1
CH_4	Methane	甲烷	(g)	890.8
C_2H_2	Acetylene	乙炔	(g)	1 301.1
C_2H_4	Ethylene	乙烯	(g)	1 411.2
C_2H_6	Ethane	乙烷	(g)	1 560.7
C_3H_6	Propylene	丙烯	(g)	2 058.0
C_3H_6	Cyclopropane	环丙烷	(g)	2 091.3
C_3H_8	Propane	丙烷	(g)	2 219.2
C_4H_6	1,3-Butadiene	1,3-丁二烯	(g)	2 541.5
C_4H_{10}	Butane	丁烷	(g)	2 877.6
C_5H_{12}	Pentane	戊烷	(l)	3 509.0
C_6H_6	Benzene	苯	(l)	3 267.6
C_6H_{12}	Cyclohexane	环已烷	(l)	3 919.6
C_6H_{14}	Hexane	已烷	(l)	4 163.2
C_7H_8	Toluene	甲苯	(l)	3 910.3
C_7H_{16}	Heptane	庚烷	(l)	4 817.0
$C_{10}H_8$	Naphthalene	萘	(s)	5 156.3
CH_4O	Methanol	甲醇	(l)	726.1
C_2H_6O	Ethanol	乙醇	(l)	1 366.8
C_2H_6O	Dimethylether	二甲基乙醚	(g)	1 460.4
$C_2H_6O_2$	Ethylene glycol	乙二醇	(l)	1 189.2
C_3H_8O	1-Propanol	1-丙醇	(l)	2 021.3
$C_3H_8O_3$	Glycerol	甘油	(l)	1 655.4
$C_4H_{10}O$	Diethylether	乙醚	(l)	2 723.9
$C_5H_{12}O$	1-Pentanol	1-戊醇	(l)	3 330.9

续表

化学式	英文名称	中文名称	状态	燃烧焓 $\Delta_c H^{\ominus}/(kJ \cdot mol^{-1})$
C_6H_6O	Phenol	苯酚	(s)	3 053.5
CH_2O	Formaldehyde	甲醛	(g)	570.7
C_2H_2O	Ketene	乙烯酮	(g)	1 025.4
C_2H_4O	Acetaldehyde	乙醛	(l)	1 166.9
C_3H_6O	Acetone	丙酮	(l)	1 789.9
C_3H_6O	Propanal	丙醛	(l)	1 822.7
C_4H_8O	2-Butanone	丁酮	(l)	2 444.1
CH_2O_2	Formic acid	甲酸	(l)	254.6
$C_2H_4O_2$	Acetic acid	乙酸	(l)	874.2
$C_2H_4O_2$	Methyl formate	甲基甲酸酯	(l)	972.6
$C_3H_6O_2$	Methyl acetate	甲基乙酸盐	(l)	1 592.2
$C_4H_8O_2$	Ethyl acetate	乙酸乙酯	(l)	2 238.1
$C_6H_5NO_2$	Nicotinic acid	烟酸	(s)	2 731.1
$C_7H_6O_2$	Benzoic acid	苯甲酸	(s)	3 228.2
HCN	Hydrogen cyanide	氰化氢	(g)	671.5
CH_3NO_2	Nitromethane	硝基甲烷	(l)	709.2
CH_4N_2O	Urea	尿素	(s)	632.7
CH_5N	Methylamine	甲胺	(g)	1 085.6
C_2H_3N	Acetonitrile	乙腈	(l)	1 247.2
C_2H_5NO	Acetamide	乙酰胺	(s)	1 184.6
C_3H_9N	Trimethylamine	三甲胺	(g)	2 443.1
C_5H_5N	Pyridine	吡啶	(l)	2 782.3
C_6H_7N	Aniline	苯胺	(l)	3 392.8

注：数据摘自 CRC Handbook of Chemistry and Physics(W. M. Haynes, 95th ed. 2014—2015)

附录 5　部分化合物的相变点和相变焓

表中的数据均为标准压力(100kPa)下的数据

附表 5-1　摩尔蒸发焓

化学式	英文名称	中文名称	沸点 t_b/℃	蒸发焓 $\Delta_{vap}H$ (t_b, kJ · mol^{-1})	蒸发焓 $\Delta_{vap}H$ (25℃, kJ · mol^{-1})
NH_3	Ammonia	氨	-33. 33	23. 33	19. 86
HI	Hydrogen iodide	碘化氢	-35. 55	19. 76	17. 36
SO_2	Sulfur dioxide	二氧化硫	-10. 05	24. 94	22. 92
H_2O_2	Hydrogen peroxide	过氧化氢	150. 2		51. 6
N_2H_4	Hydrazine	肼	113. 55	41. 8	44. 7
P	Phosphorus	磷	280. 5	12. 4	14. 2
H_2S	Hydrogen sulfide	硫化氢	-59. 55	18. 67	14. 08
Cl_2	Chlorine	氯	-34. 04	20. 41	17. 65
$POCl_3$	Phosphoryl chloride	三氯氧磷	105. 5	34. 35	38. 6
HCl	Hydrogen chloride	氯化氢	-85	16. 15	9. 08
PCl_3	Phosphorus(Ⅲ)chloride	三氯化磷	76	30. 5	32. 1
BCl_3	Boron trichloride	三氯化硼	12. 5	23. 77	23. 1
SO_3	Sulfur trioxide	三氧化硫	44. 5	40. 69	43. 14
H_2O	Water	水	99. 97	40. 65	43. 98
HNO_3	Nitric acid	硝酸	83		39. 1
HBr	Hydrogen bromide	溴化氢	-66. 38		12. 69
$SOCl_2$	Thionyl chloride	亚硫酰氯	75. 6	31. 7	31
$C_2H_6O_2$	1,2-Ethanediol	1,2-乙二醇	197. 3	50. 5	63. 9
$C_4H_8O_2$	1,3-Dioxane	1,3-二氧六环	106. 1	34. 37	39. 09
$C_4H_8O_2$	1,4-Dioxane	1,4-二氧六环	101. 5	34. 16	38. 6
C_3H_8O	1-Propanol	1-丙醇	97. 2	41. 44	47. 45
$C_4H_{10}O$	1-Butanol	1-丁醇(正丁醇)	117. 73	43. 29	52. 35
C_4H_9Br	1-Bromobutane	1-溴代丁烷	101. 6	32. 51	36. 64

续表

化学式	英文名称	中文名称	沸点 t_b/℃	蒸发焓 $\Delta_{vap}H$ (t_b, kJ·mol^{-1})	蒸发焓 $\Delta_{vap}H$ (25℃, kJ·mol^{-1})
$C_{10}H_7Br$	1-Bromonaphthalene	1-溴萘	281	39.3	
C_3H_8O	2-Propanol	2-丙醇	82.3	39.85	45.39
$C_4H_{10}O$	2-Butanol	2-丁醇(仲丁醇)	99.51	40.75	49.72
$C_4H_{10}O$	2-Methyl-1-propanol	2-甲基-1-丙醇(异丁醇)	107.89	41.82	50.82
$C_4H_{10}O$	2-Methyl-2-propanol	2-甲基-2-丙醇(叔丁醇)	82.4	39.07	46.69
C_2H_5ClO	2-Chloroethanol	2-氯乙醇	128.6	41.4	
C_4H_9Br	2-Bromobutane	2-溴代丁烷	91.3	30.77	34.41
C_3H_7NO	*N*,*N*-Dimethylformamide	*N*,*N*-二甲基甲酰胺	153		46.89
C_6H_6	Benzene	苯	80.09	30.72	33.83
C_6H_7N	Aniline	苯胺	184.17	42.44	55.83
C_6H_6O	Phenol	苯酚	181.87	45.69	57.82
C_7H_8O	Anisole	苯甲醚	153.7	38.97	46.9
C_8H_8O	Acetophenone	苯乙酮	202	43.98	55.4
C_5H_5N	Pyridine	吡啶	115.23	35.09	40.21
C_4H_5N	Pyrrole	吡咯	129.79	38.75	45.09
C_4H_9N	Pyrrolidine	吡咯烷	86.56	33.01	37.52
C_3H_9N	Propylamine	丙胺	47.22	29.55	31.27
C_3H_6O	Propanal	丙醛	48	28.31	29.62
C_3H_6O	Acetone	丙酮	56.05	29.1	30.99
C_3H_8	Propane	丙烷	-42.1	19.04	14.79
$C_2H_4O_2$	Acetic acid	乙酸	117.9	23.7	23.36
$C_3H_6O_2$	Methyl acetate	乙酸甲酯	56.87	30.32	32.29
$C_4H_4N_2$	Pyridazine	哒嗪	208		53.47
CH_3I	Iodomethane	碘甲烷	42.43	27.34	27.97
C_2H_5I	Iodoethane	碘乙烷	72.3	29.44	31.93
C_8H_{10}	*p*-Xylene	对二甲苯	138.23	35.67	42.4
CH_2I_2	Diiodomethane	二碘甲烷	182	42.5	

续表

化学式	英文名称	中文名称	沸点 t_b/℃	蒸发焓 $\Delta_{vap}H$ (t_b, kJ·mol^{-1})	蒸发焓 $\Delta_{vap}H$ (25℃, kJ·mol^{-1})
C_2H_7N	Dimethylamine	二甲胺	6. 88	26. 4	25. 05
C_2H_6OS	Dimethyl sulfoxide	二甲基亚砜	189	43. 1	
C_2H_6O	Dimethyl ether	二甲醚	-24. 8	21. 51	18. 51
CS_2	Carbon disulfide	二硫化碳	46	26. 74	27. 51
CH_2Cl_2	Dichloromethane	二氯甲烷	40	28. 06	28. 82
CH_2Br_2	Dibromomethane	二溴甲烷	97	32. 92	36. 97
C_4H_4O	Furan	呋喃	31. 5	27. 1	27. 45
$C_3H_8O_3$	Glycerol	甘油	290	61	
$C_6H_{13}N$	Cyclohexylamine	环己胺	134	36. 14	43. 67
$C_6H_{12}O$	Cyclohexanol	环己醇	160. 84		62. 01
C_6H_{12}	Cyclohexane	环己烷	80. 73	29. 97	33. 01
C_6H_{10}	Cyclohexene	环己烯	82. 98	30. 46	33. 47
C_6H_{14}	Hexane	己烷	68. 73	28. 85	31. 56
CH_5N	Methylamine	甲胺	-6. 32	25. 6	23. 37
C_7H_8	Toluene	甲苯	110. 63	33. 18	38. 01
CH_4O	Methanol	甲醇	64. 6	35. 21	37. 43
CH_2O_2	Formic acid	甲酸	101	22. 69	20. 1
$C_3H_6O_2$	Ethyl formate	甲酸乙酯	54. 4	29. 91	31. 96
CH_4	Methane	甲烷	-161. 48	8. 19	
CH_3NO	Formamide	甲酰胺	220		60. 15
C_8H_{10}	*m*-Xylene	间二甲苯	139. 07	35. 66	42. 65
$C_5H_4O_2$	Furfural	糠醛	161. 7	43. 2	
C_9H_7N	Quinoline	喹啉	237. 16	49. 7	59. 3
C_8H_{10}	*o*-Xylene	邻二甲苯	144. 5	36. 24	43. 43
C_6H_5Cl	Chlorobenzene	氯苯	131. 72	35. 19	40. 97
CH_3Cl	Chloromethane	氯甲烷	-24. 09	21. 4	18. 92

续表

化学式	英文名称	中文名称	沸点 t_b/℃	蒸发焓 $\Delta_{vap}H$ (t_b, kJ · mol^{-1})	蒸发焓 $\Delta_{vap}H$ (25℃, kJ · mol^{-1})
C_2H_5Cl	Chloroethane	氯乙烷	12. 3	24. 65	
C_4H_9NO	Morpholine	吗啉	128	37. 1	
$C_4H_4N_2$	Pyrimidine	嘧啶	123. 8	43. 09	49. 79
$C_{10}H_8$	Naphthalene	萘	217. 9	43. 2	
$C_5H_{11}N$	Piperidine	哌啶	106. 22	39. 29	
C_2N_2	Cyanogen	氰	-21. 1	23. 33	19. 75
$C_6H_{14}O_4$	Triethylene glycol	三甘醇	285	71. 4	
C_3H_9N	Trimethylamine	三甲胺	2. 87	22. 94	21. 66
$CHCl_3$	Trichloromethane	三氯甲烷	61. 17	29. 24	31. 28
$CHBr_3$	Tribromomethane	三溴甲烷	149. 1	39. 66	46. 05
$C_6H_{15}N$	Triethylamine	三乙胺	89	31. 01	34. 84
CCl_4	Tetrachloromethane	四氯化碳	76. 8	29. 82	32. 43
$C_5H_{10}O$	Tetrahydropyran	四氢吡喃	88	31. 17	34. 58
C_4H_8O	Tetrahydrofuran	四氢呋喃	65	29. 81	31. 99
C_5H_{12}	Pentane	戊烷	36. 06	25. 79	26. 43
$C_6H_5NO_2$	Nitrobenzene	硝基苯	210. 8		55. 01
C_2H_5Br	Bromoethane	溴乙烷	38. 5	27. 04	28. 03
C_8H_{10}	Ethylbenzene	乙苯	136. 16	35. 57	42. 24
C_2H_7NO	Ethanolamine	乙醇胺	171	49. 83	
C_2H_3N	Acetonitrile	乙腈	81. 65	29. 75	32. 94
$C_4H_{10}O$	Diethylether	乙醚	34. 5	26. 52	27. 1
C_2H_4O	Acetaldehyde	乙醛	20. 1	25. 76	25. 47
$C_4H_8O_2$	Ethyl acetate	乙酸乙酯	77. 11	31. 94	35. 6
C_2H_6	Ethane	乙烷	-88. 6	14. 69	5. 16

注：数据摘自 CRC Handbook of Chemistry and Physics（W. M. Haynes, 95th ed. 2014—2015）。

附表 5-2　摩尔熔化焓

化学式	英文名称	中文名称	熔点 t_m/℃	熔化焓 $\Delta_{fus}H$ (t_m, kJ·mol^{-1})
		单质和无机化合物		
NH_3	Ammonia	氨	-77.73	5.66
NH_4NO_3	Ammonium nitrate	硝酸铵	169.7	5.86
Br_2	Bromine	溴	-7.2	10.57
Cl_2	Chlorine	氯	-101.5	6.4
H_4N_2	Hydrazine	肼	1.54	12.66
HCl	Hydrogen chloride	氯化氢	-114.17	2
H_2O_2	Hydrogen peroxide	过氧化氢	-0.43	12.5
H_2S	Hydrogen sulfide	硫化氢	-85.5	2.38
I_2	Iodine	碘	113.7	15.52
Pb	Lead	铅	327.462	4.774
Hg	Mercury	汞	-38.829	2.295
HNO_3	Nitric acid	硝酸	-41.6	10.5
N_2	Nitrogen	氮气	-210.0	0.71
O_2	Oxygen	氧气	-218.79	0.44
H_3PO_4	Phosphoric acid	磷酸	42.4	13.4
P	Phosphorus(red)	磷(红色)	579.2	18.54
P	Phosphorus(white)	磷(白色)	44.15	0.659
SO_3	Sulfur trioxide(γ-form)	三氧化硫(γ)	16.8	8.6
S	Sulfur(monoclinic)	硫(单斜)	115.21	1.721
H_2SO_4	Sulfuric acid	硫酸	10.31	10.71
Sn	Tin(white)	锡(白色)	231.928	7.15
H_2O	Water	水	0	6.01
		有机化合物		
$C_2H_6O_2$	1,2-Ethanediol	1,2-乙二醇	-12.69	9.96
$C_4H_8O_2$	1,4-Dioxane	1,4-二氧六环	11.85	12.84
C_3H_8O	1-Propanol	1-丙醇	-124.39	5.37

续表

化学式	英文名称	中文名称	熔点 t_m/℃	熔化焓 $\Delta_{fus}H$ (t_m, kJ·mol^{-1})
$C_4H_{10}O$	1-Butanol	1-丁醇	−88.6	9.37
C_4H_9Br	1-Bromobutane	1-溴代丁烷	−112.6	9.23
$C_{10}H_7Br$	1-Bromonaphthalene	1-溴萘	6.1	15.2
C_3H_8O	2-Propanol	2-丙醇	−87.9	5.41
$C_4H_{10}O$	2-Butanol	2-丁醇	−88.5	5.97
$C_4H_{10}O$	2-Methyl-1-propanol	2-甲基-1-丙醇	−101.9	6.32
$C_4H_{10}O$	2-Methyl-2-propanol	2-甲基-2-丙醇	25.69	6.7
C_4H_9Br	2-Bromobutane	2-溴代丁烷	−112.65	6.89
C_3H_7NO	*N*,*N*-Dimethylformamide	*N*,*N*-二甲基甲酰胺	−60.48	7.9
C_6H_6	Benzene	苯	5.49	9.87
C_6H_7N	Aniline	苯胺	−6.02	10.54
C_6H_6O	Phenol	苯酚	40.89	11.51
C_7H_8O	Anisole	苯甲醚	−37.13	12.9
C_5H_5N	Pyridine	吡啶	−41.70	8.28
C_4H_5N	Pyrrole	吡咯	−23.39	7.91
C_4H_9N	Pyrrolidine	吡咯烷	−57.79	8.58
C_3H_9N	Propylamine	丙胺	−84.75	10.97
C_3H_6O	Acetone	丙酮	−94.7	5.77
C_3H_8	Propane	丙烷	−187.63	3.5
$C_2H_4O_2$	Acetic acid	乙酸	16.64	11.73
$C_3H_6O_2$	Methyl acetate	乙酸甲酯	−98.25	7.49
C_8H_{10}	*p*-Xylene	对二甲苯	13.25	17.12
C_2H_7N	Dimethylamine	二甲胺	−92.18	5.94
C_2H_6OS	Dimethyl sulfoxide	二甲基亚砜	17.89	14.37
C_2H_6O	Dimethyl ether	二甲醚	−141.5	4.94
CS_2	Carbon disulfide	二硫化碳	−112.1	4.39
CH_2Cl_2	Dichloromethane	二氯甲烷	−97.2	4.6

续表

化学式	英文名称	中文名称	熔点 t_m/℃	熔化焓 $\Delta_{fus}H$ (t_m, kJ·mol^{-1})
C_4H_4O	Furan	呋喃	-85.61	3.8
$C_3H_8O_3$	Glycerol	甘油	18.1	18.3
$C_6H_{13}N$	Cyclohexylamine	环己胺	-17.8	17.5
$C_6H_{12}O$	Cyclohexanol	环己醇	25.93	1.78
C_6H_{12}	Cyclohexane	环己烷	6.59	2.68
C_6H_{10}	Cyclohexene	环己烯	-103.5	3.29
C_6H_{14}	Hexane	己烷	-95.35	13.08
CH_5N	Methylamine	甲胺	-93.5	6.13
C_7H_8	Toluene	甲苯	-94.95	6.64
CH_4O	Methanol	甲醇	-97.53	3.215
CH_2O_2	Formic acid	甲酸	8.3	12.68
CH_4	Methane	甲烷	-182.47	0.94
CH_3NO	Formamide	甲酰胺	2.49	8.44
C_8H_{10}	*m*-Xylene	间二甲苯	-47.8	11.6
$C_5H_4O_2$	Furfural	糠醛	-38.1	14.37
C_9H_7N	Quinoline	喹啉	-14.78	10.66
C_8H_{10}	*o*-Xylene	邻二甲苯	-25.2	13.6
C_6H_5Cl	Chlorobenzene	氯苯	-45.31	9.6
CH_3Cl	Chloromethane	氯甲烷	-97.7	6.43
C_2H_5Cl	Chloroethane	氯乙烷	-138.4	4.45
C_4H_9NO	Morpholine	吗啉	-4.8	14.5
$C_{10}H_8$	Naphthalene	萘	80.26	19.01
$C_5H_{11}N$	Piperidine	哌啶	-11.02	14.85
C_2N_2	Cyanogen	氰	-27.83	8.11
C_3H_9N	Trimethylamine	三甲胺	-117.1	7
$CHCl_3$	Trichloromethane	三氯甲烷	-63.41	9.5
$CHBr_3$	Tribromomethane	三溴甲烷	8.69	11.05

续表

化学式	英文名称	中文名称	熔点 t_m/℃	熔化焓 $\Delta_{fus}H$ (t_m, kJ · mol^{-1})
CCl_4	Tetrachloromethane	四氯化碳	−22.62	2.56
$C_5H_{10}O$	Tetrahydropyran	四氢吡喃	−49.1	1.8
C_4H_8O	Tetrahydrofuran	四氢呋喃	−108.44	8.54
C_5H_{12}	Pentane	戊烷	−129.67	8.4
$C_6H_5NO_2$	Nitrobenzene	硝基苯	5.7	12.12
C_2H_5Br	Bromoethane	溴乙烷	−118.6	7.47
C_8H_{10}	Ethylbenzene	乙苯	−94.96	9.18
C_2H_3N	Acetonitrile	乙腈	−43.82	8.16
$C_4H_{10}O$	Diethylether	乙醚	−116.2	7.19
C_2H_4O	Acetaldehyde	乙醛	−123.37	2.31
$C_4H_8O_2$	Ethyl acetate	乙酸乙酯	−83.8	10.48
C_2H_6	Ethane	乙烷	−182.79	2.72

注：数据摘自 CRC Handbook of Chemistry and Physics（W. M. Haynes，95th ed. 2014—2015）。

附录6 水的蒸气压、汽化热、表面张力和密度

温度		饱和蒸气压	汽化热		表面张力	密度/(kg · m^{-3})	
K	℃	kPa	kJ · kg^{-1}	kJ · mol^{-1}	mN · m^{-1}	液体	蒸气
273.16	0.01	0.611 65	2 500.9	45.054	75.65	999.790	0.004 854 09
275.15	2.00	0.705 99	2 496.2	44.970	75.37	999.870	0.005 562 14
277.15	4.00	0.813 55	2 491.4	44.883	75.08	999.920	0.006 363 31
279.15	6.00	0.935 36	2 486.7	44.798	74.80	999.900	0.007 263 75
281.15	8.00	1.073 0	2 481.9	44.712	74.51	999.810	0.008 273 49
283.15	10.00	1.228 2	2 477.2	44.627	74.22	999.660	0.009 403 71
285.15	12.00	1.402 8	2 472.5	44.543	73.93	999.460	0.010 666 0
287.15	14.00	1.599 0	2 467.7	44.456	73.63	999.201	0.012 073 2
289.15	16.00	1.818 8	2 463.0	44.371	73.34	998.901	0.013 638 8
291.15	18.00	2.064 7	2 458.3	44.287	73.04	998.552	0.015 377 8
293.15	20.00	2.339 3	2 453.5	44.200	72.74	998.153	0.017 305 2
295.15	22.00	2.645 3	2 448.8	44.116	72.43	997.715	0.019 438 2
297.15	24.00	2.985 8	2 444.0	44.029	72.13	997.248	0.021 794 1

续表

温度		饱和蒸气压	汽化热		表面张力	密度/(kg·m⁻³)	
K	℃	kPa	kJ·kg⁻¹	kJ·mol⁻¹	mN·m⁻¹	液体	蒸气
298. 15	25. 00	3. 169 9	2 441. 7	43. 988	71. 97	996. 989	0. 023 061 7
299. 15	26. 00	3. 363 9	2 439. 3	43. 944	71. 82	996. 731	0. 024 392 0
301. 15	28. 00	3. 783 1	2 434. 6	43. 860	71. 51	996. 185	0. 027 252 4
303. 15	30. 00	4. 247 0	2 429. 8	43. 773	71. 19	995. 599	0. 030 396 1
305. 15	32. 00	4. 759 6	2 425. 1	43. 689	70. 88	994. 985	0. 033 846 7
307. 15	34. 00	5. 325 1	2 420. 3	43. 602	70. 56	994. 332	0. 037 626 5
309. 15	36. 00	5. 947 9	2 415. 5	43. 516	70. 24	993. 641	0. 041 762 4
311. 15	38. 00	6. 632 8	2 410. 8	43. 431	69. 92	992. 920	0. 046 279 2
313. 15	40. 00	7. 384 9	2 406. 0	43. 345	69. 60	992. 172	0. 051 205 9
315. 15	42. 00	8. 209 6	2 401. 2	43. 258	69. 27	991. 395	0. 056 572 6
317. 15	44. 00	9. 112 4	2 396. 4	43. 172	68. 94	990. 580	0. 062 410 3
319. 15	46. 00	10. 099	2 391. 6	43. 085	68. 61	989. 746	0. 068 750 7
321. 15	48. 00	11. 177	2 386. 8	42. 999	68. 28	988. 885	0. 075 629 2
323. 15	50. 00	12. 352	2 381. 9	42. 910	67. 94	987. 986	0. 083 080 6
325. 15	52. 00	13. 631	2 377. 1	42. 824	67. 61	987. 079	0. 091 142 7
327. 15	54. 00	15. 022	2 372. 3	42. 737	67. 27	986. 135	0. 099 855 2
329. 15	56. 00	16. 533	2 367. 4	42. 649	66. 93	985. 163	0. 109 259
331. 15	58. 00	18. 171	2 362. 5	42. 561	66. 58	984. 174	0. 119 396
333. 15	60. 00	19. 946	2 357. 7	42. 474	66. 24	983. 158	0. 130 310
335. 15	62. 00	21. 867	2 352. 8	42. 386	65. 89	982. 125	0. 142 049
337. 15	64. 00	23. 943	2 347. 8	42. 296	65. 54	981. 065	0. 154 662
339. 15	66. 00	26. 183	2 342. 9	42. 208	65. 19	979. 979	0. 168 197
341. 15	68. 00	28. 599	2 338. 0	42. 120	64. 84	978. 876	0. 182 705
343. 15	70. 00	31. 201	2 333. 0	42. 029	64. 48	977. 746	0. 198 244
345. 15	72. 00	34. 000	2 328. 1	41. 941	64. 12	976. 601	0. 214 864
347. 15	74. 00	37. 009	2 323. 1	41. 851	63. 76	975. 429	0. 232 628
349. 15	76. 00	40. 239	2 318. 1	41. 761	63. 40	974. 232	0. 251 591
351. 15	78. 00	43. 703	2 313. 0	41. 669	63. 04	973. 018	0. 271 820
353. 15	80. 00	47. 414	2 308. 0	41. 579	62. 67	971. 789	0. 293 376
355. 15	82. 00	51. 387	2 302. 9	41. 487	62. 31	970. 535	0. 316 326
357. 15	84. 00	55. 635	2 297. 9	41. 397	61. 94	969. 255	0. 340 739
359. 15	86. 00	60. 173	2 292. 8	41. 305	61. 56	967. 961	0. 366 676

续表

温度		饱和蒸气压	汽化热		表面张力	密度/(kg·m^{-3})	
K	℃	kPa	kJ·kg^{-1}	kJ·mol^{-1}	mN·m^{-1}	液体	蒸气
361.15	88.00	65.017	2 287.6	41.212	61.19	966.651	0.394 228
363.15	90.00	70.182	2 282.5	41.120	60.82	965.316	0.423 442
365.15	92.00	75.684	2 277.3	41.026	60.44	963.967	0.454 422
367.15	94.00	81.541	2 272.1	40.932	60.06	962.594	0.487 234
369.15	96.00	87.771	2 266.9	40.839	59.68	961.206	0.521 975
371.15	98.00	94.390	2 261.7	40.745	59.30	959.794	0.558 690
373.15	100.00	101.42	2 256.4	40.649	58.91	958.368	0.597 514
375.15	102.00	108.87	2 251.1	40.554	58.53	956.919	0.638 488
377.15	104.00	116.78	2 245.8	40.459	58.14	955.457	0.681 756
379.15	106.00	125.15	2 240.4	40.361	57.75	953.980	0.727 379
381.15	108.00	134.01	2 235.1	40.266	57.36	952.481	0.775 434
383.15	110.00	143.38	2 229.6	40.167	56.96	950.968	0.826 037
385.15	112.00	153.28	2 224.2	40.069	56.57	949.433	0.879 268
387.15	114.00	163.74	2 218.7	39.970	56.17	947.876	0.935 270
389.15	116.00	174.77	2 213.2	39.871	55.77	946.307	0.994 125
391.15	118.00	186.41	2 207.7	39.772	55.37	944.724	1.055 94
393.15	120.00	198.67	2 202.1	39.671	54.97	943.120	1.120 84
395.15	122.00	211.59	2 196.5	39.570	54.56	941.504	1.188 91
397.15	124.00	225.18	2 190.9	39.470	54.16	939.867	1.260 27
399.15	126.00	239.47	2 185.2	39.367	53.75	938.210	1.335 06
401.15	128.00	254.50	2 179.5	39.264	53.34	936.680	1.413 39
403.15	130.00	270.28	2 173.7	39.160	52.93	934.859	1.495 37
405.15	132.00	286.85	2 167.9	39.055	52.52	933.149	1.581 13
407.15	134.00	304.23	2 162.1	38.951	52.11	931.428	1.670 82
409.15	136.00	322.45	2 156.2	38.844	51.69	929.696	1.764 54
411.15	138.00	341.54	2 150.3	38.738	51.27	927.936	1.862 44
413.15	140.00	361.54	2 144.3	38.630	50.86	926.166	1.964 64
415.15	142.00	382.47	2 138.3	38.522	50.44	924.377	2.071 29
417.15	144.00	404.37	2 132.2	38.412	50.01	922.569	2.182 55
419.15	146.00	427.26	2 126.1	38.302	49.59	920.742	2.298 59
421.15	148.00	451.18	2 119.9	38.190	49.17	918.907	2.419 49
423.15	150.00	476.16	2 113.7	38.079	48.74	917.044	2.545 44

续表

温度		饱和蒸气压	汽化热		表面张力	密度/(kg·m^{-3})	
K	℃	kPa	kJ·kg^{-1}	kJ·mol^{-1}	mN·m^{-1}	液体	蒸气
425.15	152.00	502.25	2 107.5	37.967	48.31	915.173	2.676 52
427.15	154.00	529.46	2 101.2	37.854	47.89	913.275	2.813 02
429.15	156.00	557.84	2 094.8	37.738	47.46	911.369	2.955 08
431.15	158.00	587.42	2 088.4	37.623	47.02	909.438	3.102 80
433.15	160.00	618.23	2 082.0	37.508	46.59	907.499	3.256 37
435.15	162.00	650.33	2 075.5	37.391	46.16	905.535	3.415 88
437.15	164.00	683.73	2 068.9	37.272	45.72	903.555	3.581 66
439.15	166.00	718.48	2 062.3	37.153	45.28	901.559	3.753 89
441.15	168.00	754.62	2 055.6	37.032	44.85	899.539	3.932 67
443.15	170.00	792.19	2 048.8	36.910	44.41	897.505	4.118 11
445.15	172.00	831.22	2 042.0	36.787	43.97	895.456	4.310 53
447.15	174.00	871.76	2 035.1	36.663	43.52	893.384	4.510 19
449.15	176.00	913.84	2 028.2	36.538	43.08	891.297	4.717 20
451.15	178.00	957.51	2 021.2	36.412	42.64	889.189	4.931 70
453.15	180.00	1 002.8	2 014.2	36.286	42.19	887.060	5.153 84
455.15	182.00	1 049.8	2 007.0	36.157	41.74	884.917	5.384 16
457.15	184.00	1 098.5	1 999.8	36.027	41.30	882.753	5.622 7
459.15	186.00	1 148.9	1 992.6	35.897	40.85	880.568	5.869 58
461.15	188.00	1 201.1	1 985.3	35.766	40.40	878.372	6.125 20
463.15	190.00	1 255.2	1 977.9	35.632	39.95	876.148	6.389 78
465.15	192.00	1 311.2	1 970.4	35.497	39.49	873.912	6.663 11
467.15	194.00	1 369.1	1 962.8	35.360	39.04	871.650	6.946 37
469.15	196.00	1 429.0	1 955.2	35.223	38.59	869.369	7.239 03
471.15	198.00	1 490.9	1 947.5	35.085	38.13	867.062	7.541 48
473.15	200.00	1 554.9	1 939.7	34.944	37.67	864.745	7.854 23
475.15	202.00	1 621.0	1 931.9	34.804	37.22	862.404	8.177 28
477.15	204.00	1 689.3	1 923.9	34.659	36.76	860.037	8.511 36
479.15	206.00	1 759.8	1 915.9	34.515	36.30	857.655	8.856 61
481.15	208.00	1 832.6	1 907.8	34.369	35.84	855.249	9.212 34
483.15	210.00	1 907.7	1 899.6	34.222	35.38	852.820	9.580 38
485.15	212.00	1 985.1	1 891.4	34.074	34.92	850.369	9.960 66

续表

温度		饱和蒸气压	汽化热		表面张力	密度/(kg·m^{-3})	
K	℃	kPa	kJ·kg^{-1}	kJ·mol^{-1}	mN·m^{-1}	液体	蒸气
487.15	214.00	2 065.0	1 883.0	33.923	34.46	847.896	10.352 8
489.15	216.00	2 147.3	1 874.6	33.771	33.99	845.394	10.757 7
491.15	218.00	2 232.2	1 866.0	33.616	33.53	842.879	11.175 6
493.15	220.00	2 319.6	1 857.4	33.461	33.07	840.336	11.606 7
495.15	222.00	2 409.6	1 848.6	33.303	32.60	837.767	12.051 5
497.15	224.00	2 502.3	1 839.8	33.144	32.14	835.178	12.510 5
499.15	226.00	2 597.8	1 830.9	32.984	31.67	832.563	12.983 8
501.15	228.00	2 696.0	1 821.8	32.820	31.20	829.924	13.472 0
503.15	230.00	2 797.1	1 812.7	32.656	30.74	827.253	13.975 7
505.15	232.00	2 901.0	1 803.5	32.490	30.27	824.565	14.494 9
507.15	234.00	3 008.0	1 794.1	32.321	29.80	821.841	15.030 1
509.15	236.00	3 117.9	1 784.7	32.152	29.33	819.095	15.582 4
511.15	238.00	3 230.8	1 775.1	31.979	28.86	816.327	16.151 4
513.15	240.00	3 346.9	1 765.4	31.804	28.39	813.524	16.738 4
515.15	242.00	3 466.2	1 755.6	31.627	27.92	810.695	17.343 0
517.15	244.00	3 588.7	1 745.7	31.449	27.45	807.833	17.966 9
519.15	246.00	3 714.5	1 735.6	31.267	26.98	804.946	18.609 5
521.15	248.00	3 843.6	1 725.5	31.085	26.51	802.021	19.272 3
523.15	250.00	3 976.2	1 715.2	30.900	26.04	799.073	19.955 3
525.15	252.00	4 112.2	1 704.7	30.711	25.57	796.090	20.659 4
527.15	254.00	4 251.8	1 694.2	30.521	25.10	793.072	21.384 9
529.15	256.00	4 394.9	1 683.5	30.329	24.63	790.027	22.133 2
531.15	258.00	4 541.7	1 672.6	30.132	24.16	786.943	22.904 3
533.15	260.00	4 692.3	1 661.6	29.934	23.69	783.828	23.699 5
535.15	262.00	4 846.6	1 650.5	29.734	23.22	780.671	24.518 8
537.15	264.00	5 004.7	1 639.2	29.531	22.75	777.484	25.364 0
539.15	266.00	5 166.8	1 627.8	29.325	22.28	774.257	26.235 7
541.15	268.00	5 332.9	1 616.2	29.116	21.81	770.986	27.134 1
543.15	270.00	5 503.0	1 604.4	28.904	21.34	767.684	28.060 7
545.15	272.00	5 677.2	1 592.5	28.689	20.87	764.333	29.016 6
547.15	274.00	5 855.6	1 580.4	28.471	20.40	760.948	30.002 1

续表

温度		饱和蒸气压	汽化热		表面张力	密度/(kg·m^{-3})	
K	℃	kPa	kJ·kg^{-1}	kJ·mol^{-1}	mN·m^{-1}	液体	蒸气
549.15	276.00	6 038.3	1 568.1	28.250	19.93	757.513	31.019 3
551.15	278.00	6 225.2	1 555.6	28.024	19.46	754.040	32.068 8
553.15	280.00	6 416.6	1 543.0	27.797	18.99	750.514	33.151 0
555.15	282.00	6 612.4	1 530.1	27.565	18.53	746.949	34.268 9
557.15	284.00	6 812.8	1 517.1	27.331	18.06	743.329	35.423 3
559.15	286.00	7 017.7	1 503.8	27.091	17.59	739.661	36.613 9
561.15	288.00	7 227.4	1 490.4	26.850	17.13	735.938	37.844 4
563.15	290.00	7 441.8	1 476.7	26.603	16.66	732.161	39.116 0
565.15	292.00	7 661.0	1 462.7	26.351	16.20	728.332	40.430 2
567.15	294.00	7 885.2	1 448.6	26.097	15.74	724.443	41.788 5
569.15	296.00	8 114.3	1 434.2	25.837	15.28	720.497	43.192 8
571.15	298.00	8 348.5	1 419.5	25.573	14.82	716.481	44.644 9
573.15	300.00	8 587.9	1 404.6	25.304	14.36	712.408	46.148 9
575.15	302.00	8 832.5	1 389.4	25.030	13.90	708.27	47.705
577.15	304.00	9 082.4	1 374.0	24.753	13.45	704.05	49.317
579.15	306.00	9 337.8	1 358.2	24.468	12.99	699.76	50.987
581.15	308.00	9 598.6	1 342.1	24.178	12.54	695.40	52.720
583.15	310.00	9 865.1	1 325.7	23.883	12.09	690.95	54.517
585.15	312.00	10 137	1 309.0	23.582	11.64	686.42	56.382
587.15	314.00	10 415	1 291.9	23.274	11.19	681.80	58.319
589.15	316.00	10 699	1 274.5	22.960	10.75	677.09	60.332
591.15	318.00	10 989	1 256.6	22.638	10.30	672.27	62.426
593.15	320.00	11 284	1 238.4	22.310	9.86	667.36	64.604
595.15	322.00	11 586	1 219.7	21.973	9.43	662.33	66.876
597.15	324.00	11 895	1 200.6	21.629	8.99	657.19	69.242
599.15	326.00	12 209	1 180.9	21.274	8.56	651.93	71.715
601.15	328.00	12 530	1 160.8	20.912	8.13	646.53	74.294
603.15	330.00	12 858	1 140.2	20.541	7.70	640.99	77.000
605.15	332.00	13 193	1 118.9	20.157	7.28	635.30	79.828
607.15	334.00	13 534	1 097.1	19.764	6.86	629.45	82.802
609.15	336.00	13 882	1 074.6	19.359	6.44	623.42	85.925
611.15	338.00	14 238	1 051.3	18.939	6.03	617.20	89.206
613.15	340.00	14 601	1 027.3	18.507	5.63	610.77	92.678
615.15	342.00	14 971	1 002.5	18.060	5.22	604.11	96.339
617.15	344.00	15 349	976.7	17.595	4.83	597.20	100.23

续表

温度		饱和蒸气压	汽化热		表面张力	密度/(kg · m^{-3})	
K	℃	kPa	kJ · kg^{-1}	kJ · mol^{-1}	mN · m^{-1}	液体	蒸气
619.15	346.00	15 734	949.9	17.113	4.43	590.02	104.36
621.15	348.00	16 128	922.0	16.610	4.05	582.53	108.77
623.15	350.00	16 529	892.7	16.082	3.67	574.69	113.48
625.15	352.00	16 939	862.1	15.531	3.29	566.37	118.55
627.15	354.00	17 358	829.8	14.949	2.93	557.66	124.02
629.15	356.00	17 785	795.5	14.331	2.57	548.43	129.97
631.15	358.00	18 221	759.0	13.674	2.22	538.56	136.50
633.15	360.00	18 666	719.8	12.967	1.88	527.92	143.72
635.15	362.00	19 121	677.3	12.202	1.55	516.34	151.77
637.15	364.00	19 585	630.5	11.359	1.23	503.53	160.93
639.15	366.00	20 060	578.2	10.416	0.93	489.08	171.56
641.15	368.00	20 546	517.8	9.328	0.65	472.24	184.37
643.15	370.00	21 044	443.8	7.995	0.39	451.51	200.72
645.15	372.00	21 554	340.3	6.131	0.16	422.78	224.67
647.10	373.95	22 064	0	0	0	321.96	321.96

注：部分数据摘自 CRC Handbook of Chemistry and Physics（W. M. Haynes，95th ed. 2014—2015）。

附录 7 常用酸碱溶液密度及百分组成表

附表 7-1 盐酸

HCl 质量百分数	密度 d_4^{20}/(g · cm^{-3})	100mL 水溶液中含 HCl/g	HCl 质量百分数	密度 d_4^{20}/(g · cm^{-3})	100mL 水溶液中含 HCl/g
1	1.003 2	1.003	22	1.108 3	24.38
2	1.008 2	2.006	24	1.108 7	26.85
4	1.018 1	4.007	26	1.129 0	29.35
6	1.027 9	6.167	28	1.139 2	31.90
8	1.037 6	8.301	30	1.149 2	34.48
10	1.047 4	10.47	32	1.159 3	37.10
12	1.057 4	12.69	34	1.169 1	39.75
14	1.067 5	14.95	36	1.178 9	42.44
16	1.077 6	17.24	38	1.188 5	45.16
18	1.087 8	19.58	40	1.198 0	47.92
20	1.098 0	21.96			

附表 7-2 硝酸

HNO_3 质量百分数	密度 $d_4^{20}/(g \cdot cm^{-3})$	100mL 水溶液中含 HNO_3/g	HNO_3 质量百分数	密度 $d_4^{20}/(g \cdot cm^{-3})$	100mL 水溶液中含 HNO_3/g
1	1.003 6	1.004	65	1.393 1	90.43
2	1.009 1	2.018	70	1.413 4	98.94
3	1.014 6	3.044	75	1.433 7	107.5
4	1.020 1	4.080	80	1.452 1	116.2
5	1.025 6	5.128	85	1.468 6	124.8
10	1.054 3	10.54	90	1.482 6	133.4
15	1.084 2	16.26	91	1.485 0	135.1
20	1.115 0	22.30	91	1.487 3	136.8
25	1.146 9	28.67	93	1.489 2	138.5
30	1.180 0	35.40	94	1.491 2	140.2
35	1.214 0	42.49	95	1.493 2	141.9
40	1.246 3	49.85	96	1.495 2	143.5
45	1.278 3	57.52	97	1.497 4	145.2
50	1.310 0	65.50	98	1.500 8	147.1
55	1.339 3	73.66	99	1.505 6	149.1
60	1.366 7	82.00	100	1.512 9	151.3

附表 7-3 硫酸

H_2SO_4 质量百分数	密度 $d_4^{20}/(g \cdot cm^{-3})$	100mL 水溶液中含 H_2SO_4/g	H_2SO_4 质量百分数	密度 $d_4^{20}/(g \cdot cm^{-3})$	100mL 水溶液中含 H_2SO_4/g
1	1.005 1	1.005	65	1.553 3	101.0
2	1.011 8	2.024	70	1.610 5	112.7
3	1.018 4	3.055	75	1.669 2	125.2
4	1.025 0	4.100	80	1.727 2	138.2
5	1.031 7	5.159	85	1.778 6	151.2
10	1.066 1	10.66	90	1.814 4	163.3
15	1.102 0	16.53	91	1.819 5	165.6
20	1.139 4	22.79	92	1.824 0	167.8
25	1.178 3	29.46	93	1.827 9	170.2
30	1.218 5	36.56	94	1.831 2	172.1
35	1.259 9	44.10	95	1.833 7	174.2
40	1.302 8	52.11	96	1.835 5	176.2
45	1.347 6	60.64	97	1.836 4	178.1
50	1.395 1	69.76	98	1.836 1	179.9
55	1.445 3	79.49	99	1.834 2	181.6
60	1.498 3	89.90	100	1.830 5	183.1

附表 7-4 醋酸/乙酸

CH_3COOH 质量百分数	密度 d_4^{20}/(g·cm^{-3})	100mL 水溶液中含 CH_3COOH/g	CH_3COOH 质量百分数	密度 d_4^{20}/(g·cm^{-3})	100mL 水溶液中含 CH_3COOH/g
1	0.999 6	0.999 6	65	1.066 6	69.33
2	1.001 2	2.002	70	1.068 5	74.80
3	1.002 5	3.008	75	1.069 6	80.22
4	1.004 0	4.016	80	1.070 0	85.60
5	1.005 5	5.028	85	1.068 9	90.86
10	1.012 5	10.13	90	1.066 1	95.95
15	1.019 5	15.29	91	1.065 2	96.93
20	1.026 3	20.53	92	1.064 3	97.92
25	1.032 6	25.82	93	1.063 2	98.88
30	1.038 4	31.15	94	1.061 9	99.82
35	1.043 8	36.53	95	1.060 5	100.7
40	1.048 8	41.95	96	1.058 8	101.6
45	1.053 4	47.40	97	1.057 0	102.5
50	1.057 5	52.88	98	1.054 9	103.4
55	1.061 1	58.36	99	1.052 4	104.2
60	1.064 2	63.85	100	1.049 8	105.0

附表 7-5 氢氧化铵

NH_3 质量百分数	密度 d_4^{20}/(g·cm^{-3})	100mL 水溶液中含 NH_3/g	NH_3 质量百分数	密度 d_4^{20}/(g·cm^{-3})	100mL 水溶液中含 NH_3/g
1	0.993 9	9.94	16	0.936 2	149.8
2	0.989 5	19.79	18	0.929 5	167.3
4	0.981 1	39.24	20	0.922 9	184.6
6	0.973 0	58.38	22	0.916 4	201.6
8	0.965 1	77.21	24	0.910 1	218.4
10	0.957 5	95.75	26	0.904 0	235.0
12	0.950 1	114.0	28	0.898 0	251.4
14	0.943 0	132.0	30	0.892 0	267.6

附表 7-6 氢氧化钠

NaOH 质量百分数	密度 d_4^{20}/(g·cm^{-3})	100mL 水溶液中含 NaOH/g	NaOH 质量百分数	密度 d_4^{20}/(g·cm^{-3})	100mL 水溶液中含 NaOH/g
1	1.009 5	1.010	26	1.284 8	33.40
2	1.020 7	2.041	28	1.306 4	36.58
4	1.042 8	4.171	30	1.327 9	39.84
6	1.064 8	6.389	32	1.349 0	43.17
8	1.086 9	8.695	34	1.369 6	46.57
10	1.108 9	11.09	36	1.390 0	50.04
12	1.130 9	13.57	38	1.410 1	53.58
14	1.153 0	16.14	40	1.430 0	57.20
16	1.175 1	18.80	42	1.449 4	60.87
18	1.197 2	21.55	44	1.468 5	64.61
20	1.219 1	24.38	46	1.487 3	68.42
22	1.241 1	27.30	48	1.506 5	72.31
24	1.262 9	30.31	50	1.525 3	76.27

附表 7-7 碳酸钠

Na_2CO_3 质量百分数	密度 d_4^{20}/(g·cm^{-3})	100mL 水溶液中含 Na_2CO_3/g	Na_2CO_3 质量百分数	密度 d_4^{20}/(g·cm^{-3})	100mL 水溶液中含 Na_2CO_3/g
1	1.008 6	1.009	12	1.124 4	13.49
2	1.019 0	2.038	14	1.146 3	16.05
4	1.039 8	4.159	16	1.168 2	18.50
6	1.060 6	6.364	18	1.190 5	21.33
8	1.081 6	8.653	20	1.213 2	24.26
10	1.102 9	11.03			

附表 7-8 20℃常用的酸、碱的密度以及浓度换算

溶液	密度 d_4^{20}/(g·cm^{-3})	质量分数/%	摩尔浓度/(mol·L^{-1})	质量浓度/(g·100mL^{-1})
浓盐酸	1.19	37	12.0	44.0
恒沸点盐酸(252mL 浓盐酸+200mL 水),沸点 110℃	1.10	20.2	6.1	22.2
10%盐酸(100mL 浓盐酸+32mL 水)	1.05	10	2.9	10.5
5%盐酸(50mL 浓盐酸+380.5mL 水)	1.03	5	1.4	5.2
1mol/L 盐酸(41.5mL 浓盐酸稀释到 500mL)	1.02	3.6	1	3.6

续表

溶液	密度 d_4^{20}/(g·cm^{-3})	质量分数/%	摩尔浓度/(mol·L^{-1})	质量浓度/(g·100mL^{-1})
浓硫酸	1.84	96	18	177
10%硫酸(25mL浓硫酸+398mL水)	1.07	10	1.1	10.7
0.5mol/L硫酸(13.9mL浓硫酸稀释到500mL)	1.03	4.7	0.5	4.9
浓硝酸	1.42	71	16	101
10%氢氧化钠	1.11	10	2.8	11.1
浓氨水	0.9	28.4	15	25.9

附录8 常用洗液的配制

实验室常用的洗液有 H_2CrO_4 洗液、$KMnO_4$ 碱性洗液、NaOH的乙醇洗液和乙醇-浓 HNO_3 洗液。这些洗液的配制方法见下表。

附表8-1 常用洗液的配制方法

名称	配制	使用方法
H_2CrO_4 洗液	取20g$K_2Cr_2O_7$(LR)于50mL烧杯中,加40mLH_2O,加热溶解,冷后,缓缓加入320mL浓H_2SO_4即成(边加边搅拌),贮于磨口细口瓶中	用于洗涤油污及有机物,使用时防止被H_2O稀释。用后倒回原瓶,可反复使用,直至溶液变为绿色。注:已还原为绿色的铬酸洗液可加入固体$KMnO_4$使其再生,这样实际消耗的是$KMnO_4$,可减少Cr对环境的污染
$KMnO_4$ 碱性洗液	取4g $KMnO_4$(LR),溶于少量H_2O中,缓缓加入100mL10% NaOH溶液	用于洗涤油污及有机物,洗后上玻璃壁上附着的MnO_2沉淀,可用酸性亚铁溶液或Na_2SO_3溶液洗去
NaOH的乙醇洗液	溶解120g NaOH固体于120mL水中,用95%乙醇稀释至1L	在铬酸混合洗涤无效时,用于清洗各种油污。但由于碱对玻璃的腐蚀,此洗液不得与玻璃长期接触
乙醇-浓 HNO_3 洗液		难以用寻常方法清洗的发酵管和其他玻璃器皿:用乙醇润湿发酵管内壁。倒出过多的乙醇,使遗留的液体不要超过2mL。加10mL浓HNO_3后,静置片刻,立即发生激烈反应并释放出大量红棕色的NO_2气体。反应停止后,再用水冲洗。最好放在通风橱中进行,不得将管口塞住
洗液具有强腐蚀性,使用时应注意安全,不要溅在皮肤、衣物上,不能用毛刷蘸取洗液洗仪器,如果不慎将洗液洒在衣物、皮肤时,应立即用水冲洗。废的洗液和洗液的首次冲洗液应倒入废液缸里,不能倒入水槽,以免腐蚀下水道		

附表 8-2　特殊污垢的处理方法

污垢	处理方法
碱土金属的碳酸盐、$Fe(OH)_3$、一些氧化剂。如 MnO_2 等	用稀 HCl 处理，MnO_2 需要用 6mol/L 的 HCl
沉积的金属如银、铜	用 HNO_3 处理
沉积的难溶性银盐	用 $Na_2S_2O_3$ 洗涤，Ag_2S 则用热、浓 HNO_3 处理
黏附的硫	用煮沸的石灰水处理 $3Ca(OH)_2+12S \rightarrow 2CaS_5+CaS_2O_3+3H_2O$
高锰酸钾污垢	草酸溶液(黏附在手上也用此法)
残留的 Na_2SO_4，$NaHSO_4$ 固体	用沸水使其溶解后趁热倒掉
沾有碘迹	可用 KI 溶液浸泡；温热的稀 NaOH 或用 $Na_2S_2O_3$ 溶液处理
瓷研钵内的污迹	用少量食盐在研钵内研磨后倒掉，再用水洗
有机反应残留的胶状或焦油状有机物	视情况用低规格或回收的有机溶剂(如乙醇、丙酮、苯、乙醚等)浸泡；或用稀 NaOH、或用浓 HNO_3 煮沸处理
一般油污及有机物	用含 $KMnO_4$ 的 NaOH 溶液处理
被有机试剂染色的比色皿	要用体积比为 1∶2 的盐酸-乙醇液处理

附录 9　常用有机溶剂的纯化

1. 甲醇(CH_3OH)　工业甲醇含水量在 0.5%~1%，含醛酮(以丙酮计)约 0.1%。由于甲醇和水不形成共沸混合物，因此可用高效精馏柱将少量水除去。精制甲醇中含水 0.1% 和丙酮 0.02%，一般已可应用。若需含水量低于 0.1%，可用 3A 分子筛干燥，也可用镁处理(见绝对乙醇的制备)。若要除去含有的羰基化合物，可在 500mL 甲醇中加入 25mL 糠醛和 60mL 10%NaOH 溶液，回流 6~12h，即可分馏出无丙酮的甲醇，丙酮与糠醛生成树脂状物留在瓶内。

纯甲醇 b. p. 64.95℃，n_D^{20} 1.328 8，d_4^{20} 0.791 4。

甲醇为一级易燃液体，应贮存于阴凉通风处，注意防火。甲醇可经皮肤进入人体，饮用或吸入蒸气会刺激视神经及视网膜，导致眼睛失明，直到死亡。人的半数致死量 LD_{50} 为 13.5g/kg，经口服甲醇的致死量 LD 为 1g/kg，15mL 可致失明。

2. 乙醇(CH_3CH_2OH)　工业乙醇含量为 95.5%，含水 4.4%，乙醇与水形成共沸物，不能用一般分馏法去水。

实验室常用生石灰为脱水剂，乙醇中的水与生石灰作用生成氢氧化钙可去除水分，蒸馏后可得含量约 99.5% 的无水乙醇。如需绝对无水乙醇，可用金属钠或金属镁将无水乙醇进一步处理，得到纯度可超过 99.95% 的绝对乙醇。

(1)无水乙醇(含量 99.5%)的制备：在 500mL 圆底烧瓶中，加入 95% 乙醇 200mL 和生石灰 50g，放置过夜。然后在水浴上回流 3h，再将乙醇蒸出，得含量约 99.5% 的无水乙醇。

另外可利用苯、水和乙醇形成低共沸混合物的性质，将苯加入乙醇中进行分馏，在64.9℃时蒸出苯、水、乙醇的三元恒沸混合物，多余的苯在68.3℃与乙醇形成二元恒沸混合物被蒸出，最后蒸出乙醇。工业多采用此法。

(2)绝对乙醇(含量99.95%)的制备

1)用金属镁制备：在250mL的圆底烧瓶中，放置0.6g干燥洁净的镁条和几小粒碘，加入10mL 99.5%的乙醇，装上回流冷凝管。在冷凝管上端附加一支氯化钙干燥管，在水浴上加热，注意观察在碘周围的镁的反应，碘的棕色减退，镁周围变浑浊，并伴随着氢气的放出，至碘粒完全消失(如不起反应，可再补加数小粒碘)。然后继续加热，待镁条完全溶解后加入100mL99.5%乙醇和几粒沸石，继续加热回流1h，改为蒸馏装置蒸出乙醇，所得乙醇纯度可超过99.95%。反应方程式为：

$$(C_2H_5O)_2Mg+2H_2O \longrightarrow 2C_2H_5OH+Mg(OH)_2$$

2)用金属钠制备：在500mL99.5%乙醇中加入3.5g金属钠，安装回流冷凝管和干燥管，加热回流30min后，再加入14g邻苯二甲酸二乙酯或13g草酸二乙酯，回流2~3h，然后进行蒸馏。金属钠虽能与乙醇中的水作用，产生氢气和氢氧化钠，但所生成的氢氧化钠又与乙醇发生平衡反应，因此单独使用金属钠不能完全除去乙醇中的水，须加入过量的高沸点酯，如邻苯二甲酸二乙酯与生成的氢氧化钠作用，抑制上述反应，从而达到进一步脱水的目的。反应方程式为：

$$Na+2C_2H_5OH \longrightarrow 2C_2H_5ONa+H_2$$

$$C_2H_5ONa+H_2O \rightleftharpoons C_2H_5OH+HaOH$$

$$C_6H_4(COOC_2H_5)_2 + 2NaOH \longrightarrow C_6H_4(COONa)_2 + 2C_2H_5OH$$

由于乙醇有很强的吸湿性，故仪器必须烘干，并尽量快速操作，以防吸收空气中的水分。

纯乙醇 b.p.78.5℃，n_D^{20} 1.361 1，d_4^{20} 0.789 3。

乙醇为一级易燃液体，应存放在阴凉通风处，远离火源。乙醇可通过口腔、胃壁黏膜吸入，对人体产生刺激作用，引起酩酊、睡眠和麻醉作用。严重时引起恶心、呕吐甚至昏迷。人的半数致死量LD_{50}为13.7g/kg。

3. 乙醚($CH_3CH_2OCH_2CH_3$)　普通乙醚中常含有一定量的水、乙醇及少量过氧化物等杂质。制备无水乙醚，首先要检验有无过氧化物。为此取少量乙醚与等体积的2%碘化钾淀粉溶液，加入几滴稀盐酸一起振摇，若能使淀粉溶液呈紫色或蓝色，即证明有过氧化物存在。除去过氧化物，可在分液漏斗中加入普通乙醚和相当于乙醚体积1/5新配制的硫酸亚铁溶液，剧烈摇动后分去水溶液。再用浓硫酸及金属钠作干燥剂，所得无水乙醚可用于Grignard反应。

在250mL圆底烧瓶中，放置100mL除去过氧化物的普通乙醚和几粒沸石，装上回流冷凝管。冷凝管上端通过一带有侧槽的软木塞，插入盛有10mL浓硫酸的滴液漏斗。通入冷凝水，将浓硫酸慢慢滴入乙醚中。由于脱水发热，乙醚会自行沸腾。加完后摇动反应瓶。

待乙醚停止沸腾后，拆下回流冷凝管，改成蒸馏装置回收乙醚。在收集乙醚的接引管支管上连一氯化钙干燥管，用与干燥管连接的橡皮管把乙醚蒸气导入水槽。在蒸馏瓶中补加沸石后，用事先准备好的热水浴加热蒸馏，蒸馏速度不宜太快，以免乙醚蒸气来不及冷凝而逸散室内。收集约70mL乙醚，待蒸馏速度显著变慢时，可停止蒸馏。瓶内所剩残液倒入指定的回收瓶中，切不可将水加入残液中（飞溅）。

将收集的乙醚倒入干燥的锥形瓶中，将钠块迅速切成极薄的钠片加入，然后用带有氯化钙干燥管的软木塞塞住，或在木塞中插入末端拉成毛细管的玻璃管，这样可防止潮气侵入，并可使产生的气体逸出，放置24h以上，使乙醚中残留的少量水和乙醇转化成氢氧化钠和乙醇钠。如不再有气泡逸出，同时钠的表面较好，则可储存备用。如放置后金属钠表面已全部发生作用，则须重新加入少量钠片直至无气泡发生。这种无水乙醚可符合一般无水要求。

另外也可用无水氯化钙浸泡几天后，用金属钠干燥以除去少量的水和乙醇。

纯乙醚 b. p. 34. 51℃，n_D^{20} 1. 352 6，d_4^{20} 0. 713 78。

乙醚为一级易燃液体，由于沸点低、闪点低、挥发性大，贮存时要避免日光直射，远离热源，注意通风，并加入少量氢氧化钾以避免过氧化物的形成。乙醚对人有麻醉作用，当吸入含乙醚3. 5%（体积）的空气时，30～40min就可失去知觉。大鼠口服乙醚的半数致死量 LD_{50} 为3. 56g/kg。

4. 丙酮（CH_3COCH_3）　普通丙酮含有少量水及甲醇、乙醛等还原性杂质，可用下列方法精制：

在100mL丙酮中加入2. 5g高锰酸钾回流，以除去还原性杂质，若高锰酸钾紫色很快消失，须再补加少量高锰酸钾继续回流，直至紫色不再消失为止，蒸出丙酮。用无水碳酸钾或无水硫酸钙干燥，过滤，蒸馏，收集55～56. 5℃馏分。

纯丙酮 b. p. 56. 2℃，n_D^{20} 1. 358 8，d_4^{20} 0. 789 9。

丙酮为常用溶剂，一级易燃液体，沸点低，挥发性大，应置阴凉处密封贮存，严禁火源。虽然丙酮毒性较低，但长时期处于丙酮蒸气中也能引起不适症状，蒸气浓度为4 000ppm时60min后会呈现头痛、昏迷等中毒症状，脱离丙酮蒸气后恢复正常。

5. 乙酸乙酯（$CH_3COOCH_2CH_3$）　一般化学试剂，含量为98%，另含有少量水、乙醇和乙酸，可用以下方法精制：

（1）取100mL98%乙酸乙酯，加入9mL乙酸酐回流4h，除去乙醇及水等杂质，然后蒸馏，蒸馏液中加2～3g无水碳酸钾，干燥后再重蒸，可得99. 7%左右的纯度。

（2）也可先用与乙酸乙酯等体积的5%碳酸钠溶液洗涤，再用饱和氯化钙溶液洗涤，然后加无水碳酸钾干燥、蒸馏（如对水分要求严格时，可在经碳酸钾干燥后的酯中加入少许五氧化二磷，振摇数分钟，过滤，在隔湿条件下蒸馏）。

纯乙酸乙酯 b. p. 77. 1℃，n_D^{20} 1. 372 3，d_4^{20} 0. 990 3。

乙酸乙酯有果香气味，对眼、皮肤和黏膜有刺激性。乙酸乙酯为一级易燃品，与空气混合物的爆炸极限为2. 2%～11. 4%。

6. 石油醚　石油醚是石油的低沸点馏分，为低级烷烃的混合物，按沸程不同分为30～60℃，60～90℃，90～120℃几类。主要成分为戊烷、己烷、庚烷，此外含有少量不饱和烃、芳烃等杂质。精制方法：在分液漏斗中加入石油醚及其体积1/10的浓硫酸一起振摇，除去大部分不饱和烃。然后用10%硫酸配成的高锰酸钾饱和溶液洗涤，直到水层中紫色消失为止，再经水洗，用无水氯化钙干燥后蒸馏。

石油醚为一级易燃液体。大量吸入石油醚蒸气有麻醉症状。

7. 苯（C_6H_6）　普通苯含有少量水（约0. 02%）及噻吩（约0. 15%）。若需无水苯，可用无水氯化钙干燥过夜，过滤后压入钠丝。

无噻吩苯可根据噻吩比苯容易磺化的性质，用下述方法纯化。在分液漏斗中，将苯用相当其体积10%的浓硫酸在室温下一起振摇，静置混合物，弃去底层的酸液，再加入新的浓硫酸，重复上述操作直到酸层呈无色或淡黄色，且检验无噻吩为止。苯层依次用水、10%碳酸钠溶液、水洗涤，再用无水氯化钙干燥，蒸馏，收集80℃馏分备用。若要高度干燥的苯，可压入钠丝或加入钠片干燥。

噻吩的检验：取5滴苯于试管中，加入5滴浓硫酸及1~2滴1%靛红（浓硫酸溶液），振摇片刻，如呈墨绿色或蓝色，表示有噻吩存在。

纯苯 b. p. 80. 1℃，n_D^{20} 1. 501 1，d_4^{20} 0. 878 65。

苯为一级易燃品。苯的蒸气对人体有强烈的毒性，以损害造血器官与神经系统最为显著，症状为白细胞计数降低、头晕、失眠、记忆力减退等。

8. 三氯甲烷（$CHCl_3$）　三氯甲烷露置于空气和光照下，与氧缓慢作用，分解产生光气、氯和氯化氢等有毒物质。普通三氯甲烷中加有0. 5%~1%的乙醇作稳定剂，以便与产生的光气作用转变成碳酸乙酯而消除毒性。纯化方法有两种：①依次用三氯甲烷体积5%的浓硫酸、水、稀氢氧化钠溶液和水洗涤，无水氯化钙干燥后蒸馏即得；②可将三氯甲烷与其1/2体积的水在分液漏斗中振摇数次，以洗去乙醇，然后分去水层，用无水氯化钙干燥。

除去乙醇的三氯甲烷应装于棕色瓶内，贮存于阴暗处，以避免光照。三氯甲烷绝对不能用金属钠干燥，因易发生爆炸。

纯三氯甲烷 b. p. 61. 7℃，n_D^{20} 1. 445 9，d_4^{20} 1. 483 2。

三氯甲烷具有麻醉性，长期接触易损坏肝脏。液体三氯甲烷接触皮肤有很强的脱脂作用，产生损伤，进一步感染会引起皮炎。但本品不燃烧，在高温与明火或红热物体接触会产生剧毒的光气和氯化氢气体，应置阴凉处密封贮存。

9. *N*,*N*-二甲基甲酰胺［$HCON(CH_3)_2$，DMF］　*N*,*N*-二甲基甲酰胺（DMF）中主要的杂质是胺、氨、甲醛和水。该化合物与水形成$HCON(CH_3)_2 \cdot 2H_2O$，在常压蒸馏时有些分解，产生二甲胺和一氧化碳，有酸或碱存在时分解加快。精制方法：可用硫酸镁、硫酸钙、氧化钡或硅胶、4A分子筛干燥，然后减压蒸馏，收集76℃/4. 79kPa（36mmHg）馏分。如果含水较多时，可加入10%（体积）的苯，常压蒸去水和苯后，用无水硫酸镁或氧化钡干燥，再进行减压蒸馏。

纯二甲基甲酰胺 b. p. 153. 0℃，n_D^{20} 1. 430 5，d_4^{20} 0. 948 7。

精制后的二甲基甲酰胺有吸湿性，最好放入分子筛后密封避光贮存。二甲基甲酰胺为低毒类物质，对皮肤和黏膜有轻度刺激作用，并经皮肤吸收。

10. 二甲基亚砜（CH_3SOCH_3）　二甲基亚砜（DMSO）是高极性的非质子溶剂，一般含水量约1%，另外还含有微量的二甲硫醚及二甲砜。常压加热至沸腾可部分分解。要制备无水二甲基亚砜，可先进行减压蒸馏，然后用4A分子筛干燥；也可用氧化钙、氢化钙、氧化钡或无水硫酸钡来搅拌干燥4~8h，再减压蒸馏收集64~65℃/533Pa（4mmHg）馏分。蒸馏时温度不高于90℃，否则会发生歧化反应，生成二甲砜和二甲硫醚。也可用部分结晶的方法纯化。

纯二甲基亚砜 m. p. 18. 5℃，b. p. 189℃，n_D^{20} 1. 477 0，d_4^{20} 1. 110 0。

二甲基亚砜易吸湿，应放入分子筛贮存备用。二甲基亚砜与某些物质混合时可能发生爆炸,例如氢化钠、高碘酸或高氯酸镁等,应予注意。

11. 吡啶(C_5H_5N) 吡啶有吸湿性,能与水、醇、醚任意混溶。与水形成共沸物于94℃沸腾,其中含57%吡啶。

工业吡啶中除含水和胺杂质外,还有甲基吡啶或二甲基吡啶。工业规模精制吡啶时,通常是加入苯进行共沸蒸馏。实验室精制时,可加入固体氢氧化钾或固体氢氧化钠。

分析纯的吡啶含有少量水分,但已可供一般应用。如要制得无水吡啶,可与粒状氢氧化钾或氢氧化钠先干燥数天,倾出上层清液,加入金属钠回流3~4h,然后隔绝潮气蒸馏,可得到无水吡啶。干燥的吡啶吸水性很强,储存时将瓶口用石蜡封好。如蒸馏前不加金属钠回流,则将馏出物通过装有4A分子筛的吸附柱,也可使吡啶中的水含量降到0.01%以下。

纯吡啶 b.p.115.5℃,n_D^{20} 1.509 5,d_4^{20} 0.981 9。

吡啶对皮肤有刺激,可引起湿疹类损害。吸入后会造成头晕恶心,并对肝、脾造成损害。

12. 二硫化碳(CS_2) 二硫化碳因含有硫化氢、硫磺和硫氧化碳等杂质而有恶臭味。

一般有机合成实验中对二硫化碳要求不高,可在普通二硫化碳中加入少量研碎的无水氯化钙,干燥后滤去干燥剂,然后在水浴中蒸馏收集。

若要制得较纯的二硫化碳,则需将试剂级的二硫化碳用0.5%高锰酸钾水溶液洗涤3次,除去硫化氢,再用汞不断振荡除去硫,最后用2.5%硫酸汞溶液洗涤,除去所有恶臭(剩余的硫化氢),再经氯化钙干燥,蒸馏收集。其纯化过程的反应式如下:

$$3H_2S+2KMnO_4 \longrightarrow 2MnO_2+3S+2H_2O+2KOH$$

$$Hg+S \longrightarrow HgS$$

$$HgSO_4+H_2S \longrightarrow HgS+H_2SO_4$$

纯二硫化碳 b.p.46.25℃,n_D^{20} 1.631 89,d_4^{20} 1.266 1。

二硫化碳为有较高毒性的液体,能使血液和神经中毒,它具有高度的挥发性和易燃性,所以使用时必须十分小心,避免接触其蒸气。

13. 四氢呋喃(C_4H_8O) 四氢呋喃系具乙醚气味的无色透明液体,市售的四氢呋喃常含有少量水分及过氧化物。如要制得无水四氢呋喃,可与氢化铝锂在隔绝潮气和氮气气氛下回流(通常1 000mL需2~4g氢化铝锂)除去其中的水和过氧化物,然后在常压下蒸馏,收集67℃的馏分。精制后的四氢呋喃应加入钠丝并在氮气氛中保存,如需较久放置,应加0.025% 4-甲基-2,6-二叔丁基苯酚作抗氧剂。处理四氢呋喃时,应先用小量进行试验,以确定只有少量水和过氧化物,作用不致过于猛烈时,方可进行。

四氢呋喃中的过氧化物可用酸化的碘化钾溶液来试验,如有过氧化物存在,则会立即出现游离碘的颜色,这时可加入0.3%氯化亚铜,加热回流30min,蒸馏,以除去过氧化物(也可以加硫酸亚铁处理,或让其通过活性氧化铝来除去过氧化物)。

纯四氢呋喃 b.p.67℃,n_D^{20} 1.405 0,d_4^{20} 0.889 2。

14. 1,2-二氯乙烷($ClCH_2CH_2Cl$) 1,2-二氯乙烷为无色油状液体,有芳香味,与水形成恒沸物,沸点为72℃,其中含81.5%的1,2-二氯乙烷。可与乙醇、乙醚、三氯甲烷等相混溶。在结晶和提取时是极有用的溶剂,比常用的含氯有机溶剂更为活泼。

一般纯化可依次用浓硫酸、水、稀碱溶液和水洗涤,用无水氯化钙干燥或加入五氧化二磷分馏即可。

纯1,2-二氯乙烷 b.p.83.4℃,n_D^{20} 1.444 8,d_4^{20} 1.253 1。1,2-二氯乙烷易燃,有着火的危险性。可经呼吸道、皮肤和消化道吸收,在体内的代谢产物2-氯乙醇和氯乙酸均比1,2-二氯乙烷本身的毒性大。1,2-二氯乙烷属高毒类,对眼及呼吸道有刺激作用,其蒸气可使动物角膜混浊。吸入可引起脑水肿和肺水肿。并能抑制中枢神经系统、刺激胃肠道、引起心血管系统和肝肾损害,皮肤接触后可致皮炎。

15. 二氯甲烷(CH_2Cl_2)　二氯甲烷为无色挥发性液体,微溶于水,能与醇、醚混溶。与水形成共沸物,含二氯甲烷 98.5%,沸点 38.1℃。

二氯甲烷中往往含有氯甲烷、三氯甲烷和四氯化碳等。纯化时,依次用浓度为 5% 的氢氧化钠溶液或碳酸钠溶液洗 1 次,再用水洗 2 次,用无水氯化钙干燥 24h,最后蒸馏,在有 3A 分子筛的棕色瓶中避光储存。

纯二氯甲烷 b. p. 39.7℃,n_D^{20} 1.424 1,d_4^{20} 1.316 7。

二氯甲烷有麻醉作用,并损害神经系统,与金属钠接触易发生爆炸。

16. 二氧六环(1,4-二噁烷)[$O(CH_2CH_2)_2O$]　二氧六环能与水任意混合,常含有少量二乙醇缩醛与水,久贮的二氧六环可能含有过氧化物(用氯化亚锡回流除去)。二氧六环的纯化方法:在 500mL 二氧六环中加入 8mL 浓盐酸和 50mL 水的溶液,回流 6~10h,在回流过程中,慢慢通入氮气以除去生成的乙醛。冷却后,加入固体氢氧化钾,直到不能再溶解为止,分去水层,再用固体氢氧化钾干燥 24h。然后过滤,在金属钠存在下加热回流 8~12h,最后在金属钠存在下蒸馏,加入钠丝密封保存。精制过的 1,4-二氧六环应当避免与空气接触。

纯二氧六环 m. p. 12℃,b. p. 101.5℃,n_D^{20} 1.442 4,d_4^{20} 1.033 6。

与空气混合可爆炸,爆炸极限 2%~22.5%(体积)。对皮肤有刺激性,有毒,大鼠腹腔注射的 LD_{50} 为 7.99g/kg,小鼠口服的 LD_{50} 为 57g/kg。

17. 四氯化碳(CCl_4)　微溶于水,可与乙醇、乙醚、三氯甲烷及石油醚等混溶。

四氯化碳含 4%二硫化碳,含微量乙醇。纯化时,可将 1 000mL 四氯化碳与 60g 氢氧化钾溶于 60mL 水和 100mL 乙醇的混合溶液,在 50~60℃时振摇 30min,然后水洗,再将此四氯化碳按上述方法重复操作一次(氢氧化钾的用量减半),最后将四氯化碳用氯化钙干燥,过滤,蒸馏收集 76.7℃馏分。不能用金属钠干燥,因有爆炸危险。

纯四氯化碳 b. p. 76.8℃,n_D^{20} 1.460 3,d_4^{20} 1.595。

四氯化碳为无色、易挥发、不易燃的液体,具三氯甲烷的微甜气味。遇火或炽热物可分解为二氧化碳、氯化氢、光气和氯气等。其麻醉性比三氯甲烷小,但对心脏、肝、肾的毒性强。饮入 2~4mL 四氯化碳也能致死。刺激咽喉,可引起咳嗽、头痛、呕吐,而后呈现麻醉作用,昏睡,最后肺出血而死。慢性中毒能引起眼睛损害,黄疸、肝大等症状。

18. 甲苯($C_6H_5CH_3$)　甲苯不溶于水,可混溶于苯、醇、醚等多数有机溶剂。甲苯与水形成共沸物,在 84.1℃沸腾,其中含 80.84%的甲苯。

甲苯中含甲基噻吩,处理方法与苯相同。因为甲苯比苯更易磺化,用浓硫酸洗涤时温度应控制在 30℃以下。

纯甲苯 b. p. 110.6℃,n_D^{20} 1.449 69,d_4^{20} 0.866 9。

甲苯为易燃品,甲苯在空气中的爆炸极性为 1.27%~7%(体积)。毒性比苯小,大鼠口服的 LD_{50} 为 50g/kg。

19. 正己烷(C_6H_{14})　无色易挥发液体,与醇、醚和三氯甲烷混溶,不溶于水。

正己烷常含有一定量的苯和其他烃类,用下述方法进行纯化:加入少量的发烟硫酸进行振摇,分出酸,再加发烟硫酸振摇。如此反复,直至酸的颜色呈淡黄色。依次再用浓硫酸、水、2%

氢氧化钠溶液洗涤，再用水洗涤，用氢氧化钾干燥后蒸馏。

纯正己烷 b. p. 68. 7℃，n_D^{20} 1. 374 8，d_4^{20} 0. 659 3。

正己烷在空气中的爆炸极限为 1. 1%~8%(体积)。正己烷属低毒类，但其毒性较新己烷大，且具有高挥发性、高脂溶性，并有蓄积作用。毒性作用为对中枢神经系统的轻度抑制作用，对皮肤黏膜的刺激作用。长期接触可致多发性周围神经病变。大鼠口服的 LD_{50} 为 24~29mL/kg。吸入正己烷，有恶心、头痛、眼及咽刺激，出现眩晕、轻度麻醉。经口中毒可出现恶心、呕吐等消化道刺激症状及急性支气管炎，摄入 50g 可致死。溅入眼内可引起结膜刺激症状。

20. 乙酸(CH_3COOH)　可与水混溶，在常温下是一种有强烈刺激性酸味的无色液体。

将乙酸冻结出来可得到很好的精制效果。若加入 2%~5%高锰酸钾溶液并煮沸 2~6h 更好。微量的水可用五氧化二磷干燥除去。由于乙酸不易被氧化，故常作氧化反应的溶剂。

纯乙酸 m. p. 16. 5℃，b. p. 117. 9℃，n_D^{20} 1. 371 6，d_4^{20} 1. 049 2。

乙酸具有腐蚀性，切勿接触皮肤，尤其不要溅入眼内，否则应立即用大量水冲洗，严重者应去医院医治。

附录 10　常用有机溶剂沸点、密度表、溶解性表

溶剂名称	英文名	沸点/℃	密度/($g \cdot mL^{-1}$)(20℃)	溶解性
甲醇	methanol	65. 4	0. 791	能与水、乙醇、乙醚、苯、酮类和大多数其他有机溶剂混溶
乙醇	ethanol	78. 4	0. 789	能与水、三氯甲烷、乙醚、甲醇、丙酮和其他多数有机溶剂混溶
丙醇	*n*-propanol	97. 4	0. 803	溶于水、乙醇、乙醚、丙酮等，与水形成共沸混合物
异丙醇	*i*-propanol	82. 45	0. 786 3	溶于水、醇、醚、苯、三氯甲烷等多数有机溶剂
丙酮	acetone	56. 5	0. 8	能与水、乙醇、*N*,*N*-二甲基甲酰胺、三氯甲烷、乙醚及大多数油类混溶
2-戊酮	2-pentanone	102. 3	0. 81	微溶于水，溶于醇、乙醚
甲基异丁基酮	methyl isobutyl ketone	115. 8	0. 8	微溶于水，易溶于多数有机溶剂
2-丁酮	2-butanone	79. 6	0. 81	溶于水、乙醇、乙醚，可混溶于油类
环己酮	cyclohexanone	155. 6	0. 95	微溶于水，可混溶于醇、醚、苯、丙酮等多数有机溶剂

续表

溶剂名称	英文名	沸点/℃	密度/(g·mL⁻¹)(20℃)	溶解性
乙酸乙酯	ethyl acetate	77.2	0.9	微溶于水，溶于醇、酮、醚、三氯甲烷等多数有机溶剂
环己烷	cyclohexane	80.7	0.78	不溶于水，溶于乙醇、乙醚、苯、丙酮等多数有机溶剂
二氯甲烷	dichloromethane	39.8℃	1.326 6	溶于约50倍的水，溶于酚、醛、酮、冰乙酸、磷酸三乙酯、乙酰乙酸乙酯、环己胺
四氯化碳	carbon tetrachloride	76.8	1.60	水溶性：0.8g/L，微溶于水，易溶于多数有机溶剂
三氯甲烷	trichloromethane	61.3	1.50	不溶于水，溶于醇、醚、苯
石油醚	petrol ether	40~90℃	0.64~0.66	溶于无水乙醇、苯、三氯甲烷、油类等多数有机溶剂
异丙醚	isopropyl ether	68~69℃	0.725 8	与乙醇和乙醚混溶，微溶于水
乙醚	ether	34.6℃	0.713 4	溶于低碳醇、苯、三氯甲烷、石油醚和油类，微溶于水
甲基叔丁基醚	MTBE	55.2℃	0.74	MTBE在水中的溶解度(20℃，g/100g)：4.3
四氢呋喃	tetrahydrofuran	66℃	0.889 2	溶于水、乙醇、乙醚、丙酮、苯等多数有机溶剂
二氧六环	dioxane	101.3℃	1.04	与水混溶，可混溶于多数有机溶剂
乙腈	acetonitrile	81.1	0.79	与水混溶，溶于醇等多数有机溶剂
苯	benzene	80.1℃	0.878 6	难溶于水，易溶于有机溶剂
甲苯	methylbenzene	110.6℃	0.866	与乙醇、乙醚、丙酮、三氯甲烷、二硫化碳和冰乙酸混溶，极微溶于水
二甲苯	dimethylbenzene	137~140℃	0.86	与乙醇、三氯甲烷或乙醚能任意混合，在水中不溶
甲酸	formic acid	100.8℃	1.22	能与水、乙醇、乙醚和甘油任意混溶
冰乙酸	acetic acid	117.9℃	1.05	易溶于水、乙醇、乙醚和四氯化碳

附录 11 常见无机离子的鉴定

离子	试剂	现象	反应式
$S_2O_3^{2-}$	法 1:10 滴 0.2mol/L $AgNO_3$ 逐滴加入 0.2mol/L $Na_2S_2O_3$ 至过量	白↓ 黄↓ 棕↓ 黑↓	$2Ag^++S_2O_3^{2-}$ ══ $Ag_2S_2O_3$↓ $Ag_2S_2O_3+H_2O$ ══ Ag_2S↓$+SO_4^{2-}+2H^+$
	法 2:10 滴 0.2mol/L $Na_2S_2O_3$+3~5 滴 3mol/L H_2SO_4	黄↓	$S_2O_3^{2-}+2H^+$ ══ SO_2↑$+S$↓$+H_2O$
	法 3:10 滴 0.2mol/L $Na_2S_2O_3+I_2$ 水	I_2 水褪色	$2S_2O_3^{2-}+I_2$ ══ $S_4O_6{}^{2-}+2I^-$
PO_4^{3-}	5 滴 0.1mol/L Na_3PO_4,加 5 滴 6mol/L HNO_3,再加 8~10 滴饱和$(NH_4)_2MoO_4$,加热	黄↓	$PO_4^{3-}+12MoO_4^{2-}+3NH_4^++24H^+$ ══ $(NH_4)_3$ $12MoO_3\cdot 6H_2O$↓$+6H_2O$ 或:══ $(NH_4)_3 12MoO_3+12H_2O$ 或:══ $(NH_4)_3[P(Mo_3O_{10})_4]\cdot 6H_2O$
Mg^{2+}	2 滴 0.5mol/L $MgCl_2$+6mol/L NaOH+1 滴镁试剂	白↓ 蓝↓	$Mg^{2+}+2OH^-$ ══ $Mg(OH)_2$↓ $Mg^{2+}+2O_2NC_6H_4NNC_{10}H_6OH+2OH^-$ ══ $Mg(O_2NC_6H_4NNC_{10}H_6O)_2+2H_2O$
Bi^{3+}	法 1:1 滴 0.1mol/L $Bi(NO_3)_3$+1 滴 2.5%硫脲	鲜黄	$Bi^{3+}+CS(NH_2)_2$ ══ $[Bi(CS(NH_2)_2)]^{3+}$
Mn^{2+}	2 滴 0.5mol/L $MnSO_4$+5 滴 6mol/L HNO_3+1 滴 0.1mol/L $AgNO_3$ +$NaBiO_3(S)$	紫红 aq	$2Mn^{2+}+5NaBiO_3+14H^+ \xlongequal{Ag^+} 2MnO_4^-+5Na^++5Bi^{3+}+7H_2O$
Fe^{2+}	1 滴 0.1mol/L $(NH_4)_2Fe(SO_4)_2$+1 滴 0.5mol/L $K_3[Fe(CN)_6]$	滕氏蓝↓	$3Fe^{2+}+2[Fe(CN)_6]^{4-}$ ══ $Fe_3[Fe(CN)_6]_2$↓
Ag^+	5 滴 0.5mol/L $AgNO_3$+5 滴 0.5mol/L HCl+6mol/L $NH_3{\cdot}H_2O$(过量)+6mol/L HNO_3	白↓ ↓溶解 白↓	Ag^++Cl^- ══ AgCl↓ Ag^++2NH_3 ══ $[Ag(NH_3)_2]^+$ $[Ag(NH_3)_2]^++Cl^-+2H^+$ ══ AgCl↓$+2NH_4^+$
NO_3^-	2 滴 0.1mol/L $NaNO_3+FeSO_4(s)$+1 滴浓 H_2SO_4	棕	$NO_3^-+3Fe^{2+}+4H^+$ ══ $NO+3Fe^{3+}+2H_2O$ $Fe^{2+}+NO$ ══ $[Fe(NO)]^{2+}$(棕色)
S^{2-}	1 滴 0.2mol/L Na_2S+1 滴 2mol/L NaOH+1 滴 9%$Na_2[Fe(CN)_5NO]$	紫 aq	$S^{2-}+[Fe(CN)_5NO]^{2-}$ ══ $[Fe(CN)_5NOS]^{4-}$
Al^{3+}	2 滴 0.5mol/L $AlCl_3$+2 滴 H_2O+2 滴 2mol/L HAc+2 滴铝试剂,水浴;+2 滴 6mol/L $NH_3\cdot H_2O$	红↓	$Al(OH)_3+3C_{14}H_5O_2(OH)_2SO_3Na$ ══ $Al(C_{14}H_5O_4SO_3Na)_3+3H_2O$
NH_4^+	2 滴 0.5mol/L NH_4Cl+40%NaOH+奈斯勒试剂$(HgI_4)^{2-}$	红棕↓	$NH_4^++2[HgI_4]^{2-}+4OH^-$ ══ $[OHg_2NH_2]I$↓$+7I^-+3H_2O$

续表

离子	试剂	现象	反应式
Cr^{3+}	2 滴 0.5mol/L $CrCl_3$ + 6mol/L NaOH（过量） +15 滴 3%H_2O_2，△（水浴）	灰绿↓ 蓝绿 aq 黄 aq	$Cr^{3+}+3OH^-=Cr(OH)_3\downarrow$ $Cr(OH)_3+OH^-=CrO_2^-+2H_2O$ $2CrO_2^-+3H_2O_2+2OH^-=2CrO_4^{2-}+4H_2O$
	法 1：黄 aq+10 滴 1mol/L H_2SO_4 +25 滴 3%H_2O_2+乙醚	橙 aq 深蓝	$2CrO_4^{2-}+2H^+=Cr_2O_7^{2-}+H_2O$ $4H_2O_2+Cr_2O_7^{2-}+2H^+=2CrO_5+5H_2O$
	法 2：黄 aq+0.5mol/L $Pb(NO_3)_2$	黄↓	$Pb^{2+}+CrO_4^{2-}=PbCrO_4\downarrow$
Pb^{2+}	5 滴 0.5mol/L $Pb(NO_3)_2$+2 滴 1mol/L K_2CrO_4+2mol/L NaOH	黄↓ ↓溶解	$Pb^{2+}+CrO_4^{2-}=PbCrO_4\downarrow$ $PbCrO_4+3OH^-=[Pb(OH)_3]^-+CrO_4^{2-}$
Ni^{2+}	2 滴 0.1mol/L $NiSO_4$ + 2 滴 2mol/L $NH_3\cdot H_2O$+1 滴 1%二乙酰二肟	鲜红↓	$Ni^{2+}+2(CH_3)_2C_2N_2(OH)_2=$ $Ni((CH_3)_2C_2N_2(OH)O)_2\downarrow+2H^+$
K^+	5 滴 1mol/L KCl+$NaHC_4H_4O_6$（饱和）	白↓	$K^++HC_4H_4O_6^-=KHC_4H_4O_6\downarrow$
Ca^{2+}	5 滴 0.5mol/L $CaCl_2$ + $(NH_4)_2C_2O_4$（饱和）↓ +6mol/L HAc↓ +2mol/L HCl	白↓ ↓不溶 ↓溶	$Ca^{2+}+C_2O_4^{2-}=CaC_2O_4\downarrow$ $CaC_2O_4+HAc\neq$ $CaC_2O_4+2H^+=Ca^{2+}+H_2C_2O_4$
Ba^{2+}	2 滴 0.5mol/L $BaCl_2$+HAc-NaAc+2 滴 1mol/L K_2CrO_4	黄↓	$Ba^{2+}+CrO_4^{2-}=BaCrO_4\downarrow$
Sb^{3+}	5 滴 0.1mol/L $SbCl_3$+0.5mol/L Na_2S	橙↓	$2Sb^{3+}+3S^{2-}=Sb_2S_3\downarrow$
Cu^{2+}	1 滴 0.5mol/L $CuCl_2$ + 1 滴 6mol/L HAc+0.5mol/L $K_4[Fe(CN)_6]$	红棕↓	$2Cu^{2+}+[Fe(CN)_6]^{4-}=Cu_2[Fe(CN)_6]\downarrow$
Fe^{3+}	法 1：1 滴 0.2mol/L $FeCl_3$ + 1 滴 0.5mol/L KSCN 法 2：1 滴 0.2mol/L $FeCl_3$ + 3 滴 0.5mol/L $K_4[Fe(CN)_6]$	血红 aq 普鲁士蓝↓	$Fe^{3+}+nSCN^-=[Fe(SCN)_n]^{3-n}(n=1\sim6)$ $4Fe^{3+}+3[Fe(CN)_6]^{4-}=Fe_4[Fe(CN)_6]_3\downarrow$
Co^{2+}	5 滴 0.1mol/L $CoCl_2$+5 滴 KSCN（饱和）+乙醚、戊醇	蓝 aq（有机相） 粉红 aq（水相）	$Co^{2+}+4SCN^-=[Co(SCN)_4]^{2-}$
Hg_2^{2+}	2 滴 0.5mol/L $Hg_2(NO_3)_2$ + 2 滴 0.2mol/ LNaCl +2mol/L $NH_3\cdot H_2O$	白↓ 灰↓	$Hg_2^{2+}+2Cl^-=Hg_2Cl_2\downarrow$ $Hg_2Cl_2+2NH_3=Hg(NH_2)Cl\downarrow+Hg\downarrow+NH_4Cl$
Hg^{2+}	5 滴 0.2mol/L $HgCl_2$+0.5mol/L $SnCl_2$（逐滴加入至过量）	白↓ 灰↓ 黑↓	$2Hg^{2+}+SnCl_2$（适量）$=Hg_2Cl_2\downarrow+Sn^{4+}$ $Hg_2Cl_2+SnCl_2$（过量）$=Hg\downarrow+Sn^{4+}+4Cl^-$

续表

离子	试剂	现象	反应式
Zn^{2+}	3 滴 0.2mol/L $ZnSO_4$ + 2 滴 2mol/L HAc+$[Hg(SCN)_4]^{2-}$ $[Hg(SCN)_4]^{2-}$ 制法：5 滴 0.2mol/L $Hg(NO_3)_3$+0.1mol/L KSCN （适量→过量）	白↓ 白↓ ↓溶解	$Zn^{2+}+[Hg(SCN)_4]^{2-}$ ══ $Zn[Hg(SCN)_4]\downarrow$ $Hg^{2+}+2SCN^-$ ══ $Hg(SCN)_2\downarrow$ $Hg(SCN)_2+2SCN^-$ ══ $[Hg(SCN)_4]^{2-}$
Cd^{2+}	3 滴 0.2mol/L $Cd(NO_3)_3$+0.5mol/L Na_2S	亮黄↓	$Cd^{2+}+S^{2-}$ ══ $CdS\downarrow$
Sn^{2+}	5 滴 0.2mol/L $HgCl_2$+0.5mol/L $SnCl_2$（逐滴加入至过量）	白↓ 灰↓ 黑↓	$2Hg^{2+}+SnCl_2$（适量）══ $Hg_2Cl_2\downarrow+Sn^{4+}$ $Hg_2Cl_2+SnCl_2$（过量）══ $Hg+Sn^{4+}+4Cl^-$
NO_2^-	法 1：2 滴 0.1mol/L $NaNO_2$ + 1 滴 1mol/L HAc+1 滴对氨基苯磺酸 +1 滴 α-萘胺 法 2：2 滴 0.1mol/L $NaNO_2$ + 1 滴 1mol/L HAc+1 滴 0.2mol/L KI+CCl_4	玫瑰红 紫红色（CCl_4 层）	$NO_2^-+4H^++H_2NC_6H_4SO_3H+H_2NC_{10}H_7$ ══ $H_2NC_{10}H_7NNC_6H_4SO_3H+H_2O$ $2NO_2^-+2I^-+4H^+$ ══ $2NO+I_2+2H_2O$
SO_4^{2-}	5 滴 0.5mol/L Na_2SO_4 + 1 滴 6mol/L HCl+滴 0.1mol/L $BaCl_2$	白↓	$Ba^{2+}+SO_4^{2-}$ ══ $BaSO_4\downarrow$
SO_3^{2-}	法 1:5 滴 0.1mol/L Na_2SO_3+2 滴 1mol/L H_2SO_4+1 滴 0.01mol/L $KMnO_4$ 法 2:5 滴 0.1mol/L Na_2SO_3+2 滴 H_2O+1 滴 0.01mol/L $KMnO_4$ 法 3:5 滴 0.1mol/L Na_2SO_3+2 滴 1mol/L NaOH+1 滴 0.01mol/L $KMnO_4$	紫色褪去 棕黑↓ 绿 aq	$5SO_3^{2-}+2MnO_4^-+6H^+$ ══ $2Mn^{2+}+5SO_4^{2-}+3H_2O$ $3SO_3^{2-}+2MnO_4^-+H_2O$ ══ $2MnO_2\downarrow+3SO_4^{2-}+2OH^-$ $SO_3^{2-}+2MnO_4^-+2OH^-$ ══ $2MnO_4^{2-}+SO_4^{2-}+H_2O$
Cl^-	3 滴 0.2mol/L KCl + 1 滴 6mol/L HNO_3+0.1mol/L $AgNO_3$（逐滴） 离心分离，+6mol/L $NH_3\cdot H_2O$+ 6mol/L HNO_3	白↓ 溶解 白↓	Cl^-+Ag^+ ══ $AgCl\downarrow$ $AgCl+2NH_3$ ══ $[Ag(NH_3)_2]^++Cl^-$
I^-	5 滴 0.2mol/L KI+2 滴 2mol/L H_2SO_4+ 3 滴 CCl_4+Cl_2 水（逐滴）	紫红色（CCl_4 层）后褪去	$2I^-+Cl_2$ ══ I_2+2Cl^- $I_2+5Cl_2+6H_2O$ ══ $2IO_3^-+10Cl^-+12H^+$
Br^-	5 滴 0.2mol/L KBr+2 滴 2mol/L H_2SO_4+3 滴 CCl_4+Cl_2 水（逐滴）	黄色（CCl_4 层）	$2Br^-+Cl_2$ ══ Br_2+2Cl^-

附录 12　常用指示剂

附表 12-1　酸碱指示剂
Acid-base indicators

序号	名称(name)	pH 变色范围 (pH transition interval)	酸色 (acid color)	碱色 (basic color)	pK_a	浓度 (concentration)
1	甲基紫(第一次变色)	0.13~0.5	黄	绿	0.8	0.1%水溶液
2	甲酚红(第一次变色)	0.2~1.8	红	黄	–	0.04%乙醇(50%)溶液
3	甲基紫(第二次变色)	1.0~1.5	绿	蓝	–	0.1%水溶液
4	百里酚蓝(第一次变色)	1.2~2.8	红	黄	1.65	0.1%乙醇(20%)溶液
5	茜素黄 R(第一次变色)	1.9~3.3	红	黄	–	0.1%水溶液
6	甲基紫(第三次变色)	2.0~3.0	蓝	紫	–	0.1%水溶液
7	甲基黄	2.9~4.0	红	黄	3.3	0.1%乙醇(90%)溶液
8	溴酚蓝	3.0~4.6	黄	蓝	3.85	0.1%乙醇(20%)溶液
9	甲基橙	3.1~4.4	红	黄	3.4	0.1%水溶液
10	溴甲酚绿	3.8~5.4	黄	蓝	4.68	0.1%乙醇(20%)溶液
11	甲基红	4.4~6.2	红	黄	4.95	0.1%乙醇(60%)溶液
12	溴百里酚蓝	6.0~7.6	黄	蓝	7.1	0.1%乙醇(20%)溶液
13	中性红	6.8~8.0	红	黄	7.4	0.1%乙醇(60%)溶液
14	酚红	6.8~8.0	黄	红	7.9	0.1%乙醇(20%)溶液
15	甲酚红(第二次变色)	7.2~8.8	黄	红	8.2	0.04%乙醇(50%)溶液
16	百里酚蓝(第二次变色)	8.0~9.6	黄	蓝	8.9	0.1%乙醇(20%)溶液
17	酚酞	8.2~10.0	无色	紫红	9.4	0.1%乙醇(60%)溶液
18	百里酚酞	9.4~10.6	无色	蓝	10	0.1%乙醇(90%)溶液
19	茜素黄 R(第二次变色)	10.1~12.1	黄	紫	11.16	0.1%水溶液
20	靛胭脂红	11.6~14.0	蓝	黄	12.2	25%乙醇(50%)溶液

附表 12-2　混合酸碱指示剂
Acid-base mixed indicators

序号	指示剂名称 (indicator name)	变色点 pH(transition point pH)	酸色 (acid color)	碱色 (basic color)	组成 (constitution)	浓度 (concentration)
1	甲基黄	3.28	蓝紫	绿	1∶1	0.1%乙醇溶液
	亚甲基蓝					0.1%乙醇溶液
2	甲基橙	4.3	紫	绿	1∶1	0.1%水溶液
	苯胺蓝					0.1%水溶液
3	溴甲酚绿	5.1	酒红	绿	3∶1	0.1%乙醇溶液
	甲基红					0.2%乙醇溶液

续表

序号	指示剂名称 (indicator name)	变色点 pH(transition point pH)	酸色 (acid color)	碱色 (basic color)	组成 (constitution)	浓度 (concentration)
4	溴甲酚绿钠盐	6.1	黄绿	蓝紫	1:1	0.1%水溶液
	氯酚红钠盐					0.1%水溶液
5	中性红	7	蓝紫	绿	1:1	0.1%乙醇溶液
	亚甲基蓝					0.1%乙醇溶液
6	中性红	7.2	玫瑰	绿	1:1	0.1%乙醇溶液
	溴百里酚蓝					0.1%乙醇溶液
7	甲酚红钠盐	8.3	黄	紫	1:3	0.1%水溶液
	百里酚蓝钠盐					0.1%水溶液
8	酚酞	8.9	绿	紫	1:2	0.1%乙醇溶液
	甲基绿					0.1%乙醇溶液
9	酚酞	9.9	无色	紫	1:1	0.1%乙醇溶液
	百里酚酞					0.1%乙醇溶液
10	百里酚酞	10.2	黄	绿	2:1	0.1%乙醇溶液
	茜素黄					0.1%乙醇溶液

注:混合酸碱指示剂要保存在深色瓶中。

附表 12-3 氧化还原指示剂

Redox indicators

氧化还原指示剂用于氧化还原法容量分析。下表列出一些在教学和工作中经常使用的部分氧化还原指示剂。

序号	名称 (name)	氧化型颜色 (oxidized color)	还原型颜色 (reduced color)	电极电势 E_{ind}/V	浓度 (concentration)
1	二苯胺	紫	无色	0.76	1%浓硫酸溶液
2	二苯胺磺酸钠	紫红	无色	0.84	0.2%水溶液
3	亚甲基蓝	蓝	无色	0.532	0.1%水溶液
4	中性红	红	无色	0.24	0.1%乙醇溶液
5	喹啉黄	无色	黄	–	0.1%水溶液
6	淀粉	蓝	无色	0.53	0.1%水溶液
7	孔雀绿	棕	蓝	–	0.05%水溶液
8	劳氏紫	紫	无色	0.06	0.1%水溶液
9	邻二氮菲-亚铁	浅蓝	红	1.06	(1.485g 邻二氮菲+0.695g 硫酸亚铁)溶于 100mL 水
10	酸性绿	橘红	黄绿	0.96	0.1%水溶液
11	专利蓝 V	红	黄	0.95	0.1%水溶液

附表 12-4 配位滴定指示剂

Complexing indicators

序号	名称 (name)	浓度 (concentration)	In 本色 (color of free indicator)	MIn 颜色 (color of metalion complex)	适用 pH 范围 (feasible range of pH)	被滴定离子 (titrated ion)	干扰离子 (interfering ion)
1	铬黑 T	与固体 NaCl 混合物(1∶100)	蓝	葡萄红	6.0~11.0	Ca^{2+}, Cd^{2+}, Hg^{2+}, Mg^{2+}, Mn^{2+}, Pb^{2+}, Zn^{2+}	Al^{3+}, Co^{2+}, Cu^{2+}, Fe^{3+}, Ga^{3+}, In^{3+}, Ni^{2+}, Ti(Ⅳ)
2	二甲酚橙	0.5%乙醇溶液	柠檬黄	红	5.0~6.0	Cd^{2+}, Hg^{2+}, La^{3+}, Pb^{2+}, Zn^{2+}	—
					2.5	Bi^{3+}, Th^{4+}	
3	钙试剂	与固体 NaCl 混合物(1∶100)	亮蓝	深红	>12.0	Ca^{2+}	—
4	酸性铬紫 B	-	橙	红	4	Fe^{3+}	—
5	甲基百里酚蓝	1%与固体 KNO_3 混合物	灰	蓝	10.5	Ba^{2+}, Ca^{2+}, Mg^{2+}, Mn^{2+}, Sr^{2+}	Bi^{3+}, Cd^{2+}, Co^{2+}, Hg^{2+}, Pb^{2+}, Sc^{3+}, Th^{4+}, Zn^{2+}
6	溴酚红	0.1%乙醇(20%)溶液	红	橙黄	2.0~3.0	Bi^{3+}	—
			蓝紫	红	7.0~8.0	Cd^{2+}, Co^{2+}, Mg^{2+}, Mn^{2+}, Ni^{3+}	—
			蓝	红	4	Pb^{2+}	—
			浅蓝	红	4.0~6.0	Re^{3+}	—
7	铝试剂	0.05%的水溶液	酒红	黄	8.5~10.0	Ca^{2+}, Mg^{2+}	—
			红	蓝紫	4.4	Al^{3+}	—
			紫	淡黄	1.0~2.0	Fe^{3+}	—

附表 12-5　吸附指示剂

Adsorption indicators

吸附指示剂是一类有机染料，用于沉淀法滴定。当它被吸附在胶粒表面后，可能是由于形成了某种化合物而导致指示剂分子结构的变化，从而引起颜色的变化。在沉淀滴定中，可以利用它的此种性质来指示滴定的终点。吸附指示剂可分为两大类：一类是酸性染料，如荧光黄及其衍生物，它们是有机弱酸，能解离出指示剂阴离子；另一类是碱性染料，如甲基紫等，它们是有机弱碱，能解离出指示剂阳离子。

序号	名称（name）	被滴定离子（titrated ion）	起点颜色（jumping-off point color）	终点颜色（endpoint color）	滴定剂（titrant）	浓度（concentration）
1	荧光黄	Cl^-,Br^-,SCN^-	黄绿	玫瑰	Ag^+	0. 1%乙醇溶液
		I^-		橙		
2	二氯荧光黄	Cl^-,Br^-	红紫	蓝紫	Ag^+	0. 1%乙醇（60%~70%）溶液
		SCN^-	玫瑰	红紫		
		I^-	黄绿	橙		
3	曙红	Br^-,I^-,SCN^-	橙	深红	Ag^+	0. 5%水溶液
		Pb^{2+}	红紫	橙	MoO_4^{2-}	
4	溴酚蓝	Cl^-,Br^-,SCN^-	黄	蓝	Ag^+	0. 1%钠盐水溶液
		I^-	黄绿	蓝绿		
		TeO_3^{2-}	紫红	蓝		
5	溴甲酚绿	Cl^-	紫	浅蓝绿	Ag^+	0. 1%乙醇溶液（酸性）
6	二甲酚橙	Cl^-	玫瑰	灰蓝	Ag^+	0. 2%水溶液
		Br^-,I^-		灰绿		
7	罗丹明 6G	Cl^-,Br^-	红紫	橙	Ag^+	0. 1%水溶液
		Ag^+	橙	红紫	Br^-	
8	品红	Cl^-	红紫	玫瑰	Ag^+	0. 1%乙醇溶液
		Br^-,I^-	橙			
		SCN^-	浅蓝			

续表

序号	名称 (name)	被滴定离子 (titrated ion)	起点颜色 (jumping-off point color)	终点颜色 (endpoint color)	滴定剂 (titrant)	浓度 (concentration)
9	刚果红	Cl^-,Br^-,I^-	红	蓝	Ag^+	0.1%水溶液
10	茜素红 S	SO_4^{2-}	黄	玫瑰红	Ba^{2+}	0.4%水溶液
		$[Fe(CN)_6]^{4-}$			Pb^{2+}	
11	偶氮氯膦Ⅲ	SO_4^{2-}	红	蓝绿	Ba^{2+}	–
12	甲基红	F^-	黄	玫瑰红	Ce^{3+}	–
					$Y(NO_3)_3$	
13	二苯胺	Zn^{2+}	蓝	黄绿	$[Fe(CN)_6]^{4-}$	1%的硫酸(96%)溶液
14	邻二甲氧基联苯胺	Zn^{2+},Pb^{2+}	紫	无色	$[Fe(CN)_6]^{4-}$	1%的硫酸溶液
15	酸性玫瑰红	Ag^+	无色	紫红	MoO_4^{2-}	0.1%水溶液

附表 12-6 荧光指示剂

Fluorescent indicators

滴定和确定浑浊液体与有色液体的 pH 可以使用荧光指示剂。在滴定过程中荧光色变不受液体颜色和其透明度的影响,因此常被选用。

序号	名称 (name)	pH 变色范围 (pH transition interval)	酸色 (acid color)	碱色 (base color)	浓度 (concentration)
1	曙红	0~3.0	无荧光	绿	1%水溶液
2	水杨酸	2.5~4.0	无荧光	暗蓝	0.5%水杨酸钠水溶液
3	2-萘胺	2.8~4.4	无荧光	紫	1%乙醇溶液
4	1-萘胺	3.4~4.8	无荧光	蓝	1%乙醇溶液
5	奎宁	3.0~5.0	蓝	浅紫	0.1%乙醇溶液
		9.5~10.0	浅紫	无荧光	

续表

序号	名称 (name)	pH 变色范围 (pH transition interval)	酸色 (acid color)	碱色 (base color)	浓度 (concentration)
6	2-羟基-3-萘甲酸	3.0~6.8	蓝	绿	0.1%其钠盐水溶液
7	喹啉	6.2~7.2	蓝	无荧光	饱和水溶液
8	2-萘酚	8.5~9.5	无荧光	蓝	0.1%乙醇溶液
9	香豆素	9.5~10.5	无荧光	浅绿	-

附录 13　单位换算表

附表 13-1　质量单位换算表

单位	吨(t)	千克(kg)	英吨(UKton)	磅(lb)	盎司(oz)	短吨(sh. ton)	长吨(long ton)
吨(t)	1	1 000	0.984 2	2 205	3.527×10^{4}	1.102	0.984
千克(kg)	0.001	1	9.842×10^{-4}	2.205	35.27	1.1×10^{-3}	9.8×10^{-4}
英吨(UKton)	1.016 1	1 016.1	1	2 240.5	3.584×10^{4}	1.12	1
磅(lb)	4.535×10^{-4}	0.454	4.463×10^{-4}	1	15.995	5.0×10^{-4}	4.462×10^{-4}
盎司(oz)	2.835×10^{-5}	0.028 35	2.79×10^{-5}	6.251×10^{-2}	1	3.124×10^{-5}	2.79×10^{-5}
短吨(sh. ton)	0.907	907	0.893	2 000	3.2×10^{4}	1	0.892
长吨(long ton)	1.016	1 016	1	2 240.28	3.583×10^{4}	1.12	1

附表 13-2　长度单位换算表

单位	米 (m)	厘米 (cm)	毫米 (mm)	埃 (Å)	英里 (mile)	英寻 (fm)	英尺 (ft)	英寸 (in)	海里 (n mile)	链 (Chain)	码 (yd)	密尔 (mil)	杆 (rad)
米 (m)	1	100	1 000	10^{10}	6.214×10^{-4}	0.546 7	3.281	39.369	5.399×10^{-4}	0.0497	1.094	3.937×10^{4}	0.198 8
厘米 (cm)	0.01	1	10	10^{8}	6.214×10^{-6}	5.467×10^{-3}	3.281×10^{-2}	0.394	5.399×10^{-6}	4.97×10^{-4}	1.094×10^{-2}	3.937×10^{2}	1.988×10^{-3}
毫米 (mm)	0.001	0.1	1	10^{7}	6.214×10^{-7}	5.467×10^{-4}	3.281×10^{-3}	0.039 4	5.399×10^{-7}	4.97×10^{-5}	1.094×10^{-3}	39.37	1.988×10^{-4}
埃 (Å)	10^{-10}	10^{-8}	10^{-7}	1	6.214×10^{-14}	5.467×10^{-11}	3.281×10^{-10}	3.937×10^{-9}	5.399×10^{-14}	4.97×10^{-12}	1.094×10^{-10}	3.937×10^{-6}	1.988×10^{-11}
英里 (mile)	1 609.344	1.609×10^{5}	1.609×10^{6}	1.609×10^{13}	1	879.828	5 280	63 358.264	0.868 9	79.984	1 760.622	6.336×10^{7}	319.938
英寻 (fm)	1.829	182.9	1829	1.829×10^{10}	1.137×10^{-3}	1	6.001	72.006	9.875×10^{-4}	0.090 9	2.001	7.201×10^{4}	0.363 7
英尺 (ft)	0.304 8	30.48	304.8	3.048×10^{9}	1.894×10^{-4}	0.1686	1	12	1.665×10^{-4}	0.0151	0.333 5	1.199×10^{4}	0.060 61
英寸 (in)	0.025 4	2.54	25.4	2.54×10^{8}	1.578×10^{-5}	1.389×10^{-2}	8.334×10^{-2}	1	1.37×10^{-5}	1.262×10^{-3}	2.779×10^{-2}	999.998	5.051×10^{-3}
海里 (nmile)	1 852	1.852×10^{5}	1.852×10^{6}	1.852×10^{13}	1.1516	1 012.488	6 076.412	72 911.388	1	92.044	2 026.088	7.291×10^{7}	368.178
链 (Chain)	20.116 8	2 011.68	20 116.8	2.012×10^{11}	0.012 5	10.998	66	791.978	1.086×10^{-2}	1	22.008	7.912×10^{5}	3.999
码 (yd)	0.914 4	91.44	914.4	9.144×10^{9}	5.682×10^{-4}	0.499 9	3	35.999	4.937×10^{-4}	0.045 4	1	3.560×10^{4}	0.181 8
密尔 (mil)	2.54×10^{-5}	2.54×10^{-3}	0.025 4	2.54×10^{5}	1.58×10^{-8}	1.39×10^{-5}	8.33×10^{-5}	10^{-3}	1.371×10^{-8}	1.26×10^{-6}	2.78×10^{-5}	1	5.050×10^{-6}
杆 (rad)	5.029 2	502.92	5 029.2	$5.029\,2\times10^{10}$	3.126×10^{-3}	2.749 5	16.5	198	2.715×10^{-3}	0.250 1	5.5	$1.980\,0\times10^{5}$	1

附表 13-3 密度单位换算表

单位	千克/立方米 (kg/m³)	磅/立方英尺 (lb/ft³)	磅/立方英寸 (lb/in³)	磅/美加仑 (lb/gal)	磅/英加仑 (lb/gal)	磅/(石油)桶(lb/bbl)
千克/立方米 (kg/m³)	1	0. 062 4	3.6×10^{-5}	8.3×10^{-3}	0. 01	0. 35
磅/立方英尺 (lb/ft³)	16. 02	1	5.8×10^{-3}	0. 132	16. 18	5. 61
磅/立方英寸 (lb/in³)	27 679. 9	1 727. 22	1	226. 42	276. 8	9 688
磅/美加仑 (lb/gal)	119. 826	7. 48	0. 043	1	1. 2	41. 94
磅/英加仑 (lb/gal)	99. 776	6. 23	0. 036	0. 83	1	34. 92
磅/(石油)桶 (lb/bbl)	2. 853	0. 18	1.03×10^{-3}	0. 024	0. 028 5	1

注:1 波美密度(B)= 140/15. 5℃时的比重-130;1API 度=141. 5/15. 5℃时的比重-131. 5。

附表 13-4 力单位换算表

单位	牛顿(N)	千克力(kgf)	磅力(lbf)	达因(dyn)
牛顿(N)	1	0. 102	0. 225	10^{5}
千克力(kgf)	9. 81	1	2. 21	9.8×10^{5}
磅力(lbf)	4. 45	0. 453 6	1	4.45×10^{5}
达因(dyn)	10^{-5}	1.02×10^{-6}	2.25×10^{-6}	1

附表 13-5 压强单位换算表

单位	牛顿/平方米(帕斯卡) (N/m^2)(Pa)	千克力/平方米 (kgf/m^2)	千克力/平方厘米 (kgf/cm^2)	巴 (bar)	标准大气压 (atm)	毫米水柱 4℃ (mmH_2O)	毫米水银柱 0℃ (mmHg)	磅/平方英寸 $(lb/in^2$, psi)
牛顿/平方米(帕斯卡) (N/m^2)(Pa)	1	0.101 972	$10.197\ 2\times10^{-6}$	1×10^{-5}	$0.986\ 923\times10^{-5}$	0.101 972	$7.500\ 62\times10^{-3}$	145.038×10^{-6}
千克力/平方米 (kgf/m^2)	9.806 65	1	1×10^{-4}	$9.806\ 65\times10^{-5}$	$9.678\ 41\times10^{-5}$	1×10^{-8}	0.073 555 9	0.001 422 33
千克力/平方厘米 (kgf/cm^2)	$98.066\ 5\times10^{3}$	1×10^{4}	1	0.980 665	0.967 841	10×10^{3}	735.559	14.223 3
巴 (bar)	1×10^{5}	10 197.2	1.019 72	1	0.986 923	$10.197\ 2\times10^{3}$	750.061	14.503 8
标准大气压 (atm)	$1.013\ 25\times10^{5}$	10 332.3	1.033 23	1.013 25	1	$10.332\ 3\times10^{3}$	760	14.695 9
毫米水柱 4℃ (mmH_2O)	0.101 972	1×10^{-8}	1×10^{-4}	$9.806\ 65\times10^{-5}$	$9.678\ 41\times10^{-5}$	1	$73.555\ 9\times10^{-3}$	$1.422\ 33\times10^{-3}$
毫米水银柱 0℃ (mmHg)	133.322	13.595 1	0.001 359 51	0.001 333 22	0.0013 157 9	13.595 1	1	0.019 336 8
磅/平方英寸 $(lb/in^2$, psi)	$6.894\ 76\times10^{3}$	703.072	0.070 307 2	0.068 947 6	0.068 046 2	703.072	51.715 1	1

注：1. 1 工程大气压(at) = 1 千克力/平方厘米；

2. 用水柱表示的压力，是以纯水在 4℃时的密度值为标准的。

参考文献

[1] 李晓燕,焦国辉. 物理化学[M]. 北京:北京大学医学出版社,2007.
[2] 朱文祥. 绿色化学和绿色化学教育[J]. 化学教育,2001,22(1):1-4,18.
[3] 梁敏,屠小菊,喻鹏,等. 高校化学实验绿色化初探[J]. 化工时刊,2018,32(12):44-45.
[4] 李军,王小风,杨淑琼. 绿色化学实验教学的研究[J]. 实验技术与管理,2002,19(1):40-42.
[5] 邱晓航,李一峻,韩杰,等. 基础化学实验[M]. 2 版. 北京:科学出版社,2017.
[6] 吴婉娥,张剑,李舒艳,等. 无机及分析化学实验[M]. 西安:西北工业大学出版社,2015.
[7] 曹凤岐. 无机化学实验与指导[M]. 2 版. 北京:中国医药科技出版社,2006.
[8] 崔金莳,王心禄. 铁与钛铁试剂反应的分光光度研究——有关常数的测定[J]. 河北师范大学学报(自然科学版),1988(Z1): 136-144.
[9] 张淑媛. 关于磺基水杨酸铁的组成和稳定常数的测定[J]. 河北地质学院学报,1993,16(3): 308-311.
[10] 国家药典委员会. 中华人民共和国药典[S]. 四部. 北京:中国医药科技出版社,2015.
[11] 国家药典委员会. 中华人民共和国药典[S]. 二部. 北京:中国医药科技出版社,2005.